U0220207

从 小 白 到 大 师 的 进 阶 秘 籍

JavaScript

修炼之道

聂常红 刘伟 / 编著

PRAGMATIC GUIDE TO JAVASCRIPT

人民邮电出版社

北 京

图书在版编目（ＣＩＰ）数据

JavaScript修炼之道 / 聂常红，刘伟编著. -- 北京：
人民邮电出版社，2020.4（2023.8重印）
ISBN 978-7-115-52897-1

Ⅰ．①J… Ⅱ．①聂… ②刘… Ⅲ．①JAVA语言—程序
设计 Ⅳ．①TP312.8

中国版本图书馆CIP数据核字（2019）第268551号

内 容 提 要

　　本书分为基础知识、核心技术、高级应用和项目实战四部分。基础知识部分主要包括标识符、关键字和保留字、变量、数据类型、表达式和运算符、流程控制语句、在网页中嵌入 JavaScript 代码的三种方式以及程序调试方法等内容；核心技术部分主要包括数组、JSON、JavaScript 函数、定时器、Math 对象、Date 对象、BOM 对象、字符串、DOM 模型、使用 DOM 操作 HTML 文档、使用 JavaScript 操作属性及元素内容、事件处理、正则表达式等内容；高级应用部分主要包括 JavaScript 面向对象及组件开发、Ajax 编程等内容；项目实战部分介绍了一个使用 HTML5+CSS3+JavaScript 实现云盘的案例。

　　本书除了讲解 JavaScript 的基础知识外，还详细介绍了 JavaScript 的核心理论：变量提升、作用域链、原型链。本书最具特色的地方是提供了图片的切换、图片轮播、字符串查找与替换、选项卡、弹窗、上下文菜单、表单数据有效性校验、瀑布流布局、留言本等大量实用案例。

　　本书可作为从事网页设计、网页制作、网站建设、Web 前端开发等工作的技术人员的学习用书，也可作为高等院校计算机及相关专业和培训机构的教材。

◆ 编　　著　聂常红　刘　伟
　　责任编辑　税梦玲
　　责任印制　王　郁　焦志炜

◆ 人民邮电出版社出版发行　　北京市丰台区成寿寺路 11 号
　　邮编　100164　　电子邮件　315@ptpress.com.cn
　　网址　http://www.ptpress.com.cn
　　固安县铭成印刷有限公司印刷

◆ 开本：800×1000　1/16
　　印张：26.75　　　　　　　　2020 年 4 月第 1 版
　　字数：714 千字　　　　　　 2023 年 8 月河北第 3 次印刷

定价：79.80 元

读者服务热线：（010）81055256　 印装质量热线：（010）81055316
反盗版热线：（010）81055315
广告经营许可证：京东市监广登字20170147号

在这个大多数人疯狂追求知识速成的时代，有些图书在宣传语中大肆渲染一个美妙的梦境："朋友啊，一旦你拥有了本书，你只要花费极短时间，耗费极少精力，翻看几个篇章，甚至都不必深究或细读这些知识，便能系统透彻掌握 JavaScript 的所有奥秘。"可梦终归是要醒的，哪怕你总赖着不起床，冷冰冰的现实也会把你从白日梦中拽醒。越早告别天真，越早碾碎那些不切实际的想法，才能越快踏上成功之路。天道酬勤并非只是说说而已，那些每天比你多花几倍精力研究知识的人，如果不能比你获得更多，那么这个世界的运行规律就得改写了。

所以，这篇序言想表达的是：JavaScript 这门语言并不容易学习。由于历史原因，这门语言虽然诞生已经有些年头了，但它本身那些令人困惑且逻辑不通的点，会变成你学习之路诸多障碍中的一部分。在深究底层原理的过程中，你得小心翼翼避开语言本身的各种陷阱，然后逐渐在大脑里构建一套稳固的知识体系。幸好，除了书之外，我们还提供了技术精湛的前端行业优秀的专家团队，在你需要的时候，通过本书的联系方式，我们将提供暖心的帮助，为你答疑解惑，甚至与你畅谈人生理想。

这篇序言还想告诉读者本书的特点和学习 JavaScript 的方法。

第一，本书重构了 JavaScript 语言体系。 往前数十来年，前端开发者的学习征途异常坎坷。他们并非是没有学习方法的人，而是由于 JavaScript 的学习资料分散且极难考证。你可以在网上找到许多的"官方标准"，但实际运行时，大家还得看浏览器"脸色"行事，它们的"解释"若与你想的不一致，你辛苦写的代码执行结果就会很难堪。鉴于此，我们严格遵循实事求是的原则，从十多年企业一线开发实战经验出发，根据业务遭遇的种种"磨难"，重构了JavaScript 学习体系，规避了学习中的深坑，确保按本书学习体系走下去的读者，学习之旅顺畅无比。即使碰到有些读者偏要往"深坑"里跳，也没关系，因为有我们的专家团队帮你答疑解惑，顺便把你拽出"深坑"。

第二，学习 JavaScript 语言，需要多敲代码+多思考+多练习。 你当然可以把本书买来束之高阁，但我们并不希望如此。我们假定本书读者都能够理解：书只能为你系统地罗列一堆专业知识，并不能手把手教你要怎么学。我们思考的问题是：如何通过一本书教会你一套学习方法？如何才能成为学习方法的布道者？这既是摆在本书作者面前的难题，也是读者你最该思考的问题。我们想了又想，既要兼顾书的篇幅，又要摆事实、讲道理、教知识、给方法……哈，这真是太难了！想做好这些，绝不仅仅是在书里设置一些巧妙的课后练习、章节小贴士等就能解决的。幸好，我们的专家团队还能与你远程互动，甚至帮你探入某个工程，与你共修 BUG。

第三，学习 JavaScript 切勿好高骛远。 正所谓贪多嚼不烂，前端标准和工具这几年的飞速发展，以及时不时冒出的"新鲜玩意儿"让众多前端从业者惊呼："学不动啦学不动啦！学习速度跟不上技术发展速度！我感到手忙脚乱、力不从心……"如果你有以上"症状"，请勿着急，这不过是你内心不安造成的。你为何追新？你又何苦追新？在根基不牢的情况下，就算盖楼盖到 18 层，再往上堆一块砖，都可能导致大楼坍塌！这结果绝非你预期。所以，此时你应该沉下心来苦练基础，而非死钻牛角尖。硬要及时掌握那些业界最新冒出来的"玩意儿"对你无益处，请读者朋友不必在意那些所谓的"新鲜知识点"在本书未涉及这一问题。事实上，绝大多数有必要的新东西本书都有写到，且书中所列皆是业界公认的经典基础知识。掌握了基础知识之后，剩下的就是提升编程能力了。而这些，只看书可实现不了。幸好，我们的专家团队能与你共同探讨"调试、算法、数据结构、操作系统、浏览器工作原理"等基础问题，妥妥地帮你摆平学习中的各种麻烦事儿。

好的书，是一位好"老师"。这本书可能不像你想象中那么好，但我们尽全力做的，是通过这本书，帮你结识前端技术牛人。他们在中国的前端发展历史中经历了一轮又一轮的技术洗礼，面对大厂技术迭代的狂风暴雨，他们愈战愈勇。更难能可贵的是，他们愿意把自己多年来的"爬坑"经验与更多人分享，例如他们如何严格地训练技能，如何心无旁骛地深入学习，如何获得学习反馈，怎样攻克复杂问题，怎样系统地训练自己编程、架构和工程能力……以上的这些专家团队、技术牛人，你都可以登录妙味课堂的官方网站寻找并与他们交流。

最后，我要感谢广州大学华软软件学院的聂常红老师，感谢她极为认真地参与本书架构体系的讨论、感谢她责任感十足地撰写书稿。这本书的出版承载了我们极大的期望，尽管我们尽力去编写，但书稿中难免有不妥之处，如果你在阅读时发现有任何问题，或不认同之处，请给我发邮件，我的邮箱是：leo@miaov.com，不胜感激。

学习是一种习惯，大家如果认同"日拱一卒、不期速成"，愿意相信"坚持的力量"并付诸行动，那么总有奇迹发生的那一天。大前端时代，大有可为。期待大家的进步！

妙味课堂创始人
开课吧合伙人
IT 学院院长
刘伟
2019 年 10 月 6 日

目 录
CONTENTS

第 1 章
JavaScript 入门

　　JavaScript 是一种解释型的脚本语言，被大量地应用于网页中，用以实现网页和浏览者的动态交互。目前几乎所有的浏览器都可以很好地支持 JavaScript。由于 JavaScript 可以及时响应浏览者的操作，控制页面的行为表现，提高用户体验，因而已经成为前端开发人员必须掌握的语言之一。

1.1　JavaScript 概述

JavaScript 是为满足制作动态网页的需要而诞生的一种编程语言，是由 Netscape（网景通信公司）开发的嵌入到 HTML 文件中的基于对象（Object）和事件驱动（Event Driven）的脚本语言。在 HTML 基础上，使用 JavaScript 可以开发交互式（网页）Web。JavaScript 的出现使得网页和用户之间实现了实时、动态和交互的关系。

1.1.1　JavaScript 发展历史

JavaScript 最初由 Netscape 的 Brendan Eich 开发，开发的目的是为了扩展即将于 1995 年发行的 NetscapeNavigator 2.0（NN2.0）功能，提高网页的响应速度。最初 JavaScript 叫作 LiveScript，后来因为 Netscape 和 Sun 公司合作，且 Java 正处于强劲的发展势头中，出于市场营销的目的，Netscape 和 Sun 公司协商后，将 LiveScript 改为 JavaScript。当时的 Microsoft（微软）为了取得技术上的优势，在 IE3.0 上发布了 VBScript，并将其命名为 JScript，以此来应对 JavaScript。之后，为了争夺市场份额，Netscape 和 Microsoft 这两大浏览器厂商不断在各自的浏览器中添加新的特性和各种版本的 JavaScript 实现。由于他们在实现各自的 JavaScript 时并没有遵守共同的标准，这就使得他们的浏览器对 JavaScript 的兼容性问题越来越大，从而给 JavaScript 开发人员带来巨大的痛苦。为了达到使用上的一致性，减轻 JavaScript 开发人员的痛苦，1997 年，在 ECMA（欧洲计算机制造商协会）的协调下，由 Netscape、Sun、微软、Borland 组成的工作组对 JavaScript 和 JScript 等当时存在的主要的脚本语言确定了统一标准：ECMA-262。该标准定义了一个名为 ECMAScript 的脚本语言，规定了 JavaScript 的基础内容，其中主要包括：语法、类型、语句、关键字、保留字、操作符和对象这几方面的内容。

从内容上看，ECMAScript 规定了脚本语言的规范，而 JavaScript、JScript 等脚本语言则是依照这个规范来实现的，和 ECMAScript 相容，但包含了超出 ECMAScript 的功能。因为 ECMA-262 标准的出台，所以现在 JavaScript、JScript 和 ECMAScript 都通称为 JavaScript（在后面的内容中，我们将会更多使用其简写"JS"来表示 JavaScript）。浏览器的兼容性也越来越高：在 2008 年，五大主流 Web 浏览器（IE、Firefox、Safari、Chrome 和 Opera）就全部做到了与 ECMA-262 兼容；随着各大浏览器厂商的不断努力，特别是 HTML5 规范的发布，各大浏览器对 JavaScript 的兼容性也得到了不断的提高。依照这样的发展趋势，我们完全可以相信，不久的将来，各大浏览器必将实现对 JavaScript 的完全兼容。

1.1.2　JavaScript 组成部分及特点

1. JavaScript 组成部分

标准化后的 JavaScript 包含了 3 个组成部分，如图 1-1 所示。

ECMAScript：脚本语言的核心内容，定义了脚本语言的基本语法和基本对象。现在每种浏览器都有对 ECMAScript 标准的实现。

图 1-1　JavaScript 组成部分

DOM（Document Object Model）：文档对象模型，它是 HTML 和 XML 文档的应用程序编程接

口。浏览器中的 DOM 把整个网页规划成由节点层级构成的树状结构的文档。用 DOM API 可以轻松地删除、添加和替换文档树结构中的节点。

BOM（Browser Object Model）：浏览器对象模型，描述了对浏览器窗口进行访问和操作的方法和接口。

2. JavaScript 特点

JavaScript 是一种运行在浏览器中的主要用于增强网页的动态效果、提高与用户的交互性的编程语言。相比于其他编程语言，它具有许多特点，主要包括以下几方面。

（1）解释性

JavaScript 不同于一些编译性的程序语言，它是一种解释性的程序语言，它的源代码不需要经过编译，直接在浏览器中运行时进行解释。

（2）动态性

JavaScript 是一种基于事件驱动的脚本语言，它不需要经过 Web 服务器就可以对用户的输入直接做出响应。

（3）跨平台性

JavaScript 依赖于浏览器本身，与操作环境无关。任何浏览器，只要具有 JavaScript 脚本引擎，就可以执行 JavaScript。目前，几乎所有用户使用的浏览器都内置了 JavaScript 脚本引擎。

（4）安全性

JavaScript 是一种安全性语言，它不允许访问本地的硬盘，同时不能将数据存到服务器上，不允许对网络文档进行修改和删除，只能通过浏览器实现信息浏览或动态交互。这样可有效地防止数据丢失。

（5）基于对象

JavaScript 是一种基于对象的语言，同时也可以被看作是一种面向对象的语言。这意味着它能运用自己已经创建的对象。因此，许多功能可以来自于脚本环境中对象的方法与脚本的相互作用。

1.1.3 JavaScript 与 Java 的区别

Java 是由 Sun 公司开发的面向对象的程序设计语言，适合于网络应用程序开发。JavaScript 最初是受 Java 启发而开始设计的，目的之一就是"看上去像 Java"，因此语法上和 Java 有类似之处，一些名称和命名规范也源自于 Java。但事实上，JavaScript 除了在语法上和 Java 有些类似以及前面所说的出于市场营销的目的，名字和 Java 有点相似以外，其他方面和 Java 存在很大的不同，主要体现在以下几点。

（1）JavaScript 由浏览器解释执行，Java 程序则是编译执行。

（2）JavaScript 是一种基于对象的脚本语言，其中提供了丰富的内置对象供开发人员直接使用；Java 则是一种真正的面向对象的编程语言，不管开发的程序简单与否，都必须设计对象。

（3）JavaScript 是弱类型语言，声明变量时不需要声明变量的类型，甚至不声明变量而直接使用变量；Java 是强类型语言，变量在使用前必须先声明且必须声明变量的类型。

（4）代码格式及嵌入 HTML 文档方式不一样：Java 代码必须用相应的编译工具编译为字节码文件，嵌入 HTML 文档必须使用<applet>…</applet>标签嵌入字节码文件；JavaScript 代码是一种文本字符格式，嵌入 HTML 文档使用<script></script>标签，其中可以直接嵌入 JavaScript 代码，也可以嵌入 JavaScript 脚本文件。

1.1.4　JavaScript 语法特点及编辑工具

不管是 JavaScript，还是 Java、C++，它们编写的程序代码不外乎都是由一些英文单词按照一定的规则组织起来的一条条语句。这些语句遵循的各项规则，称为语法。JavaScript 和 Java、C++等编程语言的语法很类似，但它也具有自己的一些特点。

1. 区分大小写

和 Java 一样，JavaScript 代码中的标识符也区分大小写，所以 Student 和 student 是两个不同的标识符，如果把 student 写成 Student，程序将会出错或得不到预期结果。通常，JavaScript 中的关键字、变量、函数名等标识符一般全部小写，如果名词是由多个单词构成，通常从第二个单词开始每个单词的首字母大写。

2. 语句结束的分号问题

不同于 Java 每条语句结尾必须加上分号，JavaScript 语句结尾处的分号是可选的，即可加也可不加。如果语句结尾不加分号，JavaScript 会对当前语句和下一行语句进行合并解析，如果不能将两者当成一个合法的语句来解析的话，JavaScript 会在当前语句换行处填补分号，例如：

```
var a
a
=
3
```

解析的结果为 var a;a=3;。

由 JavaScript 来添加分号在大多数情况下是正确的，但也有两个例外情况。第一个例外情况是涉及 return、contiune 和 break 这 3 个关键字的时候。不管什么情况下，如果这些关键字的行尾处没有分号，JavaScript 都会对它们在换行处填补分号。例如，本意是 return true;的语句，如果写成以下形式：

```
return
true;
```

则 JavaScript 解析后的结果将变成：return;true;。第二个例外情况是涉及 "++" 和 "--" 这两个运算符的时候。这些运算符既可作为表达式前缀使用，也可以作为表达式后缀使用。如果将其作为表达式后缀使用，它和表达式应该在同一行。否则，JavaScript 将在行尾处填补分号。例如，本意是 x++;y;的语句，如果写成以下形式：

```
x
++
Y
```

则解析的结果为：x;++y;。

由前面两个例子可见，为了使语句不出现歧义，我们最好在每条语句的结尾处都加上分号。

3. 编辑工具

因为 JavaScript 代码是纯文本代码，所以可以使用任何文本编辑器来编辑 JavaScript，甚至可以使用 Microsoft Word 这样的字处理软件，但此时一定要确保将文件保存为文本文件类型。建议最好使用以纯文本作为标准格式的软件。目前主流 JavaScript 编辑软件有：Dreamweaver、Visual Studio Code、Sublime Text、Atom 和 WebStorm。

1.1.5 JavaScript 的实际应用场景

很多其他语言的开发者或一些初学者对 JavaScript 的印象似乎停留在做各种"炫彩夺目的网站"上。的确，能够完成 Web 端复杂的交互，使得网页元素能够"动起来"，让信息以更佳效果呈现，这是 JavaScript 的功能之一；但它的实际应用场景远不止于此，一名专业前端开发工程师在工作中至少要使用 JavaScript 进行以下任务的开发。

1. 开发各种网页动态交互效果

在海量信息爆炸的时代，网站不仅要呈现必要的关键信息，还要以最佳方式与用户之间进行动态交互，加深用户对网站信息或功能印象，并提高用户体验和黏度。因此，更多网站的开发者们精心研发了某些表现力丰富的交互效果，例如以培训"前端开发"为主的妙味课堂官网，就在首页制作了一个形象的"展台"，并用动画堆叠的形式将前端必学的"HTML5 \ CSS3 \ JS"组合在一起，如图 1-2 所示，象征着学习前端开发最关键的基础语言是 HTML5 \ CSS3 \ JS。

图 1-2　妙味课堂首页的交互展示效果之一

2. 使用 Ajax 等技术与后端进行数据交互

前端开发者每天要处理的大量编码工作中，占据很重比例的工作内容之一是根据后端提供的各种数据接口，把数据渲染到网页相应位置中，完成页面信息呈现。例如经典的登录和注册功能，当登录时会调用后端相应接口判断登录用户是否正确，而注册时会判断填写的用户名是否符合要求以及是否已被注册过。

3. 处理网页各种业务逻辑

在今天，许多内容型网站有大量用户关注，在这样的网站中，许多业务逻辑需要开发者使用 JavaScript 来实现。比如网站的使用者当中，有游客、普通会员，也有 VIP 会员，这几种不同类型的用户在权限上需要加以区分：游客、普通会员、VIP 会员能观看的视频是不同的。在这样的需求下，网站内容展示需要根据不同的业务需求进行逻辑判断，这样才能在页面中呈现不同内容。这些功能，都需要开发者使用 JavaScript 做出判断处理。

除上述几个任务以外，JavaScript 还可以变成运行在服务器上的后端开发语言（Node.js）以及能以 Hybrid App 形式运行在移动设备上的 App 开发语言。此外，还能够用来构建桌面应用、开发游戏、图形处理、PDF 生成、编译解释器、测试工具、视频音频播放、通信……限于本书篇幅，在此不对这些展开介绍。

接下来，我们从最容易理解的"网页动态变化"原理开始与大家探讨，逐渐深入到 JavaScript 语言的学习中去。

1.1.6 JavaScript 实现网页动态变化原理以及执行顺序

1. JavaScript 实现网页变化原理

使用 JavaScript 后，可以实现许多网页的动态变化效果，诸如：跑马灯、选项卡切换、广告轮播、表单数据有效验证、漂移菜单、折叠菜单、倒计时等。这些动态变化效果的实现，并不需要网页重新加载，而是通过改变局部区域的外观或内容来实现。这正是 JavaScript 实现网页动态效果的原理。需要网页动态变化时，只需要根据变化的需要，使用 JavaScript 修改元素的样式或增加/清空页面元素内容或属性值。使用 JavaScript 动态改变网页时一般会结合 CSS，其中 CSS 设置元素的初始样式，JavaScript 则实现元素的动态样式。所以使用 JavaScript 实现网页动态效果，通常包含这样两个步骤：首先是使用 CSS 设置初始样式（即布局元素）；然后再根据动态变化的需要，使用 JavaScript 修改元素样式或增加／清空页面元素内容或属性值。

JavaScript 实现网页变化原理的应用示例请参见示例 1-4。

2．JavaScript 代码执行顺序

JavaScript 代码按照执行的机制可分为两类代码：事件处理代码和非事件处理代码。非事件处理代码如果不在某个函数中，则在载入 HTML 文档时，将按 JavaScript 在文档中出现的顺序，从上往下依次执行；如果非事件处理代码出现在某个函数中，则在调用该函数时执行。事件处理代码则在HTML 文件内容载入完成，并且所有非事件处理代码执行完成后，才根据触发的事件执行对应的事件处理代码。

3．JavaScript 代码的调试

在编写 JavaScript 的过程中，很有可能会出现一些语法错误，所以在开发过程需要经常调试脚本代码（注：随写随调试不失为一种好习惯）。脚本代码的调试包括代码调试和工具调试两种方法，有关脚本代码的调试方法，我们将会在 1.2 节中详细介绍。

1.2　JavaScript 代码的调试方法

开发人员在开发程序时，经常会碰到程序异常现象，要快速定位并解决程序异常，要求开发人员掌握一些常用的代码调试方法和调试工具。在 JS 代码中，最常用的调试方法是 alert()方法和console.log()方法，而常用的调试工具则是 IE 浏览器的的"开发人员工具"、Firefox 浏览器的 "Firebug" 工具（对较低版本的 Firefox 浏览器）或 Firefox 浏览器的"开发者>>Web 控制台"（对较高版本的Firefox 浏览器）以及 Chrome 浏览器的"开发者工具"。

1.2.1　使用 alert()方法调试脚本代码

在 JS 程序中常使用 window 对象的 alert()方法进行代码跟踪或定位程序错误。alert()方法的作用是生成一个警告对话框，对话框中显示的信息由方法参数设定。alert()方法可以出现在脚本程序中的任意位置。alert()方法通过显示的变量值来跟踪代码，以及是否能显示警告对话框来定位错误。

alert()基本语法：

```
方式一：alert(msg);
方式二：window.alert(msg);
```

alert()方法是 window 对象的方法，在调用时可以通过 window 对象来调用，也可以直接调用。参数 msg 的值可以是任意值，当参数为非空对象以外的值时，警告对话框中显示的信息为参数值；当参数为非空对象时，在警告对话框中显示的是以[object object]格式表示的对象，其中第二个"object"会根据具体的对象来变化。例如，如果对象是一个表单输入框时，在对话框中将显示：[object

HTMLInputElement]。

　　需要注意的是，不同浏览器弹出的警告对话框外观不一样，比如对"alert("这些是警告对话框显示的信息")"这条代码，在 Chrome 浏览器（本书中示例的浏览器的版本主要为：Chrome73）中显示的警告对话框如图 1-3 所示，在 Firefox 浏览器中显示的警告对话框则如图 1-4 所示，在 IE11 浏览器中显示的警告对话框如图 1-5 所示。

图 1-3　Chrome 浏览器中显示的警告对话框

图 1-4　Firefox 浏览器中显示的警告对话框

图 1-5　IE11 浏览器中显示的警告对话框

【示例 1-1】使用 alert()方法调试代码。

```
<!doctype html>
<html>
<head>
<meta charset="utf-8">
<title>使用 alert()方法调试代码</title>
<script>
    var sum = 0,i = 1;
    while(sum < 20){
        sum += i;
        alert("sum=" + sum); //跟踪 sum 变量的值
        alert("i=" + i); //跟踪变量 i 的值
        i++;
    }
</script>
</head>
<body>
  累加结果: <input id="val" type="text"/>
  <script>
    alert('111');  //定位错误
    var oText = documnt.getElementById('val');
    alert('222'); //定位错误
    oText.value = sum;
  </script>
</body>
</html>
```

　　注：示例代码中包含了多条 JS 代码。对这些代码的作用，我们现在不用过多关注，后面将会一一介绍到，目前大家只需要关注调试 JS 代码的方法就可以了。

　　上述代码在 while 循环语句中使用了两个 alert()方法来分别跟踪 sum 变量和 i 变量的值，从显示的对话框的值我们可以看到这两个变量值的变化。另外在第二个 script 标签对之间也使用了 alert()方法，这两个 alert()方法主要是用来定位错误的。

　　上述代码在 Chrome 浏览器时，首先执行第一个<script></script>标签对之间的 JS 代码块，该代码块主要处理一个循环语句，在第一次循环时会弹出图 1-6 所示的警告对话框，然后程序停止执行，直到单击了图 1-6 所示对话框中的"确定"按钮后才程序会继续执行，此时会弹出图 1-7 所示对话框，同样，如果不单击图 1-7 所示对话框中的"确定"按钮，程序也停止执行。可见，alert()具有阻塞程序执行的作用。

从运行结果中，可看到 while 循环语句总共执行了 6 次，每次都会弹出两个警告对话框分别显示变量 sum 和变量 i 的值。限于篇幅，在此，只显示了第一次循环的运行结果，其他循环的运行结果和图 1-6、图 1-7 类似，所不同的是这两个变量的值不一样。

执行完第一个<script></script>之间的 JS 代码块后，页面中显示表单输入框，接着执行第二个<script></script>之间的 JS 代码块。结果只显示图 1-8 所示的警告对话框，即只有 alert('111')执行了，alert('222')并没有执行。可见 alert('111')和 alert('222')之间的代码块有错误，导致程序无法往下执行。对该行代码进行检查后，发现倒数第 6 行"documnt"写错了，正确的写法是"document"。

图 1-6　第一次循环时显示的变量 sum 值　　　　图 1-7　第一次循环时显示的变量 i 值

图 1-8　第二个 script 标签对之间的 alert()输出结果

需要注意的是，用于调试代码的 alert()方法在调试结束后要全部删掉。

1.2.2　使用 console.log()方法调试脚本代码

在 JS 中，除了使用 alert()调试代码外，我们还常常使用 console 对象的 log()对 JS 程序进行调试，console.log()方法的作用是在浏览器的控制台中输出指定的参数值。

需要注意的是，在一些较低版本的浏览器，比如 IE6 以及没装"Firebug"插件的较低版本的 Firefox 等浏览器中是不能使用 console.log()的。现在 IE11 以及较新版本的 Firefox 和 Chrome 不用安装任何插件，都具备调试功能，对这些浏览器，window 对象会自动注册一个名为 console 的成员变量，指代调试工具中的控制台。

console.log()的使用语法如下：

```
console.log(msg);
```

log()方法的参数 msg 和 alert()的参数用法一样，也可以是任意值；但当参数为非空对象时，不同于 alert()输出的是[object object]格式的内容，log()的输出内容包含对象的结构内容。

就调试作用来说，alert()和 console.log()方法类似，但相比于 alert()，使用 console.log()是一种更好的方式，原因如下。

（1）alert()会阻塞 JS 程序的执行，不单击"确定"按钮，后续代码无法继续执行；而 console.log()仅在控制台中打印相关信息，不会阻塞 JS 程序的执行。

（2）对于输出内容为对象时，console.log()输出的对象能看到对象结构；而 alert()则是以[object

object]格式输出对象，无法看到对象结构。

【示例 1-2】使用 console.log()方法调试代码。

```html
<!doctype html>
<html>
<head>
<meta charset="utf-8">
<title>使用 console.log()方法调试代码</title>
<script>
    window.onload = function (){
        var sum = 0,i = 1;
        var oText = document.getElementById('val');
        while(sum < 20){
            sum += i;
            console.log("sum=" + sum); //跟踪 sum 变量的值
            console.log("i=" + i); //跟踪变量 i 的值
            i++;
        }

        oText.value = sum;
    };
</script>
</head>
<body>
累加结果: <input id="val" type="text"/>
</body>
</html>
```

上述代码在 Chrome 浏览器中执行后，同时按"Ctrl+Shift+I"组合键（对 Mac 苹果电脑使用的是 Command+Option+I 组合键），打开 Chrome 浏览器的"开发者工具"，默认将打开"Console"浏览器控制台，在控制台中查看各个 console.log()的输出结果，可看到图 1-9 所示的结果。刷新图 1-9 所示页面，可看到几乎在控制台显示结果的同时，也显示了表单输入框，可见 console.log()不会阻塞 JS 程序的执行。

1.2.3 使用 Chrome 的"开发者工具"调试脚本代码

对 JS 程序的调试，除了在 JS 程序中使用 alert()、console.log()方法跟踪和调试代码外,开发人员也会经常使用一些调试工具。最常用的 JS 调试工具就是一些主流的浏览器的调试工具，如 IE11 浏览器的"开发人员工具"、Firefox 浏览器的"Firebug"工具或较新版本的

图 1-9　console.log()的输出结果

"开发者>>Web 控制台"以及 Chrome 浏览器的"开发者工具"。限于篇幅的原因,本节将只介绍 Chrome 浏览器的"开发者工具"调试工具,IE 浏览器的"开发人员工具"和 Firefox 浏览器的"Firebug"以及"开发者>>Web 控制台"工具的使用和 Chrome 浏览器的"开发者工具"类似,大家可参考 Chrome

浏览器的"开发者工具"来使用它们。

　　相对于使用 alert() 方法来定位错误，使用调试工具会更便捷高效。因为调试工具可以在控制台具体指出出错的代码行数，以及具体的错误类型。此外，还可以使用控制台直接运行 JS 代码。接下来我们将通过示例 1-3 的 JS 代码的的调试来介绍 Chrome 的"开发者工具"的使用。

　　【示例 1-3】使用 Chrome 的"开发者工具"调试代码。

```html
<!doctype html>
<html>
<head>
<meta charset="utf-8">
<title>使用调试工具调试代码</title>
<script>
    window.onload = function (){
        var sum = 0,i = 1;
        var oText = documnt.getElementById('val');
        while(sum < 20){
            sum += i;
            i++;
        }
        oText.value = sum;
    };
</script>
</head>
<body>
累加结果: <input id="val" type="text"/>
</body>
</html>
```

1. 调试定位错误

　　在 Chrome 浏览器中运行示例 1-3，当没有得到预期结果时，使用调试工具会比较容易定位错误。操作步骤为：同时按"Ctrl+Shift+I"组合键，打开 Chrome 浏览器的"开发者工具"，此时在默认打开的"Console"控制台可以看到显示出错代码行及错误类型，如图 1-10 所示。

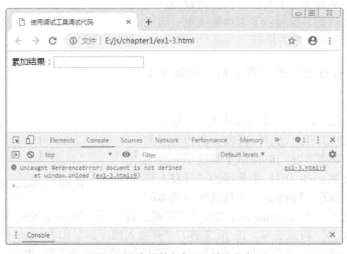

图 1-10　在控制台中显示错误信息

图 1-10 报引用错误，说文件 ex1-3.html 中的第 9 行代码中的"documnt"没有定义，根据这个错误信息，我们很容易发现原来这个单词写错了，正确的写法是"document"。

2. 跟踪调试代码

使用调试工具，同样也可以跟踪变量的变化，步骤如下。

（1）修改图 1-10 所报错误后，将"开发者工具"中的选项卡切换到"Sources"，将打开一个包含 3 个窗口的界面，在左侧的窗口中双击文件"ex1-3.html"，此时会在中间窗口中打开源代码，如图 1-11 所示。

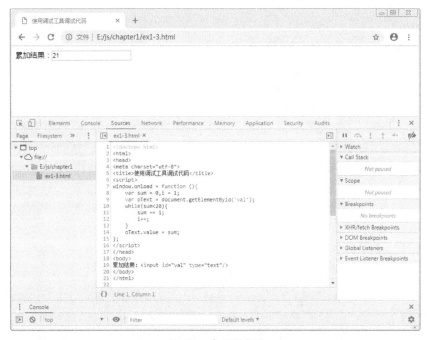

图 1-11　打开源代码

（2）对代码添加断点。对代码设置断点的方法是：在需要添加断点的那个代码行的行号处单击鼠标左键，此时该行行号会显示蓝色背景，如图 1-12 所示。

（3）设置断点后刷新页面，此时根据需要可单击右侧的调试窗口中的 ∩ ↓ ↑ 这 3 个按钮中的其中一个或按这 3 个按钮对应的快捷键 F10、F11 和 Shift+F11，分别实现逐句（F10）、逐过程（F11）和跳出（Shift+F11）这 3 种调试情况。在调试过程中，我们可以在右侧的调试窗口中的"Local"项中跟踪每一个变量在运行过程中的取值情况，如图 1-13 所示。

注：单击右侧调试窗口中的 ▷ 按钮，或同时按"Ctrl+\"组合键或按"F8"快捷键可以停止代码调试。

3. 使用控制台运行 JS 代码

打开 Chrome 浏览器，打开"开发者工具"的控制台，然后在控制台窗口光标所在位置输入 JS 代码或按"Ctrl+V"组合键复制 JS 代码，然后按"Enter"键回车即可运行控制台中的 JS 代码，如图 1-14 所示。

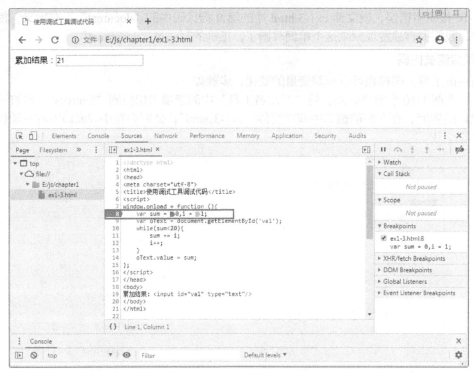

图 1-12　设置断点

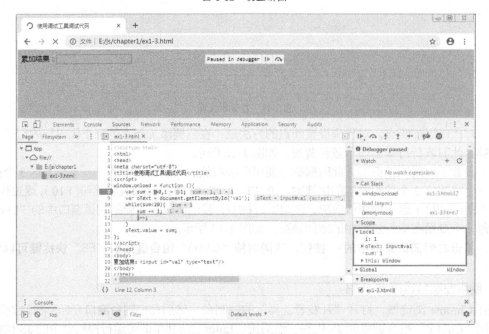

图 1-13　跟踪调试代码

图 1-14　在控制台中运行 JS 代码

注：控制台中会默认输出 JS 代码中最后一个变量的值，如图 1-14 中的最后一个 "6" 就是最后的变量 i 的值。

1.3　第一个 JavaScript 实例

在进一步介绍 JavaScript 之前，我们首先看一个 JavaScript 实例。通过这个实例，我们将陆续引入一些知识点。在本节，我们不会详细介绍这些知识点，它们的详细介绍请参见相应章节。此处引入它们的目的是为了让大家了解这些知识点的大致概念，这样后续各章节在介绍这些知识点时不会太突兀。

示例 1-4 的功能是：初始状态显示一个宽度和高度都为 200px，且背景颜色为灰色的 div；当将光标移到 div 上时 div 的宽度变为 400px，背景颜色变为粉红色；当将光标从 div 上移出时 div 的宽度和背景颜色都恢复为初始样式。

通过分析可知，上述功能包含两种效果：一是初始效果，二是动态效果。由此我们可以按照 1.1.5 小节所介绍的使用 JavaScript 实现网页动态变化效果的步骤来实现上述功能需求：初始效果可以使用 CSS 来设置，而光标移入、移出所产生的动态效果则使用 JavaScript 来实现。具体代码如下所示。

【示例 1-4】第一个 JavaScript 实例。

```
<!doctype html>
<html>
<head>
<meta charset="utf-8">
<title>第一个 JavaScript 实例</title>
<style>
    /*设置 div 的宽度、高度和背景样式*/
    div{
```

```
        width:200px;
        height:200px;
        background:#CCC;
    }
</style>
</head>
<body>
<div id="div1"></div>
<script>
    //使用 document 对象调用 getElmentById()方法获取文档中的元素
    var oDiv = document.getElementById("div1"); // ①
    //光标移入 div 上时调用函数修改 div 样式
    oDiv.onmousemover = changeStyle; // ②
    //alert("hi");   // ③
    //光标移出 div 时调用函数恢复 div 最初样式
    oDiv.onmouseout = resetStyle; // ④
    //oDiv.onmouseout=resetStyl;// ⑤
    //alert("hello");       // ⑥
    //定义函数，修改 div 的宽度和背景颜色
    function changeStyle(){ // ⑦
        oDiv.style.width = "400px";
        oDiv.style.background = "#FCF";
    }
    //定义函数，将 div 的宽度和背景样式恢复为最初状态
    function resetStyle(){ // ⑧
        oDiv.style.width = "200px";
        oDiv.style.background = "#CCC";
    }
</script>
</body>
</html>
```

上述代码在 Chrome 浏览器中运行后的初始效果和光标移出 div 后的效果完全一样，如图 1-15 所示，光标移入 div 后的效果如图 1-16 所示。

图 1-15　初始效果和光标移出 div 后的效果

图 1-16　光标移入 div 后的效果

示例 1-4 使用 CSS 代码获得图 1-15 所示的初始效果，包括设置 div 的宽度、高度和背景样式。而图 1-16 所示的效果，以及由图 1-16 恢复到图 1-15 所示的效果则使用 JavaScript 代码来实现。这些 JavaScript 代码在示例中通过<script></script>标签嵌入到 HTML 页面中。浏览器加载 HTML 文档的过程中，一遇到<script></script>就会调用 JavaScript 引擎对脚本代码进行解析

和执行。

注：JavaScript 引擎，简单地说，就是能够"读懂"JavaScript 代码，并准确地给出代码运行结果的一段程序。JavaScript 引擎是浏览器的一个组成内容，一般由各个浏览器开发商自行开发，所以不同浏览器的 JavaScript 引擎有可能是不同的，比如：IE 的 JavaScript 引擎是 Chakra、Chrome 的 JavaScript 引擎是 V8 等。在早期，JavaScript 引擎可以说就是一个解释器，但现在的 JavaScript 引擎其实都具有了一些编译器的功能，比如 Chrome 的 JS 引擎 V8，为了提高 JS 的运行性能，在运行之前会先将 JS 编译为本地的机器码码，然后再去执行机器码，这样速度就快很多。

示例 1-4<script></script>中脚本代码到目前为此，对初学者来说还很陌生，下面我们将对它们进行一一讲解。

上述代码中以"//"开头的语句表示注释语句。注释语句的作用是对代码进行描述说明。注释语句主要是给开发人员和维护人员看的，目的是为了提高代码的可读性和可维护性。浏览器对注释语句既不会显示，也不会执行。在 JavaScript 中，注释有单行注释和多行注释两种形式。所谓单行注释，就是注释文字比较少，在一行内可以显示完；多行注释就是注释文字比较多，需要分多行来显示。多行注释也可以用多个单行注释来表示。单行注释以"//"开始，后面跟着的内容就是注释，示例 1-4 中的注释全部都是单行注释；多行注释以"/*"开始，以"*/"结束，它们之间的内容就是注释，示例如下：

```
/*
    第一行注释文字
    第二行注释文字
    ……
*/
```

注释①对应的代码：用于获取文档中指定 id 的元素，并将元素储存在指定的变量中，其中的"var"用于声明变量，var 后面跟着的单词就是变量名。因为状态动态变化是通过修改特定元素的样式来实现的，另外，光标的移入和移出也是针对特定的元素的，所以必须首先获取这些特定元素。获取文档中的特定元素最常用的方法是使用 document 对象或其他文档元素对象调用 getElementById（元素 id 属性值）方法。由于 getElementById()方法需要使用 id 值，所以对应的元素中必须包含 id 属性。

注：获取文档元素除了可以使用 getElementById()，还有其他一些常用的方法，如 getElementsByTagName('标签名')，这个方法将会返回指定标签名的所有元素，结果是一个数组，这些方法我们将会在后续章节中陆续介绍。

注释②和④处的代码：分别表示光标移入和光标移出 div 的事件处理。在 JavaScript 中，光标移入和光标移出分别表示两个事件（所谓事件，就是用户与 Web 页面交互时产生的操作。而在 Web 页面中产生事件的对象，称为事件目标），这些事件一旦发生，将会由事件目标调用相关的脚本代码进行处理。例如，用户将光标移到和移出 div 元素时，会分别触发光标移入和光标移出事件，此时事件目标是 div 元素。注释②处的代码通过事件目标调用 changeStyle 函数来处理光标移入事件；注释④处代码则通过事件目标调用 resetStyle 函数来处理光标移出事件。在 JavaScript 中，除了上述示例中的光标移入和光标移出事件外，还有许多事件，例如键盘事件、表单事件、窗口事件等，对这些事件及其处理我们将会在第 9 章详细介绍。

注释⑦和⑧处的代码：分别定义了两个函数，函数名分别为 changeStyle 和 resetStyle。所谓函数，其实就是实现某种功能的一系列命令（即脚本代码）的集合。在 JavaScript 中，定义函数的语法格式是：

```
function 函数名([参数列表]) {
    命令 1;
    命令 2;
    …
}
```

function 为函数定义的关键字，不能省略；函数名可以任意命名或使用函数表达式时可以直接省略函数名，命名时名称需要符合规范；参数可以包含 0 到多个，不管参数有没有，小括号都必须保留；函数中的所有命令必须放到一对大括号中。需要注意的是，函数定义后，不会自动执行，必须通过调用，函数才可以执行。函数的调用方式有多种，常用方式有：直接调用函数以及事件调用。事件调用需要在脚本代码中将函数名或函数定义作为元素的事件属性值，所以这种调用方式也称为事件绑定。事件绑定的函数在事件发生时会自动执行，事件没发生则不会执行。需要注意的是，使用函数名来绑定事件时，函数名后面不能跟小括号，否则，代码执行到函数名所在行时事件没有发生也会自动调用函数执行。示例 1-4 中的函数调用代码分别如注释②和④处所示，它们都使用了事件绑定方法，将 changeStyle 和 resetStyle 两个函数分别绑定到了 onmouseover 和 onmouseout 事件，这样一旦发生光标移入事件和光标移出事件就会调用相应的函数。有关函数的调用及其他内容我们将在第 4 章详细介绍。

注释③和⑥处的代码在此作为调试代码使用，alert()的作用是弹出警告对话框。当我们将注释④处的代码用"//"注释起来，同时将注释③、⑤和⑥处的代码前面的"//"删掉，然后再次运行示例 1-4，结果只弹出图 1-17 所示的警告对话框，由此可知③处的代码执行了，但⑥处的代码没有执行，因此可以判断，③处代码前面的代码都没有问题，但③和⑥之间的⑤处的代码有问题。经检查，原来把定义的函数名"resetStyle"写成了"resetStyl"。

除了可以使用 alert()方法调试脚本，还可以使用浏览器的"开发者工具"调试。打开 Chrome 浏览器的"开发者工具"，在默认打开的控制台窗口，可以看到图 1-18 所示的错误信息。

图 1-17　执行 alert("hi")后弹出的警告对话框

图 1-18　Chrome 浏览器"开发者工具"控制台的报错信息

图 1-18 所示的错误信息提示 ex1-4.html 文件中的第 26 行代码的"resetStyl"没有定义。可见，使用"开发者工具"同样可以很容易得知错误所在地方。

在前面的介绍中，我们说事件绑定既可以使用函数名，也可以使用函数定义，这两种方式的作用是完全一样的，所以我们可以将示例 1-4 注释②和④处的函数调用进行如下修改：

```
//使用函数定义绑定事件
oDiv.onmouseover = function changeStyle(){
    oDiv.style.width = "400px";
    oDiv.style.background = "#FCF";
};
 //使用函数定义绑定事件
oDiv.onmouseout = function resetStyle(){
```

```
    oDiv.style.width = "200px";
    oDiv.style.background = "#CCC";
};
```

很显然，通过绑定函数定义可以使代码更加简洁。不过，绑定函数定义有一个条件，就是该函数只需要绑定到一个事件上。如果一个函数需要绑定在多个事件上，则需要使用示例 1-4 所示的方法，即将函数名绑定到事件。一个函数只需要绑定在一个事件上时，我们还可以通过省略函数名进一步简化代码，此时可将上述代码修改为如下代码：

```
//使用没有函数名的函数定义绑定事件
oDiv.onmouseover = function (){  //使用匿名函数
     oDiv.style.width = "400px";
    oDiv.style.background = "#FCF";
};
//使用没有函数名的函数定义绑定事件
oDiv.onmouseout = function (){  //使用匿名函数
    oDiv.style.width = "200px";
    oDiv.style.background = "#CCC";
};
```

上述代码中，没有函数名的函数称为匿名函数，相对应的，有函数名的函数称为有名函数。从前面的介绍可知，当一个函数需要在多处调用时，需要使用有名函数；如果只需要在一个地方调用，则建议使用匿名函数，这样可以使代码更加简洁。

在示例 1-4 中，我们看到 \<script\> 标签出现在所有页面元素的后面，这是否说明，\<script\> 标签只能以这种方式出现呢？答案是否定的。事实上，JavaScript 脚本代码可以出现在 HTML 文档中的任何地方。如此，我们可以把示例 1-4 中的脚本代码放到头部区域中吗？回答这个问题前，我们先测试一下。现在我们把示例 1-4 的 \<script\> 标签及其中所有脚本代码移到文档头部区域的 \<style\>\</style\> 标签后面，保存文件后在 Chrome 浏览器中运行，结果发现光标移入和光标移出事件都没有效果。打开 Chrome 浏览器的"开发者工具"，单击"Console"，出现图 1-19 所示的错误信息。

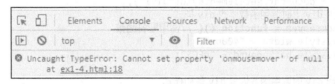

图 1-19　Chrome 浏览器"开发者工具"控制台的报错信息

图 1-19 所示的错误信息提示 ex1-4.html 文件中的第 18 行代码不能设置空值的"onmouseover"属性。为什么会出现这个错误信息呢？

在 1.1.5 节中，我们介绍了非事件处理代码在载入 HTML 文档时会按 JavaScript 在文档中出现的顺序，从上往下依次执行。将示例 1-4 中的脚本代码调到头部区域后，注释①处的代码属于非事件处理代码，所以它会按载入的顺序依次执行，即会执行代码获取 div 元素。但问题是根据文档加载的顺序，此时 div 元素还没有加载到文档中，导致脚本执行后得到的结果都是 null，即空值，所以脚本引擎解析到注释②处的代码时，代码变为了 null.onmouseover。这就是控制台报错的原因。脚本引擎解析到注释②处的代码出错后就使脚本代码停滞下来而无法往下执行，因而后面的光标移出事件也无法正常处理。

　　应如何解决图 1-19 所示的错误呢？从上面的分析我们知道，之所以会出现图示错误，是因为执行注释①处的脚本代码前，需要获取的元素还没有加载到文档中，由此可以想到，如果我们在这些元素加载之后再执行获取这些元素的脚本代码不就可以了吗？确实是这样的，这正是示例 1-4 的脚本代码放到 HTML 元素的后面的原因。那是否对这种情况，脚本代码的出现位置就只能如示例 1-4 所示的那样呢？答案是否定的。其实实际应用中最常用的一种解决图 1-19 所示问题的方法是使用事件处理。在 JavaScript 中，有一个窗口加载事件，该事件会在 HTML 文档加载完后自动触发执行。因此我们可以把需要元素加载完后才执行的脚本代码作为窗口加载事件处理代码。使用窗口加载事件后，脚本代码可以放到文档的任意位置，而不需要考虑元素以及脚本代码的加载顺序。窗口加载事件的事件目标为 "window" 对象，对应的事件属性是 "onload"。窗口加载事件处理代码格式为：

```
window.onload = 事件处理代码
```

　　下面我们使用匿名函数以及窗口加载事件修改示例 1-4 代码：

```
<!doctype html>
<html>
<head>
<meta charset="utf-8">
<title>使用匿名函数及窗口加载事件</title>
<style>
    /*设置 div 的宽度、高度和背景样式*/
    div{
        width:200px;
        height:200px;
        background:#CCC;
    }
</style>
<script>
    window.onload = function (){ //使用窗口加载事件绑定匿名函数
        //使用 document 对象调用 getElementById()方法获取文档中的元素
        var oDiv = document.getElementById("div1");
        //光标移入 div 上时调用函数修改 div 样式
        oDiv.onmouseover = function (){ //使用匿名函数
            oDiv.style.width = "400px";
            oDiv.style.background = "#FCF";
        }
        //光标移出 div 时调用函数恢复 div 最初样式
        oDiv.onmouseout = function(){ //使用匿名函数
            oDiv.style.width = "200px";
            oDiv.style.background = "#CCC";
        }
    }
</script>
</head>
<body>
    <div id="div1"></div>
</body>
</html>
```

　　在 Chrome 浏览器运行上述代码，结果和图 1-15、图 1-16 所示完全一样。

1.4　标识符、关键字和保留字

标识符其实就是一个名称。该名称可用来命名变量、函数或属性，或者用作 JavaScript 代码中某些循环语句中的跳转位置的标签。示例 1-4 中"var"单词后面的名字 oDiv 以及函数名 changeStyle 和 resetStyle 都是标识符。命名标识符时可以任意命名，但需要注意的是，必须符合一定的命名规范。在 JavaScript 中，标识符命名规范和 Java 以及其他许多语言的命名规范相同，主要规范如下。

（1）标识符第一个字符必须是字母、下划线（_）或美元符号（$），其后的字符可以是字母、数字或下划线、美元符号。

（2）自定义的标识符不能和 JavaScript 中的关键字及保留字同名，但可以包含关键字或保留字。关键字及保留字介绍请参见本节后面的内容介绍。

（3）标识符不能包含空格。

（4）标识符不能包含"+""-""@""#"等特殊字符。

（5）由多个单词组成的复合标识符命名主要有两种方式：一是使用下划线连接各个单词，每个单词全部小写，例如：dept_name。二是使用驼峰式，其中又分大驼峰和小驼峰。大驼峰的格式是每个单词的首字母大写，其余字母小写，例如：DeptName；小驼峰的格式是第一个单词全部小写，第二单词开始的每个单词首字母大写，其余字母小写，例如：deptName。

合法标识符示例：

```
user_name
userName
_name
$name
ab
ab123
```

非法标识符示例：

```
1a       //第一个字符为数字
a b      //标识符包含空格
a@b      //标识符包含特殊符号
while    //关键字
```

JavaScript 关键字是指具有特定含义的标识符，比如用于表示控制语句的开始或结束，或者用于执行特定操作，它们将在特定的场合中使用。

JavaScript 保留字指目前还不具有特定含义，但将来可能会用来表示特定含义的标识符，比如 class 标识符。

为了不引起不必要的问题，不可以使用 JavaScript 关键字和保留字作变量名或函数名。表 1-1 列出了 JavaScript 常见的一些关键字和保留字。

表 1-1　JavaScript 常见关键字和保留字

var	new	boolean	float	int	char
byte	double	function	long	short	true
break	continue	interface	return	typeof	void
class	final	in	package	synchronized	with

续表

catch	false	import	null	switch	while
extends	implements	else	goto	native	static
finally	instaceof	private	this	super	abstract
case	do	for	public	throw	default
let	arguments	const	if	try	eval

1.5　直接量

直接量（literal，有些书也叫字面量），指的是在 JavaScript 代码中直接给出的数据，例如 "String hello="您好""" 代码中，为变量 hello 所赋的值 "您好" 就是一个直接量。根据值的类型，直接量可分为以下几种类型。

（1）整型直接量：只包含整数部分，可使用十进制、十六进制和八进制表示，例如：123。

（2）浮点型直接量：由整数部分加小数部分表示，例如：1.23。

（3）布尔直接量：只有 true 和 false 两种取值。

（4）字符型直接量：使用单引号或双引号括起来的一个或几个字符或以反斜杠开头的称为转义字符（参见 1.7.2 节介绍）的特殊字符，例如："Hi"、'女'、\n（换行转义字符）。

（5）空值：使用 null 表示，表示没有对象，用于定义空的或不存在的引用。

1.6　变量

当程序需要在将来使用某个值或该值以后需要变化，则首先必须将其赋值给（将值 "保存" 到）一个变量。所谓变量，是指计算机内存中暂时保存数据的地方的符号名称，可以通过该名称获取对值的引用。在程序中，对内存中的数据的各种操作都是通过变量名来实现的。在程序的执行过程中，变量所保存的数据可能会发生变化。

变量的命名规范遵循标识符的命名规范。虽然变量名可以任意命名，但为了提高程序的可读性和可维护性，在程序中应尽量使用有意义的名字来命名变量，尽量不要使用 x、y、z 或 a、b、c 或它们的组合等没有具体含义的符号来命名变量。一个好的变量名能见名知意，例如用于存放用户名的变量可命名为：userName 或 user_name。

1.6.1　使用 var、let 和 const 声明变量

JavaScript 是弱类型语言，可以不需要声明变量而直接使用。这样虽然简单但不易发现变量名方面的错误，所以不建议这样做。通常的做法是在使用 JavaScript 变量前先声明变量。目前，JavaScript 变量声明方式有 3 种，分别是使用 var、let 和 const 关键字声明。其中，使用 var 声明变量，是 ECMAScript 6 版本以前一直使用的方式，由于这种方式声明的变量在某些情况下会导致一些问题，因而在 ECMAScript 6 版本中增加了使用 let 和 const 两种方式声明变量。

JavaScript 采用弱数据类型的形式，因而 JavaScript 变量是一种自由变量。它在程序的运行过程中可以接受任何类型的数据，不管使用哪种方式声明，在声明时都无需指定数据类型，这一点和强

类型的 Java 等语言的变量声明需要指定变量的数据类型存在很大的不同。

var、let 和 const 虽然都可声明变量，但它们之间存在许多不同之处，下面将一一介绍这些声明方式。

1. 使用 var 声明变量

使用 var 可声明全局或函数级别作用域的变量（有关变量的作用域，请参见 1.6.4 节介绍），声明语法存在以下几种方式。

```
方式一：var 变量名;
方式二：var 变量名 1,变量名 2,…,变量名 n;
方式三：var 变量名 1 = 值 1,变量名 2 = 值 2,…,变量名 n = 值 n;
```

（1）使用 var 可以一次声明一个变量，也可以一次声明多个变量，不同变量之间使用逗号隔开。例如：

```
var name; //一次声明一个变量
var name,age,gender; //一次声明多个变量
```

（2）声明变量时可以不初始化（即赋初值），此时其值默认为 undefined；也可以在声明变量的同时初始化变量。例如：

```
var name = "张三"; //声明的同时初始化变量
var name = "张三",age = 20,gender; //在一条声明中初始化部分变量
var name = "张三",age=20,gender = '女'; //在一条声明中初始化全部变量
```

（3）变量的具体数据类型根据所赋的值的数据类型来确定，例如：

```
var message = "hello";//值为字符串类型，所以 message 变量的类型为字符串类型
var message = 123; //值为数字类型，所以 message 变量的类型为数字类型
Var message = true;//值为布尔类型，所以 message 变量的类型为布尔类型
```

（4）在实际应用中，常常直接将循环变量的声明作为循环语法的一部分。例如：for(var i=0;i< 10;i+=){…}。

2. 使用 let 声明变量

使用 let 可以声明块级别作用域的变量，声明的格式和 var 声明变量的格式一样存在 3 种方式，如下所示：

```
方式一：let 变量名;
方式二：let 变量名 1,变量名 2,…,变量名 n;
方式三：let 变量名 1=值 1,变量名 2=值 2,…,变量名 n=值 n;
```

使用 let 声明变量的语法说明和 var 声明变量的完全相同，在此不再赘述。

使用 let 声明变量的示例如下：

```
let age;
let age = 32,name = "Tom";
```

3. 使用 const 声明变量

使用 var 和 let 声明的变量在脚本代码的运行过程中，值可以改变。如果希望变量的值在脚本代码的整个运行过程中保持不变，需要使用 const 来声明，声明格式如下：

```
const 变量名 = 值;
```

需要特别注意的是：使用 const 声明变量时，必须给变量赋初值，且该值在整个代码的运行过程中不能被修改。另外，变量也不能重复多次声明。这些要求任何一点没满足都会报错。

使用 const 声明变量的示例如下：

```
const pi = 3.1415;
```

4. 3 种变量声明方式的区别

（1）变量初始化要求不同：var 和 let 声明变量时可以不需要初始化，没有初始化的变量的值为 "undefined"，在代码的运行过程中变量的值可以被修改。const 声明变量时必须初始化，并且在代码的整个运行过程中不能修改初始化值，否则运行时会报错。例如：

```
var gv1;
let lv1;
const pi;
console.log("gb1=" + gv1);
console.log("lv1=" + lv1);
console.log("pi=" + pi);
```

将上述代码复制粘贴到 Chrome 浏览器的控制台，运行后报图 1-20 所示的错误。

图 1-20　Chrome 浏览器"开发者工具"控制台的报错信息

将上述代码中的 const 声明语句改为：const pi=3.1415；然后再次在控制台中运行，结果如图 1-21 所示。

从图 1-21，我们可以看到，var 和 let 声明的变量没有初始化时，值为 "undefined"。

（2）变量提升的支持不同：var 声明支持变量提升，而 const 和 let 声明不支持变量提升。有关变量提升的内容请参见 1.6.3 节。

图 1-21　Chrome 浏览器"开发者工具"控制台的报错信息

（3）对块级作用域的支持不同：var 声明的变量，不支持块级作用域，let 和 const 声明的变量支持块级作用域。凡是使用一对花括号 "{ }" 括起来的代码都称为一个代码块。所谓块级作用域，指的是有效范围为某个代码块，离开了这个代码块，变量将失效。示例代码如下：

```
if (true) {
  let num = 3;
  const msg = "How are you?";
}
alert(num); //num 为块级变量，离开判断块后无效，所以报：Uncaught ReferenceError
alert(msg); //msg 为块级变量，离开判断块后无效，所以报：Uncaught ReferenceError
for (let i = 0; i < 9; i ++ ) {
  var j = i;
}
alert(i);   //i 为块级变量，离开循环块后无效，所以报：Uncaught ReferenceError
alert(j);   //j 为全局变量，离开循环块后仍有效，所以运行正常，输出结果：8
```

（4）重复声明：在同一个作用域中，var 可以重复声明同一个变量，let 和 const 不能重复声明同一个变量。示例代码如下：

```
var gv1 = "JavaScript";
let gv2 = "JS";
const number = "10000";
var gv1 = "VBcript";    //①
let gv2 = "JScript";    //②
```

```
const number = "20000";//③
alert(gv1);
alert(gv2);
alert(number);
```

上述代码在预解析时，在分析处理到注释②处代码时将报：Uncaught SyntaxError: Identifier 'gv2' has already been declared 语法错误信息；分析处理到注释③处代码时报：Uncaught SyntaxError: Identifier 'number' has already been declared 语法错误信息。这些错误的原因是重复声明了 let 和 const 变量。而注释①处代码则没有问题，这说明 var 可以重复声明变量。但需要注意的是：如果仅仅是为了修改变量的值，不建议重复声明，直接在声明语句后面对变量重新赋值就可以了。

（5）let 和 const 存在暂时性死区：当块中存在 let/const 声明语句时，let/const 声明的变量就绑定到这个当前块作用域，不会受外部变量的影响，也不会影响外部变量。这个特点导致了在块作用域中，块变量在块开始到块变量声明之间出现了一个称为"暂时性死区"的区域。在"暂时性死区"中使用块变量，将会导致 ReferenceError。示例代码如下：

```
var msg = "JavaScript";
var p = 123;
if(true){
    console.log("块内输出msg: " + msg);//①
    console.log("块内输出p: " + p);//②
    let msg = "JScript";
    const p = 456;
}
console.log("块外输出msg: " + msg); //③
console.log("块外输出p: " + p); //④
```

上述代码在预解析时，在解析处理到注释①和②处代码时会报：Uncaught ReferenceError: msg is not defined 和 Uncaught ReferenceError: p is not defined 错误信息。这个错误原因是因为①和②处代码处在"暂时性死区"中，由此也可见，块变量不会受外部变量影响。将①和②处代码注释后，在 Chrome 控制台中的运行结果如图 1-22 所示。

图 1-22 Chrome 浏览器控制台的运行结果

从图 1-22 中可看出，控制台输出的结果是注释③和④处代码的运行结果，此时变量的值为 var 声明的变量的初始值，可见，块级变量的值不会影响外部变量。

1.6.2 变量的内存分配

JavaScript 的所有变量（包括函数）在整个处理过程中都是存放在内存中的，所以要对一个变量进行处理。首先得为变量分配内存。JavaScript 内存分配和其他许多语言一样，是根据变量的数据类型来分配内存的，而 JavaScript 变量的数据类型由所赋的值的类型决定。JavaScript 支持的数据类型可分为两大类：基本数据类型和复杂数据类型。其中基本数据类型包含了数字（number）类型、字符串（string）类型、布尔（boolean）类型、未定义（undefined）类型、空（null）类型；复杂数据类型包含了对象（object）类型，在 JavaScript 中数组、函数都属于对象类型。除了基本数据类型以外的数据类型全都是对象类型。有关数据类型的具体介绍请参见 1.7 节。在 JavaScript 中，基本数据类型变量分配在栈内存中，其中存放了变量的值，对其是按值来访问的；而对象类型的变量则同时会分配栈内存和堆内存，其中栈内存存放的是地址。堆内存存放的是引用类型的值，栈内存存放的地址指向堆内存中存放的值。对该变量的访问是按引用来访问的，即首先读取到栈内存存放的地址，然后按该地址找到堆内存读取其中存放的值。

　　JavaScript 之所以按变量的不同数据类型来分配内存，主要原因是栈内存比堆内存小，而且栈内存的大小是固定的，而堆内存大小可以动态变化。基本数据类型的值的大小固定，对象类型的值大小不固定，所以将它们分别存放在栈内存和堆内存是合理的。

　　接下来以下面的代码为例，以图示的方法介绍其中不同类型变量的内存分配情况。

```
function Student(id,sno,name,age){ //函数定义, Student 是一个函数变量
    this.id = id;
    this.sno = sno;
    this.name = name;
    this.age = age;
}
var num = 20; //num 是一个数字变量
var bol = false; //bol 是一个布尔变量
var str = "student"; //str 是一个字符串变量
var obj ={}; //obj 是一个对象变量
var arr = ['a','b','c']; //arr 是一个数组变量
var student = new Student(1,"2017010200016","小华",18);//student 是一个对象变量
```

　　上述代码中的 Student 变量定义了一个构造函数（有关构造函数以及后面的使用构造函数和使用{}创建对象的具体介绍请参见 11 章），函数的定义代码存放在堆内存中，该内存对应的地址存放在 Student 函数变量中。构造函数用于创建对象实例，最后一行代码正是使用了该构造函数来创建了一个名字为小华的学生对象实例。学生实例创建完后会返回其在堆内存中分配的地址，该地址被赋给了 student 变量。上述代码中的 "{}" 在堆内存中创建了一个空对象，该对象的堆内存中的地址被赋给了 obj 变量。['a','b','c']是一个元素值分别为'a'、'b'、'c'的数组对象，该对象也在堆内存中存放，其对应的地址赋给了 arr 变量。除了 Student、obj、arr 和 student 这几个变量为对象变量外，其他几个变量 num、bol、str 都是基本数据类型的变量，因而它们都存储在栈内存中。上述代码中各个类型变量的内存分配情况如图 1-23 所示。

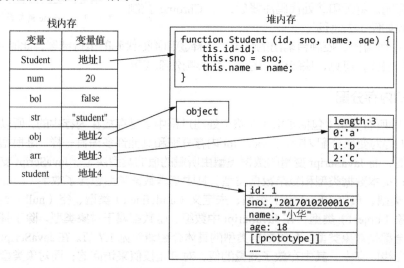

图 1-23　不同类型变量的内存分配情况

图 1-23 清楚地描述了基本数据类型的变量值存储在栈内存，而对象类型变量，包括函数、数组和对象，在栈内存中存储的只是引用对象的地址，该地址为对象在堆内存中分配的地址，因而通过该地址可以找到对象类型变量值。

1.6.3 变量提升和预解析

变量提升就好比 JavaScript 引擎用一个很小的代码起重机将所有 var 声明和 function 函数声明都举起到所属作用域（所谓作用域，指的是可访问变量和函数的区域）的最高处。这句话的意思是：如果在函数体外定义函数或使用 var 声明变量，则变量和函数的作用域会提升到整个代码的最高处，此时任何地方访问这个变量和调用这个函数都不会报错；而在函数体内定义函数或使用 var 声明变量，变量和函数的作用域则会被提升到整个函数的最高处，此时在函数体内任何地方访问这个变量和调用所定义的函数都不会报错。变量提升示例如下：

```
console.log("gv1=" + gv);//在声明前访问变量
show();//在定义前调用函数
var gv = "JavaScript";
console.log("gv2=" + gv);
function show(){
    console.log("lv1=" + lv);
    var lv = "JScript";
    console.log("lv2=" + lv);
}
```

在上述代码中，第一行代码以及 show 函数中的第一行代码分别在变量声明前访问了 gv 和 lv 变量，第二行代码在函数定义前，调用了 show 函数。这是否有问题呢？将上述代码复制粘贴到 Chrome 控制台上，运行后的结果如图 1-24 所示。

从图 1-24 所示的结果可看出，上述代码在声明前访问变量以及在定义前调用函数完全没问题，为什么会这样呢？原因就是变量提升。上述代码在代码运行前，经过预解析处理后的代码逻辑如下所示：

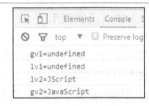

图 1-24　Chrome 浏览器控制台的运行结果

```
var gv; //变量声明提升到当前作用域的最高处
var show = function show(){ // 函数定义提升到当前作用域（全局作用域）的最高处
  var lv; //变量声明提升到当前作用域（函数作用域）的最高处
  console.log("lv1=" + lv);//lv 在声明时没有初始化，所以输出 undefined
  lv = "JScript";//对变量赋值
  console.log("lv2=" + lv);//变量输出所赋的值:JScript
}
console.log("gv1=" + gv);//gv 在声明时没有初始化，所以输出 undefined
gv="JavaScript"; //对变量赋值
console.log("gv2=" + gv);//变量输出所赋的值:JavaScript
```

由上可见，正是因为 var 支持变量提升，所以可以在声明前使用 var 声明的变量，而 let 和 const 不支持变量提升，所以它们声明的变量必须先声明才可以使用。

一般来说，JavaScript 代码的执行包括两个过程：预解析处理过程和逐行解读过程。在代码逐行解读前，JavaScript 引擎需要进行代码的预解析处理。在预解析过程中，当前作用域中的 var 变量声明和函数定义将被提升到作用域的最高处。

预解析处理的工作主要是变量提升和给变量分配内存，具体过程是在每个作用域中查找 var 声明的变量、函数定义和命名参数（函数参数），找到它们后，在当前作用域中给它们分配内存，并给它们设置初始值。预解析设置的初始值分别是：对于 var 声明的变量，初始值为 undefinded；对函数定义，变量名为函数名，函数变量的初始值为函数定义本身；对命名参数，如果函数调用时没有指定参数值，则命名参数的初始值为 undefined，如果函数调用时指定了参数值，则命名参数的初始值为指定的参数值。

注：对于变量声明的同时赋值的语句，例如：var a=9，JavaScript 引擎对它进行处理时，把该语句分拆为两条语句：var a 和 a=9，其中，var a 语句在预解析阶段进行处理，a=9 是赋值表达式，在逐行解读阶段进行赋值。所以预解析中，不管变量声明时是否有赋值，变量的初始值都是 undefinded。

1. 预解析发生的时机

（1）遇到<script>标签时

浏览器加载到<script>标签时，将使用 JavaScript 引擎对<script></script>标签对之间的代码块进行预解析：找出函数定义和函数体外的所有 var 声明的变量，并给它们分配内存和设置初始值。对同名的 var 变量和函数变量，只会分配一次栈内存，但在堆内存中会给函数变量的初始值分配内存。对变量赋初始值时，函数变量初始值优先级高于 var 变量初始值，而同级别的函数变量，后定义的函数优先于先定义的函数。所以 var 变量名和函数变量名相同时，如果内存中变量的值一开始为 undefined，但最终内存中该变量的初始值会替换为函数变量的值；否则变量的初始值保持不变。而同名的函数变量，后面定义的函数会替换前面定义的函数。

（2）遇到函数调用时

每一对<script></script>标签中的代码预解析完后会立即逐行解读代码。在解读代码的过程中，如果遇到函数调用，此时会在函数作用域中首先进行预解析处理，预解析处理完才会执行函数代码。在函数作用域的预解析规则是：找出命名参数、所有 var 变量和函数定义，并给它们在函数作用域中分配内存和设置初始值。对同名的 var 变量、命名参数和函数变量，只会分配一次栈内存，但在堆内存中会给函数变量的初始值分配内存。对变量赋初始值时，函数变量的值优先级最高，其次是命名参数值。所以如果命名参数名和 var 变量名相同，内存中变量的值为参数值；如果命名参数名和函数变量名相同或 var 变量名和函数变量名相同，内存中变量的值为函数变量值。

2. 页面中包含多个<script></script>标签时的预解析

当页面中包含多个<script></script>标签时，JavaScript 引擎会按页面中<script></script>标签出现的顺序，从上往下对每一个<script></script>标签对之间的脚本代码块分别进行预解析和逐行解读处理。每一个<script></script>标签对之间代码的预解析是全局范围的，在函数调用时发生的函数代码预解析则是针对函数范围的。

需要注意的是，变量在预解析处理得到的初始值在逐行解读代码过程中会被赋值表达式（带有 =，+=，-=，*=，/=，++，--等运算符号的语句）修改。

下面我们通过几个示例来具体演示变量和函数的预解析处理。

【示例 1-5】预解析时变量的优先级示例。

```
<!doctype html>
<html>
<head>
<meta charset="utf-8">
```

```
<title>预解析时变量的优先级示例</title>
<script>
    alert("(1)该行结果为: " + a); //①
    var a = 3; //②
    alert("(2)该行结果为: " + a); //③
    function a(){ //④
        alert(2);
    }
    var a = 6; //⑤
    function a(){ //⑥
        alert(4);
    }
    alert("(3)该行结果为: " + a); //⑦
</script>
</head>
<body>
</body>
</html>
```

上述代码在 Chrome 浏览器中的运行结果分别如图 1-25、图 1-26 和图 1-27 所示。

图 1-25　注释①处代码运行结果

图 1-26　注释③处代码运行结果

图 1-27　注释⑦处代码运行结果

　　可能很多读者朋友对上述运行结果有疑问。其实上述运行结果正是预解析和逐行解读分阶段处理的结果。JavaScript 引擎遇到<script>标签时，开始按代码出现的顺序进行预解析处理：首先预解析注释②处的 var 变量 a，给它分配内存，并给它赋初始值为"undefined"；然后预解析注释④处的函数变量 a，发现该变量和已分配内存的 var 变量同名，所以不再对函数变量 a 分配栈内存，而只给它分配堆内存存储函数定义，同时会将栈内存中的变量 a 的值修改为函数变量的初始值"function a(){alert(2);}"；再接着预解析注释⑤处的 var 变量 a，该变量与前面预解析得到的函数变量 a 同名，所以对该变量也不再分配内存，由于函数变量值优先级高于 var 变量值，所以此时注释⑤处的 var 变量 a 初始值"undefined"不会修改内存变量的函数定义值；最后预解析注释⑥处的函数变量 a，发现它和内存中的变量 a 同名，也不再给它分配栈内存，但会在堆中分配内存存储注释⑥处的函数定义。由于后定义的函数优先级高于前面定义的函数，此时内存中的变量 a 的函数定义值被修改为"function a(){alert(4);}"。因此最终内存中变量 a 的值为"function a(){alert(4);}"。至此，预解析完成，接着进行逐行解读代码。

在逐行解读代码阶段，首先解读到注释①处代码，此时会去内存中查找变量 a，如果找到，读取变量 a 的值并输出到警告对话框中；如果没找到，将报"a is not defined"错误。上面的预解析的结果是内存中存在变量 a，且其值为"function a(){alert(4);}"，所以执行注释①处代码后得到了图 1-25 所示的运行结果。注释②处的代码是一个赋值表达式：a=3，执行该行代码后，会将内存中变量 a 的值修改为"3"。所以执行到注释③处代码时，从内存中读取到的值为"3"，因而得到图 1-26 所示的运行结果。注释④处定义了一个函数，执行时会跳过函数定义不作任何操作。注释⑤处代码是一个赋值表达式：a=6，执行该行代码后，会将内存中变量 a 的值修改为"6"。注释⑥处又是一个函数定义，不作解读。最后执行注释⑦处代码，从内存中读取到值"6"，因而得到图 1-27 所示的运行结果。

【示例 1-6】同时存在两个 script 标签对的预解析处理。

```
<!doctype html>
<html>
<head>
<meta charset="utf-8">
<title>同时存在两个 script 标签对的预解析处理</title>
<script>
    console.log(a);
</script>
<script>
    var a = 2;
</script>
</head>
<body>
</body>
</html>
```

上述代码的运行结果如图 1-28 所示。

之所以会出现图 1-28 所示的错误，原因是对脚本代码的预解析和逐行解读是针对每一个<script></script>标签对中的代码块，JavaScript 引擎会按<script></script>出现的顺序，从上往下处理，处理完一个<script></script>之间的代码块的预解析和逐行解读，再处理下一个<script></script>中的代码块的预解析和逐行解读。

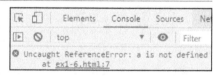

图 1-28　执行 log()方法时报错

对示例 1-6 中的代码，JavaScript 引擎首先对第一个<script></script>之间的代码块进行预解析和逐行解读处理。由于在该块代码中，没有变量需要预解析，所以直接进行逐行解读处理，执行 log()时发现有命名参数，此时会去内存中找该变量，但发现内存中没有该变量，因而报图 1-28 所示的错误。执行过程中一旦有错误出现，JavaScript 引擎就会停止执行代码，因而此时第二个<script></script>之间的代码块并没有作任何的处理。如果将示例中的两个<script></script>之间的代码块刚好对调位置，即变成如下代码：

```
<script>
    var a = 2;
</script>
<script>
    console.log(a);
</script>
```

JavaScript 引擎首先对第一个<script></script>之间的代码块进行预解析处理：给变量 a 分配内存，并赋初始值"undefined"。至此完成预解析处理，接着进行逐行解读处理：执行 a=2 将内存中的变量 a 的初始值"undefined"修改为"2"。至此完成第一个<script></script>标签对之间的代码块的逐行解读处理，接着进行第二个<script></script>之间的代码块的预解析：此时没有变量需要预解析，直接进行代码的逐行解读处理。解读代码时发现 log()方法有命名参数 a，此时会去内存中找变量 a。在处理第一个<script></script>之间的代码块时已将变量 a 存储在内存，且值在执行过程中已变为 2，所以此时 log()方法找到的参数值为 2，最终在控制台中可以看到运行结果为"2"。

【示例 1-7】同时存在全局变量和局部变量的预解析处理。

```
<!doctype html>
<html>
<head>
<meta charset="utf-8">
<title>同时存在全局变量和局部变量的预解析</title>
<script>
    var a=1;
    function fn(){
        console.log("在函数内的变量 a=" + a);
        var a = 2;
    }
    fn();
    console.log("在函数外的变量 a=" + a);
</script>
</head>
<body>
</body>
</html>
```

上述代码在 Chrome 浏览器控制台中的运行结果如图 1-29 所示。

对图 1-29 所示结果我们可以使用预解析处理和逐行解读处理进行分析。首先进行代码的预解析处理：首先找到第一条代码声明的 var 变量 a，对其分配内存并赋初始值"undefined"；接着找到函数变量 fn，对其分配内存并将整个 fn 函数定义作为其初值，至此完成全局范围的预解析处理；接着进行代码的逐行解读处理：执行第一行代码时发现有赋值表达式 a=1

图 1-29　控制台输出结果

后，将变量 a 的"undefined"修改为"1"；接着读到 fn 函数定义时直接跳过不作任何处理；然后读到 fn()函数调用语句，此时会去处理函数定义语句。

对函数的处理同样包括预解析和逐行解读两个阶段的处理，但这些处理只在函数这个局部范围内进行，一旦函数执行完毕，在局部范围内分配的内存将被收回，因而局部变量离开函数后将失效。

执行函数调用代码时，首先对函数进行预解析处理：找到 var 变量 a，在函数范围内对其分配内存并赋初始值"undefined"，至此完成预解析处理。接着对函数进行逐行解读代码：首先读到 console.log(a)代码，发现有命名参数 a，此时会去函数范围的内存中找变量 a，发现存在值为"undefined"的变量 a，因而在控制台输出变量 a 的值"undefined"；接着执行到 var a=2 语句，发现有赋值表达式，因而将变量 a 的值修改为"2"，至此处理完整个函数。此时在函数范围内分配的变量 a 内存被收回，因而离开函数后，内存中只剩全局范围的变量 a。执行完函数调用后，接着执行最后一条语句：console.log("在函数内的变量 a="+a)，发现有命名参数 a，此时会去内存中找变量 a，发现存在值为"1"的变量 a，因而在控制台输出变量 a 的值"1"。

【示例 1-8】函数有参数但调用时没有传参的预解析处理。

```html
<!doctype html>
<html>
<head>
<meta charset="utf-8">
<title>函数有参数但调用时没有传参的预解析</title>
<script>
    var a = 1;
    function fn(a){
        console.log("在函数内的变量 a=" + a);
        var a = 2;
    }
    fn();
    console.log("在函数外的变量 a = " + a);
</script>
</head>
<body>
</body>
</html>
```

上述代码在 Chrome 浏览器控制台中的运行结果如图 1-30 所示。

对图 1-30 所示结果我们同样可以使用预解析处理和逐行解读处理进行分析。示例 1-8 代码的预解析和逐行解读处理和示例 1-7 的类似，函数体外的代码处理完全相同，在此不再累赘。下面主要介绍一下有区别的函数体内代码的处理。示例 1-8 在解读到函数调用 fn()语句时，会转到函数定义语句对函数进行处理。

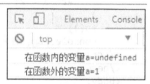

图 1-30 控制台输出结果

执行函数调用代码时，首先对函数进行预解析处理：首先找到命名参数 a，在函数范围内对其分配内存，由于函数调用时没有传参，所以参数 a 的初始值为"undefined"；然后又找到了 var 变量 a，由于和命名参数同名，所以不会为该变量分配内存，又因为变量值的优先级低于参数值，所以，内存中的命名参数值没有被修改，至此完成函数范围内的预解析处理。接着逐行解读函数体内代码：首先读到 console.log("在函数内的变量 a="+a)代码，发现有命名参数 a，此时会去函数范围的内存中找变量 a，发现存在值为"undefined"的变量 a，因而在控制台输出变量 a 的值"undefined"；接着执行到 var a=2 语句，发现有赋值表达式，因而将函数范围的变量 a 的值修改为"2"，至此处理完整个函数。此时在函数范围内分配的变量 a 内存被收回，因而离开函数后，内存中只剩全局范围的变量 a。从前面示例的分析中，我们知道，全局变量 a 的值为"1"，所以在控制台中变量 a 的输出结果为"1"。

【示例 1-9】函数有参数且调用时有传参的预解析处理。

```html
<!doctype html>
<html>
<head>
<meta charset="utf-8">
<title>函数有参数且调用时有传参的预解析</title>
<script>
    var a = 1;
    function fn(a){
        console.log("在函数内的变量 a = " + a);
```

```
        var a = 2;
    }
    fn(a);
    console.log("在函数外的变量 a = " + a);
</script>
</head>
<body>
</body>
</html>
```

上述代码在 Chrome 浏览器控制台中的运行结果如图 1-31 所示。

示例 1-9 和示例 1-8 很类似，不同的地方是前者函数调用时有传参，后者没有传参。所以在预解析函数时存在一点不同。下面我们仅分析函数的预解析处理和逐行解读处理。

图 1-31　控制台输出结果

通过前面示例的分析，我们知道，在执行函数调用语句 fn(a) 时，内存中的变量 a 的值为 "1"，因此调用函数 fn(a) 相当于调用 fn(1)。执行函数调用后，JavaScript 引擎跳到函数定义语句，首先进行预解析处理：首先对命名参数在函数范围内分配内存，并把传过来的参数值 "1" 作为命名参数的初值；接着又找到了 var 变量 a，由于和参数变量同名，所以不会为该变量分配内存，又因为变量值的优先级低于参数值，所以，内存中的命名参数值没有被修改，仍然为 "1"，至此完成函数范围内的预解析处理。接着逐行解读函数体内代码：首先读到 console.log("在函数内的变量 a="+a) 代码，发现有命名参数 a，此时会去函数范围的内存中找变量 a，发现存在值 "1" 的变量 a，因而在控制台输出变量 a 的值 "1"；接着执行到 var a=2 语句，发现有赋值表达式，因而将变量 a 的值修改为 "2"，至此处理完整个函数。此时在函数范围内分配的变量 a 内存被收回，因而离开函数后，内存中只剩全局范围的变量 a，而全局变量 a 的值为 "1"，所以在控制台中变量 a 的输出结果也为 "1"。

1.6.4　变量的作用域

变量的作用域（scope），指的是变量在脚本代码中的可读、写的有效范围，也就是脚本代码中可以使用这个变量的区域。在 ECMAScript 6 之前，变量的作用域主要分为全局作用域、局部作用域（也称函数作用域）两种；在 ECMAScript 6 及其之后，变量的作用域主要分为全局作用域、局部作用域和块级作用域这 3 种。相应作用域的变量分别称为全局变量、局部变量和块级变量。全局变量声明在所有函数之外；局部变量是在函数体内声明的变量或者是函数的命名参数；块级变量是在块中声明的变量，只在块中有效。

变量的作用域跟声明方式有很密切的关系。使用 var 声明的变量的作用域有全局作用域和函数作用域，没有块级作用域；使用 let 和 const 声明的变量有全局作用域、局部作用域和块级作用域。

注： 严格意义的全局变量都属于 window 对象的属性，但 let 和 const 声明的变量并不属于 window 对象，所以它们并不是严格意义上的全局变量，在此仅仅从它们的作用域这个角度来说它们是全局变量的。

由于 var 支持变量提升，所以 var 变量的全局作用域是对整个页面的脚本代码有效；而 let 和 const 不支持变量提升，所以 let 和 const 变量的全局作用域指的是从声明语句开始到整个页面的脚本代码结束之间的整个区域，而声明语句之前的区域是没有效的。同样，因为 var 支持变量提升，而 let 和 const 不支持变量提升，所以使用 var 声明的局部变量在整个函数中有效，而使用 let 和 const 声明的局部变量从声明语句开始到函数结束之间的区域有效。需要注意的是，如果局部变量和全局变量同名，则在函数作用域中，局部变量会履盖全局变量，即在函数体中起作用的是局部变量；在函数体外，全局变量起作用，局部变量无效，此时引用局部变量将出现语法错误。对块级变量来说，其作用域是块级变量声明语句开始到块结束之间的区域。在块开始到块级变量声明语句之间的区域为"暂时性死区"，在这个区域，块级变量没有效。

另外，在非严格运行模式中，变量可以不需要声明，这些没有声明的变量，不管在哪里使用都属于全局变量。通常不建议变量不声明而直接使用，因为这样有可能会产生一些不易发现的错误。

【示例 1-10】变量的作用域示例。

```html
<!doctype html>
<html>
<head>
<meta charset="utf-8">
<title>变量作用域示例</title>
<script>
    var v1 = "JavaScript"; //全局变量
    let v2 = "JScript"; //全局变量
    let v3 = "Script"; //全局变量
    scopeTest();     //调用函数
    function scopeTest(){
        var lv = "aaa"; //局部变量
        var v1 = "bbb"; //局部变量
        let v2 = "ccc"; //局部变量
        if(true){
            let lv = "123"; //块级变量
            console.log("块内输出的 lv = " + lv); //123
        }
        console.log("函数体内输出的 lv = " + lv); //aaa
        console.log("函数体内输出的 v1 = " + v1); //bbb
        console.log("函数体内输出的 v2 = " + v2); //ccc
        console.log("函数体内输出的 v3 = " + v3); //Script
        //v4 为全局变量，赋值在后面，因而值为 undefined
        console.log("函数体内输出的 v4 = " + v4);
    }
    var v4 = "VBScript"; //全局变量
    console.log("函数体外输出的 lv = " + lv); //① 报 ReferenceError 错误
    console.log("函数体外输出的 v1 = " + v1); //JavaScript
    console.log("函数体外输出的 v2 = " + v2); //JScript
    console.log("函数体外输出的 v3 = " + v3); //Script
    console.log("函数体外输出的 v3 = " + v4); //VBScript
</script>
</head>
<body>
</body>
</html>
```

上述脚本代码分别声明了 4 个全局变量、3 个局部变量和 1 个块级变量。在 scopeTest 函数体外，变量 v1、v2、v3 和 v4 为全局变量；在 scopeTest 函数体内，lv、v2 是全局变量；在 if 判断块中，lv 是块级变量。我们看到，局部变量 v1 和 v2 与全局变量 v1 和 v2 同名，在 scopeTest 函数体内，局部变量 v1 和 v2 有效，因而在函数体这 2 个变量的输出结果分别为 "bbb" 和 "ccc"；在函数体外，全局变量 v1 和 v2 有效，因而在函数体外，这 2 个变量的输出结果分别为 "JavaScript" 和 "JScript"。另外，块级变量 lv 和局部变量 lv 同名，在 if 判断块中，块级变量 lv 有效，因而在块中输出的结果为"123"，而在块外，局部变量 lv 有效，lv 变量的输出结果为"aaa"。另外，全局变量 v3 和 v4 在函数体中没有被覆盖，因而输出的是全局变量的值，所以 v3 在函数体内和体外的输出结果都为"Script"，而 v4 变量的赋值在函数调用的后面，因而在函数体中的 v4 输出结果为"undefined"，而在函数体外的输出是在声明之后，所以结果为"VBScript"。lv 是局部变量，因而在函数体外访问会报"ReferenceError"错误。

上述代码在 Chrome 浏览器中运行后，打开浏览器的控制台，可以看到图 1-32 所示的输出结果。

图 1-32 ①处代码注释前控制台输出结果

图 1-33 ①处代码注释后控制台输出结果

图 1-32 所示报第 26 行代码（即示例 1-10 ①处注释的代码）中的 lv 没有定义的引用错误，这是因为 lv 变量为局部变量，离开函数后无效。将这行代码注释后再运行，此时打开浏览器控制台可看到图 1-33 所示结果。从图 1-33 可看到，块级变量在块内覆盖局部变量，局部变量在函数体内覆盖全局变量，没有被覆盖的全局变量在函数体内、外都有效。

> 思考：为什么在函数体内 v4 变量的输出结果是"undefined"而不会报错？

1.6.5 作用域链

从示例 1-10 的运行结果中我们可以看到，在函数体内可以访问函数体外的全局变量，为什么会这样呢？这是因为函数存在一个称为作用域链的集合对象。ECMA-262 标准第 3 版定义所有函数都有一个称为 Scope 的内部属性，该内部属性可供 JavaScript 引擎（解释器）访问，其中包含了函数作用域中的对象的集合，这个集合称为函数的作用域链，它决定了函数可访问哪些数据。

对作用域链更通俗的解释为：JavaScript 在运行的时候，需要一些空间来存储脚本所用到的变量，存储变量的这些空间称为作用域对象（Scope object），也称为词法作用域。作用域对象可以有父作用域对象。当脚本代码访问一个变量的时候，JavaScript 引擎将在当前的作用域对象中查找这个变量。如果这个变量不存在，JavaScript 引擎就会在父作用域对象中查找这个变量。依此类推，直到找到该变量或者再也没有父作用域对象为止。这个查找变量的过程可能经过的作用域对象就称为作用域链（Scope chain）。

作用域链中的对象访问顺序是：访问的第一个对象为当前作用域对象，下一个对象来自包含（外部）环境，即父作用域对象，再下一个变量对象则来自于在下一个包含环境，即祖父作用域对象，依此类推，一直延续到全局执行环境，即全局作用域对象，全局作用域对象是作用域链中的最后一个对象。

注：在 JavaScript 中，作用域对象是在堆中被创建的，在函数返回后，如果还有其他对象引用它们时，则不会被销毁，所以仍可以被访问。

1. 函数作用域链中所涉及的对象

函数作用域链中的数据根据作用域及生成时机的不同，可分为不同类型。下面我们以示例 1-11 的代码为例具体介绍函数的作用域链中所涉及的几类对象。

【示例 1-11】函数作用域链示例。

```
<script>
    var v1 = "JavaScript";
    function testScope(value1,value2){
        var result = value1 + value2;
        return result;
    }
    var v2 = "JScript";
    var sum = testScope(10,20);
    console.log("v1 = " + v1);
    console.log("v2 = " + v2);
    console.log("sum = " + sum);
</script>
```

（1）全局对象

当一个函数被定义后，它的作用域链中会填入一个全局对象，该全局对象包含了所有全局变量。此时函数作用域链如图 1-34 所示。

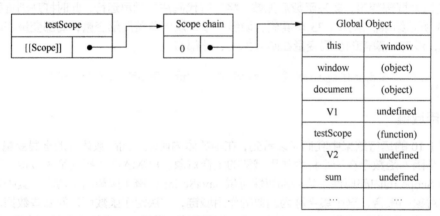

图 1-34　函数定义后的作用域链

（2）运行期上下文对象与活动对象

当程序执行到 var sum=testScope(10,20)进行函数调用时，会创建一个称为"运行期上下文（execution context）"的内部对象，该对象定义了函数执行时的环境。每个执行上下文都有自己的作用域链，用于标识符解析，当运行期上下文被创建时，它的作用域链初始化为当前运行函数的[[Scope]]所包含的对象。这些对象按照它们在函数中出现的顺序被复到运行期上下文的作用域链中，它们共同组成了一个称为"活动对象（activation object）"的新对象，该对象包含了函数的所有局部变量、命名参数、参数集合以及 this。活动对象生成后会被推入作用域链的前端。函数运行期上下文作用域链如图 1-35 所示。

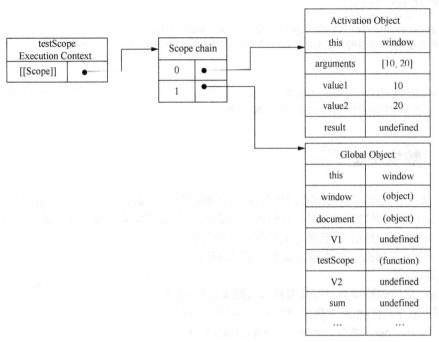

图 1-35　函数运行期上下文作用域链

　　当函数执行完毕时，运行期上下文会被销毁，活动对象因没有被引用也会随之被销毁，因此，离开函数后，属于活动对象的局部变量无效。

　　在函数执行过程中，每遇到一个变量，都会经历一次标识符解析过程以决定从哪里获取和存储数据。该过程从作用域链头部，也就是从活动对象开始搜索，查找同名的标识符，如果找到了就使用这个标识符对应的变量，如果没找到就继续搜索作用域链中的下一个对象，如果搜索完作用域链所有对象都未找到，则认为该标识符未定义而报引用错误。

2．作用域链和代码优化

　　从作用域链的结构可以看出，在运行期上下文的作用域链中，标识符所在的位置越深，读写速度就会越慢。如图 1-35 所示，因为全局变量总是存在于运行期上下文作用域的最末端，因此在标识符解析的时候，查找全局变量是最慢的。所以，在编写代码时应尽量少使用全局变量，而尽可能使用局部变量。一个优化代码的经验法则是：如果一个跨作用域的对象被引用了一次以上，则先把它存储为局部变量再使用。例如下面的代码：

```
function changeColor(){
    document.getElementById("btnChange").onclick = function(){
        document.getElementById("targetCanvas").style.backgroundColor = "red";
    };
}
```

　　函数 changeColor()引用了两次全局变量 document，查找该变量必须遍历整个作用域链，直到最后在全局对象中才能找到。按上面所述的代码优化规则，可将上述代码修改如下：

```
function changeColor(){
    var doc = document;
    doc.getElementById("btnChange").onclick = function(){
        doc.getElementById("targetCanvas").style.backgroundColor = "red";
    };
}
```

这段代码比较简单,重写后不会显示出巨大的性能提升,但是如果程序中有大量的全局变量被反复访问,那么重写后的代码性能会有显著改善。

1.7   数据类型

JavaScript 是弱类型的编程语言,声明变量时不需要指明类型,变量的类型由所赋值的类型决定,所以 JavaScript 的数据类型是针对直接量的。数据类型限制了数据可以进行的操作,以及数据在内存中占用的空间大小。例如,数字类型的数据可以进行算术、比较等运算,而字符串类型的数据可以进行字符串连接、排序、子串截取等运算。

JavaScript 支持的数据类型可分为基本数据类型和引用数据类型(引用数据类型也称为复杂类型)。其中基本数据类型包含了数字(number)类型、字符串(string)类型、布尔(boolean)类型、未定义(undefined)类型、空(null)类型;引用数据类型就是对象类型。在 JavaScript 中,数组、函数都属于对象类型。事实上,除了基本数据类型以外的全都是对象类型。数据类型的分类如图 1-36 所示。使用 typeof 运算符可以判断指定值的数据类型(typeof 的用法请见 1.7.1 节)。

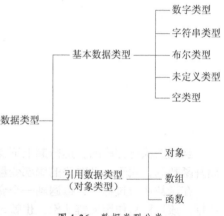

图 1-36   数据类型分类

1.7.1   使用 typeof 运算符检测数据类型

typeof 是一个运算符,用来检测给定的变量或值的数据类型,返回的值为操作数的数据类型名称,是一个字符串结果。使用格式如下:

typeof 操作数

说明:操作数可以是变量,也可以是具体的某个值(即字面量),返回值有以下几种。

(1)undefined:表示操作数为未定义。

(2)boolean:表示操作数为布尔值。

(3)string:表示操作数为字符串。

(4)number:表示操作数为数字。

(5)object:表示操作数为对象或数组。

(6)function:表示操作数为函数。

注:函数也是一种对象,但 typeof 将函数视为特殊情况,所以检测函数时,返回的结果为 function,而不是 object。

使用 typeof 运算符检测数据类型的示例如下：

```javascript
var miaov = 'ketang'; //声明变量，同时给变量赋值
console.log( typeof miaov ); //检测变量 miaov，结果为: string
console.log( typeof 1 ); //检测数字 1，结果为: number
console.log( typeof true ); //检测 true，结果为: boolean
console.log( typeof false ); //检测 false，结果为: boolean
console.log( typeof undefined ); //检测 undefined，结果为: undefined
console.log( typeof null ); //检测 null，结果为: object
console.log( typeof {} ); // 检测对象，结果为: object
console.log( typeof [] ); //检测数组，结果为: object

function func(){} //定义函数
console.log( typeof func ); //检测 func 函数类型，结果为: 'function'
```

从代码的运行结果中看到，属于基本数据类型的 null，使用 typeof 检测时，结果却是 object，这似乎是说 null 应该属于引用类型。之所以出现这样结果，原因是：JavaScript 中的值在机器中都以二进制来表示，在 JavaScript 最初的实现中，JavaScript 中的值在机器中以 32 位单位存储，存储的值包括一个类型的标志和实际数据值两部分内容，类型标志使用低位的 1~3 三位来表示的。对象的类型标志是低三位的 000。由于 null 代表的是空指针（大多数平台下值为 0x00），因此，typeof 会把 null 对应的二进制中的低三位 000 看成是对象的类型标志，从而错误地返回了 object。

1.7.2　数字类型

数字（number）类型在 JavaScript 源代码中包含两种书写格式的数字：整型数字和浮点型数字。整型数字就是只包含整数部分的数字，其又分为十进制、十六进制和八进制三类整数。浮点型数字则包含整数部分、小数点和小数部分的数字。

1.　整型数字

在 JavaScript 程序中，十进制的整数是一个数字序列。例如：123、69、10 000 等数字。JavaScript 的数字格式允许精确地表示-900 719 925 474 092（-2^{53}）和 900 719 925 474 092（2^{53}）以及它们之间的所有整数。使用超过这个范围的整数，就会失去尾数的精度。

JavaScript 不但能够处理十进制的整型数据，还能识别十六进制（以 16 为基数）的数据。所谓十六进制数据，是以"0X"或"0x"开头，其后跟随十六进制数字串的直接量。十六进制的数字可以是 0~9 中的某个数字，也可以是 a（A）~f（F）中的某个字母，它们用来表示 0~15 之间（包括 0 和 15）的某个值。十六进制可以很容易地转换为十进制数，例如：十六进制数 0xff 对应的十进制数是 255（15×16+15=255）。

尽管 ECMAScript 标准不支持八进制数据，但是 JavaScript 的某些实现却允许采用八进制（基数为 8）格式的整型数据。八进制数据以数字 0 开头，其后跟随由 0~7（包括 0 和 7）之间的数字组成的一个数字序列。八进制数可以很容易地转换为十进制数，例如，八进制数是 0377 对应的十进制数是 255（3×64+7×8+7=255）。

由于某些 JavaScript 实现支持八进制数据，有些则不支持，所以最好不要使用以 0 开头的整型数据，因为不知道某个 JavaScript 的实现是将其解释为十进制，还是解释为八进制。

2.　浮点型数字

浮点型数字采用的是传统的实数写法。一个实数值由整数部分后加小数点和小数部分表示。

此外，还可以使用科学（也称指数）计数法表示浮点型数字，即实数后跟随字母 e 或 E，后面加上正负号（正号可以省略），其后再加一个整型指数。这种记数法表示的数值等于前面的实数乘以 10 的指数次幂。

构成语法：

```
[digits] [.digits] [(E|e([+]|-))]digits]
```

中括号括起的内容表示可以省略。浮点数示例如下：

```
3.1
.66666666
1.23e11              //1.23×10¹¹
2.321E - 12          //2.321×10⁻¹²
```

在 JavaScript 中，数字类型名为"number"。声明数字类型的变量及判断变量类型示例如下：

```
var a = 17;          //变量类型为十进制的整型数字
var b = 0x36ae;      //变量类型为十六进制的整型数字
var c = 6.78;        //变量类型为实数表示法的浮点型数字
var d = 12e5;        //变量类型为科学计数法表示的浮点型数字
alert(typeof c);     //在警告对话框中显示的结果为：number
```

上述示例最后一行使用了 typeof 来检测 c 变量的数据类型，从运行结果可看到为 number 类型。把变量名 c 分别替换为 a 和 b 后，同样可检测出 a 和 b 的类型也是 number。

数字类型的数据可执行的操作有加、减、乘、除和取模等算术运算，示例如下：

```
var a = 18, b = 3;
var c = a + b;       //执行加法运算
var d = a / b;       //执行除法运算
var e = a % b;       //执行取模运算
```

1.7.3　字符串类型

字符串（string）类型是由单引号或双引号括起来的一组由 16 位 Unicode 字符组成的字符序列，用于表示和处理文本。

1. 字符串直接量

在 JavaScript 程序中的字符串直接量，是由单引号或双引号括起来的字符序列。由单引号定界的字符串中可以含有双引号，由双引号定界的字符串中也可以含有单引号。字符串直接量示例如下：

```
'我现在在学习 JavaScript'          //单引号括起来的字符串
"我现在在学习 JavaScript"          //双引号括起来的字符串
'我现在在学习"JavaScript"'         //单引号定界的字符串中可以包含双引号
"我现在在学习'JavaScript'"         //双引号定界的字符串中可以包含单引号
```

2. 转义字符

在 JavaScript 字符串中，反斜杠（\）有着特殊的用途，通过它和一些字符的组合使用，可以在字符串中包括一些无法直接键入的字符，或改变某个字符的常规解释。例如：使用双引号括起来的字符串中，如果需要包含双引号，则需要对作为字符串内容的双引号做非常规解释，即不能解释为字符串的定界符号，此时通过将双引号写成\"的形式可满足需求。\"称为转义字符，该转义字符将双引号解释为字符串中的一个组成部分，而不是作为字符串定界符号。又比如\n 表示的是换行符，实现换行功能。\n 转义字符实现了在字符串中包括无法直接键入的换行符。JavaScript 常用的转义字符见表 1-2。

表 1–2 **JavaScript 常用的转义字符**

转义字符	描述	转义字符	描述
\n	换行符	\r	回车符
\t	水平制表符	\\	反斜杠符
\b	退格符	\v	垂直制表符
\f	换页符	\0ddd	八进制整数，取值范围 000～777
\'	单引号	\xnn	十六进制整数，取值范围 00～FF
\"	双引号	\uhhhh	由 4 位十六进制数指定的 Unicode 字符

转义字符的使用示例如下：

```
var msg1 = "这个例子演示了使用\"JS 转义字符\"" ；   //代码中使用了\"双引号转义字符
Var msg2 = '以及"单引号"作字符串界定的两种方法输出字符串中的双引号。' ；
alert(msg1 + "\n" + msg2);   //代码中使用了\n 换行转义字符
```

上述代码复制粘贴到 Chrome 浏览器的控制台中，按 "Enter" 键回车后运行，结果弹出警告对话框，如图 1-37 所示。

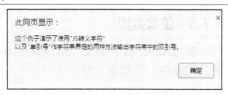

图 1-37 转义字符的使用

从图 1-37 可看出，要输出字符串中的双引号，除了可使用单引号作为字符串的界定符方法外，还可以在使用双引号作界定符的情况下使用转义字符\"。另外，因为使用了\n 换行转义字符，所以结果中的两行字符串实现了换行显示。

在 JavaScript 中，字符串类型名为 "string"。字符串类型的数据可执行的操作有获取字符串长度、获取指定位置的字符、截取子串、转换字符大小写等操作，示例如下：

```
var str = "miaov";             //声明一个字符串变量
alert(typeof str);             //判断 str 变量的数据类型，结果为: string
alert(str.length);             //获取字符串长度，结果为: 5
alert(str.substring(2)); //返回从第三个位置索引开始到最后一个字符的所有字符，结果为: aov
```

注意：字符串中的每个字符在字符序列中都占有一个位置，用非负数值索引这些位置。JavaScript 字符串的索引从 0 开始，所以第一个字符的位置索引是 0，第二个字符的位置索引是 1，依次类推。所以上面示例中 substring(2)中的索引 2 对应的字符是字母 "a"。另外，需要注意的是，在字符串前、后的每一个空格都属于字符串中的一个字符，所以，如果将 "miaov" 改为 " miaov "（前后各加了一个空格），则 str.length 的结果将变为 7。

在此只简单示例几个字符串的操作，具体的字符串操作请参见第 6 章相关内容。

1.7.4 布尔类型

布尔类型的数据用于表示真或假、是或否、成立或不成立，在程序中分别对应直接量 true 和 false。布尔值主要用于表示关系表达式和逻辑表达式的结果。在程序中布尔值通常用于流程控制结构中，比如判断流程和循环流程中的条件判断语句都会使用到布尔值。例如：

```
if(a == 1)
  b = a + 1 ;
```

```
else
    b = a * 2;
```

上述代码中的 a==1 是一个比较表达式，结果为 true 或 false。如果 a 的值等于 1，比较表达式的结果为 true，将执行 b=a+1 代码，否则比较表达式的结果为 false，将执行 b=a*2 代码。

布尔值也可以进行算术运算和逻辑运算等操作。注意：当对布尔值进行算术运算时，运算前会将 true 转换为 1，false 转换为 0。

在 JavaScript 中，布尔类型名为"boolean"。布尔值类型数据操作示例如下：

```
var b = true;              //声明一个布尔类型变量
alert(typeof b);           //判断变量 b 的类型，结果为: boolean
alert(true * true);        //表达式转换为 1*1，结果为: 1
alert(false * true);       //表达式转换为 0*1，结果为 0
alert(false + true);       //表达式转换为 0+1，结果为 1.
alert(b && false);         //执行逻辑运算，结果为: false
```

注：上述示例中的&&是一个逻辑运算符，执行逻辑"与"操作，两个操作数同时为 true 时结果为 true，否则结果为 false。

1.7.5　函数类型

在 JavaScript 中函数类型名为"function"。所谓函数，其实就是一段具有一定功能的有名字或匿名的程序。函数定义格式如下：

```
function [函数名]([参数列表]){
    函数体;
    [return [表达式;]]
 }
```

定义函数时必须以 function 关键字开始，后跟着自定义的函数名。函数名可省略，省略函数名时，函数称为匿名函数。函数名后面的小括号不能省略，参数列表可选。函数体就是一系列实现函数功能的代码。return 语句返回某个值，可选。

当函数为有名函数时，函数名称为函数变量；当函数为匿名函数时，我们可以把匿名函数赋给某个变量，这样这个变量就变为函数变量。函数变量的值为整个函数定义语句。对函数的操作主要有函数调用，函数的调用格式是在函数变量名后面添加小括号，如果定义时有参数，需要传递参数时可以在小括号里添加相关参数值。使用 typeof 对这些函数变量操作时，得到的结果为"function"。有关函数的操作示例如下：

```
//定义函数变量，其值为一个匿名函数
var fn = function(){console.log("调用函数 fn 的输出是: 1");}
console.log("变量 fn 的类型为: " + typeof fn); //判断函数变量 fn 的类型，结果为: function
console.log("访问函数变量 fn,结果为: " + fn); //访问函数变量 fn，结果为匿名函数的整个定义语句
fn();   //调用函数 fn
//定义有名函数，此时函数名 fn1 为一个函数变量
function fn1(){console.log("调用函数 fn 的输出是: 2");}
console.log("变量 fn1 的类型为: " + typeof fn1); //判断函数变量 fn1 的类型，结果为: function
console.log("访问函数变量 fn1,结果为: " + fn1);//访问函数变量 fn1，结果为 fn1 函数的整个定义语句
fn1();   //调用函数 fn1
```

将上述代码复制到 Chrome 浏览器的控制台中运行，结果如图 1-38 所示。

```
变量fn的类型为: function
访问函数变量fn,结果为: function (){console.log("调用函数fn的结果是: 1");}
调用函数fn的结果是: 1
变量fn1的类型为: function
访问函数变量fn1,结果为: function fn1(num){console.log("调用函数fn1的结果是: 2");}
调用函数fn1的结果是: 2
```

图 1-38 操作函数的结果

1.7.6 对象类型

所谓对象，指既可以保存一组不同类型的数据，又可以包含处理这些数据的函数的复杂数据类型。对象中保存的数据称为对象属性，处理这些数据的函数称为对象的方法。在 JavaScript 中，对象类型名为"object"。window、document、数组等都是对象，使用 typeof 对它们操作时，得到的结果为：object。

对象可进行的操作包括自定义属性和自定义方法以及访问属性、调用方法。对象的操作示例如下：

```
var obj = document;    //声明一个对象类型变量，值为 document
alert(typeof obj); //判断变量 obj 类型，结果为: object
obj.abc = 123;       //对对象变量自定义属性 abc
alert(obj.abc);  //访问自定义的属性
obj.fn = function(){alert(1);} //对对象变量自定义方法
obj.fn();  //调用自定义方法
var oDiv = obj.getElementById("div1"); //调用对象的方法
```

在 JavaScript 中有一个关键字为 null，该关键字表示没有对象，或者说对象是空的，用于定义空的或不存在的引用。当一个变量需要引用对象类型时，在声明时如果没有指向具体对象，最好使用 null 给它赋初始值。需要注意的是，初始值为 null 的变量不能作任何操作。可见，上面说的对象可进行自定义属性和自定义方法以及访问属性、调用方法等操作的前提条件是对象不为空。

在此仅仅概述性地介绍了对象的一点内容，不同类型的对象，默认可访问的属性和方法会不一样，有关各个对象的具体内容我们将在后面的相关章节中详细介绍。

1.7.7 null 和 undefined 类型

null 是 JavaScript 的关键字，表示没有对象，用于定义空的或不存在的引用。null 参与算术运算时其值会自动转换为 0。例如：

```
var a = null;
alert(a + 3);  //结果为 3
alert(a * 3);  //结果为 0
```

undefined 类型表示一个已声明的变量没有赋值。undefined 典型用法如下。

（1）变量被声明了，但没有赋值时，就等于 undefined。

（2）调用函数时，应该提供的参数没有提供，该参数等于 undefined。

（3）对象的属性没有赋值时，属性的值为 undefined。

（4）数组定义后没有给元素赋值时，数组各个元素等于 undefined。

（5）函数没有返回值时，默认返回 undefined

undefined 参与算术运算时转换为 NaN（Not a Number，即不是一个数字，属于数字类型）。例如：

```
var b;          //变量声明了但没有赋值
alert(b);       //结果为 undefined
alert(b + 3);   //结果为 NaN
alert(b * 3);   //结果为 NaN
```

1.7.8　数据类型的转换

JavaScript 是一种动态类型的语言，在执行运算操作的过程中，有时需要转换操作数的类型。在 JavaScript 中，数据类型的转换有：隐式类型转换和强制类型转换（也叫显式类型转换）两种方式。

1. 隐式类型转换

隐式类型转换会自动根据运算符进行类型转换。隐式类型转换的情况主要有以下几种。

（1）如果表达式中同时存在字符串类型和数字类型的操作数，而运算符使用加号+，此时 JavaScript 会自动将数字转换成字符串。例如：

```
alert("姑娘今年" + 18);   //结果：姑娘今年18
alert("15"+5);   //结果：155
```

（2）如果表达式运算符为-、*、/、%中的任意一个，此时 JavaScript 会自动将字符串转换成数字，对无法转换为数字的则转换为 NaN。例如：

```
alert("30"/5);   //除运算，结果为：6
alert("15"-5);   //减运算，结果为：10
alert("20"*"a"); //乘运算，结果为：NaN
alert("20"%"3"); //取模运算，结果为：2
```

（3）运算符为++或--时，JavaScript 会自动将字符串转换成数字，对无法转换为数字的则转换为 NaN。例如：

```
var num1 = "6";
var num2 = "6";
var num3 = "a";
alert(++num1);  //将字符串转换为数字再进行++运算，结果为：7
alert(--num2);  //将字符串转换为数字再进行--运算，结果为：5
alert(++num3);  //字符串无法转换为数字，结果为：NaN
```

（4）运算符为>或<时，当两个操作数一个为字符串，一个为数字时，JavaScript 会自动将字符串转换成数字。例如：

```
alert('10'>9);  //将字符串转换为数字，按值进行比较，结果为：true
alert('10'<9);  //将字符串转换为数字，按值进行比较，结果为：false
```

（5）!运算符将其操作数转换为布尔值并取反。例如：

```
alert(! 0);    //对 0 取反，结果为：true
alert(! 100);  //对非 0 数字取反，结果为：false
alert(!"ok");  //对非空字符串取反，结果为：false
alert(!"");    //对空字符串取反，结果为：true
```

（6）运算符为==时，当表达式同时包含字符串和数字时，JavaScript 会自动将字符串转换成数字。例如：

```
var a = '2';
var b = 2;
alert(a == b); //按值比较，结果为：true
```

2. 强制类型转换

从上面的介绍我们可以看到，JavaScript 可以自动根据运算的需要进行类型的转换。强制类型转换主要针对功能的需要或为了使代码变得清晰易读，人为地进行类型的转换。在 JavaScript 中，强制类型转换主要是通过调用全局函数 Number()、parseInt()和 parseFloat()来实现。

（1）使用 Number()函数将参数转换为一个数字。使用格式如下：

```
Number(value)
```

Number()对参数 value 进行整体转换，当参数值中任何地方包含了无法转换为数字的符号时，转换失败，此时将返回 NaN，否则返回转换后的数字。

Number()对参数进行数字转换时，遵循以下一些规则。

① 如果参数中只包含数字时，将转换为十进制数字，忽略前导 0 以及前导空格；如果数字前面为 "−"，"−" 会保留在转换结果中；如果数字前面为 "+"，转换后将删掉 "+" 号。

② 如果参数中包含有效浮点数字，将转换为对应的浮点数字，忽略前导 0 以及前导空格；如果数字前面为 "−"，"−" 会保留在转换结果中；如果数字前面为 "+"，转换后将删掉 "+" 号。

③ 如果参数中包含有效的十六进制数字，将转换为对应大小的十进制数字。

④ 如果参数为空字符串，将转换为 0。

⑤ 如果参数为布尔值，则将 true 转换为 1，将 false 转换为 0。

⑥ 如果参数为 null，将转换为 0。

⑦ 如果参数为 undefined，将转换为 NaN。

⑧ 如果参数为 Date 对象，将转换为从 1970 年 1 月 1 日到执行转换时的毫秒数。

⑨ 如果参数为函数、包含两个元素以上的数组对象以及除 Date 对象以外的其他对象，将转换为 NaN。

⑩ 如果在参数前面包含了除空格、+和−以外的其他特殊符号或非数字字符，或在参数中间包含了包括空格、+和−的特殊符号或非数字字符，将转换为 NaN。

转换示例：

```
alert(Number("0010"));    //去掉两个前导 0，结果为：10
alert(Number("+010"));    //去掉前导 0 和+，结果为：10
alert(Number("-10"));     //转换后保留 "-" 号，结果为：-10
alert(Number(''));        //空字符串的转换结果为：0
alert(Number(true));      //布尔值 true 的转换结果为：1
alert(Number(null));      //null 值的转换结果为：0
var d = new Date();       //创建一个 Date 对象
alert(Number(d));         //转换 Date 对象，结果为 1970.1.1 至执行转换时的毫秒数：1511351635179
alert(Number("100px"));   //参数中包含了不能转换为数字的字符 px，结果为：NaN
alert(Number("100 01"));  //参数中包含了空格，导致整个参数不能转换，结果为：NaN
alert(Number("100-123")); //参数中包含了 "-"，导致整个参数不能转换，结果为：NaN
var a;                    //声明变量
alert(Number(a));         //变量 a 没有赋值，因而 a 的值为 undefined,转换 undefined 的结果为：NaN
```

```
var fn = function (){alert(1);}; //创建一个函数对象
alert(Number(fn));        //转换函数，结果为:NaN
alert(Number(window)); //转换 window 对象，结果为:NaN
```

从上述示例中，我们也可以看到，Number()是从整体上进行转换的，任何一个地方含有非法字符，都将导致转换无法成功。接下来将介绍的两个函数与 Number()不同的是，转换是从左到右逐位进行转换，任何一位无法转换时立即停止转换，同时返回已成功转换的值。

（2）使用 parseInt()函数将参数转换为一个整数。使用格式如下：

```
parseInt(stringNum,[radix])
```

stringNum 参数为需要转换为整数的字符串；radix 参数为 2~36 之间的数字，表示 stringNum 参数的进制数，取值为 10 时可省略。

parseInt()的作用是将以 radix 为基数的 stringNum 字符串参数解析成十进制数。若 stringNum 字符串不是以合法的字符开头，则返回 NaN；解析过程中如果遇到不合法的字符，将马上停止解析，并返回已经解析的值。

parseInt()在解析字符串为整数时，遵循以下规则。

① 解析字符串时，会忽略字符串前后的空格；如果字符串前面为"–"，"–"会保留在转换结果中；如果数字前面为"+"，转换后将删掉"+"号。

② 如果字符串前面为除空格、+和–以外的特殊符号或除 a~f（或 A~F）之外的非数字字符，字符串将不会被解析，返回结果为 NaN。

③ 在字符串中包含了空格、+、–和小数点"."等特殊符号或非数字的字符时，解析将在遇到这些字符时停止，并返回已解析的结果。

④ 如果字符串是空字符串，返回结果为 NaN。

转换示例：

```
alert(parseInt("1101",2));  //以 2 为基数的 1101 字符串解析后的结果为：13
alert(parseInt("a37f",16)); //以 16 为基数的 a37f 字符串解析后的结果为：41855
alert(parseInt("123"));     //以 10 为基数的 123 字符串解析后的结果为：123
alert(parseInt(" 123"));    //字符串前面的空格会被忽略，结果为：123
alert(parseInt("12 3"));    //字符串中包含了空格，解析到空格时停止，结果为 12
alert(parseInt("12.345")); //字符串中包含了小数点，解析到小数点时停止，结果为 12
alert(parseInt("xy123"));  //字符串前面包含了非数字字符"x"，无法解析，返回结果为：NaN
alert(parseInt("123xy4")); //字符串中包含了非数字字符"xy"，解析到"x"时停止，结果为：123
```

从上述示例我们可以看到，parseInt()解析浮点数时，小数部分数据会被截掉，此时需要使用下面将介绍的 parseFloat()，而不能使用 parseInt()。

（3）使用 parseFloat()函数将参数转换为一个浮点数。使用格式如下：

```
parseFloat(stringNum)
```

stringNum 参数为需要解析为浮点型的字符串。

parseFloat()的作用是将首位为数字的字符串转解析成浮点型数。若 stringNum 字符串不是以合法的字符开头，则返回 NaN；解析过程中如果遇到不合法的字符，将马上停止解析，并返回已经解析的值。

parseFloat()在解析字符串为整数时，遵循以下规则。

① 解析字符串时，会忽略字符串前后的空格；如果字符串前面为"–"，"–"会保留在转换结果

中；如果数字前面为 "+"，转换后将删掉 "+" 号；如果字符串前面为小数点 "." 转换结果会在小数点前面添加 0。

② 如果字符串前面为除空格、+、-和 "." 以外的特殊符号，字符串将不会被解析，返回结果为 NaN。

③ 在字符串中包含了空格、+和-等特殊符号或非数字的字符时，解析将在遇到这些字符时停止，并返回已解析的结果。

④ 在字符串中包含两个以上为小数点时，解析到第二个小数点时将停止解析，并返回已解析的结果。

⑤ 如果字符串是空字符串，返回结果为 NaN。

转换示例：

```
alert(parseFloat("312.456"));//结果为: 312.456
alert(parseFloat("-3.12"));//字符串前面的 "-" 将保留，结果为: -3.12
alert(parseFloat("+3.12"));//字符串前面的 "-" 将保留，结果为: 3.12
alert(parseFloat(".12"));//在小数点前面添加 0，结果为: 0.12
alert(parseFloat("  3.12"));//截掉字符串前面的空格，结果为: 3.12
alert(parseFloat("312.4A56"));//字符串中包含非数字字符 A，解析到 A 时停止，结果为: 312.4
alert(parseFloat("31 2.4A56"));//字符串中包含空格，解析到空格时停止，结果为: 31
alert(parseFloat("31.2.5"));//字符串中包含两个小数点，解析到第二个小数点时停止，结果为: 31.2
alert(parseFloat("a312.456"));//字符串前面为非数字字符 a，解析无法进行，结果为: NaN
```

1.7.9　isNaN() 的应用

在前面我们介绍了对 undefined 进行算术运算以及对一些包含了不合法字符的数据进行数字类型的转换时，都会得到 NaN 的结果。对 NaN 使用 typeof 运算符，可以得到 number 结果，可知 NaN 是一个非数字的数字类型的数据，其对应的布尔值为 false。通常得到这个值时，意味着程序进行了非法的运算操作。比如 alert('200px'-100) 的结果就是 NaN，因为字符串'200px'无法转换为数字，所以不能进行减法运算。需要注意的是，NaN 并不等于本身。

在实际应用中，有时为了程序的健壮性，或者出于某些应用的需要，我们需要对程序的运算结果或某些数据进行是否为数字类型的判断，即判断它们的值是否为 NaN。对此需求，JavaScript 提供了 isNaN() 函数来实现。isNaN 对应的英文单词为：is Not a Number，意思是是否不是一个数字。

isNaN() 函数的使用格式如下：

```
isNaN(value)
```

isNaN() 的作用是：判断指定参数是否为数字，是数字，返回 false，否则返回 true。

需要特别注意的 isNaN() 在判断参数是否为数字之前，会首先使用 Number() 对参数进行数字类型的转换。所以 isNaN(value) 其实等效于：isNaN(Number(value))。当参数 value 能被 Number() 转换为数字时，结果返回 false，否则返回 true。例如：

```
alert(isNaN('250'));    //Number()将字符串'250'转换为数字 250，结果为: false
alert(isNaN(true));     //Number()将 true 转换为数字 1，结果为: false
alert(isNaN('100px'));//Number()无法转换字符串 100px 为数字，结果为: true
```

下面我们通过一个具体的示例来演示一个 isNaN()函数的应用。

【示例 1-12】使用 isNaN()判断文本框输入的值是否为数字。

```html
<!doctype html>
<html>
<head>
<meta charset="utf-8">
<title>使用 isNaN()判断文本框输入的值是否为数字</title>
<script>
    window.onload = function(){
        var aInp = document.getElementsByTagName("input");
        aInp[1].onclick = function(){
            var str = aInp[0].value;
            if(isNaN(str)){
                alert(str + "不是数字");
            }else{
                alert(str + "是数字");
            }
        };
    }
</script>
<body>
  <input type="text"/>
  <input type="button" value="判断输入值是否为数字"/>
</body>
</html>
```

上述代码中的 if…else…是一种判断结构程序，用来实现条件判断，当 if 后面的括号中的值为 true 时，执行 if 后面大括号中所括的代码，否则执行 else 后面大括号所括的代码。

上述代码中的 if 判断语句使用 isNaN()判断表单文本框输入的值是否为数字作为条件，当输入的值为数字时，isNaN()返回 false，此时执行 else 语句块，否则执行 if 语句块。执行上述代码的最初结果如图 1-39 所示，当在图 1-40 中分别输入 abc 和 123 后，单击"判断输入值是否为数字"后弹出的结果分别如图 1-40 和图 1-41 所示。

图 1-39　未输入数据的状态

图 1-40　在文本框中输入 abc 后的结果

图 1-41　在文本框中输入 123 后的结果

我们看到，示例 1-12 使用了 isNaN()来判断一个数据是否为数字，可能有些读者会想到使用 typeof 运算符，事实上，对示例 1-12 来说，使用 typeof 是无法达到目的的，因为，在 JS 程序中，从 HTML 页面中获取的任何元素的属性值，类型都是字符串。所以不管你在文本框中输入的是否是数字，获得的值都是字符串类型。

1.8 表达式和运算符

表达式是指可产生结果的式子。最简单的表达式是常量和变量名。常量表达式的值就是常量本身，变量表达式的值则是赋值给变量的值。使用运算符可以将简单表达式组合成复杂表达式，其中，运算符是在表达式中用于进行运算的一系列符号或 JavaScript 关键字。

按运算类型，运算符可以分为算术运算符、关系运算符、赋值运算符、逻辑运算符和条件运算符 5 种。按操作数，运算符可以分为单目运算符、双目运算符和多目运算符。复杂表达式的值由运算符按照特定的运算规则对简单表达式进行运算得出。表达式示例如下：

```
var a = 20;
var b = 1 + a;
```

在上面的两条代码中，a、b 和 20 就是一个简单的表达式，而 1+a 就是一个复杂表达式。其中，a 变量表达式的值是 20，常量 20 表达式的值就是其本身，b 变量表达式的值是 21（由复杂表达式执行加法运算后得到的结果）。

1.8.1 算术表达式

算术表达式是由操作数和算术运算符组合而成的表达式。算术表达式可通过算术运算符实现加、减、乘、除和取模（求余）等运算。算术运算符包括单目运算符和双目运算符。常用的算术运算符的表示方法、类型及举例见表 1-3。

表 1-3 算术运算符

运算符	描述	类型	示例
+	当操作数全部为数字类型时执行加法运算；当操作数存在字符串时执行字符串连接操作	双目运算符	3+6 //执行加法运算，结果为：9 "3"+6 //执行字符串连接操作，结果为：36
–	减法运算符	双目运算符	7-2 //执行减法运算，结果为：5
*	乘法运算符	双目运算符	7*3 //执行乘法运算，结果为：21
/	除法运算符	双目运算符	12/3 //执行除法运算，结果为：4
%	取模（求余）运算符	双目运算符	7%4 //执行取模运算，结果为：3

++	自增运算符	单目运算符	i=1;j=i++ //j 的值为 1，i 的值为：2
			i=1;j=++i //j 的值为 2，i 的值为：2

––	自减运算符	单目运算符	i=6;j=i–– //j 的值为 6，i 的值为：5
			i=6;j=––i //j 的值为 5，i 的值为：5

注：++、――两个运算符既可以出现在操作数的前面，也可以出现在操作数的后面，如果出现在操作数前面，首先对操作数执行自增或自减运算，然后再执行其他运算。例如 j=++i，k=――h，会首先对操作数 i 和 h 分别执行自增和自减运算，然后再执行赋值运算。如果出现在操作数后面，则首先执行其他运算，然后再执行自增或自减运算。例如 j=i++，k=h――，会首先对操作数 i 和 h 执行赋

值运算，然后再对操作数 i 和 h 分别执行自增和自减运算。

【示例 1-13】算术运算符的使用。

```html
<!doctype html>
<html>
<head>
<meta charset="utf-8">
<title>算术运算符的使用</title>
<script>
    var x = 11,y = 5,z = 8;    //声明变量 x、y 和 z
    console.log("x = 11, y = 5, z = 8");
    console.log("x + y =", x + y);  //执行加法运算
    console.log("x - y =", x - y);  //执行减法运算
    console.log("x * y =", x * y);  //执行乘法运算
    console.log("x / y =", x / y);  //执行除法运算
    console.log("x % y =", x % y);  //执行取模运算
    console.log("y++ =",y++);    // "++" 在操作数后面，先输出，后执行自增运算
    console.log("++y =",++y);    // "++" 在操作数前面，先执行自增运算，后输出
    console.log("z-- =",z--);    // "--" 在操作数后面，先输出，后执行自减运算
    console.log("--z =",--z);    // "--" 在操作数前面，先执行自减运算，后输出
</script>
</head>
<body>
</body>
</html>
```

上述代码的每一个 log()方法都存在两个参数，第一个参数为字符串，在控制台中将原样显示，第二个参数为运算表达式，在控制台中将显示表达式的值。上述代码在 Chrome 浏览器的控制台中的运行结果如图 1-42 所示。

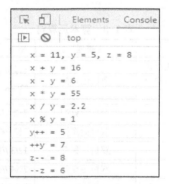

图 1-42　算术运算表达式结果

【示例 1-14】"+"运算符的使用。

```html
<!doctype html>
<html>
<head>
<meta charset="utf-8">
<title>"+"运算符的使用</title>
<script>
    var str1 = ""+"运算符";
```

```
    var str2 = "使用测试";
    console.log(str1 + str2);  //操作数为两个字符串，执行字符串连接操作
    console.log("11 + 5 =", 11 + 5);   //操作数全部为数字，执行加法运算
    console.log("'11' + 5 =", '11' + 5); //存在一个字符串操作数，执行字符串连接操作
</script>
</head>
<body>
</body>
</html>
```

上述代码的第三个 log()中的两个参数其实可以通过"+"运算符连成一个参数，即写成：log("'11' + 5 ="+'11' + 5)，这样参数其实是执行了 3 个字符串的连接操作。需要注意的是，第二个 log()中的两个参数不能使用"+"运算符连起来，因为第二个参数需要执行加法运算，如果和字符串类型的第一个参数连接的话，第二个参数中的 2 个数字都要转换为字符串，使得表达式的结果为 115，而不是 16。上述代码在 Chrome 浏览器的控制台中的运行结果如图 1-43 所示。

图 1-43　"+"运算符使用测试结果

1.8.2　关系表达式

关系表达式通过关系运算符实现比较两个操作数的大小，并根据比较结果返回布尔值 true 或 false。通常在 if、while 或 for 等语句中使用关系表达式，用于控制程序的执行流程。

关系运算符都是双目运算符。常用的关系运算符见表 1-4。

表 1-4　关系运算符

运算符	描述	示例
<	左边操作数小于右边操作数时返回 true	1<6 //返回值为 true
>	左边操作数大于右边操作数时返回 true	7>10 //返回值为 false
<=	左边操作数小于或等于右边操作数时返回 true	10<=10 //返回值为 true
>=	左边操作数大于或等于右边操作数时返回 true	3>=6 //返回值 false
==	左、右两边操作数的值相等时返回 true	"17"==17 //返回值为 true
===	左、右两边操作数的值相等且数据类型相同时返回 true	"17"===17 //返回值为 false
!=	左、右两边操作数的值不相等时返回 true	"17"!=17 //返回值为 false
!==	左、右两边操作数的值不相等或数据类型不相同时返回 true	"17"!==17 //返回值为 true

注："==="叫严格相等运算符，"!=="叫严格不相等运算符。

【示例 1-15】关系运算符的使用。

```
<!doctype html>
<html>
<head>
<meta charset="utf-8">
<title>关系运算符使用</title>
<script>
    var x = 5,y = '5',z = 6;  //声明 3 个变量，其中 x 和 z 是数字变量，y 是字符串变量
    console.log("x = 5, y = '5', z = 6");
    console.log("x==y 吗？ ", x == y);   //执行等于运算
    console.log("x===y 吗？ ", x === y); //执行严格相等运算
```

```
        console.log("x!=y 吗? ", x != y);    //执行不等于运算
        console.log("x!==y 吗? ", x !== y);  //执行严格不相等运算
        console.log("x<=y 吗? ", x <= y);    //执行小于或等于运算
        console.log("x>=y 吗? ", x >= y);    //执行大于或等于运算
        console.log("x<z 吗? ", x < z);      //执行小于运算
        console.log("y>z 吗? ", y > z);      //执行大于运算串连接操作
    </script>
    </head>
    <body>
    </body>
    </html>
```

　　需要注意的是上述代码中各个 log()中的两个参数不能使用"+"连起来，否则将得不到预期结果，这是因为"+"运算符的优先级比关系运算符的高。上述代码在 Chrome 浏览器的控制台中的运行结果如图 1-44 所示。

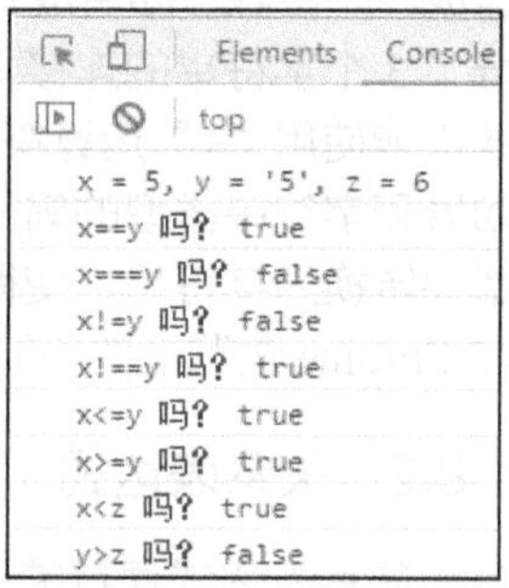

　　从图 1-44 可看出，除了严格相等和严格不相等两个运算符外，其他关系运算符进行运算时，字符串数据都会在进行关系比较前转换为数字类型。

图 1-44　关系运算表达式结果

1.8.3　逻辑表达式

　　逻辑表达式需要使用逻辑运算符对表达式进行逻辑运算。使用逻辑运算符可将多个关系表达式组合成一个复杂的逻辑表达式。表达式中包含关系表达式时，将首先运算关系表达式，然后再对关系表达式的结果进行逻辑运算。

　　逻辑运算符包括单目运算符和双目运算符，见表 1-5。

表 1-5　逻辑运算符

运算符	描述	类型	示例
!	取反（逻辑非）	单目运算符	!3 //返回值为 false
&&	与运算（逻辑与）	双目运算符	true && true //返回值为 true
‖	或运算（逻辑或）	双目运算符	false ‖ true//返回值为 true

1. 逻辑&&运算符

　　"&&"运算符执行逻辑与运算，可以实现任意类型的两个操作数的逻辑与运算，运算结果可能是布尔值，也可能是非布尔值。"&&"运算符的操作数既可以是布尔值，也可以是除了 true 和 false 以外的其他真值和假值。所谓"假值"是指 false、null、undefined、0、-0、NaN 和空字符串 ""；"真值"就是除假值以外的任意值。在实际使用时，常常使用"&&"连接关系表达式，此时会先计算关系表达式的值，最后再计算逻辑表达式的值。使用"&&"运算符计算表达式时遵循以下两条规则。

　　（1）如果"&&"运算符左边的操作数为 true 或其他真值，将继续进行右边操作数的计算，最终结果返回右边操作数的值。

　　（2）如果"&&"运算符左边的操作数为 false 或其他假值，将不会进行右边操作数的计算，最终结果返回左边操作数的值。该规则也称为"短路"规则。

　　【示例 1-16】逻辑&&运算符的使用。

```
<!doctype html>
```

```
<html>
<head>
<meta charset="utf-8">
<title>逻辑&&运算符的使用</title>
<script>
    console.log("true && true 的结果是 ", true && true);
    console.log("true && false 的结果是 ", true && false);
    console.log("(1 == 1) && false 的结果是 ", (1 == 1) && false) ;
    console.log("(5 == '5') && ('6'>5) 的结果是 ", (5 == '5') && ('6' > 5)) ;
    console.log("'A' && false 的结果是 ", 'A' && false);
    console.log("true && 'A' 的结果是 ", true && 'A');
    console.log("'A' && true 的结果是 ", 'A' && true);
    console.log("'A' && 'B' 的结果是 ", 'A' && 'B');
    console.log("'A' && '' 的结果是 ", 'A' && '');
    console.log("false && true 的结果是 ", false && true);
    console.log("false && false 的结果是 ", false && false);
    console.log("false && 'A' 的结果是 ", false && 'A');
    console.log("(5 != '5') && 'A' 的结果是 ", (5 != '5') && 'A') ;
    console.log("null && 'B' 的结果是 ",null && 'B');
    console.log('NaN && 3 的结果是 ',NaN && 3);
</script>
</head>
<body>
</body>
</html>
```

上述代码在 Chrome 浏览器的控制台中的运行结果如图 1-45 所示。

从图 1-45 的运行结果可看出，逻辑与表达式的值既可以是布尔值，也可以是非布尔值。表达式的值由左边的操作数决定，如果左边操作数为 true 或其他真值，则表达式的值等于右边操作数的值；如果左边操作数为 false 或其他假值，则表达式的值等于左边操作数的值。

图 1-45　逻辑与运算表达式结果

2. 逻辑||运算符

"||" 运算符执行逻辑或运算，和 "&&" 运算符一样，可以实现任意类型的两个操作数的逻辑或运算，运算结果可能是布尔值，也可能是非布尔值。"||" 运算符的操作数既可以是布尔值，也可以是除 true 和 false 外的其他真值和假值。在实际使用时，常常使用 "||" 连接关系表达式，此时会先计算关系表达式的值，最后再计算逻辑表达式的值。使用 "||" 运算符计算表达式时遵循以下两条规则。

（1）如果其中一个或两个操作数是真值，表达式返回真值；如果两个操作数都是假值，表达式返回假值。

（2）如果 "||" 运算符左边的操作数为 true 或其他真值，将不会进行右边操作数的计算，最终结果返回左边操作数的值（该规则也称为逻辑或运算的 "短路" 规则）；否则继续计算右边操作数的值，并返回右边操作数的值作为表达式的值。

【示例 1-17】逻辑||运算符的使用。

```
<!doctype html>
<html>
<head>
```

```
<meta charset="utf-8">
<title>逻辑||运算符的使用</title>
<script>
    console.log("true || true 的结果是 ", true || true);
    console.log("true || false 的结果是 ", true || false);
    console.log("true || (1 != '1') 的结果是 ", true || (1 != '1'));
    console.log("'A' || false 的结果是 ", 'A' || false);
    console.log("true || 'A' 的结果是 ", true || 'A');
    console.log("'A' || true 的结果是 ", 'A' || true);
    console.log("'A' || 'B' 的结果是 ", 'A' || 'B');
    console.log("false || 'A' 的结果是 ", false || 'A');
    console.log("false || true 的结果是 ", false || true);
    console.log("false || false 的结果是 ", false || false);
    console.log("(5 < '5' || true 的结果是 ", (5 < '5') || true);
</script>
</head>
<body>
</body>
</html>
```

上述代码在 Chrome 浏览器的控制台中的运行结果如图 1-46 所示。

从图 1-46 的运行结果可看出，逻辑或表达式的值既可以是布尔值，也可以是非布尔值。整个表达式的值由左边的操作数决定，如果左边操作数为 true 或其他真值，则表达式的值等于左边操作数的值；如果左边操作数为 false 或其他假值，则表达式的值等于右边操作数的值。

图 1-46　逻辑或运算表达式结果

3. 逻辑!运算符

"!"运算符执行逻辑非运算，是单目运算符，它的操作数只有一个。和其他逻辑运算符一样，其操作数可以是任意类型，但逻辑非运算只针对布尔值进行运算。所以，"!"运算符在执行运算时，首先将操作数转换为布尔值，然后再对布尔值求反。也就是说，"!"运算总是返回 true 或 false 布尔值。

【示例 1-18】逻辑运算符"!"的使用。

```
<!doctype html>
<html>
<head>
<meta charset="utf-8">
<title>逻辑!运算符的使用</title>
<script>
    console.log("!true 的结果是 ", !true);
    console.log("!false 的结果是 ", !false);
    console.log("!'A' 的结果是 ", !'A'); //字符串 A 是真值，转换为 true 布尔值
    console.log("!12 的结果是 ", !12);  //数字 12 是真值，转换为 true 布尔值
    console.log("!0 的结果是 ", !0);   //0 是假值，转换为 false 布尔值
    console.log("!'' 的结果是 ", !''); //空字符串是假值，转换为 false 布尔值
</script>
</head>
<body>
</body>
</html>
```

上述代码在 Chrome 浏览器的控制台中的运行结果如图 1-47 所示。

从图 1-47 可看出，不管操作数的类型是什么，最终逻辑非表达式的值都是布尔值。

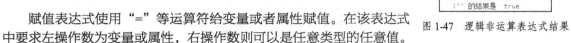

图 1-47　逻辑非运算表达式结果

1.8.4　赋值表达式

赋值表达式使用 "=" 等运算符给变量或者属性赋值。在该表达式中要求左操作数为变量或属性，右操作数则可以是任意类型的任意值。整个表达式的值等于右操作数的值。赋值运算符的功能是将右操作数的值保存在左操作数中。按赋值前是否需要执行其他运算，赋值运算符可分为简单赋值运算符和复合赋值运算符。常用的赋值运算符见表 1-6。

表 1-6　赋值运算符

运算符	描述	示例
=	将右边表达式的值赋给左边的变量或属性	name = "nch"

+=	将运算符左边的变量或属性的值加上右边表达式的值赋给左边的变量或属性	a += b //相当于：
		a = a+b

-=	将运算符左边的变量或属性的值减去右边表达式的值赋给左边的变量或属性	a -= b //相当于：
		a = a-b

*=	将运算符左边的变量或属性的值乘以右边表达式的值赋给左边的变量或属性	a *= b //相当于：
		a = a*b

/=	将运算符左边的变量或属性的值除以右边表达式的值赋给左边的变量或属性	a /= b //相当于：
		a = a/b

%=	将运算符左边的变量或属性的值用右边表达式的值取模，并将结果赋给左边的变量或属性	a %= b //相当于：
		a = a%b

【示例 1-19】赋值运算符的使用。

```
<!doctype html>
<html>
<head>
<meta charset="utf-8">
<title>赋值运算符的使用</title>
<script>
    var x = 16,y = 8,z = 3;  //各个变量使用简单赋值运算符 "=" 赋值
    var temp = x*y;  //将右边表达式的值赋给变量
    console.log("x = 16, y = 8, z = 3");
    console.log("x /= 2 的值为:", x /= 2);//使用复合赋值运算符/=
    console.log("y %= 3 的值为:", y %= 3); //使用复合赋值运算符%=
    console.log("z *= 2 的值为:", z *= 2); //使用复合赋值运算符*=
    console.log("temp = x*y 的值为:", x * y);
</script>
</head>
<body>
</body>
</html>
```

上述代码在 Chrome 浏览器的控制台中的运行结果如图 1-48 所示。

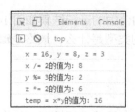

图 1-48　赋值运算表达式结果

1.8.5　条件表达式

条件表达式使用了条件运算符来计算结果。条件表达式是 JavaScript 运算符中唯一的一个三目运算符，其使用格式如下：

```
操作数 ? 表达式 1 : 表达式 2
```

注意：表达式首先对左边的"操作数"进行运算，运算的结果只能取布尔值。如果值为 true，则整个表达式的结果为"表达式 1"的运算结果，否则为"表达式 2"的运算结果。

【示例 1-20】条件运算符的使用。

```html
<!doctype html>
<html>
<head>
<meta charset="utf-8">
<title>条件运算符的使用</title>
<script>
    var score = 89;
    var str= score < 60 ? "不达标" : "达标";
    alert("成绩: " + str);
</script>
</head>
<body>
</body>
</html>
```

上述代码中的条件表达式首先运算 score<60 关系表达式，得到结果为 false，所以整个条件表达式的结果为第二个表达式的结果，即"达标"。上述代码在 Chrome 浏览器的控制台中的运行结果如图 1-49 所示。

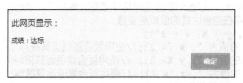

图 1-49　条件运算表达式结果

1.8.6　new 运算符

new 运算符用于创建对象。其基本语法格式如下：

```
new constructor[(参数列表)]
```

constructor 是对象的构造函数（有关构造函数的具体介绍请参见第 11 章）。如果构造函数没有参数，可以省略圆括号。

下面是几个使用 new 运算符来创建对象的例子：

```
var date1 = new Date;   //创建一个当前系统时间对象，构造函数参数为空，可省略构造函数中的圆括号
var date2 = new Date();//和第一行代码等效
var date3 = new Date("Sep 15 2017");//创建一个日期对象,构造函数有参数，不能省略圆括号
var arr = new Array();//创建一个数组对象
```

1.8.7 运算符的优先级及结合性

运算符的优先级和结合性规定了它们在复杂的表达式中的运算顺序。运算符的执行顺序称为运算符的优先级。优先级高的运算符先于优先级低的运算符执行运算。例如：

```
w=x+y*z;
```

执行加法运算的"+"运算符的优先级低于"*"运算符，所以 y*z 将先被执行，乘法运算执行完后得到的结果再和 x 相加。运算符的优先级可以通过使用圆括号来改变，例如为了让加法先执行，乘法后执行，可以修改上面的表达式为：

```
w=(x+y)*z;
```

这样就会先执行 x+y，得到和后再和 z 进行乘法运算。

对于相同优先级的运算符的执行顺序，则由运算符的结合性来决定。运算符的结合性包括：从右至左和从左至右两种。从右至左的结合性指的是：运算的执行是按由右到左的顺序进行。从左至右的结合性刚好相反。

运算符的优先级及其结合性见表 1-7。

表 1–7 运算符优先级和结合性

运算符	结合性	优先级
.、[ ]、()	从左到右	同一行的运算符优先级相同；不同行的运算符，从上往下，优先级由高到低依次排列
++、--、-、!、new、typeof	从右到左	
*、/、%	从左到右	
+、-	从左到右	
<、<=、>、>=、in、instanceof	从左到右	
==、!=、===、!==	从左到右	
&&	从左到右	
||	从左到右	
?：	从右到左	
=、*=、/=、%=、+=、-=、&=、^=、!=	从右到左	
,	从左到右	

【示例 1-21】运算符的优先级及结合性示例。

```
<!doctype html>
<html>
<head>
<meta charset="utf-8">
<title>运算符的优先级及结合性示例</title>
<script>
    //根据默认的优先级和结合性先进行乘法运算，再取模，最后才进行加法运算
```

```
        var expr1 = 3 + 5 * 5 % 3;
        //使用()修改优先级，首先进行加法运算，然后按从左至右的结合性依次进行乘法和取模运算
        var expr2 = (3 + 5) * 5 % 3;
//使用()修改优先级，使得加法和取模运算优先级相同且最高，首先进行加法和取模运算，最后再进行乘法运算
        var expr3 = (3 + 5) * (5 % 3);
        console.log("expr1 = " + expr1);
        console.log("expr2 = " + expr2);
        console.log("expr3 = " + expr3);
</script>
</head><body>
</body>
</html>
```

上述代码在 Chrome 浏览器的控制台中的运行结果如图 1-50 所示。

图 1-50　运算符的优先级及结合性结果

1.9　语句

　　JavaScript 程序是一系列可执行语句的集合。所谓语句，就是一个可执行的单元，通过该语句的执行，从而实现某种功能。通常一条语句占一行，并以分号结束。

　　默认情况下，JavaScript 解释器按照语句的编写流程依次执行。如果要改变这种默认执行顺序，需要使用判断、循环等流程控制语句。

1.9.1　表达式语句

　　具有副作用的表达式称为表达式语句。表达式具有副作用指的是表达式会改变变量的值。加上分号后的赋值表达式、++以及--运算表达式是最常见的表达式语句。表示式语句示例如下：

```
a++;
b--;
c += 3;
msg = name + "您好,欢迎光临";
```

上述 4 条语句执行结束后，变量的值都发生了变化。

1.9.2　声明语句

　　使用 var 和 let 声明变量的语句称为声明语句。声明语句可以定义变量。在一条 var 语句或 let 语句中可以声明一个或多个变量，声明语法如下：

```
var varname_1[=value_1][,…,varname_n[=value_n]];
let varname_1[=value_1][,…,varname_n[=value_n]];
```

关键字 var 和 let 之后跟随的是要声明的变量列表，列表中的每一个变量都可以带有初始化表达式，用于指定它的初始值。列表中的变量之间使用逗号分隔。

如果声明语句中的变量没有指定初始化表达式，则这个变量的初始值为 undefined。

声明语句示例如下：

```
var i; //声明变量i,i的初始值为：undefined
var j = 3; //声明数字变量j,j的初始值为：3
var msg = "var 语句示例"; //声明一个字符串变量，初始值为：var 语名示例
var a = 5, b;//同时声明了两个变量，其中变量 a 的初始值为：5，变量 b 的初始值为：undefined
let x = 6;//声明变量x,x的初始值为：6
let x = 3, y = 9;//同时声明了变量 x 和 y，变量 x 和的初始值分别为：3 和 9
```

声明语句可以出现在脚本函数体内和函数体外。如果声明语句出现在函数体内，则声明的变量为局部变量；如果声明语句出现在函数体外，则声明的变量为全局变量；如果 let 声明语句出现在 if、for 等语句块中，则声明的变量为块级变量。var 和 let 声明语句也可以出现在 for 循环语句中的循环变量的声明中，例如：

```
for(var i=0;i<100;i++)
```

需注意的是，在 for 循环语句中使用 var 声明的变量不属于块级变量，此时变量的作用域跟 for 循环语句所处的位置有关：处于函数外，则为全局变量，处于函数内则为局部变量。

1.9.3 判断语句

判断语句和下一节将介绍的循环语句都是流程控制语句。流程控制语句在任何程序语言中都是很重要并且很常用的语句，不管学习哪种程序语言，都要熟练掌握。

判断语句是通过判断指定表达式的值来决定语句的执行流程，其中用于判断的表达式称为条件表达式，作为条件分支点，根据条件表达式的值来执行的语句称为分支语句。根据分支语句的多少，判断语句可以包含以下几种形式：

（1）if 语句

（2）if…else 语句

（3）if…else if…else 语句

（4）switch-case 语句

1. if 语句

if 语句是最基本、最常用的判断流程控制语句。该语句中只有一条分支，当条件表达式的值为 true 时，执行该分支语句，否则跳过 if 语句，执行 if 语句后面的语句。基本语法如下：

```
if(条件表达式){
        语句块 1；
}
语句块 2；
```

条件表达式：必须放在圆括号中，条件表达式为关系表达式或逻辑表达式，取值为 true 或 false。注意：对判断语句，条件表达式的真值会自动转换为 true，假值自动转换为 false。

语句块 1：当条件表达式的值为 true 时，执行该语句块。

语句块 2：当条件表达式的值为 false 时，流程跳过 if 语句，执行语句块 2。

当语句块 1 的代码只有一行时，也可以省略大括号{}。

【示例 1-22】单一条件的 if 语句。

```html
<!doctype html>
<html>
<head>
<meta charset="utf-8">
<title>单一条件的 if 语句</title>
<script>
    var x,y,temp;
    x = 10;
    y = 16;
    if(x < y){
        temp = x;
        x = y;
        y = temp;
    }
    alert("x = "+x+", y = " + y);
</script>
</head>
<body>
</body>
</html>
```

上述代码中的条件表达式 x<y 结果为 true，所以执行 if 语句，实现 x 和 y 值的交换，最后得到 x=16，y=10。如果 x<y 结果为 false，if 语句将不会执行，即不会交换 x 和 y 的值。

【示例 1-23】复合条件的 if 语句。

```html
<!doctype html>
<html>
<head>
<meta charset="utf-8">
<title>复合条件的 if 语句</title>
<script>
    var a = 15,b = 16;
    if(a % 3 == 0 || b > 20){
        alert("条件符合要求");
    }
    alert("a = " + a + ", b = " + b);
</script>
</head>
<body>
</body>
</html>
```

上述代码中的条件表达式使用逻辑运算符 "||" 将两个关系表达式连接起来构成了多条件。上述条件表达式只要任意一个关系表达式的值为 true，条件表达式即为 true，就可以在弹出的对话框中显示 "条件符合要求" 信息。很显然上述代码的 if 条件表达式的值为 true，所以将执行 if 语句。

2. if…else 语句

if 语句只有一条分支语句，当判断语句中存在两条分支语句时，需要使用 if…else 语句。if…else 语句的基本语法如下：

```
if(条件表达式){
    语句块 1;
```

```
}else{
    语句块 2;
}
```

条件表达式：取值情况和 if 语句完全相同。

语句块 1：当条件表达式的值为 true 时，执行该语句块代码。

语句块 2：当条件表达式的值为 false 时，执行该语句块代码。

当各个语句块只有一条语句时，上述各层中的大括号可以省略，但建议加上，这样层次更清晰。

【示例 1-24】单一条件的 if…else 语句。

```
<!doctype html>
<html>
<head>
<meta charset="utf-8">
<title>单一条件的 if…else 语句</title>
<script>
    var num = 6;
    if(num >= 5){
        alert("您可得到5%的折扣优惠");
    }else{
        alert("您购买了" + num + "件商品");
    }
</script>
</head>
<body>
</body>
</html>
```

上述代码中的 num 值为 6，所以满足 if 条件，因而执行 if 结构中的语句。如果修改 num 的值为 3，将执行 else 结构中的语句。

【示例 1-25】复合条件的 if…else 语句。

```
<!doctype html>
<html>
<head>
<meta charset="utf-8">
<title>复合条件的 if…else 语句</title>
<script>
    var a = 15, b = 16;
    if(a % 3 == 0 && b > 20){
        alert("条件符合");
    }else{
    alert("条件不符合");
    }
</script>
</head>
<body>
</body>
</html>
```

上述代码中 if 语句包括了两个条件，这两个条件必须同时满足才能执行 if 结构中的语句，如果任一条件或两个条件都不满足将执行 else 结构中的语句。上述代码中由于 b=16，所以 b>20，返回 false，因而 if 结构中的条件不满足，所以最终执行 else 结构中的语句。

3. if…else if…else 语句

当条件语句中存在 3 条或 3 条以上的分支语句时，需要使用 if…else if…else 语句。if…else if… else 语句的基本语法如下：

```
if (条件表达式 1){
        语句块 1;
}else if(条件表达式 2){
        语句块 2;
}
…
else if(条件表达式 n){
        语句块 n;
}else{
        语句块 n+1;
}
```

条件表达式 1～n：取值情况和 if 语句完全相同。

语句块 1～n：当条件表达式 1～n 的值为 true 时，执行对应的语句块。

语句块 n+1：当条件表达式 n 的值为 false 时，执行该语句块。

当各个语句块只有一条语句时，上述各层中的大括号可以省略，但建议加上，这样层次更清晰。

【示例 1-26】if…else if…else 语句使用。

```html
<!doctype html>
<html>
<head>
<meta charset="utf-8">
<title>if…else if…else 语句使用</title>
<script>
    window.onload = function (){
        var oText = document.getElementById('text1');
        var oBtn = document.getElementById('btn1');
        oBtn.onclick = function (){
            var score = oText.value; //获取文本框中输入的成绩
            if(score < 60){
                alert("成绩不理想! ");
            }else if(score < 70){
                alert("成绩及格!");
            }else if(score < 80){
                alert("成绩中等! ");
            }else if(score < 90){
                alert("成绩良好!");
            }else{
                alert("成绩优秀! ");
            }
        };
    };
</script>
</head>
<body>
    请输入成绩: <input type="text" id="text1"/>
    <input type="button" id="btn1" value="提交"/>
</body>
</html>
```

上述代码中，成绩由文本框输入，因而在 JS 中，可以使用 oText.value 获得成绩，此时获得的成绩是一个字符串，为了能和数字进行比较，需要将获得的字符串成绩转换为数字，由于运算符是"<"，所以字符串的成绩隐式转换为数字形式的成绩。

上述代码中，判断语句有 6 条分支语句，执行代码时，首先从上往下依次执行判断语句中的条件表达式，如果条件表达式的值为 false，将执行下面的条件表达式，直到条件表达式的值为 true，此时执行该判断结构中的语句。如果所有条件表达式的值都为 false，将执行 else 结构中的语句。代码运行后弹出对话框的语句由用户在文本框中输入的值决定，例如，在文本框中输入 89 时，输出的语句为"成绩良好！"，结果如图 1-51 所示。

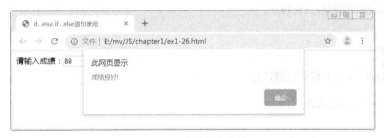

图 1-51　成绩输出结果

4. if 嵌套语句

在实际使用中，有时需要在 if 语句的执行语句块中再使用 if 语句，即 if 语句嵌套另外的一个完整的 if 语句。在使用 if 嵌套语句时，需要特别注意的是，默认情况下，else 将与最近的 if 匹配，而不是通过位置的缩进来匹配。为了改变这种默认的匹配方式，最好使用大括号{}来确定相互之间的层次关系，否则可能得到完全不一样的结果。

下面希望使用 if 嵌套语句实现这样的功能：如果变量 a 的值大于 0，则接着判断变量 b 的值是否大于 0。如果此时 b 的值也大于 0，则弹出对话框，显示 a 和 b 都是正整数。如果变量 a 的值小于或等于 0，则弹出对话框，显示 a 为非正整数。按照这个功能，编写了示例 1-27。

【示例 1-27】if 嵌套语句的使用。

```html
<!doctype html>
<html>
<head>
<meta charset="utf-8">
<title>if 嵌套语句的使用</title>
<script>
    var a = 9, b = -2;
    if(a > 0)
        if(b > 0)
            alert("a 和 b 都是正整数");
    else
        alert("a 是非正整数");
</script>
</head>
<body>
</body>
</html>
```

上述代码希望通过位置缩进来实现 else 和第一个 if 匹配，但执行的结果却发现 elsc 和第二个 if 匹配了，因为上述代码中，b>0 表达式为 false，如果 else 和第一个 if 匹配，此时运行结果将不会输出任何信息，但最终的结果却是弹出对话框显示"a 是非正整数"，这样的结果正是第 2 个 if 语句不满足时执行的情况。可见，else 并没有通过位置的缩进来匹配 if，而是通过最近原则与 if 匹配。上述代码要实现预期结果，需要对第一层 if 使用大括号，修改如下所示：

```html
<!doctype html>
<html>
<head>
<meta charset="utf-8">
<title>if 嵌套语句的使用</title>
<script>
    var a = 9, b = -2;
    if(a > 0){
        if(b > 0)
            alert("a 和 b 都是正整数");
    }else
        alert("a 是非正整数");

</script>
</head>
<body>
</body>
</html>
```

5. switch 语句

当判断语句存在 3 条或 3 条以上的分支语句时，也经常使用 switch 语句。if…else if…else 语句很多时候都可以使用 switch 语句代替，而且当所有判断都针对一个表达式进行时，使用 switch…case 语句比 if…else if…else 语句更合适，因为此时只需要计算一次条件表达式的值。switch 语句的基本语法如下：

```
switch (表达式){
    case 表达式 1:
        语句块 1;
        break;
    case 表达式 2:
        语句块 2;
        break;
    case 表达式 n:
        语句块 n;
        break;
    default:
        语句块 n+1;
}
```

switch 后面的"表达式"可以是任意的具有某个值的表达式。case 关键字后面的值也可以是任意的表达式，实际中最常用的是某个类型的直接量。

switch 语句的执行流程是这样的：首先计算 switch 关键字后面的表达式，然后按照从上到下的顺序计算每个 case 后的表达式并和 switch 表达式的值进行比较。当 switch 表达式的值与某个 case 表达式的值相等时，就执行此 case 后的语句块；如果 switch 表达式的值与所有 case 表达式的值都不相等，则执行语句中的 "default:" 的语句块；如果没有 "default:" 标签，则跳过整个 switch 语句。

另外，break 语句用于结束 switch 语句，从而使 JavaScript 只执行匹配的分支。如果没有 break 语句，则该 switch 语句的所有分支都将被执行，switch 语句也就失去了使用的意义。

需要注意的是：对每个 case 的匹配操作是 "===" 严格相等运算符比较操作，即两个表达式的值必须同时满足值和类型都相等才算相等。

下面使用 switch 语句修改示例 1-26，代码如下所示。

【示例 1-28】switch 语句的使用。

```html
<!doctype html>
<html>
<head>
<meta charset="utf-8">
<title>switch 语句的使用</title>
<script>
    window.onload = function (){
        var oText = document.getElementById('text1');
        var oBtn = document.getElementById('btn1');
        oBtn.onclick = function (){
            var score = oText.value; //获取文本框中输入的成绩
            switch(Math.floor(score/10)){ //除法操作使 score 字符串隐式转换为数字
                case 6:
                    alert("成绩及格!");
                    break;
                case 7:
                    alert("成绩中等! ");
                    break;
                case 8:
                    alert("成绩良好!");
                    break;
                case 9:
                case 10:
                    alert("成绩优秀! ");
                    break;
                default:
                    alert("成绩不理想! ");
            }
        };
    };
</script>
</head>
<body>
<body>
    请输入成绩: <input type="text" id="text1"/>
    <input type="button" id="btn1" value="提交"/>
</body>
</html>
```

上述代码中的 floor(value)方法是 Math 内置对象的一个方法，功能是返回一个小于等于参数 value 的最小整数，例如 Math.floor(89/10)=Math.floor(8.9)=8。可见如果成绩是分布在 1~100，则使用 floor(score/10)方法可以得到每一段成绩对应的数字分别为 1~10，再通过判断 floor(score/10)值为哪个数字就可以知道成绩的等级了。

上述代码首先计算 switch 中的表达式 Math.floor(score/10)，然后将该值按从上到下的顺序依次跟 case 后面的值比较，如果相等，则执行该 case 后面的代码并退出 switch 语句；如果跟所有的 case 后面的值比较都不相等，则执行"default:"后面的语句块。需要注意的是，case 9 后面没有 break 语句，这样当 switch 表达式的值是 9 时，程序会执行完 case 9 后继续执行 case 10，然后跳出。

需要注意的是：示例 1-28 只针对输入的值在 0～100 之间有效，如果超出 100，则判断结果出错。对 0～100 之间的输入值，运行结果和示例 1-25 完全一样。

1.9.4　循环语句

在程序设计中，循环语句是一种很常用的流程控制语句。循环语句允许程序在一定的条件下，反复执行特定代码段，直至遇到终止循环的条件为止。

JavaScript 中的循环语句有以下几种形式：

（1）while 语句

（2）do…while 语句

（3）for 语句

（4）for in 语句

for in 循环语句主要用于遍历数组元素或对象属性，我们会在第 2 章中介绍它，在这里主要介绍前 3 种循环语句。

1. while 语句

while 语句是最常用的一种循环语句，在程序中常用于只需根据条件执行循环而不需关心循环次数的情况。while 语句的基本语法如下：

```
while(条件表达式){
    循环体；
}
```

条件表达式：为循环控制条件，必须放在圆括号中，可以是任意表达式，但一般为关系表达式或逻辑表达式，取值为真或假。注意：值为 true、非 0、非空的都是真值，反之则为假值。

循环体：代表需要重复执行的操作，可以是简单语句，也可以是复合语句。当为简单语句时，可以省略大括号{}，否则必须使用大括号{}。

while 语句在执行时，首先判断条件表达式的值，如果为真，则执行循环体语句，然后再对条件表达式进行判断，如果值还是为真，则继续执行循环体语句；否则执行 while 语句后面的语句。如果表达式的值在第一次判断就为假（为 false 或 0 或为 null 等值），则一次也不会执行循环体。

需要注意的是，为了使 while 循环能正常结束，循环体内应该有修改循环条件的语句或其他终止循环的语句，否则 while 循环将进入死循环，即会一直循环不断地执行循环体。例如，下面的循环语句就会造成死循环。

```
var i=1,s=0;
whiel(i<=5){
    s+=i;
}
```

上述代码中 i 的初始值为 1，由于循环体内没有修改 i 变量的值，所以表达式 i<=5 永远为真，因而循环体会一直执行。

死循环会极大地占用系统资源，最终有可能导致系统崩溃，所以我们编程时一定要注意避免死循环。

【示例 1-29】使用 while 语句求出表达式 ex=1+1/(2*2)+1/(3*3)+…+1/(i*i)的值小于等于 1.5 时的 i 值。

```
<!doctype html>
<html>
<head>
<meta charset="utf-8">
<title>while 语句的应用</title>
<script>
    var sum = 1, i = 1;
    var ex = 1;
    while(sum <= 1.5){
        sum += 1/((i + 1)*(i + 1));
        if(sum > 1.5)
            break;
        i++;
        ex +=" + 1/(" + i + "*" + i + ")";
    }
    alert("表达式的值小于等于 1.5 时的 i=" + i + ", 对应的表达式为: " + ex);
</script>
</head>
<body>
</body>
</html>
```

因为不知道循环次数是多少，所以适合使用 while 语句。上述代码中的 break 语句用于退出循环并执行循环语句后面的代码，关于 break 语句的使用后面会具体介绍。上述代码在 Chrome 浏览器运行后弹出的对话框如图 1-52 所示。

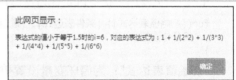

图 1-52　while 循环运行结果

2. do…while 语句

do…while 语句是 while 语句的变形。两者的区别在于，while 语句把循环条件判断放在循环体语句执行的前面，而 do…while 语句则把循环条件判断放在循环体语句执行的后面。do…while 语句的基本语法如下：

```
do{
    循环体;
}while(条件表达式);
```

"条件表达式"和"循环体"的含义与 while 语句的相同。在此需要注意的是，do…while 语句最后需要使用";"结束，如果代码中没有加上";"，则 JavaScript 会自动补上。

do…while 语句在执行时，首先执行循环体语句，然后再判断条件表达式的值，如果值为真（值为 true 或非 0 值），则再次执行循环体语句。do…while 语句至少会执行一次循环体，这一点和 while 语句有显著的不同。

下面使用 do…while 语句修改示例 1-29。

【示例 1-30】使用 do…while 语句求出表达式 ex=1+1/(2*2)+1/(3*3)+…+1/(i*i)的值小于等于 1.5 时

的 i 值。

```html
<!doctype html>
<html>
<head>
<meta charset="utf-8">
<title>do…while 语句的应用</title>
<script>
    var sum = 1, i = 1;
    var ex = 1;
    do{
        sum += 1/((i + 1)*(i + 1));
        if(sum > 1.5)
            break;
        i++;
        ex +=" + 1/(" + i + "*" + i + ")";
    }while(sum <= 1.5);
    alert("表达式的值小于等于 1.5 时的 i=" + i + "，对应的表达式为： " + ex);
</script>
</head>
<body>
</body>
</html>
```

上述代码在 Chrome 浏览器的运行结果和示例 1-29 的完全一样。

3. for 语句

for 语句主要用于执行确定执行次数的循环。for 语句的基本语法如下：

```
for([初始值表达式]; [条件表达式]; [增量表达式]){
    循环体语句;
}
```

"初始值表达式"：为循环变量设置初始值。

"条件表达式"：作为是否进入循环的依据，可以是任意表达式，但一般为关系表达式或逻辑表达式，取值为真或假。每次要执行循环之前，都会进行条件表达式值的判断。如果值为真（值为 true 或非 0 或非空），则执行循环体语句；否则就退出循环并执行循环语句后面的代码。

"增量表达式"：根据此表达式更新循环变量的值。

上述 3 个表达式中的任意一个都可以省略，但需要注意的是，for() 中的 "；"不可以省略。所以如果 3 个表达式都省略时，for 语句变为：for(;;){循环体语句}。此时需要注意的是，如果循环体内没有退出循环的语句，将会进入死循环。

for 语句实际上等效于以下结构的 while 语句：

```
初始值表达式;
while(条件表达式){
    循环体语句;
    增量表达式;
}
```

【示例 1-31】使用 for 语句求 $\sum_{i=1}^{100}$ 的值。

```
<!doctype html>
```

```
<html>
<head>
<meta charset="utf-8">
<title>使用 for 语句求 1~100 的累加和</title>
<script>
    var sum = 0;
    for(var i = 1; i <= 100;i++){//在 for 语句中使用 var 声明循环变量，使代码更简洁
        sum += i;
    }
    alert("1~100 的累加和 sum=" + sum);
</script>
</head>
<body>
</body>
</html>
```

上述代码中的 for 语句使用 while 语句替换实现 1~100 的累加和的代码如下所示：

```
<!doctype html>
<html>
<head>
<meta charset="utf-8">
<title>使用 while 语句求 1~100 的累加和</title>
<script>
    var sum = 0;
    var i = 1;    //初始值表达式
    while(i <= 100){ //条件表达式
        sum += i;
        i++;    //增量表达式
    }
    alert("1~100 的累加和 sum=" + sum);
</script>
</head>
<body>
</body>
</html>
```

上述代码和示例 1-31 的运行结果是完全一样的，它们在 Chrome 浏览器运行后弹出的对话框都如图 1-53 所示。

图 1-53　for 循环语句运行结果

1.9.5　循环终止和退出语句

在实际应用中，循环语句并不是必须等到循环条件不满足了才结束循环，很多情况下，我们希望循环进行到一定阶级时，能根据某种情况提前退出循环或者终止某一次循环。要实现此需求，需要使用 break 语句或 continue 语句。

1. continue 语句

continue 语句用于终止当前循环，并马上进入下一次循环。continue 语句的基本语法如下：

```
continue;
```

continue 语句的执行通常需要设定某个条件，当满足该条件时，执行 continue 语句。

【示例 1-32】continue 语句的应用。

```html
<!doctype html>
<html>
<head>
<meta charset="utf-8">
<title>continue 语句的应用</title>
<script>
    var sum = 0;
    var str = "1~20 之间的偶数有: ";
    //把 1~20 之间的偶数进行累加
    for(var i = 1; i < 20; i++){
        //判断 i 是否为偶数, 如果模不等于 0, 为奇数, 结束当前循环, 进入下一次循环
        if(i % 2 != 0)
            continue;
        sum += i; //如果执行 continue 语句, 循环体内的该行以及后面的代码都不会被执行
        str +=i + " ";
    }
    str += "\n 这些偶数的和为: " + sum;
    alert(str);
</script>
</head>
<body>
</body>
</html>
```

上述代码使用 i%2!=0 作为 continue 语句执行的条件, 如果条件表达式的值为真, 即 i 为奇数时, 执行 continue 语句终止当前循环, 此时 continue 语句后续的代码都不会被执行, 因而奇数都不会被累加。可见, 通过使用 continue 语句就可以保证只累加偶数。上述代码在 Chrome 浏览器运行后弹出的对话框结果如图 1-54 所示。

图 1-54　continue 语句应用结果

2. break 语句

单独使用的 break 语句的作用有两方面: 一是在 switch 语句中退出 switch; 二是在循环语句中退出整个循环。实际应用中, break 后面还可以跟一个标签, 此时 break 语句的作用是跳转到标签所标识的语句块的结束处。当需要从内层循环跳转到某个外层循环的结束时, 就需要使用带有标签的 break 语句。break 语句的基本语法如下:

```
break; //单独使用, 在循环语句中用于退出整个循环
break lablename;//带有标签, 在多层循环语句中用于从内层循环跳转到 lablename 外层循环的结束处
```

break 语句和 continue 语句一样, 执行也需要设定某个条件, 当满足该条件时, 执行 break 语句。
【示例 1-33】break 语句的应用。

```html
<!doctype html>
<html>
<head>
<meta charset="utf-8">
<title>break 语句的应用</title>
<script>
    var sum = 0;
```

```
        var str = "1~20 之间的被累加的偶数有: ";
        //把 1~20 之间的偶数进行累加
        for(var i = 2; i < 20;i += 2){
            if(sum > 60)
                break; //执行 break 语句后，整个循环立刻停止结束执行
            sum += i;
            str += i + " ";
        }
        str += "\n 这些偶数的和为: " + sum;
        alert(str);
    </script>
    </head>
    <body>
    </body>
</html>
```

上述代码使用 sum>60 作为 break 语句执行的条件，如果条件表达式的值为真，执行 break 语句退出整个循环，此时 break 语句后续的代码以及后面的循环都不会被执行。上述代码在 Chrome 浏览器运行后弹出的对话框结果如图 1-55 所示。

此网页显示：

1~20之间的被累加的偶数有：2 4 6 8 10 12 14 16
这些偶数的和为：72

确定

图 1-55　break 语句应用结果

1.10　在网页中嵌入 JavaScript 代码

为了增强网页的动态效果以及用户与网页的动态交互效果，提高用户体验，我们需要在网页中嵌入脚本代码。在网页中嵌入脚本的方式主要有 3 种：一是在 HTML 标签的事件属性中直接添加脚本代码；二是使用<script>标签在网页中直接插入脚本代码；三是使用<script>标签链接外部脚本文件。

1.10.1　在 HTML 标签的事件属性中直接添加脚本

使用 HTML 标签的事件属性，可以直接在标签内添加脚本，以响应元素的事件，这种事件也称为行内事件。

【示例 1-34】在 HTML 标签的事件属性中添加脚本。

```
<!doctype html>
<html>
<head>
<meta charset="utf-8">
<title>在 HTML 标签的事件属性中直接添加脚本</title>
</head>
<body>
 <form>
  <input type="button" onClick="Javascript:alert('欢迎来到 JavaScript 世界');"
   value="点点我看看有什么发生"/>
 </form>
 </body>
 </html>
```

上述代码在 input 标签中的 onClick 事件属性中添加 JS 脚本，实现单击按钮后弹出对话框功能。

注：使用 HTML 标签的事件属性添加 JS 脚本这种方法，现在已不建议使用了。

1.10.2 使用 script 标签插入脚本代码

这种方式首先需要在头部区域或主体区域的恰当位置处添加<script></script>标签对，然后在<script></script>标签对之间根据需求添加相关脚本代码。

基本语法：

```
<script type="text/javascript">
        …      //在这里放置具体的 JS 脚本代码
</script>
```

<script></script>标签可以出现在 HTML 文件的任何位置。type 属性规定脚本的 MIME 类型，通常取"text/javascript"，现在使用时，也会经常省略这个属性。

【示例 1-35】使用 script 标签在 HTML 页面中嵌入脚本。

```
<!doctype html>
<html>
<head>
<meta charset="utf-8">
<title>使用 script 标签插入 JS 代码</title>
<script>
    //在头部区域中插入 JS 代码
    alert('网页的功能是计算输入的两个数的和');
</script>
</head>
<body>
    请输入两个操作数: <input type="text"/>+<input type="text"/>=<input type="text"/>
    <input type="button" value="计算"/>
    <script>
        //在主体区域中插入 JS 代码
        var aInp = document.getElementsByTagName('input');
        aInp[3].onclick = function (){
                aInp[2].value = Number(aInp[0].value) + Number(aInp[1].value);
        }
    </script>
</body>
</html>
```

上述代码分别在 HTML 页面的头部区域和主体区域中使用<script></script>标签对在页面中插入了 JS 代码。当 script 元素内部的 JS 代码没有位于某个函数中时，这些代码会按页面加载的顺序执行；当代码位于某个函数中时，在调用这个函数时才会执行这些代码。所以示例 1-35 中的 JS 代码，在加载完页面标题后，会首先执行第一个<script></script>之间的代码块，然后再加载主体中的表单输入元素，最后才执行第二个<script></script>之间的 JS 代码块。在该块 JS 代码中，会执行第一行 JS 代码，当没有单击按钮时，第三行代码不会被执行。

示例 1-35 中的第二块 JS 代码分布在 HTML 主体区域中，这种做法对提倡将内容、表现和行为分开的做法不相符，所以实际应用中我们常常会将 JS 代码集中放到头部区域。此时需要使用窗口的加载事件，使页面所有元素加载完后再执行 JS 代码。使用窗口加载事件后的示例 1-35 的代码修改如下：

```html
<!doctype html>
<html>
<head>
<meta charset="utf-8">
<title>使用 script 标签插入 JS 代码</title>
<script>
    window.onload = function (){
        alert('网页的功能是计算输入的两个数的和');
        var aInp = document.getElementsByTagName('input');
        aInp[3].onclick = function (){
            aInp[2].value = Number(aInp[0].value) + Number(aInp[1].value);
        };
    };
</script>
</head>
<body>
   请输入两个操作数: <input type="text"/>+<input type="text"/>=<input type="text"/>
   <input type="button" value="计算"/>
</body>
</html>
```

1.10.3 使用 script 标签链接外部 JS 文件

如果同一段 JS 代码需要在若干网页中使用，则可以将 JS 代码放在单独的一个以.js 为扩展名的文件里，然后在需要该文件的网页中使用 script 标签引用该 JS 文件。扩展名为.js 的文件称为脚本文件。

从前面的描述可以看出，定义脚本文件的目的之一是为了脚本代码的重用。此外，使用脚本文件还有一个目的，就是为了将网页内容和行为进行分离。基于这两个目的，在实际项目中，使用 <script>标签链接脚本文件是最常用的一种嵌入脚本的方式。

基本语法：

```html
<script type="text/javascript" src="脚本文件"></script>
```

src 属性用来指定外部脚本文件的 URL，是一个必设属性。链接脚本文件时，<script>一般作为空元素，就算在标签对之间添加内容，这些内容其实也没有任何作用。

需要注意的是，虽然<script>作为空元素，但它的结束标签必须使用</script>，而不能使用缩写形式，即将开始标签的"＞"改成"/＞"来结束标签。

下面通过示例 1-36 来演示使用 script 标签链接脚本文件方式来修改示例 1-35。在该示例中，首先新建一个 JS 文件，命名为：link.js，然后通过 script 标签引用 JS 文件。

【示例 1-36】使用 script 标签链接脚本文件到 HTML 页面中。

（1）link.js 代码：

```javascript
window.onload = function (){
    alert('网页的功能是计算输入的<br/>两个数的和');
    var aInp = document.getElementsByTagName('input');
    aInp[3].onclick = function (){
        aInp[2].value = Number(aInp[0].value) + Number(aInp[1].value);
```

```
    };
  };
```

注：在脚本文件中不能包含任何的标签，除非该标签使用引号引起来作为字符串使用。

（2）html 页面代码：

```
<!doctype html>
<html>
<head>
<meta charset="utf-8">
<title>使用 script 标签链接脚本文件</title>
<script type="text/javascript" src="link.js"></script>
</head>
<body>
  请输入两个操作数: <input type="text"/>+<input type="text"/>=<input type="text"/>
  <input type="button" value="计算"/>
</body>
</html>
```

上述代码在页面头部区域使用 script 标签将外部脚本文件 link.js 链接到 HTML 页面中, 而 link.js 文件中使用窗口的加载事件来调用匿名函数。

练习题

一、简述题

1. 简述 JavaScript 具有哪些特点。
2. 简述 JavaScript 的基本语法。
3. 简述在网页中嵌入 JS 代码有哪些方式。

二、上机题

1. 分别使用 for 和 while 循环语句实现除 40 外的 1～100 之间的偶数的累加, 当累加和大 2 000 时中止循环语句的执行。

（1）提示：使用 continue 和 break 分别中断和退出循环。

（2）所需知识点：循环语句、循环的中断和退出、判断语句等。

2. 在文本框中输入 30～90 之间的一个年龄。要求对输入到文本框中的数据判断是否为数字以及是否属于 30～90 之间。如果为要求的数字则使用警告对话框输出该数据, 否则输出提示信息。运行结果如图 1～图 5 所示。

图 1　没有输入数据时的结果

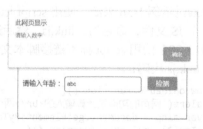

图 2　输入字符串时的结果

图 3　输入小于 30 时的结果　　　　　　　　　图 4　输入大于 90 时的结果

图 5　输入符合要求的数字时的结果

（1）提示：使用 document 的 getElementsByTagName() 获取输入元素；使用 isNaN() 判断输入的内容是否为数字。

（2）所需知识点：使用 document 获取元素、判断语句、isNaN() 等。

第 2 章
Array 及 JSON

Array 数组对象是 JS 的内置对象，它可以用一个变量来存储一系列相同或不同类型的值，其中存储的每个值称为数组元素。JSON 是一种轻量级的数据交换格式，采用完全独立于编程语言的文本格式来存储和表示数据。使用 JSON 表示的数据，结构层次更清晰直观，可读性更好。

2.1 　Array 数组及其在图片切换中的应用

2.1.1　数组的创建及其元素的引用

1. 数组的创建

使用 Array 对象存储数据之前必须先创建 Array 对象。创建 Array 对象有多种方式，下面列出两种常用方式。

方式一：var 数组对象名 = [元素 1,元素 2,…,元素 n];
方式二：var 数组对象名 = new Array(元素 1,元素 2,…,元素 n);

方式一是一种较简洁的数组创建方法，而方式二则是一种较正式的数组创建方法。这两种创建方式都返回新创建并被初始化了的数组对象，它们都使用参数指定的值初始化数组，元素个数（也叫数组长度）为参数的个数。这两种方式效果在一般情况下是一样的，但由于方式一更简洁，因此在实际应用中最常用。

数组创建示例：

```
var hobbies1 = ["旅游","运动","音乐"];
var hobbies2 = new Array("旅游","运动","音乐");
```

上面示例代码创建了两个包含 3 个元素的数组对象，它们是完全等效的，但第一行代码更简洁。

需要注意的是：上述两种创建数组的方式，一般情况下是完全等效的，除了只有一个数值类型参数的情况。因为此时，使用第一种创建方式时，表示创建的是一个只包含一个元素的数组，该元素的值等于数值参数；使用第二种创建方式，则表示创建了一个长度等于数值类型参数的数组，例如：

```
var arr = [3]; //创建了一个只有一个元素的数组，元素值为 3
var arr = new Array(3);//创建了一个有 3 个元素的数组，3 个元素值均为 undefined
```

2. 数组元素的引用

数组中存储的每个元素都有一个位置索引（也叫下标），数组下标从 0 开始，到数组长度-1 结束，即第一个元素的下标为 0，最后一个元素的下标为数组长度-1。引用数组元素时可以通过数组名和下标来实现，引用格式如下：

数组名[元素下标]

例如：一个包含 3 个元素的名为 arr 的数组的 3 个元素，可分别通过：arr[0] 、arr[1]和 arr[2]来引用。

3. 数组的访问

访问数组有两种方式：一是直接访问数组名，此时将返回数组中存储的所有元素值。例如，alert(hobbies1)，该语句执行后将在警告对话框中输出上面创建的 hobbies1 数组中存储的所有元素值：旅游，运动，音乐；二是使用数组加下标访问，此时将返回数组下标对应的数组元素值。例如：alert(hobbies1[1])，该语句执行后将在警告对话框中输出"运动"。

2.1.2 数组的常用属性及方法

1. 数组的常用属性：length

length 是一个可读可写的属性，用来表示数组的长度（即数组元素个数）。通过访问 length 属性，可以获取数组长度；而通过修改 length 的值，可以增加或减少数组元素，甚至可以完全清空数组元素。length 属性的读、写操作示例如下：

```
var arr = [1,2,3];
alert(arr.length);//读取数组长度,结果为 3
arr.length = 1;//修改数组长度为 1，此时数组只剩第一个元素
arr.length = 0;//快速清空数组，此时数组中没有任何元素
```

注：快速清空除了可以通过修改 length 属性值为 0 外，还有一种方法就是使用代码：arr = []。如果 arr 原来的元素有很多，则使用 arr = []清空数组的方法效率比修改 length 属性值为 0 的方法更高。

2. 数组的常用方法

数组提供了一些常用方法，可实现数组元素的添加、删除、替换以及排序等功能。

（1）push（元素 1,…,元素 n）

push()方法可把参数指定的元素依次添加到数组的末尾，并返回添加元素后的数组长度（该方法必须至少有一个参数）。示例如下：

```
var arr = [1,2,3];
alert(arr.push(4));//返回最终数组的长度:4
alert(arr);//返回: 1,2,3,4
alert(arr.push(5,6,7));//返回最终数组的长度:7
alert(arr);//返回: 1,2,3,4,5,6,7
```

（2）unshift（元素 1,…,元素 n）

unshift()方法可把参数指定的元素依次添加到数组的前面，并返回添加元素后的数组长度。该方法必须至少有一个参数。注意：IE6、IE7 不支持方法的返回值。示例如下：

```
var arr = [1,2,3];
alert(arr.unshift('a'));//返回最终数组的长度:4
alert(arr);//返回: a,1,2,3
alert(arr.unshift('b','c','d'));//返回最终数组的长度:7
alert(arr);//返回: b,c,d,a,1,2,3
```

（3）pop()

pop()方法可弹出（删除）数组最后一个元素，并返回弹出的元素。示例如下：

```
var arr = ['A','B','C','D'];
alert(arr.pop());//返回: D
alert(arr);//返回: A,B,C
```

（4）shift()

shift()方法可删除数组第一个元素，并返回删除的元素。示例如下：

```
var arr = ['A','B','C','D'];
alert(arr.shift());//返回: A
alert(arr);//返回: B,C,D
```

（5）splice（index,count[,元素 1,…,元素 n]）

splic()方法功能比较强，它可以实现删除指定数量的元素、替换指定元素以及在指定位置添加元素。这些不同功能的实现需要结合方法参数来确定：当参数只有 index 和 count 两个参数时，如果 count 不等于 0，splice()方法实现删除功能，同时返回所删除的元素：从 index 参数指定位置开始删除 count 参数指定个数的元素；当参数为 3 个以上，且 count 参数不为 0 时，splice()方法实现替换功能，同时返回所替换的元素：用第三个及其之后的参数替换 index 参数指定位置开始的 count 参数指定个数的元素；当参数为 3 个以上，且 count 参数为 0 时，splice()方法的实现添加功能：用第三个及其之后的参数添加到 index 参数指定位置上。splice()方法实现的各个功能示例如下。

① 使用 splice()从指定位置删除指定个数的元素：

```
var arr = ['A','B','C','D'];
alert(arr.splice(0,1));//2个参数，实现删除功能：从第一个元素开始删除1个元素，返回：A
alert(arr);//返回：B,C,D
alert(arr.splice(0,2));//从第一个元素开始删除2个元素，返回：B,C
alert(arr);//返回：D
```

② 使用 splice()用指定元素替换从指定位置开始的指定个数的元素：

```
var arr = ['A','B','C','D'];
//3个参数，第二个参数不为0，实现替换功能：用a替换掉A，返回：A
alert(arr.splice(0,1,'a'));
alert(arr);//返回：a,B,C,D
alert(arr.splice(0,2,'a or b'));//用a or b替换掉a和B，返回a,B
alert(arr);//返回：a or b,C,D
```

③ 使用 splice()在指定位置添加指定的元素：

```
var arr = ['A','B','C','D'];
//4个参数，第二个参数为0，实现添加功能：在下标为1处添加aaa,bbb，没有返回值
alert(arr.splice(1,0,'aaa','bbb'));
alert(arr);//返回：A,aaa,bbb,B,C,D
```

【示例 2-1】使用 splice()方法实现数组去重。

```
<!doctype html>
<html>
<head>
<meta charset="utf-8">
<title>使用splice方法实现数组去重</title>
<script>
    var arr = [1,2,2,2,4,2];
    for(var i = 0; i < arr.length; i++){
        for(var j = i + 1; j < arr.length; j++){
            if(arr[i] == arr[j]){
                arr.splice(j,1);//删除j位置处的元素
                j--;
            }
        }
    }
    alert(arr);//返回1,2,4三个元素
</script>
</head>
<body>
</body>
```

```
</html>
```

上述代码使用了具有两个参数的 splice()，实现了删除指定元素的功能。

（6）slice(index1[,index2])

slice()方法返回包含从数组对象中的第 index1～index2-1 之间的元素的数组。index2 参数可以省略，省略时表示返回从 index1 位置开始一直到最后位置的元素。需要注意的是，该方法只是读取指定的元素，并不会对原数组作任何修改。示例如下：

```
var arr = ['A','B','C','D'];
alert(arr.slice(0,3));//返回: A,B,C
alert(arr);//返回 A,B,C,D
alert(arr.slice(0));//返回数组全部元素: A,B,C,D
alert(arr);//返回 A,B,C,D
```

（7）sort()、sort(compareFunction)

sort()方法用于按某种规则排序数组：当方法的参数为空时，按字典序（即元素的 Unicode 编码从小到大排序顺序）排序数组元素；当参数为一个匿名函数时，将按匿名函数指定的规则排序数组元素。sort()排序后将返回排序后的数组，示例如下。

① 按字典序排序数组。

```
var arr = ['c','d','a','e'];
alert(arr.sort());//返回排序后的数组: a,c,d,e
alert(arr);//返回排序后的数组: a,c,d,e
```

从上述代码，我们可看到没有参数时，sort()按字典序排列数组中的各个元素。下面我们再用元素的 sort()对几个数字排序，看看结果如何：

```
var arr = [4,3,5,76,2,0,8];
arr.sort();
alert(arr);//返回排序后的数组: 0,2,3,4,5,76,8
```

我们看到排序后，结果并不是所预期的 76 最大应排在最后，反而是 8 排在最后，似乎 8 在这些元素中是最大的，即元素并没按数字大小进行排序。为什么会出现这样的结果呢？这是因为 sort()默认是对每个元素按字符串进行排序，排序时会从左到右按位比较元素的每位字符，对应位的 Unicode 编码大的就意味着这个元素大，此时将不再对后面的字符进行比较；对应位字符相同时才比较后面位置的字符。显然上述数组的排序使用了 sort()的默认排序规则。此时要让数组中的元素按数字大小进行排序，就必须通过匿名函数参数来修改排序规则。

② 按匿名函数参数指定的规则排序数组。

下面通过定义匿名函数来修改 sort()的默认排序规则，实现对上面数字元素按数字大小进行排序：

```
var arr = [4,3,5,76,2,0,8];
arr2.sort(function(a,b){
    return a-b;//从小到大排序
    //return b-a;//从大到小排序
});
alert(arr);//返回排序后的数组: 0,2,3,4,5,8,76
```

说明：匿名函数中返回第一个参数减第二个参数的值，此时将按元素数值从小到大的规则排序各个元素：当两个参数的差为正数时，前后比较的两个元素将调换位置排序；否则元素不调换位置。如果返回第二个参数减第一个参数的值，则按元素数值从大到小的规则排序各个元素，元素调换规则和从小到大类似。

　　当数组元素的前缀为数字而后缀为字符串时，如果希望这些元素能按数字大小进行排序，此时需对匿名函数中的参数作一些变通处理。因为这些参数代表了数组元素，所以它们也是一个包含数字和字符的字符串，因此要按数字大小来排序它们，就需要将参数解析为一个数字，然后再返回这些解析结果的差。示例如下：

```
var arrWidth = ['345px','23px','10px','1000px'];
arrWidth.sort(function(a,b){
    return parseInt(a)-parseInt(b);
});
alert(arrWidth);//排序后的结果为：10px,23px,345px,1000px
```

　　此外，我们通过匿名函数，还可以实现随机排序数组元素。示例如下：

```
var arr = [1,2,3,4,5,6,7,8];
arr.sort(function(a,b){
    return Math.random()-0.5;//random()返回：0~1 之间的一个值
});
alert(arr);//排序后的结果为：4,3,1,2,6,5,7,8。注意：每次执行的结果可能会不一样
```

　　上述代码中的匿名函数并没有返回两个参数的差值，而是返回 Math 对象中的 random()随机函数和 0.5 的差值，这就使得元素的排序将不是根据元素大小来排序。由于 random()的值为 0~1 之间的一个随机值，所以它和 0.5 的差时正时负，这就导致数组元素位置的调换很随机，所以排序后的数组是随机排序的。

　　（8）concat（数组 1,…,数组 n）

　　concat()将参数指定的数组和当前数组连成一个新数组。示例如下：

```
var arr1 = [1,2,3];
var arr2 = [4,5,6];
var arr3 = [7,8,9];
alert(arr1.concat(arr2,arr3));//最终获得连接后的数组：1,2,3,4,5,6,7,8,9
```

　　（9）reverse()

　　reverse()方法可返回当前数组倒序排序形式。示例如下：

```
var arr = [1,2,3,4,5,6];
alert(arr.reverse());//返回：6,5,4,3,2,1
```

　　（10）join（分隔符）

　　join()方法可将数组内各个元素按参数指定的分隔符连接成一个字符串。参数可以省略，省略参数时，分隔符默认为"逗号"。示例如下：

```
var fruit = ["苹果","橙子","梨子"];
alert(fruit.join('、'));//使用顿号作分隔符，返回：苹果、橙子、梨子
alert(fruit.join());//没有指定分隔符，使用默认的逗号分隔符，返回：苹果,橙子,梨子
```

　　（11）forEach()

　　forEach()方法用于对数组的每个元素执行一次回调函数。语法如下：

```
array 对象.forEach(function(currentValue[,index[,array]])[,thisArg])
```

　　forEach()方法的第一个参数为 array 对象中每个元素需要调用的函数。forEach()方法中的各个参数说明如下。

① currentValue 参数：必需参数，表示正在处理的数组元素（当前元素）。

② index 参数：可选参数，表示正在处理的当前元素的索引。

③ array 参数：可选参数，表示方法正在操作的数组。

④ thisArg 参数，可选参数，取值通常为 this，为空时取值为 undefined。

forEach()函数的返回值为 undefined。示例如下：

```
var fruit = ["苹果","橙子","梨子"];
fruit.forEach(function(item,index){
    console.log("fruit[" + index + "] = " + item);
});
```

上述示例的运行后将在控制台中分别显示：fruit[0]=苹果、fruit[1]=橙子和 fruit[2]=梨子。

（12）filter()

filter()方法用于创建一个新的数组，其中的元素是指定数组中所有符合指定函数要求的元素。语法如下：

```
array 对象.filter(function(currentValue[,index[,array]])[,thisArg])
```

filter()方法的第一个参数为回调函数，array 对象中每个元素都需要调用该函数，filter()会返回所有使回调函数返回值为 true 的元素。filter()方法中的各个参数说明如下。

① currentValue 参数：必需参数，表示正在处理的数组元素（当前元素）。

② index 参数：可选参数，表示正在处理的当前元素的索引。

③ array 参数：可选参数，表示方法正在操作的数组。

④ thisArg 参数，可选参数，取值通常为 this，为空时取值为 undefined。

filter()函数返回一个新数组，其中包含了指定数组中的所有符合条件的元素。如果没有符合条件的元素则返回空数组。示例如下：

```
var names1 = ["张山","张小天","李四","张萌萌","王宁","陈浩"];//原数组

function checkName(name){ //定义回调函数，判断名字是否姓"张"
    if(name.indexOf("张") != -1){
            return true;
        }else{
            return false;
        }
}
var names2 = names1.filter(checkName);//对 names1 执行回调用函数，返回所有姓张的名字

names2.forEach(function(item,index){//遍历 names2 数组中的每个元素
        console.log("names2[" + index + "] = " + item);
});
```

上述示例运行后将在控制台中分别显示：names2[0]=张山、names2[1]=张小天和 names2[2]=张萌萌。

（13）map()

map()方法用于创建一个新的数组，其中的每个元素是指定数组的对应元素调用指定函数处理后的值。语法如下：

```
array 对象.map(function(currentValue[,index[,array]])[,thisArg])
```

map()方法的第一个参数为回调函数，array 对象中每个元素都需要调用该函数。map()方法中的

各个参数说明如下。

① currentValue 参数：必需参数，表示正在处理的数组元素（当前元素）。

② index 参数：可选参数，表示正在处理的当前元素的索引。

③ array 参数：可选参数，表示方法正在操作的数组。

④ thisArg 参数，可选参数，取值通常为 this，为空时取值为 undefined。

map()函数返回一个新数组，其中的元素为原始数组元素调用回调函数处理后的值。示例如下：

```
var number = [1,2,3];//原数组

var num=number.map(function(item){//对原数组中的每个元素*2，将值分别存储在 num 数组中
        return item * 2;
});

num.forEach(function(item,index){//遍历 num 中的每个元素
        console.log("num[" + index + "]=" + item);
});
```

上述示例运行后将在控制台中分别显示：num[0]=2、num[1]=4 和 num[2]=6。

（14）reduce()

reduce()用于使用回调函数对数组中的每个元素进行处理，并将处理进行汇总返回。语法如下：

```
array 对象.reduce(function(result,currentValue[,index[,array]])[,initialValue])
```

reduce()方法的第一个参数为回调函数。reduce()方法中的各个参数说明如下。

① result 参数：必需参数，表示初始值或回调函数执行后的返回值。在第一次调用回调函数前，result 参数表示初始值；在调用回调函数之后，result 参数表示回调函数执行后的返回值。需要注意的是，如果指定了 initialValue 参数，则初始值就是 initialValue 参数值，否则初始值为数组的第一个元素。

② currentValue 参数：必需参数，表示正在处理的数组元素（当前元素）。需要注意的是，如果指定了 initialValue 参数，则第一次执行回调函数时的 currentValue 为数组的第一个元素，否则为第二个元素。

③ index 参数：可选参数，表示正在处理的当前元素的索引。

④ array 参数：可选参数，表示方法正在操作的数组。

⑤ initialValue 参数，可选参数，作为第一次调用回调函数时的第一个参数的值。如果没有提供该参数，第一次调用回调函数时的第一个参数将使用数组中的第一个元素。

需要注意的是：对一个空数组调用 reduce()方法时，如果没有指定 initialValue 参数此时将会报错。reduce()的使用示例如下：

```
var num1 = [1,3,6,9];

//reduce()没有 initialValue 参数
var num2 = num1.reduce(function(v1,v2){ //①
    return v1 + 2 * v2;//将当前元素值*2 后和初始值或函数的前一次执行结果进行相加
});
console.log("num2=" + num2);//输出：num2=37

//reduce()提供了 initialValue 参数
```

```
var num3 = num1.reduce(function(v1,v2){ //②
    return v1 + 2 * v2;//将当前元素值*2 后和初始值或函数的前一次执行结果进行相加
},2);
console.log("num3=" + num3); //输出：num3=40
```

上述示例中，①处调用的 reduce()没有指定 initialValue 参数，因而初始值为数组的第一个元素，即 1，此时 reduce()的执行过程等效于：1+2*3+2*6+2*9 运算表达式的执行，结果返回 37。②处调用的 reduce()指定了值为 2 的 initialValue 参数，因而初始值为 2，此时 reduce()的执行过程等效于：2+2*1+2*3+2*6+2*9 运算表达式的执行，结果返回 40。

（15）find()

find()用于获取使回调函数值为 true 的第一个数组元素。如果没有符合条件的元素，将返回 undefined。语法如下：

```
array 对象.find(function(currentValue[,index[,array]])[,thisArg])
```

filter()方法的第一个参数为回调函数，array 对象中每个元素都需要调用该函数，filter()会返回所有使回调函数返回值为 true 的元素。filter()方法中的各个参数说明如下。

① currentValue 参数：必需参数，表示正在处理的数组元素（当前元素）。

② index 参数：可选参数，表示正在处理的当前元素的索引。

③ array 参数：可选参数，表示方法正在操作的数组。

④ thisArg 参数，可选参数，取值通常为 this，为空时取值为 undefined。

find()函数使用示例如下：

```
var names = ["Tom","Jane","Marry","John","Marissa"];
//定义回调函数
function checkLength(item){
    return item.length >= 4;
}

var name = names.find(checkLength);//返回名字数组中名字长度大于或等于 4 的第一个名字

console.log("name: " + name);
```

上述示例运行后将在控制台中输出 name: Jane。

2.1.3　数组在图片切换中的应用

在本节，我们将使用图片切换这个实用的案例来演示数组的应用。在该示例中，我们将图片切换需用到的各个图片的路径存在数组中，在切换图片时使用数组和下标来引用对应的图片。另外，我们还应用了数组的 length 属性来获取当前显示的图片在数组中的第几张。

【示例 2-2】数组在图片切换中的应用。

```
<!doctype html>
<html>
<head>
<meta charset = "utf-8">
<title>数组在图片切换中的应用</title>
<style>
  #content{
    width:400px;
    height:400px;
```

```
    border:10px solid #ccc;
    margin:40px auto 0;
    position:relative;
    background:#f1f1f1;
}
#content a{
    width:40px;
    height:40px;
    border:5px solid #ccc;
    position:absolute;
    top:175px; /*链接与图片垂直居中*/
    text-align:center;
    text-decoration:none;
    line-height:40px;
    color:#fff;
    font-size:30px;
    font-weight:bold;
    background:#000;
    filter:alpha(opacity:50);/*设置向前向后链接的背景为半透明*/
    opacity:0.5;
}
#content a:hover{/*鼠标指针移到向前或向后链接上时背景透明度降低*/
    filter:alpha(opacity:90);
    opacity:0.9;
}
#prev{left:-80px;}
#next{right:-80px;}
#text,#span1{
    position:absolute;
    left:0;
    width:400px;
    height:30px;
    line-height:30px;
    text-align:center;
    color:#fff;
    background:#000;
    filter:alpha(opacity:60);/*设置透明的背景*/
    opacity:0.6;
}
#text{/*图片张数显示在左下方*/
    margin:0;
    bottom:0;
}
#span1{top:0;}/*图片张数显示在左下方*/
#img1{
    width:400px;
    height:400px;
}
</style>
<script>
    window.onload = function(){
        var oPrev = document.getElementById("prev");
        var oNext = document.getElementById("next");
        var oText = document.getElementById("text");
        var oSpan = document.getElementById("span1");
```

```
        var oImg = document.getElementById("img1");
        //使用数组存储切换的图片路径
        var imgUrl=['images/1.jpg','images/2.jpg','images/3.jpg','images/4.jpg'];
        //使用数组存储图片描述信息
        var imgText = ['可爱的小猫咪','调皮的皮卡丘','呆萌的皮卡丘','超酷的小熊'];
        var num = 0;
        //初始化图片信息
        oImg.src = imgUrl[num];
        oText.innerHTML = imgText[num];
        oSpan.innerHTML = num+1 + '/' + imgUrl.length;

        //单击向前链接事件
        oPrev.onclick = function(){
            num--;
            if(num == -1){//显示第一张图片后再单击向前按钮时将保持显示第一张图片
                num = 0;
                alert("这是第一张图片");
            }
            oImg.src = imgUrl[num];
            oText.innerHTML = imgText[num];
            oSpan.innerHTML = num+1 + '/' + imgUrl.length;
        }
        //单击向后链接事件
        oNext.onclick = function(){
            num++;
        //显示最后一张图片后再单击向后链接时将保持显示最后一张图片
            if(num == imgUrl.length){
                num = imgUrl.length-1;
                alert("这是最后一张图片");
            }
            oImg.src = imgUrl[num];
            oText.innerHTML = imgText[num];
            oSpan.innerHTML = num+1 + '/' + imgUrl.length;
        }
    }
    </script>
    <body>
      <div id="content">
        <img id = "img1"/>
        <a id="prev" href="javascript:;">&lt;</a>
        <a id="next" href="javascript:;">&gt;</a>
        <p id="text"></p>
        <span id="span1"><span>
      </div>
    </body>
    </html>
```

上述代码运行后首先显示数组中的第一个元素指定的图片，当连续单击向后链接时，图片会按
图片数组中指定的顺序依次切换图片，切换到最后一张图片后再单击向后链接时图片停止切换，并
弹出提示对话框；当连续单击向前链接时，会在当前图片的基础上，按数组元素的逆序依次切换图
片，切换到第一张图片后再单击向前链接时图片停止切换，并弹出提示对话框。代码在 Chrome 浏
览器中的运行结果如图 2-1～图 2-4 所示。

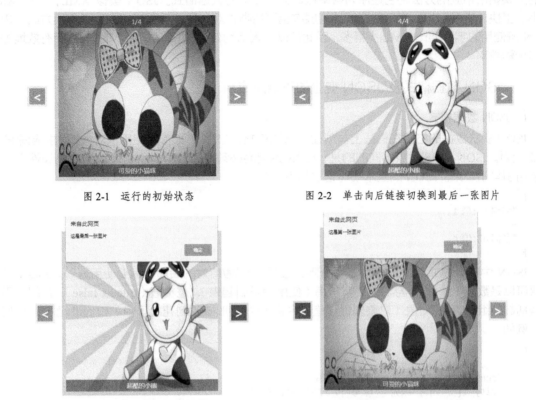

图 2-1　运行的初始状态　　　　　　　　图 2-2　单击向后链接切换到最后一张图片

图 2-3　切换到最后一张图片时再单击向后链接　　　　图 2-4　切换到第一张图片时再单击向前链接

　　从示例 2-2 可以看到，使用数组来存储图片切换中所涉及的各个图片的路径，可以很容易地实现任意多个图片之间切换。

　　虽然示例 2-2 中的代码实现了图片切换功能，但当我们阅读代码时，我们会发现 oImg.src=imgUrl [num]、oSpan.innerHTML=num+1+'/'+imgUrl.length 以及 oText.innerHTML=imgText[num]这 3 行代码重复出现了 3 次。同样的代码重复出现，不仅会给今后的维护带来麻烦，还会增大文件，增加文件加载时间从而影响性能，所以对于示例 2-2，我们有必要改进它。对示例 2-2 代码的改进主要是通过使用第 4 章介绍的函数，我们可以把相同的代码抽取出来封装到一个函数中，然后在需要使用的地方调用这个函数就可以了。具体的改进代码请参见 4.5 节中的示例 4-14。

2.2　JSON

　　JSON（JavaScript Object Notation，JavaScript 对象表示法）是一种轻量级的数据交换格式，采用完全独立于编程语言的文本格式来存储和表示数据。JSON 可以将 JavaScript 对象中表示的一组数据通过相应的方法转换为字符串，然后就可以在网络或者程序之间轻松地传递这个字符串，并在需要的时候调用相应的方法将它还原为各编程语言所支持的数据格式。JSON 类似 XML，但比 XML 更小、更快、更易解析，表示数据的结构层次也更清晰直观，可读性更好。在数据交换方面，由于 JSON 所使用的字符要比 XML 少得多，因此可以大大节约传输数据所占用的带宽，从而有效地提升网络传输效率。

2.2.1   JSON 数据格式及 JSON 变量的声明及应用

1. JSON 数据格式

JSON 表示数据的格式在语法上与创建 JS 对象的格式类似，即都是使用一对大括号括起来的一组键/值对。JSON 和 JS 对象不同的的是，JSON 的键名必须使用双引号引起来，而 JS 的属性名不需要使用引号引起来。JSON 的基本书写格式如下：

```
{
  "名称 1":值 1,
  …
  "名称 n":值 n
}
```

JSON 中每个键/值对之间使用逗号分隔，最后一个键/值对的后面不需要使用逗号。JSON 条目的值可以是数字（整数或浮点数）、字符串（使用引号引起来）、逻辑值（true 或 false）、数组（用方括号括起数组元素）、对象（对象属性和值以名称/值对的形式放到花括号中）和 null 值中的任何一个。例如：

```
{
    "age":8, //值为整数
    "company":"XXX 公司", //值为字符串
    "city":["广州","深圳","珠海"], //值为字符串数组
    "ceo":{"firstName":"Jason","lastName":"Hunter"},//值为对象
    "employees":[ //值为对象数组
                  {"firstName":"John","lastName":"Doe"},
                  {"firstName":"Anna","lastName":"Smith"},
                  {"firstName":"Peter","lastName":"Jones"}
                ]
}
```

2. JSON 变量的声明

我们可以将一个 JSON 赋给一个变量。声明 JSON 变量的格式如下：

```
var 变量名 = '{"名称 1":值 1, …"名称 n":值 n}';
```

例如：

```
var json = '{"name":"张三","age":36,"city":["广州","深圳","珠海"]}'
```

2.2.2   JSON 与 JS 对象的相互转换及应用

1. JSON 与 JS 对象的相互转换

JSON 是 JS 对象的字符串表示法，它使用文本表示一个 JS 对象的信息，所以 JSON 本质是一个字符串。通过 JSON 调用相应的方法，JSON 和 JS 对象可以相互转换。

（1）将 JSON 转换为 JS 对象

通过 JSON 的 parse()方法，可以将一个 JSON 解析为一个 JS 对象，解析格式如下：

```
JSON.parse(json)
```

例如：

```
var json = '{"name":"张三", "age":36}';//定义一个 JSON
var obj = JSON.parse(json);//调用 parse()将 json 解析为一个 JS 对象
console.log(obj);//输出: {name: "张三", age: 36}
```

（2）将 JS 对象转换为 JSON

通过 JSON 的 stringify()方法，可以将一个 JS 对象转换为 JSON，转换格式如下：

```
JSON.stringify(obj)
```

例如：

```
var obj = {name:"张三", age:36};//定义一个 JS 对象
var json = JSON.stringify(obj);//调用 stringify()将一个 JS 对象转换为 JSON
console.log(json);//输出: {"name":"张三","age":36}
```

2. JSON 各个值的获取

要获取 JSON 中的各个值，需要首先将 JSON 解析为 JS 对象，然后再通过该对象引用键名来获取对应的值。通过解析得到的 JS 对象，可以采用以下两种格式来获取值。

```
格式一: json 解析得到的 JS 对象.键名
格式二: json 解析得到的 JS 对象[键名]//键名需要使用单引号或双引号引起来
```

例如：

```
var json = '{"company":"XXX 公司", "ceo":{"firstName":"Jason",'+
        '"lastName":"Hunter"}}';//定义一个 JSON
var obj = JSON.parse(json);//将 JSON 解析为 JS 对象

obj.company; //访问 company 键名，返回: XXX 公司
obj.ceo.firstName;//访问 ceo 键对应的对象的 firstName 属性值，返回: Jason
obj['ceo']['firstName'];//访问 ceo 键对应的对象的 firstName 属性值，返回: Jason
```

3. JSON 与对象的应用

下面，我们使用 JSON 修改示例 2-2，将示例 2-2 中的两个数组修改为 JSON 的两个条目。具体代码如下所示（为节省篇幅，在此主要列出修改的代码）。

【示例 2-3】使用 JSON 设置切换图片路径及图片描述信息。

```
<script>
  window.onload = function(){
     ...
     //使用 JSON 存储切换的图片路径和图片描述信息
     var json = '{"url":["images/1.jpg","images/2.jpg","images/3.jpg",'+
             '"images/4.jpg"],"text":["可爱的小猫咪","调皮的皮卡丘",'+
             '"呆萌的皮卡丘","超酷的小熊"]}';
     var imgData = JSON.parse(json);//将 json 解析为 JS 对象

     var num = 0;
     //初始化图片信息
     oSpan.innerHTML = num+1 + '/' + imgData.url.length;
```

```
            oImg.src = imgData.url[num];
            oText.innerHTML = imgData.text[num];
            //单击向前链接事件
            oPrev.onclick = function(){
                ...
              oImg.src = imgData.url[num];
                oText.innerHTML = imgData.text[num];
              oSpan.innerHTML = num+1 + '/' + imgData.url.length;
            }

             //单击向后链接事件
            oNext.onclick = function(){
                num++
                if(num == imgData.url.length){
                    num = imgData.url.length-1;
                    alert("这是最后一张图片");
                }
                oImg.src = imgData.url[num];
                oText.innerHTML = imgData.text[num];
                  oSpan.innerHTML = num+1 + '/' + imgData.url.length;
            }
          }
        </script>
```

　　说明：细心的读者可能会对上述示例使用 JSON 感到疑惑：就该示例来说，似乎直接使用对象会更直接一些，因为至少不需要对 JSON 的解析啊。就这个示例来说确实是这样的。但需要注意的是，在实际工作中，我们需要处理的数据，如示例中的图片路径和名字可能来源于其他地方，比如通过 HTTP 请求的后端数据。这些后端数据有可能是对象或数组，后端要和前端交换这些数据，就需要使用 JSON 对它们进行转换：在后端将对象转换为 JSON 然后进行传送；前端接收到的数据为 JSON，然后通过对解析 JSON 得到 JS 对象，之后前端就可以直接对 JS 对象进行操作了。可见，通过 JSON，在前端就实现了对后端对象的操作。

　　上述代码修改后的运行结果和示例 2-2 完全一样。但使用 JSON 将有关图片的相关信息都放到一起，代码的可读性更强。

2.2.3　使用 for-in 遍历对象属性

　　在上一节中，我们介绍了两种方式获取 JSON 值，不过，JSON 中每个条目的访问如果要一一使用这些方式来访问，则显得有点烦琐。为了简化 JSON 条目的访问代码，我们可以使用 for-in 循环语句遍历访问 JSON 解析后得到的对象的每个属性来间接得到 JSON 的每个条目的值。

　　【示例 2-4】使用 for-in 遍历 JSON 解析后得到的对象属性。

```
<!doctype html>
<html>
<head>
<meta charset = "utf-8">
<title>使用 for-in 遍历 JSON 解析后得到的对象属性</title>
<script>
  var json = '{"age":8,"company":"XXX 公司", "city":["广州","深圳","珠海"],'+
              '"ceo":{"firstName":"Jason","lastName":"Hunter"}}';

  var obj = JSON.parse(json);
```

```
    var num = 0;
    for(var item in obj){
        num++;
        console.log('第' + num + '个条目名称＝' + item + '，它的值如下：');
        console.log(obj[item]);
    }
</script>
</head>
<body>
</body>
</html>
```

上述代码在 Chrome 浏览器中的运行结果如图 2-5 所示。

从图 2-5 可看出，示例 2-4 中的 item 就是 JSON 解析得到的 JS 对象的属性，其名称对应 JSON 的条目名称，即键/值对中的键名。可见，对 JSON 来说，for-in 的具体格式其实就是：for 属性名 in JSON 解析得到的 JS 对象，意思就是：遍历 JSON 解析得到的 JS 对象中的每个属性。

由示例 2-4 可见，使用 for-in 可以遍历一个 JS 对象的所有属性，例如使用 for-in 遍历 window 内置对象的属性的代码如下所示：

图 2-5　使用 for-in 循环语句遍历 JSON 解析后得到的对象属性

```
for(var attr in window){
    console.log(attr + ": " + window[attr]);
}
```

练习题

一、简述题

1. 简述数组和 JSON 的作用。
2. 简述数组的常用创建方式以及常用方法。

二、上机题

1. 参考图 1 所示运行结果，对数组 arr 中给定的所有数据进行筛选，从中选出所有属于非 NaN 的数字的数据、所有可转换成数字的数据以及所有属于 NaN 的数据所在的位置。

（1）提示：通过判断将筛选得到的不同类型的数据存储在不同的数组中，最后对各个数组调用 join()方法，将数组连成一个字符串进行输出。

（2）所需知识点：数组的定义、遍历、数据类型转换以及 NaN 的使用。

2. 参考图 2 和图 3 所示运行结果，按图中各个文本标签中的数字序号进行从小到大或从大到小排序。

（1）提示：图中的 8 个文本标签可作为数组的 8 个元素，通过遍历数组来生成一个可横排的无序列表。在单击事件中使用匿名函数重定义排序方式。

（2）所需知识点：使用 document 获取元素、数组定义及遍历、数组 sort()的排序方式的定义。

图 1　单击"开始查找"按钮弹出警告对话框

图 2　按文本标签中的序号从小到大排序

图 3　按文本标签中的序号从大到小排序

第 3 章

使用 JavaScript 操作属性及元素内容

前面我们介绍了使用 document 对象的一些方法，比如 getElementById()、getElementsByTagName()等方法，可以获取 HTML 元素。得到了 HTML 元素后，就可以通过元素操作元素属性及 CSS 属性，以及通过元素的 innerHTML 属性来操作元素内容。

3.1　使用 JavaScript 操作元素属性及样式属性

使用 JavaScript 获取 HTML 元素后，就可以通过元素获取或设置元素属性及样式属性。

3.1.1　属性读、写操作

1. 属性的读操作

属性的读操作用于获取 HTML 元素指定属性的值。读取属性使用以下格式。

格式一：

元素.属性名

格式二：

元素[属性名]

从上面的属性访问格式中可以看到，属性的引用有"."和"[]"两种操作符，这两种操作符可以理解为"的"的意思。一般情况下，"."和"[]"的表示法可以相互替换，但在某些情况下，比如属性名需要从 HTML 页面中获取，以实现属性的动态变化，此时就只能使用"[]"。另外，需要注意的是，"[]"中的内容是一个字符串或字符串表达式。

使用 JS 获取某个元素后，就可以使用上述格式获取该元素的指定属性的值。例如，对 HTML 页面中的元素<input id="text1" type="text" value="123"/>使用 JS 代码 var oInput=document. getElementById("text1")后，就可以通过 JS 代码：oInput.type 获取该输入框元素的类型为"text"。

2. 属性的写操作

属性的写操作用于设置或修改 HTML 元素指定属性的值。写属性使用以下格式。

格式一：

元素.属性名 = 新值

格式二：

元素[属性名] = 新值

使用 JS 获取某个元素后，就可以使用上述格式中指定的"新值"设置或修改该元素的指定属性的值。例如要修改上述 HTML 页面元素中的 value 属性值为"abc"，可以使用 JS 代码：oInput.value="abc"。

下面通过示例 3-1 来具体演示属性的读、写操作。该示例实现的功能是在一个文本框中输入一个图片文件路径，单击按钮后使用文本框中的路径对应的图片替换页面中的图片。

【示例 3-1】使用 JS 读、写 HTML 元素属性。

```
<!doctype html>
<html>
<head>
<meta charset="utf-8">
<title>使用 JS 读、写 HTML 元素属性</title>
<script>
  window.onload = function (){
    var oInput = document.getElementById("text1");
```

```
        var oBtn = document.getElementById("btn1");
        var oImg = document.getElementById("img1");
        oBtn.onclick = function (){
            /*通过读取文本框的 value 属性值获取用户输入的图片路径，然后用它来修改 Img 元素的 src
              属性值*/
            oImg.src = oInput.value;
        }
    }
</script>
</head>
<body>
    <input id="text1" type="text">
    <input id="btn1" type="button" value="更换图片">
    <br><br>
    <img id="img1" src="images/1.jpg" width="300">
</body>
</html>
```

上述代码首先通过 document 对象调用 getElementById()分别获取文本框、按钮和图片元素，然后在触发按钮的单击事件后，通过 oInput.value 代码获得用户在文本框中输入的值，并用该值替换 oImg 图片元素的 src 属性值，以此来更改页面中原来显示的图片。示例 3-1 在 Chrome 浏览器中的运行结果分别如图 3-1 和图 3-2 所示。

图 3-1 最初的运行结果

图 3-2 修改 src 属性后的运行结果

3.1.2 属性操作注意事项

使用 JS 可以很容易操作 HTML 元素属性，一般情况下，在 JS 中直接使用所获取的元素通过"."操作符来引用属性名即可。不过，在某些情况下，通过"."操作符来引用属性名时却会出现异常。在 JS 中所引用的属性名通常为 HTML 元素的属性或 CSS 属性（操作样式属性时），为了避免元素引用这些属性时出现异常情况，JS 操作属性时需要特别注意以下一些事项。

（1）我们知道，CSS 属性包含两个及以上单词时，会在两个单词之间使用中划线"－"连接。当在 JS 使用"."操作符来引用这些 CSS 属性时，需要将中划线"－"删掉，同时大写除第一个单词以外的所有单词的首字母。例如操作 CSS 属性：font-size 时，需要在 JS 中写成：fontSize。如果不想改写 CSS 属性名，则必须使用"[]"来引用属性，即在 JS 中写成：['font-size']。其他属性如：padding-top、margin-left 等属性依此法在 JS 中可分别修改为 paddingTop、marginLeft。

（2）需要操作 HTML 元素的"class"属性时，在 JS 中不能直接使用"class"属性，而应该使用"className"来操作这个属性。这是因为"class"在 JS 中属于保留字，直接使用"class"属性就会造成命名冲突。

（3）在 JS 中直接设置样式属性时，设置的样式为内联样式，如果需要设置很多样式属性或希望添加内嵌样式，则必须结合 JS 和 CSS，并且需要操作"className"属性实现动态给元素设置类名来实现样式的设置。

（4）在 JS 中，有些元素属性名存在兼容性，此时需要进行兼容性处理。针对样式属性的最常用也最简单的兼容性处理方法就是使用 JS+CSS，然后通过操作"className"属性来达到目的。而其他属性的兼容处理大部分情况下是通过变通处理的方法来达到的。

（5）访问属性时，如果属性名需要从 HTML 页面中获取，此时不能使用"."操作符来引用属性，只能使用"[]"操作符来引用属性。

（6）在 JS 中不要将属性获取得到的相对路径、颜色等值放到条件表达式中进行判断，否则将可能得不到预期结果。这是因为元素使用 src 属性指定的文件路径，在 JS 中访问元素的 src 属性时返回的是文件的物理路径，由于不同浏览器默认的编码可能不一样，所以不同浏览器返回的物理路径可能不一样。而同一种颜色，在不同的浏览器中对应的颜色值可能会不一样。

下面，我们将通过几个示例来具体介绍属性操作时需要注意的一些问题。

【示例 3-2】使用 JS 操作样式属性更改元素字号大小。

```html
<!doctype html>
<html>
<head>
<meta charset="utf-8">
<title>使用 JS 操作样式属性更改元素字号大小</title>
<script>
  window.onload = function (){
    var oBtn1 = document.getElementById("btn1");
    var oBtn2 = document.getElementById("btn2");
    var oP = document.getElementById("p1");
    var num = 16;
    oBtn1.onclick = function (){
        if(num > 12){
            num--;
            oP.style.fontSize = num + "px";
         //oP.style["font-size"] = num + "px";//该语句等效上面的语句
        }
    };
    oBtn2.onclick = function (){
        if(num < 32){
            num++;
            oP.style.fontSize = num + "px";
        }
    };
};
</script>
```

```
</head>
<body>
    <input type="button" id="btn1" value="A-"/>
    <input type="button" id="btn2" value="A+"/>
    <p id="p1">12 月 3 日午间消息，第四届世界互联网大会今日开幕，在全体大会上，腾讯公司控股董
        事会主席兼首席执行官马化腾发表了演讲，称未来互联网企业将各行各业赋能，解决全部痛点。
    </p>
</body>
</html>
```

上述代码使用 oP.style.fontSize 来修改段落文字的字号大小。单击"A-"按钮时，字号会在原来的字号基础上减小 1，而单击"A+"按钮，则会在原来的字号基础上增大 1。为了不致使字号太小看不清以及太大使界面显示内容太少，上述代码使用 if 判断语句来控制字号的最小值不低于 12，最大值则不超过 32。如果希望在 JS 中使用 CSS 属性名，则 oP.style.fontSize 需要修改为 oP.style.["font-size"]。上述代码在 Chrome 浏览器中的运行结果如图 3-3、图 3-4 和图 3-5 所示。

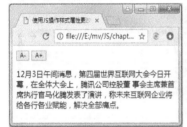
图 3-3 字号为默认大小（16px）的结果

图 3-4 字号为 12px 的结果

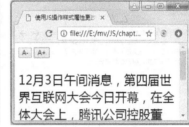
图 3-5 字号为 26px 的结果

注：Chrome 浏览的默认字号大小为 16px。

【示例 3-3】使用 JS 同时更改元素的多个样式属性。

```
<!doctype html>
<html>
<head>
<meta charset="utf-8">
<title>使用 JS 同时更改元素的多个样式属性</title>
<script>
  window.onload = function (){
    var oBtn1 = document.getElementById("btn1");
    var oBtn2 = document.getElementById("btn2");
    var oP = document.getElementById("p1");
    oBtn1.onclick = function(){
        oP.style.width = '300px';
        oP.style.background = 'red';
        oP.style.padding = '20px';
        oP.style.color = 'yellow';
        oP.style.border = '10px solid #ccc';
    };
    oBtn2.onclick=function(){
        oP.style.width = '330px';
        oP.style.background = 'yellow';
        oP.style.padding = '10px';
        oP.style.color = 'red';
        oP.style.border = '10px solid #333';
```

```
        };
    };
</script>
</head>
<body>
    <input type="button" id="btn1" value="样式一"/>
    <input type="button" id="btn2" value="样式二"/>
    <p id="p1">12 月 3 日午间消息，第四届世界互联网大会今日开幕，在全体大会上，腾讯公司控股董
        事会主席兼首席执行官马化腾发表了演讲，称未来互联网企业将给各行各业赋能，解决全部痛点。
    </p>
</body>
</html>
```

上述代码在 Chrome 浏览器中的运行结果分别如图 3-6、图 3-7 和图 3-8 所示。

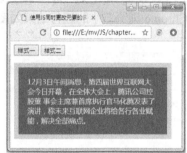
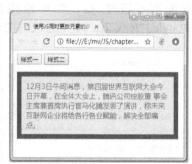

图 3-6　初始样式　　　　　　　图 3-7　单击"样式一"按钮后的样式　　图 3-8　单击"样式二"按钮后的样式

　　示例 3-3 通过在 JS 中直接操作 style 的多个样式属性来达到同时修改段落的多个样式，这种方法虽然能达到效果，但其实是存在弊端的。因为通过 JS 直接操作 style 的样式属性添加的样式是内联样式，这样不利于重用样式。另外，使用这种方法来设置样式不如编写 CSS 便捷。在实际应用中，当需要操作的样式属性比较多，或者需要重用样式时，我们一般不会采取示例 3-3 所示的方法，而是采取 JS+CSS 的方法，该方法的操作步骤是：首先设置 CSS 类样式，然后在 JS 中给需要添加或修改样式的元素添加 class 属性。下面使用 JS+CSS 的方法修改示例 3-3：

```
<!doctype html>
<html>
<head>
<meta charset="utf-8">
<title>使用 JS 同时更改元素的多个样式属性</title>
<style>
    .style1 { width:300px;background:red;padding:20px;color:yellow;
        border:10px solid #ccc;}
    .style2 { width:500px;background:yellow;padding:10px;color:red;
        border:10px solid #333;}
</style>
<script>
    window.onload = function (){
        var oBtn1 = document.getElementById("btn1");
        var oBtn2 = document.getElementById("btn2");
        var oP = document.getElementById("p1");
        oBtn1.onclick = function(){
            oP.className = 'style1'; //对段落元素添加 style1 类属性，注意：类名需要加上引号
```

```
    //oP.class = 'style1'; //注意，这种写法错误，因为不能访问"class"属性
    };
    oBtn2.onclick=function(){
        oP.className = 'style2';//对段落元素添加 style2 类属性
    };
};
</script>
</head>
<body>
    <input type="button" id="btn1" value="样式一"/>
    <input type="button" id="btn2" value="样式二"/>
    <p id="p1">12 月 3 日午间消息，第四届世界互联网大会今日开幕，在全体大会上，腾讯公司控股董
        事会主席兼首席执行官马化腾发表了演讲，称未来互联网企业将给各行各业赋能，解决全部痛点。
    </p>
</body>
</html>
```

上述代码首先定义了 style1 和 style2 两个类样式，然后在 JS 中通过按钮的单击事件分别通过 "className" 元素属性设置 p 标签 class 属性值为 style1 和 style2。在浏览器中运行后，当分别单击样式一和样式二按钮时，HTML 代码中的 p 标签中将会分别添加 class='style1'和 class='style2'属性设置代码。上述代码和示例 3-3 的运行结果完全一样。

【示例 3-4】属性操作的兼容性处理。

```
<!doctype html>
<html>
<head>
<meta charset="utf-8">
<title>属性操作的兼容性处理</title>
<script>
  window.onload = function (){
    var oDiv=document.getElementById("div1");
    //oDiv.style.float='right';//一些低版本的浏览器不支持 float 样式属性
    //使用以下两行代码进行浏览器兼容处理
    oDiv.style.styleFloat='right';//IE 浏览器使用
    oDiv.style.cssFloat='right';//非 IE 浏览器使用
  };
</script>
</head>
<body>
    <div id="div1" style="width:200px">DIV1</div>
</body>
</html>
```

对一些低版的浏览器，比如 IE6，oDiv.style.float 这样的写法是不支持的。要进行浮动样式设置的 JS 兼容处理，就需要对 IE 浏览器使用 oDiv.style.styleFloat，而非 IE 浏览器使用 oDiv.style.cssFloat，也就是说，需要在 JS 中同时访问 styleFloat 和 cssFloat 两个属性。这样，一方面会造成代码冗余，另一方面就是会出现示例 3-3 所示的弊端。对此，我们可以采取示例 3-3 所示的修改方法，即使用 JS+CSS 的方法来实现兼容处理。代码修改如下：

```
<!doctype html>
<html>
<head>
<meta charset="utf-8">
```

```html
<title>使用 JS+CSS 进行属性操作的兼容性处理</title>
<style>
  .left { float:left;}
  .right { folat:right;}
</style>
<script>
  window.onload = function (){
    var oDiv = document.getElementById("div1");
    oDiv.className = 'right'; //使用添加类属性的方法达到添加类样式的目的。
  };
</script>
</head>
<body>
    <div id="div1" style="width:200px">DIV1</div>
</body>
</html>
```

　　对示例 3-4 的兼容处理，这里是通过设置类样式的方法来实现的。需要注意的是，这种方法主要是针对样式属性设置，对其他方面的属性设置的兼容处理，需要采取不同的方法，很多时候需要采取一些变通的方法。比如，对于表单 input 元素的 type 属性值的修改，IE6、IE7 和 IE8 不支持直接使用 JS 修改 type 属性值，此时，可以通过单击元素事件处理，使元素隐藏或显示来达到 input 元素类型被修改的视觉效果。

　　下面的示例实现的功能是访问的属性名和属性值都由 HTML 元素来设置，以实现属性的动态设置。

　　【示例 3-5】动态设置属性。

```html
<!doctype html>
<html>
<head>
<meta charset="utf-8">
<title>动态设置属性</title>
<style>
  div{width:100px;height:100px;border:1px solid red;}
</style>
<script>
  window.onload = function (){
    var oAtrr = document.getElementById("atrr");
    var oVal = document.getElementById("val");
    var oBtn = document.getElementById("btn");
    var oDiv=document.getElementById("div1");
    oBtn.onclick = function (){
      oDiv.style[oAtrr.value] = oVal.value;
      //注意: 不能写成下一代码所示的格式，否则，oAtrr 会被看成是 style 的属性
      //oDiv.style.oAtrr.value = oVal.value;
    };
  };
</script>
</head>
<body>
    请输入样式 CSS 属性名称: <input id="atrr" type="text"><br>
    请输入属性值: <input id="val" type="text">
    <input type="button" id="btn" value="设置 DIV 样式">
    <div id="div1">DIV1</div>
```

```
    </body>
    </html>
```

示例 3-5 中 div 元素的样式属性名由第一个文本框指定，样式属性值由第二个文本框指定。用户在第一个和第二个文本框中输入的值，在 JS 中可分别由 oAtrr.value 和 oVal.value 来获取，其中 oAtrr.value 获得的是属性名称，oVal.value 获得的是属性值，因而可使用 oDiv.style[oAtrr.value] 来引用用户输入的样式属性名，属性值则等于 oVal.value。需要特别注意的是，不能使用 "." 来引用 oAttr.value，否则 oAttr 会被看成是 style 的一个样式属性，而出现语法错误。

上述代码在 Chrome 浏览器中的运行结果分别如图 3-9、图 3-10 和图 3-11 所示。

图 3-9 DIV 的初始样式　　　　　图 3-10 设置 DIV 宽度样式　　　　　图 3-11 设置 DIV 边框样式

在实际应用中，有时会遇到这样的情况：就是在执行某种操作，比如将光标移到图片上时，能使两图片相互切换。而要切换图片，就需要切换图片的 src 属性值。对这个功能需求，可能很多人首先想到的就是在将光标移到图片上时判断 src 的值来实现图片的 src 的切换。但前面操作属性注意事项（3.1.2 节）第 6 点中，介绍了不要对相对路径进行判断，所以通过判断 src 的值来实现图片的切换这种方法是不可行的。那对这种情况，我们应该如何来做呢？有效的做法还是离不开判断语句，但此时不是直接判断 src 的值，而是通过判断一个自定义的布尔变量（开关变量）来实现，具体代码请参见示例 3-6。

【示例 3-6】使用元素属性和自定义的开关变量实现图片切换。

```
<!doctype html>
<html>
<head>
<meta charset="utf-8">
<title>使用元素属性和自定义的开关变量实现图片切换。</title>
<script>
  window.onload = function (){
    var oImg = document.getElementById('img1');
    var onOff = true;//声明一个开关变量，默认值为真
    oImg.onmouseover = function (){
        if(onOff){ //开关变量值为真，显示 pic3.jpg，同时将开关变量的值设置为假
            oImg.src = 'images/pic3.jpg';
            onOff = false;
        }else{    //开关变量值为假，显示 pic1.jpg，同时将开关变量的值设置为真
            oImg.src = 'images/pic1.jpg';
            onOff = true;
        }
    };
  };
```

```
    </script>
    </head>
    <body>
        <img src="images/pic1.jpg" id="img1"/>
    </body>
    </html>
```

为了实现光标移到图片上时触发 mouseover 事件，需要将图片和 mouseover 事件处理程序进行绑定。上述代码使用了图片元素的 onmouseover 属性来绑定 mouseover 事件处理程序，在 mouseover 事件处理程序中实现了图片 src 的切换。上述代码中声明了一个开关变量，这样在光标移到图片上时通过判断开关变量的取值来实现图片的切换。图 3-12 所示为默认显示的图片，同时也是光标移到图 3-13 上后显示的图片，图 3-13 所示则是光标移到图 3-12 上后显示的图片。

图 3-12 默认及光标移到图 3-13 上时的结果

图 3-13   光标移到图 3-12 上时的结果

3.2   使用 classList 属性操作类属性

使用元素的 classList 属性可以访问或添加、删除及修改元素的 class 属性。需注意的是，支持 classList 属性的浏览器主要是一些较新版的，例如：IE10+、Firefox3.6+。

使用 classList 属性访问 class 属性的格式如下：

```
element.classList
```

classList 是一个只读属性，其返回的值为 DOMTokenList，其中包含了元素的所有 class 属性，不同的 class 属性之间使用一空格分隔。示例如下：

```
<div id="div1" class="bg red">使用 classList 属性访问</div>
<script>
var oDiv = document.getElementById("div1");
console.log(oDiv.classList);//输出结果为: DOMTokenList(2) ["bg", "red", value: "bg red"]
</script>
```

通过 classList 调用 add()、remove()和 toggle()等方法可以添加、移除或修改元素 class 属性，格式如下：

```
element.classList.add((className1[, className2,…]))//添加一个或多个类属性
element.classList.remove((className1[, className2,…]))//移除一个或多个类属性
element.classList.toggle((className[,true|false]))//移除或添加第一个参数指定的 class 属性
```

注：toggle()中的第一个参数为必需参数，当元素中的存在该参数指定的 class 属性时，将移除该 class 属性，同时返回 false；当不存在该参数指定的 class 属性时，则对元素添加该 class 属性，同时返回 true。第二个参数表示强制添加（参数为 true 时）或移除（参数为 false 时）第一个参数指定的 class 属性。add()、remove()和 toggle()方法中指定的类名不存在时，方法将不会起作用。

【示例 3-7】使用 classList 属性设置 class 属性。

```html
<!doctype html>
<html>
<head>
<meta charset="utf-8">
<title>使用 classList 属性设置 class 属性</title>
<style>
  .bg1{background:#CCC;}
  .bg2{background:#FCF;}
  .blue{color:blue;}
</style>
<script>
  window.onload = function (){
    var oDiv=document.getElementById("div1");
    oDiv.classList.add("bg1","blue");//同时添加 bg1 和 blue 两个类属性
    //oDiv.classList.remove("blue","green");//同时移除 blue 和 green 两个类属性
    oDiv.onmouseover=function(){
        this.classList.toggle("bg2");//添加或移除 bg2 类属性
    };
  };
</script>
</head>
<body>
    <div id="div1">使用 classList 属性设置 class 属性</div>
</body>
</html>
```

上述 JS 代码中首先使用 classList 的 add()方法给 div 元素添加了 bg1 和 blue 两个类属性，使页面运行后显示灰色背景颜色以及蓝色字体。当光标移到 div 上时，会调用 classList 的 toggle()方法来实现背景颜色的设置。由于当前的背景类属性是 bg1，因而此时会添加 bg2 类属性，使得 div 元素的背景颜色变为了由 bg2 类样式设置的粉色。在背景颜色为粉色时再次将光标移到 div 上时，由于当前存在 bg2 类属性，bg2 属性会被移除，使得背景颜色又变回了由 bg1 类样式设置的最初的灰色。

代码在 Chrome 浏览器中的运行结果分别如图 3-14 和图 3-15 所示。

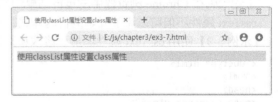

图 3-14 toggle()将当前灰色背景修改为粉色　　　　图 3-15 toggle()将当前粉色背景修改为灰色

从示例 3-7 可以看到，classList 的 toggle()方法结合事件处理代码，可以很容易实现两种状态的相互切换。

3.3 使用 cssText 属性设置或修改元素行内样式

在示例 3-3 中，使用 style 引用样式属性的方法来设置的样式是行内样式，这种方法一次只能设置单个样式，因此需要设置多个不同的行内样式时，要使用多条 JS 代码来分别设置，这就使得代码量相对比较多。如果希望简化行内样式设置代码，我们可以使用 style 的 cssText 属性来同时设置多个样式，多个样式代码连写成一行代码，从而极大地减少了代码量。

下面使用 cssText 属性来修改示例 3-3。

【示例 3-8】使用 cssText 属性同时设置元素的多个行内样式。

```
<!doctype html>
<html>
<head>
<meta charset="utf-8">
<title>使用 cssText 属性同时设置元素的多个行内样式</title>
<script>
  window.onload = function (){
    var oBtn1 = document.getElementById("btn1");
    var oBtn2 = document.getElementById("btn2");
    var oP = document.getElementById("p1");
    oBtn1.onclick = function(){
      //使用 cssText 属性后，只使用一行代码就同时设置了 5 个行内样式
        oP.style.cssText = 'width:300px;background:red;padding:20px;
                            color:yellow;border:10px solid #ccc';
    };
    oBtn2.onclick = function(){
        oP.style.cssText = 'width:330px;background:yellow;padding:10px;
                            color:red;border:10px solid #333';
    };
  };
</script>
</head>
<body>
    <input type="button" id="btn1" value="样式一">
    <input type="button" id="btn2" value="样式二">
    <p id="p1">12 月 3 日午间消息，第四届世界互联网大会今日开幕，在全体大会上，腾讯公司控股董
        事会主席兼首席执行官马化腾发表了演讲，称未来互联网企业将给各行各业赋能，解决全部痛点。
    </p>
</body>
</html>
```

上述代码在 Chrome 浏览器中的运行结果和示例 3-3 完全一样。

cssText 属性不但可以添加元素的行内样式，也可以修改甚至清除元素的行内样式，示例如下。

【示例 3-9】使用 cssText 属性添加、修改和清除元素行内样式。

```
<!doctype html>
<html>
<head>
<meta charset="utf-8">
<title>使用 cssText 属性设置元素行内样式</title>
<style>
  div { width:100px;height:100px;border:1px solid red;}
</style>
```

```
<script>
  window.onload = function (){
    var oDiv = document.getElementById('div1');
    var aBtn = document.getElementsByTagName('input');
    aBtn[0].onclick = function (){
        //添加行内样式
        oDiv.style.cssText = 'width:200px;height:120px;border:5px solid blue';
    };
    aBtn[1].onclick = function (){
        //修改行内样式
        oDiv.style.cssText = 'width:150px;height:50px;border:2px dotted red';
    };
    aBtn[2].onclick = function (){
        oDiv.style.cssText = '';//清除行内样式
    };
  };
</script>
</head>
<body>
    <div id="div1">DIV</div>
    <input id="btn1" type="button" value="添加行内样式"/>
    <input id="btn2" type="button" value="修改行内样式"/>
    <input id="btn3" type="button" value="清除行内样式"/>
</body>
</html>
```

上述代码首先使用内嵌样式给 div 元素设置了宽、高及边框样式。单击第一个按钮时会对 div 添加行内样式，我们看到添加的行内样式和内嵌样式存在冲突，由于行内样式的优先级高于内嵌样式，所以单击第一个按钮时，div 使用了行内样式。在单击第一个按钮后再单击第二个按钮时，会用新的行内样式替换当前的行内样式。在添加或修改行内样式后，再单击第三个按钮时，会清除 div 的行内样式，此时，内嵌样式将发挥作用，即回到最初的样式。上述代码在 Chrome 浏览器中的运行结果如图 3-16～图 3-19 所示。

图 3-16 程序运行后的初始样式

图 3-17 单击第一个按钮后的样式

图 3-18 单击第二个按钮后的样式

图 3-19 单击第三个按钮后的样式

3.4 使用 getComputedStyle()和 currentStyle 获取样式

前面我们使用了 obj.style 的格式代码来访问样式属性，这种方式既可以读样式属性，也可以写样式属性，但它操作的样式属性只能是行内样式，如果要访问内嵌或链式样式，则不可以使用这种方式。要访问内嵌或链式样式，可以使用 getComputedStyle()和 currentStyle 属性的方式来访问样式。需注意的是，getComputedStyle()和 currentStyle 属性只能读样式属性，不能写样式属性。

1. getComputedStyle()

使用 getComputtedStyle()可访问指定元素的指定 CSS 属性样式，访问格式如下：

getComputedStyle(需访问样式属性的元素).样式属性

该方法用于获取计算机（浏览器）计算后的样式，即获取的是元素最终的样式。它可以访问所有样式，即既可以是行内样式，也可以是内嵌或链式样式。它对所有标准浏览器都可用，但 IE6、IE7 和 IE8 不支持该方法。

2. currentStyle 属性

使用元素指定的 CSS 属性样式，访问格式如下：

需访问样式属性的元素.currentStyle.样式属性

该属性只对 IE 浏览器有效，对 Chrome 和 FF 浏览器不可用，其主要是用于兼容 IE6、IE7 和 IE8。

由上可见，要使用 getComputedStyle()和 currentSytle 属性访问样式属性一般需要进行浏览器兼容处理。下面通过示例 3-10 来演示它们的用法。

【示例 3-10】使用 getComputedStyle()和 currentSytle 属性访问样式属性。

```
<!doctype html>
<html>
<head>
<meta charset="utf-8">
<title>使用 getComputedStyle()和 currentSytle 属性访问样式属性</title>
<style>
  div {width:100px;height:120px;background:red;margin-top:10px; }
</style>
<script>
  window.onload = function (){
    var oDiv = document.getElementById('div1');
    console.log("div 的上外边距为: " + getComputedStyle(oDiv).marginTop);//  ①
    console.log("div 的宽度为: " + getStyle(oDiv,'width'));//调用兼容方法
    console.log("div 的高度为: " + getStyle(oDiv,'height'));
  };
  //兼容处理
  function getStyle(obj,attr){
    if(obj.currentStyle){
        return obj.currentStyle[attr];
    }else{
        return getComputedStyle(obj)[attr];
    }
  }
```

```
</script>
</head>
<body>
    <div id="div1"></div>
</body>
</html>
```

上述代码在 Chrome 浏览器中的运行结果如图 3-20 所示。

注释①处的代码没有作兼容处理，在 IE8 及以下版本运行时，运行
到该处代码时会报错，原因是 getComputedStyle()在这些浏览器中是不
支持的。

getComputedStyle()和 currentStyle 属性对各类样式属性都有效，但
在使用时还需注意以下两点。

图 3-20 获取的样式属性值

（1）不能访问复合样式属性，如 background、border 等样式属性，
否则会出现浏览器兼容问题。对复合样式属性，可以将其拆分为单一样式属性来访问，如访问
backgroundColor、borderWidth、borderColor 等单一样式属性。

（2）不能获取样式代码中没有设置的属性，否则会出现浏览器兼容问题。

3.5 使用 innerHTML 属性访问或设置元素内容

在 JS 中，除了可以访问或设置元素的属性，使用 innerHTML 属性，还可以访问或设置元素的
内容（包括子元素）。

下面通过示例 3-11 来介绍 innerHTML 属性的使用。示例 3-11 的功能是当输入不为空时，用户
输入的文本每次发送后会连接文本框前面的 label 一起逐行显示在 div 中，同时会清空文本框内容。
如果输入为空，则弹出警告对话框提示用户。

【示例 3-11】使用 innerHTML 属性设置元素内容

```
<!doctype html>
<html>
<head>
<meta charset="utf-8">
<title>使用 innerHTML 属性设置 div 元素内容</title>
<style>
  div { width:240px;height:200px;background:#f1f1f1;border:1px solid #333;
      padding:10px; }
</style>
<script>
  window.onload = function (){
      var oDiv = document.getElementById('div1');
      var oSpan = document.getElementById('span1');
      var oText = document.getElementById('text1');
      var oBtn = document.getElementById('btn1');
      oBtn.onclick = function (){
      if(!oText.value.match(/s*/)){//使用正则表达式判断输入的是否为空字符
          //将文本框前的 label、输入的文本、换行标签以及 div 原来的内容一起作为 div 元素的内容
          oDiv.innerHTML += oSpan.innerHTML + oText.value + '<br>';
          oText.value = ''; //发送信息后清空文本框
```

```
            }else{
                alert("请输入信息! ");
            }
        };
    };
</script>
</head>
<body>
    <div id="div1"></div>
    <span id="span1">妙味: </span>
    <input id="text1" type="text"/>
    <input id="btn1" type="button" value="发送"/>
</body>
</html>
```

上述代码中的 if() 判断语句使用了正则表达式来判断输入的内容是否为空字符，有关正则表达式的内容请参见第 10 章。示例代码中使用了 oSpan.innerHTML 和 oDiv.innerHTML 分别获取 span 元素和 div 元素的内容，然后，又通过 oDiv.innerHTML 将 span 元素和 div 元素的内容、文本框输入的内容以及换行标签一起作为 div 元素的内容来设置。

注：oDiv.innerHTML += oSpan.innerHTML+ oText.value 等效于 oDiv.innerHTML = oDiv.innerHTML+oSpan.innerHTML+ oText.value。图 3-21 所示是在文本框中先后输入两行文本并单击发送按钮的结果。

从示例 3-11 中可以看到，使用 innerHTML 属性，既可以访问一个元素的 HTML 内容，同时也可以设置元素的 HTML 内容。要设置元素内容，只需要把 innerHTML 属性放到 " = "

图 3-21   文本框输入不为空时的结果

的左边即可，而出现在其他位置时，innerHTML 属性都是用于访问元素的内容的。

需要注意的是，示例 3-11 中的 oDiv.innerHTML+=…… 这种写法，在使用循环语句对某个元素实现重复多次设置相同的 HTML 内容时，如果在循环体中使用 oDiv.innerHTML+=…… 这样的代码来设置 HTML 内容，会对运行性能造成或多或少的影响。针对这种情况，应将重复设置的 HTML 内容先赋给一个字符串变量，然后在循环体外面再用该字符串变量设置元素的 HTML 内容。示例代码如下所示：

```
<script>
    …
    var str = '';
    for(var i=0; i < 2000; i++){
        str += '<input type="button" value="按钮"/>';
        //注意: 不要使用下面的写法，否则对性能影响比较大
        //oDiv.innerHTML += '<input type="button" value="按钮"/>';
    }
    oDiv.innerHTML += str;//在循环体外使用字符串变量设置元素内容
</script>
```

上述示例中之所以不能使用注释掉的那种写法，原因是，如果将代码 oDiv.innerHTML +=…… 放到循环体中，则每次循环都要访问 oDiv 的 innerHTML 属性获取 div 的 HTML 内容，当循环次数

比较大时，这样势必对运行性能有较大的影响。

3.6　自定义属性及其在图片切换中的应用

JS 除了可以操作 HTML 元素现有的属性外，还可以对 HTML 元素自定义属性以及对这些自定义的属性进行读、写操作。JS 可以为任何 HTML 元素自定义任意的属性（属性名必须符合标识符规范）。使用 JavaScript 获取 HTML 元素后，就可以对该元素自定义属性，定义格式如下：

元素对象.自定义属性名 = 属性值

元素一旦自定义了某个属性后，该属性就和元素的内置属性的用法完全一样，即可通过元素对该属性进行读或写操作。

3.6.1　自定义开关属性及其在图片切换中的应用

在实际应用时，有时需要一组元素能各自独立进行两种状态之间的相互切换，例如，一个列表中的各个列表项在单击时，列表项的背景图片可以在两个背景图片之间相互切换。要实现这种需求，通常需要对这组元素使用开关属性来控制其状态的切换。所谓开关属性指的是值为 true 或 false 的属性。

【示例 3-12】自定义开关属性及其在图片切换中的应用。

```
<!doctype html>
<html>
<head>
<meta charset="utf-8">
<title>自定义开关属性及其在图片切换中的应用</title>
<style>
  ul{padding:0;}
  li{list-style:none;width:114px;height:140px;background:url(images/normal.jpg);
     float:left;margin-right:20px;}
</style>
<script>
  window.onload = function(){
    var aLi = document.getElementsByTagName("li");
    for(var i = 0; i < aLi.length; i++){
        aLi[i].onOff = true;//为每个列表添加开关属性
        aLi[i].onclick = function(){
            if(this.onOff){
                this.style.background = 'url(images/active.jpg)';
                this.onOff = false;
            }else{
                this.style.background = 'url(images/normal.jpg)';
                this.onOff = true;
            }
        };
    }
  };
</script>
```

```
</head>
<body>
  <ul>
    <li></li>
    <li></li>
    <li></li>
  </ul>
</body>
</html>
```

上述 HTML 代码在页面中创建了 3 个列表项，CSS 代码设置各个列表项的最初背景图片为 normal.jpg。在 JS 代码中，使用循环语句 aLi[i].onOff=true 为 3 个列表项分别定义了一个开关属性。通过判断开关属性的真、假，实现列表项的背景图片的切换以及开关属性值的切换。在 Chrome 浏览器中的最初运行结果如图 3-22 所示，对各个列表项单击一次时的结果如图 3-23 所示。在图 3-23 上再单击任一个列表项，则该列表项的背景图片又切换回图 3-22 所示的背景图片。可见，各个列表项在单击时会在图 3-22 和图 3-23 所示的两种背景图片之间相互切换。

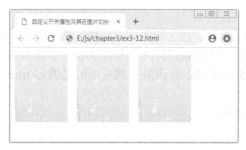

图 3-22　运行最初状态

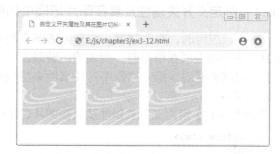

图 3-23　各个列表项单击一次的状态

思考：
1. 示例 3-12 中的判断条件可否直接使用背景图片？
2. 可否如示例 3-6 所示的那样不用自定义开关属性，而使用一个开关变量来达到同样效果？

3.6.2　自定义数字属性及其在图片切换中的应用

当元素需要一个属性值为一个数字，且可以在一定范围内动态变化的属性时，我们可以为该元素自定义一个数字属性。数字属性的应用场景主要是需要将该属性值依次匹配数组各个元素的索引。例如，可以对一个按钮添加数字属性，并设属性初始值为 0，每次单击按钮时使该属性值递增 1，从而可以使按钮的这个数字属性值和某个数组的下标对应，由此可通过它来获取数组元素，具体代码如下所示。

【示例 3-13】自定义数字属性及其在图片切换中的应用。

```
<!doctype html>
<html>
<head>
<meta charset="utf-8">
<title>自定义数字属性及其在图片切换中的应用</title>
<style>
```

```
    div{margin:0 auto;text-align:center;width:300px;height:210px;}
    img{width:288px;height:206px;}
  </style>
  <script>
    window.onload = function(){
      var arr = ['p1.jpg','p2.jpg','p3.jpg','p4.jpg','p5.jpg'];
      var oBtn = document.getElementsByTagName('input')[0]
      var oImg = document.getElementsByTagName('img')[0];
      oBtn.num = 0;//自定义数字属性
      oBtn.onclick = function(){
        this.num++;//递增属性值
        if(this.num == arr.length)//当属性值等于数组长度时，将属性值重置为 0
          this.num = 0;
        oImg.src = 'images/' + arr[this.num];//使用属性值作为数组下标
      };
    };
  </script>
</head>
<body>
  <div><img src='images/p1.jpg'>
    <input type="button" value="查看下一张图片">
  </div>
</body>
</html>
```

上述 JS 代码定义数组 arr 包含了 5 张图片，<img>需要显示的图片分别来自于这个数组。页面最初显示数组中的第一张图片，每次单击按钮后将依次显示数组的图片，当显示数组中的最后一张图片时再单击，又将从数组的第一张图片开始显示，如此不断循环往复地切换显示图片。为了在单击按钮时对应获取数组中的图片，可对按钮定义数字属性，并将该属性值作为数组的下标来使用。

在上述 JS 代码中，我们使用 oBtn.num=0 为按钮定义了一个初始值为 0 的数字属性，每单击一次按钮，数字属性值就递增 1，当数字属性值递增到等于数组长度时，数字属性值重置为 0。将每次单击按钮后得到的数字属性值作为数组的下标来获取数组中的图片，从而实现每次单击按钮时切换图片。图 3-24 所示为最初的运行结果，此时单击按钮时将显示图 3-25 所示结果，再依次单击按钮 3 次时，将依次切换显示数组中的 p3.jpg、p4.jpg 和 p5.jpg。此后再单击按钮，又将按数组中的元素从 p1.jpg~p5.jpg 依次切换显示。

图 3-24　运行最初状态

图 3-25　第一次单击按钮后的结果

3.6.3　自定义索引属性及其在图片切换中的应用

如果希望一组元素和某个数组中的元素之间建议匹配或对应关系，则可以通过对该组元素中的每个元素添加一个索引属性来达到。例如希望一组按钮和一个数组中的元素一一对应，则可对每个按钮添加一个索引属性，属性的取值等于对应的数组元素的下标，实现代码请见示例 3-14。

【示例 3-14】自定义索引属性实现按钮和数组元素的匹配关系。

```
<!doctype html>
<html>
<head>
<meta charset="utf-8">
<title>自定义索引属性实现按钮和数组元素的匹配关系</title>
<script>
  window.onload = function(){
    var aBtn = document.getElementsByTagName('input');
    var arr = ['添加','编辑','删除'];
    for(var i = 0; i < aBtn.length; i++){
        aBtn[i].index = i;//自定义索引属性
        aBtn[i].onclick = function(){
    //通过索引属性建立按钮和数组元素的对应关系
        aBtn[this.index].value = arr[this.index];
      };
    }
  };
</script>
</head>
<body>
  <input type="button" value="btn0">
  <input type="button" value="btn1">
  <input type="button" value="btn2">
</body>
</html>
```

上述代码要求在网页运行后单击按钮时，能将 3 个按钮上的初始 label 替换为指定数组中的对应元素，这就要求建立 3 个按钮和数组中 3 个元素的一一对关系。为此，在上述代码中，我们在循环语句中对 3 个按钮分别自定义了一个索引属性，且属性值分别和数组 arr 的下标对应，因而就可以直接使用按钮的索引属性值作为对应的数组元素下标来获取对应的数组元素。

示例 3-14 在 Chrome 浏览器中的运行结果分别如图 3-26 和图 3-27 所示。从图 3-27 中可见，各个按钮的 label 在单击后被替换为 arr 数组中的对应元素。

图 3-26　运行最初状态

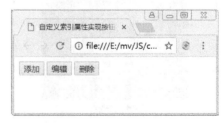

图 3-27　各个按钮单击后的状态

在互联网上的许多网页中，经常会看到图 3-28 所示效果的图片切换。

在图 3-28 中，默认显示的图片对应第一个红色圆点，单击图片下面的圆点时会切换显示图片，同时被单击的圆点会变为红色，而对应切换前的图片的圆点则变为白色，红色表示该圆点对应正在显示的图片。可见，每张显示的图片和下面的圆点是一一对应的。通过上面的分析很容易想到，要实现圆点和图片一一对应，只需要将图片作为数组元素，同时对各个圆点设置索引属性，且属性值和存放图片的数组下标一一对应即可。具体代码请见示例 3-15。

图 3-28　单击圆点切换图片

【示例 3-15】自定义索引属性及其在图片切换中的应用。

```html
<!doctype html>
<html>
<head>
<meta charset="utf-8">
<title>自定义索引属性在图片切换中的应用</title>
<style>
  ul{margin:0;padding:0;}
  li{display:inline-block;}
  body{background:#333;}
  #pic{width:300px;height:206px; margin:0 auto;}
  #pic img{width:300px;height:206px;}
  #pic ul{margin-top:10px;text-align:center;}
  #pic .item,#pic .active{width:9px;height:9px;cursor: pointer;
  border-radius:10px;margin:1px 1px 1px 8px;}
  #pic .item {background:#FFF;}
  #pic .active {background: #F60;}
</style>
<script>
  window.onload = function(){
    var oDiv = document.getElementById('pic');
    var oImg = oDiv.getElementsByTagName('img')[0];
    var oUl = oDiv.getElementsByTagName('ul')[0];
    var arrUrl = ['images/p1.jpg','images/p2.jpg','images/p3.jpg','images/p4.jpg'];
    var aLi = oDiv.getElementsByTagName('li');

    //生成对应图片个数的列表项
    for(var i = 0; i < arrUrl.length; i++){
      oUl.innerHTML += "<li class='item'></li>";
    }
    //初始化:第一张显示图片为数组的第一个元素，第一个列表项处于活动状态
    oImg.src = arrUrl[0];
    aLi[0].className = 'active';

    for(var j = 0; j < aLi.length; j++){
      aLi[j].index = j;//为每个列表项自定义索引属性，属性值和数组下标一一对应
      aLi[j].onclick = function(){
        oImg.src = arrUrl[this.index];//将当前列表项对应的数组元素设置为显示图片
        //更新活动状态:首先全部清空活动状态，然后再设置当前 li 为活动状态
        for(var i = 0; i < aLi.length; i++){
```

```
                aLi[i].className = 'item';
            }
            this.className = 'item active';//设置当前 li 为活动状态
        };
    }
};
</script>
</head>
<body>
    <div id="pic">
        <img src=""/>
        <ul>
        </ul>
    </div>
</body>
</html>
```

　　上述 JS 代码中首先将要显示的图片全部放到数组 arrUrl 中，并通过 for 循环语句生成了对应数组元素的列表项，同时通过 item 类样式中的 border-radius:10px 样式代码将列表项设置为圆点。接着使用 JS 将页面初始显示图片设置为数组中的第一个元素对应的图片，同时通过 active 类样式将第一个圆点的颜色显示为红色，表示活动状态。为了使各个圆点对应数组中存放的各个图片，在 JS 代码中又使用了一个 for 循环语句。在该循环语句中，首先使用 aLi[j].index=j 代码为每个列表项自定义索引属性，而在列表项单击事件中则将当前列表项对应的数组元素设置为显示图片，从而间接建立了圆点和显示图片的一一对应关系。这样在任何时候单击任意一个圆点，都会立即切换显示对应的图片。图 3-29 和图 3-30 所示分别为单击第二个圆点和第四个圆点时的运行结果。当再次单击图 3-29 或图 3-30 中的第一个圆点时，显示的结果将和图 3-28 完全一样。可见，圆点和图片是一一对应的。

图 3-29　单击第二个圆点时的显示图片

图 3-30　单击第四个圆点时的显示图片

练习题

一、简述题

1. 简述属性操作有哪些格式以及操作属性时应注意哪些事项。

2. 简述自定义属性在图片切换中的应用。

二、上机题

1. 要求校验文本框中输入的内容是否为 30～90 之间的数字，如果不符合要求则在文本框后面显示相应的提示信息，运行结果分别如图 1～图 4 所示。

（1）提示：使用 innerHTML 将提示信息设置为 span 元素内容。

（2）所需知识点：使用 document 获取元素、单击事件、innerHTML 属性设置元素内容、style 属性设置样式、isNaN()判断数据是否为数字等。

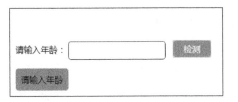

图 1　没有输入内容时的结果

图 2　输入非数字时的结果

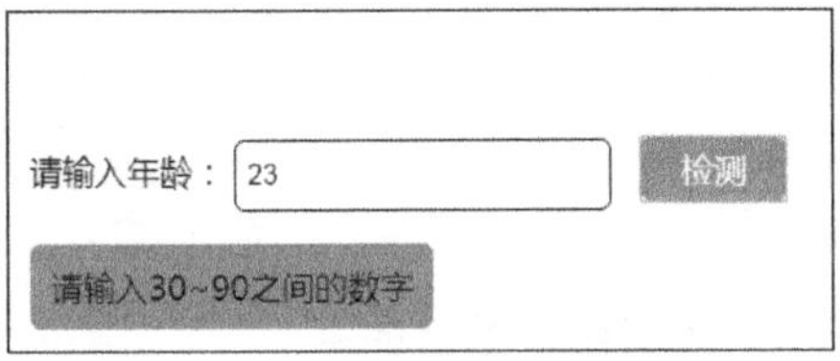

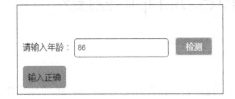

图 3　输入非允许范围的数字时的结果

图 4　输入合法数字时的结果

2. 演示 3.6 节中的自定义属性实现图片切换示例。

第 4 章

JavaScript 函数

　　JS 函数实际上是一段可以随时随地运行的代码块。定义函数的目的主要是为了更好地重用代码以及事件处理。在 JavaScript 中，函数分为内置函数和用户自定义函数。

4.1　函数定义

自定义函数由用户根据需要自行定义，可以定义两类函数：有名函数和匿名函数。自定义 JS 函数需要使用关键字 function，定义有名函数时需要指定函数名称，定义匿名函数则不需要指定函数名称。

有名函数的定义也叫函数声明，基本语法如下：

```
function 函数名（[参数列表]）{
    函数体;
    [return [表达式;]]
}
```

匿名函数的定义有两种形式：函数表达式形式和事件注册形式。

函数表达式形式的定义基本语法如下：

```
var fn = function（[参数列表]）{
    函数体;
    [return [表达式;]]
}
```

函数表达式将匿名函数赋给一个变量，这样调用匿名函数就可以通过这个变量来调用。

事件注册形式的定义基本语法如下：

```
文档对象.事件 = function（）{
    函数体;
}
```

说明如下。

（1）定义有名函数时必须指定函数名。

（2）函数名：可任意定义，但必须符合标识符命名规范，且不能使用 JavaScript 的保留字和关键字。函数名一般首字母小写，通常是动名词，最好见名知意。如果函数名由多个单词构成，则单词之间使用下划线连接，如 get_name，或写成驼峰式，如 getName。

（3）参数列表：可选。它是用小括号括起来的 0 个以上的参数，用于接收调用函数的参数传参。没有参数时，小括号也不能省略；如果有多个参数，参数之间用逗号分隔。此时的参数就是一个变量，没有具体的值，因而称为虚参或形参。虚参在内存中没有分配存储空间。在进行参数传递时，虚参可以接受任意类型的数据。

（4）函数体：由大括号{}括起来的语句块，用于实现函数功能。调用函数时将执行函数体语句。

（5）return [表达式]：可选。执行该语句后将停止函数的执行，并返回指定表达式的值。其中的表达式可以是任意表达式、变量或常量。如果没有 return 语句或缺省表达式，函数将返回 undefined 值。

（6）事件注册形式定义的匿名函数通常不需要 return 语句。

当一个函数需要在多个地方调用时，需要定义为有名函数或函数表达式，而只用来处理一个对象的某个事件时则通常使用事件注册定义形式的匿名函数。

需要注意的是，从第 1 章的变量提升内容的介绍中，我们知道，有名函数的作用域可以提高到最前面，所以有名函数可以在定义前使用，而函数表达式则必须在定义后才可以使用。

【示例 4-1】定义带 return 语句的有名函数。

```
<script>
  function getMax(a,b){
    if(a>b){
        return a;
    }else{
        return b;
    }
  }
</script>
```

上述代码定义了名为 getMax 的函数，其中有两个虚参 a 和 b，函数体中有两个 return 语句，当 a 大于 b 时返回 a 值；否则返回 b 值。

【示例 4-2】定义不带 return 语句的有名函数。

```
<script>
  function sayHello(name){
      alert("Hello, " + name);
  }
</script>
```

上述代码定义了名为 sayHello 的函数，虚参为 name，函数体中没有返回值，调用函数时会弹出警告对话框。

【示例 4-3】定义函数表达式。

```
<script>
  var getMax = function(a,b){
    if(a>b){
        return a;
    }else{
        return b;
    }
  }
</script>
```

上述代码将一个匿名函数赋给了变量 getMax，虚参和函数体功能和示例 4-1 完全一样。

【示例 4-4】对事件注册匿名函数。

```
<script>
  window.onload = function(){
      alert("hi");
  };
</script>
```

上述代码对窗口的加载事件注册了一个匿名函数，这样文档窗口一加载完成，将立即执行该匿名函数弹出警告对话框。

4.2　return 语句详解

return 语句在函数定义中的作用有两个：一是返回函数值；二是中止函数的执行。

return 语句可以返回包括基本数据类型、对象、函数等任意类型的值。每个函数都会返回一个值。当没有使用 return 语句，或使用了 return，但其后面没有指明返回值时，函数都将返回"undefined"值。如果需要返回 "undefined" 以外的值，必须使用 return，同时指明返回的值。

注意：函数一旦执行完 return 语句，将会立即返回函数值，并中止函数的执行，此时 return 语句后的代码都不会被执行。根据 return 语句的这一特性，常常会在需要提前退出函数的执行时，利用不带返回值的 return 语句来随时中止函数的执行。

【示例 4-5】return 语句显式返回函数值。

```html
<!doctype html>
<html>
<head>
<meta charset="utf-8">
<title>return 语句显式返回函数值</title>
<script>
  function expressionCaculate(x){
    if((x >= -10) && (x <= 10)){
        return x * x - 1;
    } else {
        return 5 * x + 3;
    }
  }
  console.log(expressionCaculate(6));
  console.log(expressionCaculate(12));
</script>
</head>
<body>
</body>
</html>
```

expressionCaculate()的 return 后面跟着的是一个表达式，在函数执行到 return 语句时会先计算表达式的值，然后返回该值。调用函数时，会根据传给 x 的值，返回不同表达式的值。

【示例 4-6】return 语句中止函数的执行。

```html
<!doctype html>
<html>
<head>
<meta charset="utf-8">
<title>return 语句中止函数执行</title>
<script>
  function add(a,b){
    if(a > b){
        console.log("a 大于 b");
        return;
        console.log("a+b=" + (a + b));
    }
    console.log("a+b=" + (a + b));
  }
  add(7,3);
</script>
</head>
<body>
</body>
</html>
```

执行 add(7,3)代码时，将调用 add()方法（有关函数的调用内容请参见 4.3 节），此时第一个参数的值大于第二个参数，在控制台中输出"a 大于 b"，然后函数返回，停止执行，从而 return 语句后面的两条日志都不会被输出。运行结果如图 4-1 所示。

【示例 4-7】return 语句返回函数。

图 4-1　return 语句中止函数执行结果

```
<!doctype html>
<html>
<head>
<meta charset="utf-8">
<title>return 语句返回函数</title>
<script>
  function outerFunc(){
     var b = 0;
     return function(){ //返回匿名函数
        b++;
        console.log("内部函数中b=" + b);
     }
  }
  var func = outerFunc();
  func();
</script>
</head>
<body>
</body>
</html>
```

因为 outerFunc()函数返回一个匿名函数，所以 outerFunc 函数的调用表达式就变为了函数表达式了，从而可以使用变量 func 来调用匿名函数。运行结果如图 4-2 所示。

图 4-2　调用 return 语句返回的匿名函数

4.3　函数调用

函数定义后，并不会自动执行。函数的执行需要通过函数调用来实现。在 JavaScript 中，函数的调用有：函数调用模式、方法调用模式、构造器调用模式和 apply、call 调用模式这 4 种方式。本章只介绍函数调用模式，后面 3 种调用模式将在面向对象编程的内容的相应章节中介绍。

函数调用模式跟函数的定义方式有关。有名函数的调用方法是：在需要执行函数的地方直接使用"函数名(参数列表)"的形式。相比于函数定义时的参数没有具体值，函数调用时的参数具有具体的值，因而称函数调用的参数为实参。实参在内存中分配了对应的空间。此时，函数调用的基本语法如下：

函数名([实参列表]);

　　实参列表可缺省。调用函数时，实参列表将会对应地传给参数列表，实参缺省时，将会传 undefined 值给对应虚参。

　　当把函数表达式变量看成是匿名函数的函数名时，函数表达式定义的匿名函数和有名函数的调用方法完全一样，在此不再赘述。

　　而事件注册方式定义的匿名函数则会在绑定的事件触发时调用执行。如果绑定的事件永远不触发，则该匿名函数将永远不会被调用。

　　有名函数的调用语句可以在脚本程序中不同的地方重复出现。在函数执行前，会把函数调用语句中的实参传给虚参。实参列表可以包含任意类型的数据，实参个数和虚参个数可以相同，也可以不同。如果参数个数相同，实参会对应传给虚参，即把实参赋值给虚参（变量）；如果实参个数少于虚参个数，实参首先按顺序一一对应传给虚参，没有实参对应的虚参，将会对应传 undefined 值；如果实参个数多于虚参个数，则多余的实参无效。

【示例 4-8】函数调用及传参示例。

```
<script>
  alert(getMax(3,7));//在函数定义的前面调用函数
  function getMax(a,b){//定义函数
    if(a > b){
        return a;
    }else{
        return b;
    }
  }
//alert(getMax(3,7));//在函数定义的后面调用函数
</script>
```

　　上述代码中的第二行 getMax(3,7)就是函数调用代码，()中的 3 和 7 就是两个实参，它们分别对应传给虚参 a 和 b，即 a=3、b=7。在程序解析完后，将执行第二条语句调用函数将 7 输出到警告对话框中。

【示例 4-9】实参与虚参个数不一致时的有名函数的调用。

```
<!doctype html>
<html>
<head>
<meta charset="utf-8">
<title>实参与虚参个数不一致时的有名函数的调用</title>
<script>
  function add(a,b,c){//定义函数
    return a + b + c;
  }
  //调用函数
  console.log("实参为两个的结果=" + add(3,6));    //实参少于虚参
  console.log("实参为三个的结果=" + add(3,6,7));  //实参和虚参个数一样
  console.log("实参为四个的结果=" + add(3,6,7,9));//实参多于虚参
</script>
</head>
<body>
</body>
</html>
```

　　上述代码调用了 3 次 add 函数，第一次调用时传了 2 个实参，使虚参 a=3、b=6，虚参 c 由于没

有实参传递，因而其值为 undefined，所以函数调用执行后返回的表达式是：3+6+undefined，因而最

终结果为 NaN。第二次调用时传了 3 个实参，使虚参 a=3、b=6、

c=7，因而函数调用执行后的结果返回 3+6+7=16。第三次调用时

传了 4 个参数，由于实参和虚参是一一对应传值的，所以前面的

3 个实参分别传给了虚参 a、b 和 c，最后一个实参由于没有虚参

接受而被忽略了，所以函数调用执行的结果和第二次调用完全一

样。程序在 Chrome 浏览器中的运行结果如图 4-3 所示。

图 4-3　实参与虚参个数不一致时的结果

【示例 4-10】调用函数表达式定义的匿名函数。

```html
<script>
  //console.log("实参为三个的结果=" + add(3,6,7));//在这里调用，将出现类型错误
  var add = function(a,b,c){//定义函数
    return a + b + c;
  }
  //调用函数
  console.log("实参为两个的结果=" + add(3,6));
  console.log("实参为三个的结果=" + add(3,6,7));
  console.log("实参为四个的结果=" + add(3,6,7,9));
</script>
```

上述代码将匿名函数定义赋给了变量 add，这样

就可以通过 add 来调用匿名函数了。调用时需要注意

的是,函数的调用语句必须放在函数定义语句的后面,

否则将出错。例如，如果在上述代码的第二行中调用

匿名函数，将出现图 4-4 所示的类型异常错误。而放

在函数定义语句后面调用的 3 行代码都能正常运行，

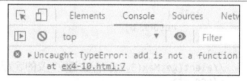

图 4-4　函数表达式在定义前调用时出现类型异常错误

运行结果和示例 4-9 的结果完全一样。函数表达式在定义前、后调用出现不同情况的原因就是因为

函数表达式作用域不会提升，因而只有定义后才可以使用。

【示例 4-11】事件注册函数的调用。

```html
<!doctype html>
<html>
<head>
<meta charset="utf-8">
<title>事件注册函数的调用</title>
</head>
<body>
  <form>
    <select name="bg" id="bg">
      <option value="red">红色</option>
      <option value="blue">蓝色</option>
      <option value="green">绿色</option>
    </select>
    <input type="button" id="btn" value="使用选择的颜色更改页面背景颜色"
  </form>
  <script>
    var oBtn = document.getElementById("btn");
    var oBg = document.getElementById("bg");
    oBtn.onclick = function(){
      document.body.style.backgroundColor = oBg.value;
```

```
      };
   </script>
</body>
</html>
```

上述代码将匿名函数绑定到按钮的单击事件上，这样，每次单击按钮时，就会调用一次匿名函数，使用从下拉列表中选择的颜色更改页面背景颜色。图 4-5 和图 4-6 所示就是分别从下拉列表中选择红色和绿色后再单击按钮后的结果。

图 4-5　使用红色更改页面背景

图 4-6　使用绿色更改页面背景

4.4　arguments 实参集合对象

在调用 JS 函数时，ECMAScript 不会验证传递给函数的实数个数是否等于虚数个数。不管定义 JS 函数时指定了多少虚参，在调用函数都可以指定任意个数的实数（最多可指定 255 个）。调用函数时，任何遗漏的参数都会以 undefined 传递给函数，而多余的参数如果函数不需要处理的话，将忽略。有关实参和虚参个数不一致的示例演示请参见示例 4-9。

对上面的描述，可能有细心的读者会问，那些多余的参数，如果需要的话，可以使用吗？答案是肯定的。因为 ECMAScript 给每个函数都提供了一个 arguments 对象，调用函数时传递的实参都会存在 arguments 对象中。

arguments 是一个类似数组 Array 的对象，存放在 arguments 中的每一个实参，可以用 arguments[下标]的格式来访问。对于 arguments 中存放的实参个数则可以使用 arguments.length 获得。

借助 arguments 对象，当函数参数的个数无法确定时，定义函数时可以不用指定形参，但在调用函数时需要根据不同情况传递不同个数的实参，此时在程序中要使用实参，就需要通过下标来访问对应的 arguments 元素。

下面通过示例 4-12 来演示一下 arguments 对象的使用。

【示例 4-12】arguments 对象的使用。

```
<!doctype html>
<html>
<head>
<meta charset="utf-8">
<title>arguments 对象的使用</title>
<script>
  function sum(){ //定义一个没有任何虚参的函数，函数功能是返回所有实参的累加和
```

```
  var n = 0;
  for(var i = 0; i < arguments.length; i++){
    n += arguments[i];   //通过下标访问 arguments 中的实参
  }
  return n;
}
console.log("1+2+3=" + sum(1,2,3)); //给函数传了 3 个实参
console.log("1+2+3+4=" + sum(1,2,3,4)); //给函数传了 4 个实参
</script>
</head>
<body>
</body>
</html>
```

上述代码定义了一个没有任何参数的函数，但在调用时却给函数分别传了 3 个和 4 个实参，程序运行结果如图 4-7 所示。

和 Array 数组中的元素可读可写一样，arguments 中存放的值也是可读可写的。另外，需要注意的是，如果函数有虚参，则 arguments 中的元素会和虚参对应，即 arguments 中的第一个元素和第一个虚参对应，第二个元素和第二个虚参对应，其余元素和虚参的对应关系依此类推。因为

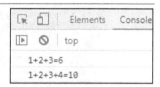

图 4-7　arguments 对象的使用

这样的对应关系，所以 arguments 中的元素值的修改和虚参值的修改会相互影响。另外，需要注意的是，arguments 只在函数调用时才有效，作用域和局部变量一样，仅限于函数内部。

【示例 4-13】arguments 对象元素和虚参的对应关系及作用域。

```
<!doctype html>
<html>
<head>
<meta charset="utf-8">
<title>arguments 对象元素和虚参的对应关系</title>
<script>
  var a = 1;
  function fn1(x){
    console.log("修改 arguments[0]的值前 x=" + x + ", arguments[0]=" + arguments[0]);
    arguments[0] = 3;//实参值 1 改为 3
    console.log("修改 arguments[0]的值为 3 后，x=" + x);//3
    var x = 2;  //实参值 3 改为 2
    console.log("修改 x 值为 2 后，arguments[0]的值=" + arguments[0]);//2
  }
  fn1(a);
  console.log("实参的值=" + a);//1
  console.log("arguments[0]=" + arguments[0]);//在这里访问出现引用错误
</script>
</head>
<body>
</body>
</html>
```

上述代码的运行结果如图 4-8 所示。

从图 4-8 的运行结果可看出，arguments 对象中的元素可读可写，并和虚参一一对应，它们可以相互修改对方的值。另外 arguments 对象的作用域仅局限为函数，在函数外访问将会出现引用错误。

图 4-8　arguments 对象元素和虚参的对应关系及作用域

4.5　使用函数封装图片切换代码及函数传参实例

在第 2.1.3 节中，我们已指出了示例 2-2 存在的代码重复的问题，对代码重复多次出现在不同的地方的问题可以使用函数封装这些重复代码来解决。具体代码修改请见示例 4-14。

【示例 4-14】使用函数封装图片切换代码。

```html
<!doctype html>
<html>
<head>
<meta charset="utf-8">
<title>使用函数封装图片切换代码</title>
<style>
/*在此省略 CSS 代码,如要查看，请参见示例 2-2*/
</style>
<script>
  window.onload = function(){
    var oPrev = document.getElementById("prev");
    var oNext = document.getElementById("next");
    var oText = document.getElementById("text");
    var oSpan = document.getElementById("span1");
    var oImg = document.getElementById("img1");
    //使用数组存储切换的图片路径
    var imgUrl = ['images/1.jpg','images/2.jpg','images/3.jpg','images/4.jpg'];
    //使用数组存储图片描述信息
    var imgText = ['可爱的小猫咪','调皮的皮卡丘','呆萌的皮卡丘','超酷的小熊'];
    var num = 0;
    //使用函数设置图片图片相关信息
    function setImgInfo(){
        oSpan.innerHTML = num+1 + '/' + imgUrl.length;
        oImg.src = imgUrl[num];
        oText.innerHTML = imgText[num];
    }
    setImgInfo();
    //单击向前链接事件
    oPrev.onclick = function(){
        num--;
        if(num == -1){//显示第一张图片后再单击向前按钮时将保持显示第一张图片
            num = 0;
            alert("这是第一张图片");
```

```
                }
                setImgInfo();
            }
        //单击向后链接事件
        oNext.onclick = function(){
            num++;
            //显示最后一张图片后再单击向后链接时将保持显示最后一张图片
            if(num == imgUrl.length){
                num = imgUrl.length-1;
                alert("这是最后一张图片");
            }
            setImgInfo();
        }
    }
</script>
<body>
    <!--在此省略主体 HTML 代码如要查看，请参见示例 2-2-->
</body>
</html>
```

　　上述代码将重复多次出现的那 3 行代码抽取出来定义成 setImgInfo 函数，然后在初始化图片、单击向前以及向后链接时分别调用这个函数，这样实现的效果和示例 2-2 的效果完全一样，但代码更简洁，结构也更清晰，对日后的维护和扩展都带来很大的便利。

　　接下来通过示例 4-15 介绍如何对具有相同结构的 HTML 元素操作的 JS 代码使用函数进行代码封装以及通过函数传参实现代码重用。示例 4-15 的页面中有 3 栏按钮，每栏按钮包括添加商品和减少商品两个按钮，通过单击加、减按钮选购商品后统计选购的商品价格。实现代码如下所示。

　　【示例 4-15】使用函数封装代码及通过函数传参实现代码重用。

　　1. HTML **主体代码:**

```
<body>
  <ul id="list">
    <li>
      <input type="button" value="-"/>
      <strong>0</strong>
      <input type="button" value="+"/>
      单价: <em>12.5 元</em>
      小计: <span>0 元</span>
    </li>
    <li>
      <input type="button" value="-"/>
      <strong>0</strong>
      <input type="button" value="+"/>
      单价: <em>10.5 元</em>
      小计: <span>0 元</span>
    </li>
    <li>
      <input type="button" value="-"/>
      <strong>0</strong>
      <input type="button" value="+"/>
      单价: <em>8 元</em>
      小计: <span>0 元</span>
    </li>
```

```
  </ul>
</body>
```

从上面的代码可看出，3 栏按钮的 HTML 代码结构完全相同。

2. JS 代码：

```
<script>
  window.onload = function(){
    var oUl = document.getElementById("list");
    var aLi = oUl.getElementsByTagName("li");

    //第一个 li 中的实现单击按钮添加商品和减少商品的相关代码:
    var aBtn1 = aLi[0].getElementsByTagName('input');
    var oStrong1 = aLi[0].getElementsByTagName('strong')[0];
    var oEm1 = aLi[0].getElementsByTagName('em')[0];
    var oSpan1 = aLi[0].getElementsByTagName('span')[0];
    var num11 = Number(oStrong1.innerHTML);
    var num12 = parseFloat(oEm1.innerHTML);
    //单击 "-" 按钮减少商品
    aBtn1[0].onclick = function(){
        num11--;
        if(num11 < 0){
            num11 = 0;
        }
        oStrong1.innerHTML = num11;
        oSpan1.innerHTML = num11 * num12 + '元';
    }
    //单击 "+" 按钮添加商品
    aBtn1[1].onclick = function(){
        num11++;
        oStrong1.innerHTML = num11;
        oSpan1.innerHTML = num11 * num12 + '元';
    }

    //第二个 li 中的实现单击按钮添加商品和减少商品的相关代码:
    var aBtn2 = aLi[1].getElementsByTagName('input');
    var oStrong2 = aLi[1].getElementsByTagName('strong')[0];
    var oEm2 = aLi[1].getElementsByTagName('em')[0];
    var oSpan2 = aLi[1].getElementsByTagName('span')[0];
    var num21 = Number(oStrong2.innerHTML);
    var num22 = parseFloat(oEm2.innerHTML);
    //单击 "-" 按钮减少商品
    aBtn2[0].onclick = function(){
        num21--;
        if(num21 < 0){
            num21 = 0;
        }
        oStrong2.innerHTML = num1;
        oSpan2.innerHTML = num21 * num22 + '元';
    }
    //单击 "+" 按钮添加商品
    aBtn2[1].onclick = function(){
        num21++;
        oStrong2.innerHTML = num21;
        oSpan2.innerHTML = num21 * num22 + '元';
```

```
        }
        //第三个 li 中的实现单击按钮添加商品和减少商品的相关代码:
        ......
    };
</script>
```

上述 JS 代码是分别对每栏按钮实现单击按钮事件。通过阅读代码发现,每栏按钮实现单击事件的相关 JS 代码除了列表对象不同外,其他代码几乎完全相同,可见代码的重复率极高,这样编程不但效率低下,而且会为维护和扩展带来问题,这种编程思维是不可取的。

对上述重复出现的 JS 代码,可以使用示例 4-14 的做法,即使用函数抽取重复代码,而对于其中涉及的个别需动态变化的内容,考虑使用参数的传递来实现。根据这种思维,将上述 JS 代码修改如下:

```
<script>
    window.onload = function(){
        var oUl = document.getElementById("list");
        var aLi = oUl.getElementsByTagName("li");
        fn1(aLi[0]);//单击每一栏列表中的按钮时将对应的列表对象传递给函数
        fn1(aLi[1]);
        fn1(aLi[2]);
        function fn1(oLi){
            var aBtn = oLi.getElementsByTagName('input');
            var oStrong = oLi.getElementsByTagName('strong')[0];
            var oEm = oLi.getElementsByTagName('em')[0];
            var oSpan = oLi.getElementsByTagName('span')[0];
            var num1 = Number(oStrong.innerHTML);
            var num2 = parseFloat(oEm.innerHTML);

            aBtn[0].onclick = function(){
                num1--;
                if(num1 < 0){
                    num1 = 0;
                }
                oStrong.innerHTML = num1;
                oSpan.innerHTML = num1 * num2 + '元';
            };

            aBtn[1].onclick = function(){
                num1++;
                oStrong.innerHTML = num1;
                oSpan.innerHTML = num1 * num2 + '元';
            };
        }
    };
</script>
```

比较修改前后的 JS 代码,可清楚地看到,使用函数后,代码量得到了极大的减少,同时结构也很清晰。

示例 4-15 在 Chrome 浏览器中的运行结果如图 4-9 所示。

由示例 4-15 可得出以下有关 JS 代码重用的一些结论。

(1)对需要使用 JS 代码处理的各个 HTML 元素,尽量保持每个元素的 HTML 代码结构一致。

图 4-9　单击列表中的按钮后的结果

（2）在 JS 代码中，通过父级来选取子级元素。

（3）用函数封装核心业务功能的实现。

（4）把每块 HTML 结构里不同的的值找出来，将这些值通过函数传参实现动态变化。

4.6　闭包

我们知道，作用域链查找标识符的顺序是从当前作用域开始一级一级往上查找。因此，通过作用域链，JavaScript 函数内部可以读取函数外部的变量，但反过来，函数的外部通常则无法读取函数内部的变量。在实际应用中，有时需要在函数外部访问函数的局部变量，此时最常用的方法就是使用闭包。

那么什么是闭包呢？所谓闭包，就是同时含有对函数对象以及作用域对象引用的对象。闭包主要是用来获取作用域链或原型链上的变量或值（原型链的介绍请参见第 11 章）。创建闭包最常用的方式是在一个函数中声明内部函数（也称嵌套函数），并返回内部函数。此时在函数外部就可以通过调用函数得到内部函数，进而调用内部函数来实现对函数局部变量的访问。此时的内部函数就是一个闭包。虽然按照闭包的概念，所有访问了外部变量的 JavaScript 函数都是闭包，但我们平常绝大部分时候所谓的闭包其实指的就是内部函数闭包。

闭包可以将一些数据封装为私有属性以确保这些变量的安全访问，这个功能给应用带来了极大的好处。需要注意的是，闭包如果使用不当，也会带来一些意想不到的问题。下面就通过几个示例来演示一下闭包的创建、使用和可能存在的问题及其解决方法。

【示例 4-16】闭包的创建。

```
<!doctype html>
<html>
<head>
<meta charset="utf-8">
<title>创建闭包</title>
</head>
<body>
<script>
  function outerFunc(){
    var b = 0; //局部变量
    function innerFunc(){ //声明内部函数
        b++; //访问外部函数的局部变量
        console.log("内部函数中 b="+b);
    }
    return innerFunc;//返回内部函数
  }
  var func = outerFunc();//①　通过外部变量引用函数返回的内部函数
  console.log(func);//②　输出内部函数定义代码
  func();//③　通过闭包访问局部变量 b，此时 b=1
  console.log("外部函数中 b=" + b);//④　出错，报引用错误
</script>
</body>
</html>
```

上述代码在外部函数 outerFunc 中声明内部函数 innerFunc，并返回内部函数，同时在 outerFunc

函数外面，变量 func 引用了 outerFunc 函数返回的内部函数，所以内部函数 innerFunc 是一个闭包，该闭包访问了外部函数的局部变量 b。①处代码通过调用外部函数返回内部函数并赋给外部变量 func，使 func 变量引用内部函数，所以②处代码将输出 innerFunc 函数的整个定义代码。③处代码通过对外部变量 func 添加一对小括号后调用内部函数 innerFunc，从而达到在函数外部访问局部变量 b 的目的。执行④处代码时将报 ReferenceError 错误，因为 b 是局部变量，不能在函数外部直接访问局部变量。上述代码在 Chrome 浏览器的运行结果如图 4-10 所示。

图 4-10 闭包使用与否的结果对比

在 1.6.4 节介绍运行期上下文对象与活动对象中，说到函数执行完毕时，运行期上下文会被销毁，与之关联的活动对象也会随之销毁，因此离开函数后，属于活动对象的局部变量将不能被访问。但为什么示例 4-16 中的 outerFunc 函数执行完后，它的局部变量还能被内部函数访问呢？这个问题可以使用作用域链来解释。

当执行①处代码调用 outerFunc 函数时，JavaScript 引擎会创建 outerFunc 函数执行上下文的作用域链，这个作用域链包含了 outerFunc 函数执行时的活动对象，同时 JavaScript 引擎也会创建一个闭包，而闭包因为需要访问 outerFunc 函数的局部变量，因而其作用域链也会引用 outerFunc 的活动对象。这样，当 outerFunc 函数执行完后，它的作用域对象因为有闭包的引用而依然存在，故而可以提供给闭包访问。

示例 4-16 中的内部函数虽然有名称，但在调用时并没有用到这个名称，所以内部函数的名称可以缺省，即可以将内部函数修改为匿名函数，从而简化代码。示例 4-16 修改后的代码如下所示。

【示例 4-17】创建匿名函数闭包。

```html
<!doctype html>
<html>
<head>
<meta charset="utf-8">
<title>创建匿名函数闭包</title>
</head>
<body>
<script>
  function outerFunc(){
    var b = 0;
    return function(){ //声明并返回匿名函数
        b++;
        console.log("内部函数中 b="+b);
    }
  }
  var func = outerFunc();
  console.log(func);
  func();
  console.log("外部函数中 b=" + b);//报引用错误
</script>
</body>
</html>
```

下面的示例是一个经典的闭包问题示例。

【示例 4-18】经典闭包问题示例。

```
<!doctype html>
<html>
<head>
<meta charset="utf-8">
<title>经典闭包问题示例</title>
<script>
  window.onload = function(){
    var aBtn = document.getElementsByTagName('button');
    for(var i = 0; i < aBtn.length; i++){
        aBtn[i].onclick = function(){
            alert("按钮" + (i + 1));
        }
    }
  }
</script>
</head>
<body>
  <button>按钮 1</button>
  <button>按钮 2</button>
  <button>按钮 3</button>
</body>
</html>
```

该示例期望实现的功能是，单击每个按钮时，在弹出的警告对话框中显示相应的标签内容，即单击 3 个按钮时将分别显示"按钮 1""按钮 2""按钮 3"。

上述示例页面加载完后触发窗口加载事件，从而执行外层匿名函数，外层匿名函数执行完循环语句后使活动对象中的局部变量 i 的值修改为 3。外层匿名函数执行完后将撤销，但由于其活动对象中 aBtn 和 i 变量被内层匿名函数引用，因而外层匿名函数的活动对象仍然存在堆中供内层匿名函数访问。每执行一次循环都将创建一个闭包，这些闭包都引用了外层匿名函数的活动对象，因而访问变量 i 时都将得到 3，这样最后的结果是单击每个按钮，在警告对话框中显示的文字都是"按钮 4"（i+1=3+1），与期望的功能不一致。造成这个问题的原因是，每个闭包都引用同一个变量，如果我们使不同的闭包引用不同的变量，就可以实现输出的结果不一样。这个需求可使用多种方法实现，在此将介绍使用立即调用函数表达式（IIFE）和 ES6 中的 let 创建块级变量两种方法。

IIFE 指的是：在定义函数的时候直接执行，即此时函数定义变成了一个函数调用语句。要让一个函数定义语句变为函数调用语句，就需要将函数定义语句变为一个函数表达式，然后在该表达式后面再加一对圆括号()即可。将函数定义语句变为一个函数表达式的最常用的方法就是将整个定义语句放到一对圆括号中，示例代码如下所示。

1. IIFE 中的函数为一个匿名函数：

```
(function (name){
    console.log("Hello, " + name);
})("张三");
```

JS 引擎执行上述代码时，会调用匿名，同时将后面圆括号中的参数"张三"传给 name 虚参，结果得到：Hello，张三。

2. IIFE 中的函数为一个有名函数：

```
(function sayHello(name){
    console.log("Hello, " + name);
})("李四");
```

上述代码运行结果和前面的匿名函数的完全一样。

【示例 4-19】使用立即调用函数表达式解决经典闭包问题。

```
<!doctype html>
<html>
<head>
<meta charset="utf-8">
<title>使用立即调用函数表达式解决经典闭包问题</title>
<script>
  window.onload = function(){
    var aBtn = document.getElementsByTagName('button');
    for(var i = 0;i<aBtn.length;i++){
        (function(num){
            aBtn[num].onclick = function(){
                alert("按钮" + (num + 1));
            }
        })(i);
    }
  }
</script>
</head>
<body>
  <button>按钮 1</button>
  <button>按钮 2</button>
  <button>按钮 3</button>
</body>
</html>
```

上述代码中第二个匿名函数为 IIFE，每次调用该匿名函数时将生成一个对应该函数的活动对象，该对象中包含了一个函数参数，值为当次循环的循环变量值。上述示例中，IIFE 共执行了 3 次，因而共生成了 3 个活动对象，活动对象中包含的参数值分别为 0、1 和 2，依次对应 IIFE 的 3 次执行。每次执行 IIFE 时，将会产生一个闭包，该闭包会引用对应按钮索引顺序执行 IIFE 的活动对象，而闭包引用的活动对象中的参数值刚好等于按钮的索引值，因而单击 3 个按钮时将在弹出的警告对话框中分别显示"按钮 1""按钮 2""按钮 3"。

【示例 4-20】使用 ES6 中的 let 关键字创建块级变量解决经典闭包问题。

```
<!doctype html>
<html>
<head>
<meta charset="utf-8">
<title>使用 ES6 中的 let 关键字创建块级变量解决经典闭包问题</title>
<script>
  window.onload = function(){
    var aBtn = document.getElementsByTagName('button');
    for(let i = 0; i < aBtn.length; i++){
        aBtn[i].onclick = function(){
            alert("按钮" + (i + 1));
```

```
        }
      }
    }
</script>
</head>
<body>
  <button>按钮 1</button>
  <button>按钮 2</button>
  <button>按钮 3</button>
</body>
</html>
```

上述代码中循环变量使用 let 声明，因而每次循环时，都会产生一个新的块级变量，所以在页面加载完，执行外层匿名函数时产生的活动对象中包含了 3 个对应循环变量的块级变量，变量值分别为 0、1 和 2。每执行一次循环，将会产生一个闭包，该闭包中的变量 i 会引用外层匿名函数的活动对象对应按钮索引的块级变量，因而单击 3 个按钮时将在弹出的警告对话框中分别显示"按钮 1""按钮 2""按钮 3"。

4.7   this 指向及 this 的应用

在 JS 程序中会经常使用 this 来指向当前对象。所谓当前对象，指的是调用当前方法（函数）的对象，而当前方法（函数）指的是正在执行的方法（函数）。需要注意的是，在不同情况下，this 会指向不同的对象，下面通过示例 4-21 来演示说明。

【示例 4-21】this 指向示例。

```
<!doctype html>
<html>
<head>
<meta charset="utf-8">
<title>this 指向示例</title>
<script>
  window.onload = function (){
    function fn1(){
        alert(this);
    }
    function fn2(obj){
        alert(obj);
    }
    var aBtn = document.getElementsByTagName('input');//使用标签名获取所有按钮
    fn1(); //① 直接调用 fn1 函数
    aBtn[0].onclick = fn1; //② 通过按钮 1 的单击事件来调用 fn1 函数
    aBtn[1].onclick = function (){
        fn1(); //③ 在匿名函数中调用
    };
    aBtn[2].onclick = function (){
        fn2(this); //④ 在匿名函数中调用
    };
  };
</script>
</head>
```

```
<body>
  <input type="button" value="按钮 1"/>
  <input type="button" value="按钮 2"/>
  <input type="button" value="按钮 3"/>
</body>
</html>
```

上述代码中，①处代码是直接调用 fn1 函数，该代码等效于 window.fn1()，即调用当前函数 fn1 是 window 对象，所以执行 fn1 函数后输出的 this 为 window 对象，结果如图 4-11 所示。②处代码是通过按钮 1 的单击事件来调用 fn1 函数，所以此时调用 fn1 函数的是 aBtn[0]，因此执行 fn1 函数后输出的 this 为按钮对象，结果如图 4-12 所示。③处代码是在匿名函数中调用，而匿名函数又是通过按钮 2 的单击事件来调用，即对于按钮 2 来说，匿名函数为当前函数，执行当前函数体时会调用 fn1，此时 fn1 的调用等效于 window.fn1()，对于 window 对象来说，fn1 为当前函数，所以执行 fn1 后输出的 this 为 window 对象，结果如图 4-13 所示。④处代码和③处代码一样，也是由匿名函数调用，但不同的是，fn2 函数的参数是在按钮 3 的当前函数，即匿名函数中指定，所以 fn2 函数中的参数 this 指向的是按钮 3，运行结果如图 4-14 所示。

图 4-11　直接调用 fn1 的结果

图 4-12　单击按钮 1 的结果

图 4-13　单击按钮 2 的结果

图 4-14　单击按钮 3 的结果

从示例 4-21 中可以看到，this 在 JS 程序中是用来指向当前对象的，但在不同情况下，this 指向的对象不一样，所以在使用时需要特别注意。下面使用一个具体示例来演示 this 的应用。

【示例 4-22】this 的应用。

```
<!doctype html>
<html>
<head>
<meta charset="utf-8">
<title>this 的应用</title>
<style>
 li{width:100px;height:150px;float:left;margin-right:30px;list-style:none;
    background:#f1f1f1;position:relative;}
 div{width:80px;height:120px;background:red;position:absolute;top:100px;
    left:10px;display:none;}
</style>
<script>
 window.onload = function (){
    var aLi = document.getElementsByTagName('li');//通过标签名获取所有 li 元素
    for(var i = 0; i < aLi.length; i++){
```

```
            //光标移到某个 li 元素上时显示 div 元素
            aLi[i].onmouseover = function (){
                //使用 this 指代当前元素，即光标移到的那个 li 元素
                //获取当前 li 元素的第一个子元素 div，并设置它的显示样式为 block，即显示 div
                this.getElementsByTagName('div')[0].style.display='block';
            };
            //光标移开某个 li 元素上时隐藏 div 元素
            aLi[i].onmouseout = function (){
                //获取当前 li 元素的第一个子元素 div，并设置它的显示样式为 none,即隐藏 div
                this.getElementsByTagName('div')[0].style.display='none';
            };
        }
    };
</script>
</head>
<body>
  <ul>
    <li>
      <div></div>
    </li>
    <li>
      <div></div>
    </li>
    <li>
      <div></div>
    </li>
  </ul>
</body>
</html>
```

示例 4-22 实现的功能是：页面中存在 3 个 li 元素，当光标移到任何一个 li 元素上时，会在其下面显示一个 div，一旦光标移开 li 元素，显示的 div 又会隐藏。

在上述代码中，我们看到 div 的显示和隐藏都是通过事件调用匿名函数来实现的，所以在匿名函数中的 this 指向触发事件的那个 li 元素，因而可以通过它来获取 li 的子元素 div。对上述 JS 代码作如下修改：

```
<script>
window.onload = function (){
    var aLi = document.getElementsByTagName('li');
    for(var i = 0; i < aLi.length; i++){
        aLi[i].onmouseover = function (){
            show();
        };
        aLi[i].onmouseout = function (){
            hide();
        };
    }
    function show(){
        this.getElementsByTagName('div')[0].style.display='block';
    }
    function hide(){
        this.getElementsByTagName('div')[0].style.display='none';
    }
```

```
    };
</script>
```

此时，对 li 元素来说，show() 和 hide() 并不是它的当前函数，因为它们的调用并不是直接由 li 元素来完成的，而是由 window 对象来完成，所以在这两个函数体中的 this 指向的是 window 对象，而不是 li 对象。这样使用上面的代码就无法实现示例 4-22 的功能。要让上述代码实现示例 4-22 的功能，需要将 show() 和 hide() 中的 this 指向 li 元素，如果直接用 this，是无法实现这个需求的。此时这里需要变通一下，不直接使用 this，而是用一个变量，但这个变量必须事先在 li 元素的光标移入和移出事件调用的匿名函数中赋值，且值等于 this，这样，在 show() 和 hide() 中使用这个变量就等效于使用触发光标事件的那个 li 元素。下面按照这个思路修改上述代码：

```
<script>
window.onload = function (){
    var aLi = document.getElementsByTagName('li');
    var that = null;
    for(var i = 0; i < aLi.length; i++){
        aLi[i].onmouseover = function (){
            that = this;
            show();
        };
        aLi[i].onmouseout = function (){
            that = this;
            hide();
        };
    }
    function show(){
        that.getElementsByTagName('div')[0].style.display='block';
    }
    function hide(){
        that.getElementsByTagName('div')[0].style.display='none';
    }
};
</script>
```

上述代码中变通使用 this 的方法是一种比较常用的方法，在下一章的定时器中会再次使用这种方法。

4.8　内置函数

内置函数由 JavaScript 语言提供，用户可直接使用。JavaScript 常用的内置函数见表 4-1。

表 4-1　JavaScript 常用内置函数

函数	说明
parseInt()	将字符型参数转化为整型
parseFloat()	将字符型参数转化为浮点型
isFinite()	判断一个数值是否有界
isNaN()	判断一个数值是否为 NaN
encodeURI()	将字符串进行整体编码，使之转化为有效的 URI

续表

函数	说明
encodeURIComponent()	将字符串进行个别编码，使之转化为有效的 URI
decodeURI()	对 encodeURI()编码的文本进行解码
decodeURIComponent()	对 encodeURIComponent()编码的文本进行解码

parseInt()、parseFloat()以及 isNaN()在 1.7.8 节和 1.7.9 节已详细介绍过了，在此不再赘述。

1. isFinite()函数

语法：isFinite(num)。

说明：num 参数为需要验证的数字。

作用：用于检验参数指定的值是否为是有限的。如果 num 参数是有限数字（或可转换为有限数字），则返回 true。否则，如果 num 参数是 NaN（非数字），或者是正、负无穷大的数，则返回 false。

2. encodeURI()函数

语法：encodeURI(uriString)。

说明：对 uriString 参数指定的 URI 进行编码，会将参数中包含的空格、%和汉字等字符用 utf-8 进行编码，对参数中的字母、数字以及/!*~#$@=;,+:()-_等特殊符号则不会进行编码。

作用：将参数作为 URI 进行编码。

3. encodeURIComponet()函数

语法：encodeURIComponet(str)。

说明：对 str 参数进行编码，会将参数中包含的空格、汉字及/#$@=;,+:%tf 等特殊符号用 utf-8 进行编码，对参数中的字母、数字以及!* ~()-_等特殊符号则不会进行编码。

注：str 通常是整个 URI 中的某部分内容。

作用：将参数作为 URI 进行编码。

4. decodeURI()函数

语法：decodeURI(uriString)。

说明：uriString 参数为需要解码的 URI。

作用：用于将 encodeURI()函数编码的 URI 解码成最初的字符串并返回。

5. decodeURIComponent()函数

语法：decodeURIComponent(str)。

说明：str 参数为需要解码的 URI。

作用：用于将 encodeURIComponent()函数编码的 URI 解码成最初的字符串并返回。

【示例 4-23】内置函数示例。

```
<!DOCTYPE html>
<html>
<head>
<meta charset="utf-8">
<title>内置函数示例</title>
<script>
  console.log("(1)使用 isFinite()函数的结果如下：");
```

```
        console.log("123 的结果是有限值吗? " + isFinite(123));
        console.log("1/0 的结果是有限值吗? " + isFinite('1/0'));
        console.log("hello 的结果是有限值吗? " + isFinite('hello'));

        console.log("(2)使用 encodeURI()函数的结果如下: ");
        console.log("'http://www.miao v.com#@$?username=张 三'字符串编码后可得到 URI: "
                + encodeURI("http://www.miao v.com#@$?username=张 三"));

        console.log("(3)使用 encodeURIComponent()函数的结果如下: ");
        console.log("'http://www.miaov.com?username=张 三'字符串使用 encodeURIComponent 进行"+
            "编码得到的 URI: +http://www.miaov.com?username="+encodeURIComponent("张 三"));

        console.log("(4)使用 decodeURI()函数的结果如下: ");
        console.log("对上面使用 encodeURI()编码可得到 URI 解码后的结果是: "
                + decodeURI(encodeURI("http://www.miao v.com#@$?username=张 三")));

        console.log("(5)使用 decodeURIComponent()函数的结果如下: ");
        console.log("对上面使用 encodeURI()编码可得到 URI 解码后的结果是: "+
            "http://www.miaov.com?username=" + decodeURI(encodeURIComponent("张 三")));
    </script>
    </head>
    <body>
    </body>
    </html>
```

上述代码在 Chrome 浏览器中的运行结果如 4-15 所示。

图 4-15　常用内置函数的使用

练习题

一、填空题

1. 定义 JavaScript 函数的关键字是_____，定义函数时的参数称为_____，调用函数时的参数称为_____。

2. 函数可分为有名函数和_____函数。有名函数定义时必须指定函数名；匿名函数定义时不需要指定函数名，它的定义有两种形式：函数表达式形式和_____。

二、简述题

1. 简述常用内置函数有哪些？它们分别有哪些作用？
2. 简述 this 指向。

三、上机题

定义及调用函数实现图 1 所示的商品累计功能。在图 1 中，当单击某个"+"或"–"时，对应的商品中数量及其小计价格会随着变化，同时底部的商品合计数量及总价格也会随着变化。

（1）提示：分别定义函数封闭单击"+"或"–"元素事件以及封装合计及总价格的统计。

（2）所需知识点：元素的单击事件处理、函数定义及调用、使用 document 获取元素等。

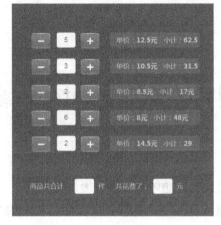

图 1   商品累计

第 5 章
定时器、Math 对象及 Date 对象

　　JavaScript 对象指既可以保存一组不同类型的数据（属性），又可以包含有关处理这些数据的函数（方法）的特殊数据类型。JS 对象可以使用两种方式获得，一是开发人员自定义；二是由 ECMAScript 提供。由 ECMAScript 提供的对象称为 JavaScript 内置对象。JS 常用的 JavaScript 内置对象有：window 对象、Array 对象、String 对象、Date 对象、Math 对象和 RegExp 等对象。Array 对象已在第 2 章中介绍过了，本章将主要介绍 window 对象、Math 对象和 Date 对象。其中，对于 window 对象，本章将主要介绍其提供定时器的创建和清除的相关方法，该对象其他内容的介绍请参见第 8 章 BOM 对象。

5.1 定时器

window 对象提供了定时器功能。定时器的功能是：在规定的时间自动执行某个函数。

根据执行的机制，定时器分为间歇定时器和延迟（超时）定时器，前者是每间歇一段时间就会执行指定的函数；后者是在指定的时间到期后就会执行指定的函数。间歇定时器会以指定的间歇时间作为周期循环不断地执行函数；而延迟定时器则只在时间到期时执行一次函数。

5.1.1 间歇定时器的创建与清除

间歇定时器的创建使用 window 对象的 setInterval()方法。在 JS 中，对象方法的调用格式通常为：对象名.方法，但由于 window 对象是全局对象，访问同一个窗口中的方法时，可以省略对象名"window"，所以对 window 对象方法，通常都是直接使用方法。使用 setInterval()创建间歇定时器的格式如下：

[定时器对象 ID =]setInterval(函数调用 | 函数定义,毫秒);

语法说明：setInterval()主要包含两个参数，第一个参数就是定时器需要定时执行的函数，该参数可以是一个用函数名表示的函数调用语句，也可以是一个函数定义语句，示例如下：

```
function fn(){
    alert("创建间歇定时器");
}
setInterval(fn,1000);//定时器第一个参数为函数调用语句

//以上代码等效下面的代码:
setInterval(function(){
    alert("创建间歇定时器")
},1000);//定时器的第一个参数为函数定义语句，注: 其中定义的函数可以是匿名或有名，但通常都定义为匿名
```

setInterval()第二参数是一个单位为毫秒的数值（表示执行第一个参数指定操作所需的等待时间）。该方法表示每隔由第二个参数设定的毫秒数，就执行第一个参数指定的操作。setInterval()执行后将返回一个唯一的数值 ID。

通过定时器返回的 ID，可以清除定时器。清除间歇定时器的格式如下：

clearInterval(定时器对象 ID);

下面使用倒计时的示例演示间歇定时器的创建和清除。

【示例 5-1】间歇定时器的创建和清除。

```
<!doctype html>
<html>
<head>
<meta charset="utf-8">
<title>间歇定时器的创建与清除</title>
<style>
  span{color:red;font-weight:bold;font-size:36px;}
</style>
<script>
  window.onload = function(){
    var oSpan = document.getElementById('day');
    var num = 10;
```

```
        var timer = setInterval(function(){//创建定时器
          oSpan.innerHTML = --num;
          if(num == 0){
              clearInterval(timer);//清除定时器
          }
        },86400000);
    };
    </script>
    </head>
    <body>
        倒计时：现在离考试还有<span id="day">10</span>天
    </body>
    </html>
```

上述代码的功能是从 num 变量指定的时间开始倒计时，每隔一天（86 400 000 毫秒）显示一个数值，当 num 变量值为 0 时，最后显示 0 值并停止倒计时。示例代码中使用了间歇定时器实现倒计时功能，计时时间和变量 num 的值对应。为了不让计时时间显示负值，需要在 num 变量的值为 0 时清除定时器，以停止计时。

示例 5-1 在 Chrome 浏览器中运行结果如图 5-1 和图 5-2 所示。

图 5-1　计时开始时的状态

图 5-2　计时结束时的状态

5.1.2　延迟定时器的创建和清除

延迟定时器的创建使用 window 对象的 setTimeout()方法，创建格式如下：

[定时器对象 ID =]setTimeout(函数调用 | 函数定义,毫秒);

语法说明：setTimeout()主要包含两个参数，第一个参数就是定时器需要定时执行的函数，该参数可以是一个用函数名表示的函数调用语句，也可以是一个函数定义语句；第二个参数是一个单位为毫秒的数值（表示执行第一个参数指定操作所需的等待时间）。该方法表示经过第二个参数所设定的时间后，执行一次第一个参数指定的操作。setTimeout()执行后同样会返回一个唯一的数值 ID。

setTimeout 和 setInterval 的不同之处在于：setInterval 可以循环不断地执行指定操作，而 setTimeout 只能执行一次参数指定的操作。不过，通过对 setTimeout()的递归调用，可以让 setTimout() 达到与 setInterval()同样的循环不断执行操作的目的。

和间歇定时器一样，延迟定时器也可以通过其返回的 ID 来清除。清除延迟定时器的格式如下：

clearTimeout(定时器对象 ID);

下面使用 setTimeout()来修改示例 5-1 来实现同样的倒计时的功能。

【示例 5-2】延迟定时器的创建和清除。

```
<!doctype html>
<html>
<head>
```

```
<meta charset="utf-8">
<title>延迟定时器的创建与清除</title>
<style>
  span{color:red;font-weight:bold;font-size:36px;}
</style>
</head>
<body>
    倒计时: 现在离考试还有<span id = "day">10</span>天
    <script>
    var oSpan = document.getElementById('day');;
    var timer = null;
    var num = 10;
    function count(){
        oSpan.innerHTML = --num;
        timer = setTimeout(count,86400000);//递归调用延迟定时器
        if(num == 0){
            clearTimeout(timer);//清除定时器
        }
    }
    timer = setTimeout(count,86400000);//创建延迟定时器
    </script>
</body>
</html>
```

示例 5-2 的功能和示例 5-1 完全相同，由于 setTimeout()在指定时间到达后只执行一次操作，为了达到与 setInterval()循环不断执行操作同样的效果，上述代码通过在 count()中递归调用 setTimeout()来模拟 setInterval()的间歇函数调用效果。

> 思考：示例 5-2 中的 JS 代码出现在主体区域，可否将它们放到头部区域?

5.1.3 使用定时器实现图片轮播

在本小节中，我们将使用定时器修改 3.6.3 节中的示例 3-15，以实现图片的轮播（自动切换）。具体代码请见示例 5-3。

【示例 5-3】使用定时器实现图片轮播。

```
<!doctype html>
<html>
<head>
<meta charset="utf-8">
<title>使用定时器实现图片轮播</title>
<style>
    ul{margin:0;padding:0;}
    li{display:inline-block;}
    body{background:#333;}
    #pic{width:300px;height:206px; margin:0 auto;}
    #pic img{width:300px;height:206px;}
    #pic ul{margin-top:10px;text-align:center;}
    #pic .item,#pic .active{width:9px;height:9px;cursor: pointer;
        border-radius:10px;margin:1px 1px 1px 8px;}
    #pic .item {background:#FFF;}
    #pic .active {background: #F60;}
```

```html
    </style>
    <script>
        window.onload = function(){
            var oDiv = document.getElementById('pic');
            var oImg = oDiv.getElementsByTagName('img')[0];
            var oUl = oDiv.getElementsByTagName('ul')[0];
            var arrUrl = ['images/p1.jpg','images/p2.jpg','images/p3.jpg','images/p4.jpg'];
            var aLi = oDiv.getElementsByTagName('li');
            var num = 0;
            var timer = null;//定时器

            //生成对应图片个数的列表项
            for(var i = 0; i < arrUrl.length; i++){
                oUl.innerHTML += "<li class = 'item'></li>";
            }

            //初始化
            function fnTab(){
              oImg.src = arrUrl[num];
              for(var i = 0; i < aLi.length; i++){
                aLi[i].className = 'item';//首先全部清空活动状态
              }
              aLi[num].className = 'active';//然后设置当前 li 为活动状态
            }

        fnTab();//调用函数实现初始化设置

            for(var j = 0; j < aLi.length; j++){
                aLi[j].index = j;//为每个列表项自定义索引属性，属性值和数组下标一一对应
                aLi[j].onclick = function(){
                    num = this.index;//将当前 li 的索引属性值赋给变量 num
                fnTab();
            };
            }

            function autoPlay(){//使用定时器实现每隔 2 秒自动切换图片
              timer = setInterval(function(){
                num++;
                num %= arrUrl.length;
                fnTab();
            },2000);
            }

            autoPlay();//调用自动切换图片函数

            oImg.onmouseover = function(){//光标移到图片上停止图片切换
                clearInterval(timer);
            }
            oImg.onmouseout = autoPlay;//光标移开图片后继续自动切换图片
        };
    </script>
    </head>
    <body>
      <div id="pic">
        <img src=""/>
```

```
      <ul>
      </ul>
    </div>
  </body>
</html>
```

示例 5-3 在示例 3-15 的基础上进行了一些修改，修改内容主要包括添加定时器、光标移入和移开事件处理以及变量 num 的使用。这些修改内容实现了图片的自动切换、光标移入时停止图片切换以及光标移开时继续自动切换图片功能。对这些功能的实现，变量 num 在其中起到了关键作用：通过 num%=arrUrl.length 代码，实现了图片自动切换时的轮播；另外，在单击列表事件中通过 num=this.index 代码，则可以实现单击任意圆点后，都可以从该圆点所对应的图片开始继续切换。

5.2　Math 对象

Math 对象用于执行数学计算。它同样包含了属性和方法，其属性包括了标准的数学常量，如圆周率常量 PI；其方法则构成了数学函数库，其中包括几何和算术运算两类函数。Math 对象的这些方法和常量都是静态的，所以使用它们时，不需要创建 Math 对象，而是直接使用 Math 对象名来访问属性或方法，例如 Math.PI，Math.random()。

表 5-1 列出了 Math 对象的一些常用方法。

表 5-1　Math 对象常用方法

方法	描述
sin(x)	返回 x 的正弦值，参数 x 以弧度表示
cos(x)	返回 x 的余弦值，参数 x 以弧度表示
tan(x)	返回 x 的正切值，参数 x 以弧度表示
acos(x)	返回 x 的反余弦值，参数 x 必须是-1.0~1.0 之间的数
asin(x)	返回 x 的反正弦值，参数 x 必须是-1.0~1.0 之间的数
atan(x)	返回 x 的反正切值，参数 x 必须是 1 个数值
abs(x)	返回 x 的绝对值，参数 x 必须是 1 个数值
ceil(x)	返回大于等于 x 的最小整数，参数 x 必须是一个数值
exp(x)	返回 e 的 x 次幂的值，参数 x 为任意数值或表达式
floor(x)	返回小于等于 x 的最大整数，参数 x 必须是一个数值
log(x)	返回 x 的自然对数，参数 x 为任意数值或表达式
max(x1,x2)	返回 x1、x2 中的最大值，参数 x1、x2 必须是数值
min(x1,x2)	返回 x1、x2 中的最小值，参数 x1、x2 必须是数值
pow(x1,x2)	返回 x1 的 x2 次方，参数 x1、x2 必须是数值
random()	产生一个 0~1.0（包含 0 但不包含 1.0）之间的随机浮点数
round(x)	返回 num 四舍五入后的整数，参数 x 必须是一个数值
sqrt(x)	返回 x 的平方根，参数 x 必须是大于等于 0 的数

表 5-1 所列方法中 random()、round()、ceil()等几个方法最常用，特别是 random()。下面将主要是通过演示使用这几个函数产生不同的随机数来介绍 Math 对象的使用。

（1）获取 0～1.0 之间的随机数：

```
Math.random();
```

（2）随机获取 0 和 1：

```
Math.round(Math.random());
```

使用 round()对 random()函数所返回的 0～1.0 之间的数进行四舍五入后，最终结果或者是 0 或者是 1。
（3）随机获取 0～10 之间的一个整数：

```
Math.round(Math.random()*10);
```

首先使用 Math.random()*10 可得到 0～10.0 之间的一个随机数，然后再使用 Math.round() 对 0～10.0 之间的随机数进行四舍五入，最终就可得到 0～10 之间的一个随机整数。
（4）随机获取 5～10 之间的一个整数：

```
Math.round(Math.random()*5+5);
```

首先使用 Math.random()*5+5 可得到 5.0～10.0 之间的一个随机数，然后再使用 Math.round() 对 5.0～10.0 之间的随机数进行四舍五入，最终就可得到 5～10 之间的一个随机整数。
（5）随机获取 10～20 之间的一个整数：

```
Math.round(Math.random()*10+10);
```

首先使用 Math.random()*10+10 可得到 10.0～20.0 之间的一个随机数，然后再使用 Math.round() 对 10.0～20.0 之间的随机数进行四舍五入，最终就可得到 10～20 之间的一个随机整数。
（6）随机获取 20～100 之间的一个整数：

```
Math.round(Math.random()*80+20));
```

首先使用 Math.random()*80+20 可得到 20.0～100.0 之间的一个随机数，然后再使用 Math.round() 对 20.0～100.0 之间的随机数进行四舍五入，最终就可得到 20～100 之间的一个随机整数。
（7）随机获取 x～y 之间的一个整数，其中 x 和 y 都是整数。
通过分析前面获取不同范围之间的随机数的代码发现，random()乘以某个数 v1 再加上另一个数 v2 后再进行四舍五入，可获得 v2～v1+v2 之间的随机整数，由此可总结获取任意两个数 x～y 之间的随机整数的一般公式如下：

```
Math.round(Math.random()*(y-x)+x)
```

例如假设 x=26，y=37，求两个数之间的随机整数的代码如下：

```
var x = 26,y = 37;
alert(Math.round(Math.random()*(y-x)+x));
```

运行上述代码后可发现结果正是 26～37 之间的一个随机整数。
（8）随机获取 0～x 之间的一个整数，其中 x 是一个整数：

```
Math.round(Math.random()*x)
```

首先使用 Math.random()*x 可得到 0～x 之间的一个随机数，然后再使用 Math.round() 对 0～x 之间的随机数进行四舍五入，最终就可得到 0～x 之间的一个随机整数。
（9）1～x 之间的一个整数，其中 x 是一个整数：

```
Math.ceil(Math.random()*x)
```

首先使用 Math.random()*x 可得到 0～x 之间的一个随机数，然后再使用 Math.ceil()向上取整得到 1～x 之间的随机数进行四舍五入，最终就可得到 1～x 之间的一个随机整数。

5.3　Date 对象的创建及其常用方法

Date 对象是 JS 的一个内置对象，该对象用于处理时间。

1. Date 对象的创建

使用 Date 对象处理时间前，需要创建 Date 对象。

创建 Date 对象的格式如下：

```
var 对象名称 = new Date([日期参数]);
```

日期参数的取值有以下 3 种情况。

（1）省略不写。用于获取系统当前时间，这是最常使用的情况。所谓系统当前时间，指的是运行获取 Date 对象时的操作系统上的时间。示例如下：

```
var now = new Date();
```

（2）字符串形式。

参数以字符串形式来表示，参数格式为："月 日，公元年 时:分:秒"或其日期形式"月 日，公元年"，或"月/日/公元年 时:分:秒"或其日期形式"月/日/公元年"。需要注意的是，月份的取值是 1～12，或者是表示 1～12 月的英文单词：January、February、March、April、May、June、July、August、September、October、November、December。示例如下：

```
var date = new Date("10/27/2000 12:06:36");//月份为 10 月
var date = new Date("October 27,2000 12:06:36");
```

（3）数字形式。参数以数字来表示日期中的各个组成部分，参数格式为："公元年，月，日，时，分，秒"或"公元年，月，日"。需要注意的是，月份的取值是 0～11，即 0 表示 1 月份，11 表示 12 月份。例如：

```
var date = new Date(2012,10,10,0,0,0);//月份为 11 月
var date = new Date(2012,10,10);
```

2. Date 对象的常用方法

Date 对象提供了许多方法用于获取或设置时间。表 5-2 列举了 Date 对象的一些常用方法。

表 5-2　Date 对象常用方法

方法	描述
getDate()	根据本地时间返回 Date 对象的当月号数，取值 1～31
getDay()	根据本地时间返回 Date 对象的星期数，取值 0～6，其中星期日的取值是 0，星期一的取值是 1，其他依此类推
getMonth()	根据本地时间返回 Date 对象的月份数，取值 0～11，其中一月的取值是 0，其他依此类推
getFullYear()	根据本地时间，返回以 4 位整数表示的 Date 对象年份数
getHours()	根据本地时间返回 Date 对象的小时数，取值 0～23，其中 0 表示晚上零点，23 表示晚上 11 点

续表

方法	描述
getMinutes()	根据本地时间返回 Date 对象的分钟数，取值 0～59
getSeconds()	根据本地时间返回 Date 对象的秒数，取值 0～59
getTime()	根据本地时间返回自 1970 年 1 月 1 日 00:00:00 以来的毫秒数
toLocaleString()	将 Date 对象转换为字符串，并根据本地时区格式返回字符串
toString()	将 Date 对象转换为字符串，并以本地时间格式返回字符串。注意：直接输出 Date 对象时 JavaScript 会自动调用该方法将 Date 对象转换为字符串
toUTCString()	将 Date 对象转换为字符串，并以世界时格式返回字符串

使用表 5-2 中的方法时，需要使用所创建的 Date 对象来调用。调用格式如下：

```
Date 对象.方法(参数 1,参数 2,…)
```

例如：

```
var time = new Date();
var year = time.getFullYear();//Date 对象 time 调用 getFullYear()方法获取当前系统时间的年份
```

【示例 5-4】使用 Date 对象获取系统时间。

```html
<!doctype html>
<html>
<head>
<meta charset="utf-8">
<title>使用 Date 对象获取系统时间</title>
<script>
    var now = new Date(); //对系统当前时间创建 Date 对象
    var year = now.getFullYear(); //获取以四位数表示的年份
    var month = now.getMonth()+1; //获取月份
    var date = now.getDate();//获取日期
    var day = now.getDay(); //获取星期数
    var hour = now.getHours();//获取小时数
    var minute = now.getMinutes();//获取分钟数
    var second = now.getSeconds();//获取秒数
    //创建星期数组
    var week = ["星期日","星期一","星期二","星期三","星期四","星期五","星期六"];
    hour = (hour<10) ? "0"+hour:hour;//以两位数表示小时
    minute = (minute<10) ? "0"+minute:minute;//以两位数表示分钟
    second = (second<10) ? "0"+second:second;//以两位数表示秒数
    console.log("现在时间是: "+year+"年"+month+"月"+date+"日 "+week[day]+" "+
        hour+":"+minute+ ":"+second);
    console.log("当前时间调用 toLocaleString()的结果: "+now.toLocaleString());
    console.log("当前时间调用 toString()的结果: "+now.toString());
    console.log("当前时间调用 toUTCString()的结果: "+now.toUTCString());
    /*function toTwo(num){//以两位数来表示 num
        return (num<10)?'0'+num:''+num;
    }*/
</script>
</head>
<body>
</body>
```

```
</html>
```

上述脚本代码调用 Date 的无参构造函数，从而获取当前系统时间。上述代码在 Chrome 浏览器中的运行结果如图 5-3 所示。

图 5-3　使用 Date 对象获取系统时间

5.4　使用定时器、Date 对象和 Math 对象实现倒计时效果

在电商网站上，我们经常会看到某个商品的促销活动倒计时。这种"倒计时"效果一般是使用 JS 实现的，实现的原理是通过 Date 对象分别获取活动开始时间和活动结束时间，然后计算两个时间差，得到的时间差是一个单位为毫秒的数值。通过对该时间差执行一系列的取模、除法等算术运算，同时调用 Math 对象的相关方法，就可将其分别折合为天数、小时数、分钟数和秒数。对时间差及其折合运算添加定时器后则可以实现时间差的动态变化，一旦时间差等于 0，则清除定时器，使时间差不再变化。

下面通过使用示例 5-5 来模拟电商网上的倒计时效果。

【示例 5-5】使用定时器、Date 对象和 Math 对象实现倒计时效果。

```html
<!doctype html>
<html>
<head>
<meta charset="utf-8">
<title>使用定时器、Date 对象和 Math 对象实现倒计时效果</title>
<script>
    window.onload = function(){
        aInp = document.getElementsByTagName('input');
        var iNow = null;
        var iNew = null;
        var str = '';
        var timer = null;

        aInp[2].onclick = function(){
        clearInterval(timer);
        iNew = new Date(aInp[0].value);
        timer = setInterval(function(){
            iNow = new Date();
            t = Math.floor((iNew-iNow)/1000);
            if(t >= 0){
                str = Math.floor(t/86400)+'天'+Math.floor(t%86400/3600)+'时'+
                    Math.floor(t%86400%3600/60)+'分'+t%60+'秒';
                aInp[1].value = str;
```

```
                }else{
                    clearInterval(timer);
                }
            },1000);
            };
        };
    </script>
    </head>
    <body>
      距离: <input type="text" size="30"><br>
      还剩: <input type="text" size="30">
      <input type="button" value="开始倒计时">
    </body>
    </html>
```

在倒计时时, 结束时间是固定的, 但开始时间是不断变化的, 所以, 对倒计时中的开始时间需要使用定时器来动态获取。该示例使用了间歇定时器, 在该定时器中, 代码 Math.floor((iNew-iNow)/1 000)中的 iNew-iNow 得到一个单位为毫秒的时间差, (iNew-iNow)/1 000 将时间差换算为可能包含小数的秒值, 使用 Math.floor()对该秒值进行向下取整运算得到一个整数的秒值。定时器最后获得的时间差是不断变化的, 当时间差为非负数时, 将其折合成天数、小时数、分钟数和秒数, 对应的 JS 代码分别为: Math.floor(t/86400)、Math.floor(t%86400/3600)、Math.floor(t%86400%3600/60)和 t%60。折合后的时间串成一个字符串后显示在第 2 个文本框中; 当时间差为负数时, 取消定时器, 使文本框中的时间差不再变化。

需要特别注意的是, 定时器如果是由事件控制的话, 必须先清除定时器, 然后再开定时器, 否则当事件多次触发时会出现异常, 这就是示例 5-5 的按钮单击绑定的事件处理函数中的第 1 行代码即清除定时器的原因。

示例 5-5 在 Chrome 浏览器中的运行结果如图 5-4 所示。

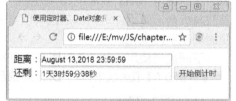

图 5-4　倒计时效果

练习题

使用定时器实现图 1 所示的动态时钟。

$$23:08:02$$

图 1　动态时钟

（1）提示：定义函数获取系统时间, 并使用定时器调用该函数。
（2）所需知识点：使用 document 获取元素、Date 对象、定时器的定义、函数定义及调用等。

第 6 章

字符串

网页通常存在大量的文本内容，这些文本内容在 JS 中将作为字符串来处理。在 JS 中使用字符串可以在客户端动态处理网页文本内容。本章将详细介绍处理文本内容常用到的字符串属性和方法。

6.1 字符串概述

在 JS 中，字符串（string）是由单引号或双引号括起来的一组由 16 位 Unicode 字符组成的字符序列，用于表示和处理文本。

Unicode，也称统一码、万国码。由于计算机只能处理 0 和 1 两种数字，所以对需要处理的数据，要将其编码为二进制。最早的计算机使用一个字节（8 bit）来表示一个数据，此时的编码称为 ASCII 编码，该编码能表示大小写英文字母、数字和一些符号，共 255 个字符。对于汉字、日文和韩文等语言则无法使用 ASCII 码来表示。为此，各个国家制定了不同的编码来表示各自的文字。由于这些不同语言的文字编码并没有完全兼容，所以在进行转码时很可能会出现乱码。为了解决这个问题，就需要将不同语言的编码进行统一。为此 Unicode 编码应运而生。Unicode 将所有语言都统一到一套编码里，它为每种语言中的每个字符设定了统一并且唯一的二进制编码，从而实现跨语言、跨平台的文本转码。Unicode 通常用两个字节来表示一个字符，而原来使用 ASCII 编码的字符则通过将高字节全部补 0 的方式从单字节变成双字节字符。

1. 字符串的使用方式

字符串的使用有以下 3 种方式。

（1）字符串直接量

字符串直接量就是直接使用单引号或双引号括起来的一组字符序列，例如："您好"，'hello'。

（2）字符串变量

字符串变量是指值为字符串直接量的变量，例如：var str='您好'，变量 str 为字符串变量。

（3）字符串对象

字符串对象通过使用关键字 new 且包装字符串直接量来创建，创建格式如下：

```
var String 对象名 = new String(字符串);
```

例如：var str=new String("hi")，此时 str 是一个字符串对象。

注：对象名的命名遵循标识符命名规范。

由第 1 章可知道，对象既可以有存储数据的属性，又可以包含处理数据的函数。为了便于对字符串直接量和字符串变量的处理，JavaScript 处理它们时，首先会将其转换为一个伪对象（等效于字符串对象），因而字符串直接量和字符串变量也具有属性和方法，这些属性及方法和字符串对象的属性和方法是完全一样。由于创建字符串对象需要对字符串直接量进行包装，从而有可能拖慢执行速度，并可能产生其他副作用，所以在实际项目中尽量不要对字符串创建对象，而应直接使用字符串直接量进行处理，或先将其存储在一个变量中，然后针对字符串变量进行操作。

由于字符串直接量、字符串变量和字符串对象三者具有相同的属性和方法，所以在介绍它们的属性和方法时，在不混淆的情况下，将不再具体区别，而是直接使用"字符串"来统称。

2. 转义字符

需要注意的是，在字符串中存在"\"时，如果其后面跟着 n、r、t 等某些特定的字符，则"\"会和后面的字符组成一个转义字符，此时会改变"\"后面跟着的那个字符的常规解释，例如：\n 表示换行，\"表示字符串中的双引号。有关转义字符的介绍请参见 1.7.3 节。

3. 字符串常用属性和方法

操作字符串时需要使用其属性或方法，字符串的常用属性和方法如下。

（1）字符串常用属性

length：返回字符串的长度（字符个数）。

（2）字符串常用方法

字符串的处理需要使用其提供的方法，表 6-1 列出了字符串的一些常用方法。

表 6-1 字符串常用方法

方法	描述
charAt（位置）	返回字符串指定位置处的字符
charCodeAt（位置）	返回字符串指定位置处字符的 Unicode 编码值
indexOf（查找的字符串[,StartIndex]）	返回首次出现查找的字符串的位置
lastIndexOf（查找的字符串[,StartIndex]）	返回要查找的字符串在 String 对象中最后一次出现的位置
match（正则表达式）	在一个字符串中寻找与正则表达式匹配的字符串
replace（正则表达式，新字符串）	使用新字符串替换匹配正则表达式的字符串后作为新字符串返回
search（正则表达式）	搜索与参数指定的正则表达式的匹配
split（分隔符[, len]）	根据参数指定的分隔符将字符串分隔为字符串数组
slice（索引值 i [,索引值 j]）	提取并返回字符串索引值 i 到索引值 j-1 之间的字符串
substring（索引值 i [,索引值 j]）	提取并返回字符串索引值 i 到索引值 j-1 之间的字符串
toLowerCase()	将字符串中的字母全部转换为小写后作为新字符串返回
toUpperCase()	将字符串中的字母全部转换为大写后作为新字符串返回
toString()	返回字符串对象的原始字符串值。这是针对字符串对象的方法
valueOf()	返回字符串对象的原始字符串值。这是针对字符串对象的方法

表 6-1 中，match()、replace()和 search() 3 个方法主要用于使用正则表达式进行校验字符串，对它们的介绍将放到第 10 章中。接下来，将详细介绍其他方法的使用。

6.2 操作字符：charAt()、charCodeAt()和 fromCharCode()

charAt()、charCodeAt()和 fromCharCode() 3 个方法都是针对字符的操作。charAt()是按位置返回字符；charCodeAt()是按位置返回对应字符的 Unicode 编码；fromCharCode()则是根据字符的 Unicode 编码返回对应的字符。

1. charAt（位置）

charAt（位置）返回 str 字符串中指定位置的单个字符。在 1.7.3 节中，我们介绍了字符在字符串中的位置使用索引来表示，字符索引的取值从 0 开始依次递增。该方法需要通过字符串来调用，使用示例如下：

```
var str  = "欢迎学习 JavaScript";
var oStr = new String("欢迎学习 JavaScript");
console.log("字符串变量 str 的第 1 个字符是：'"+str.charAt(0)+"'");
```

```
console.log("字符串变量 str 的第 2 个字符是: '"+str.charAt(1)+"'");
console.log("字符串变量 str 的第 5 个字符是: '"+str.charAt(4)+"'");
console.log("字符串对象 oStr 的第 1 个字符是: '"+oStr.charAt(0)+"'");
console.log("字符串对象 oStr 的第 2 个字符是: '"+oStr.charAt(1)+"'");
console.log("字符串对象 oStr 的第 5 个字符是: '"+oStr.charAt(4)+"'");
```

上述代码在 Chrome 浏览器的控制台中运行后的结果如图 6-1 所示。

从图 6-1 可见，字符串变量和字符串对象都可调用 charAt()，且结果完全一样。

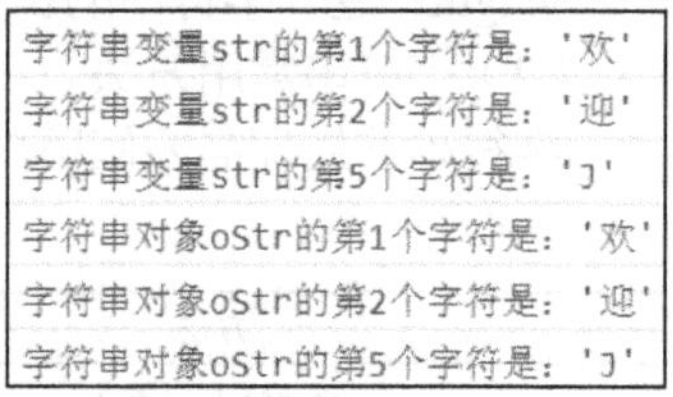

字符串变量str的第1个字符是：'欢'
字符串变量str的第2个字符是：'迎'
字符串变量str的第5个字符是：'刀'
字符串对象oStr的第1个字符是：'欢'
字符串对象oStr的第2个字符是：'迎'
字符串对象oStr的第5个字符是：'刀'

图 6-1 获取字符串指定位置的字符

2. charCodeAt（位置）

charCodeAt（位置）返回 str 字符串指定位置处字符的 Unicode 编码，Unicode 编码取值范围为 0～1114111，其中前 128 个 Unicode 编码和 ASCII 字符编码一样。需要注意的是，如果指定的位置索引值小于 0 或大于字符串的长度，则 charCodeAt() 将返回 NaN。charCodeAt() 的使用示例如下：

```
var str1  = "AB";
var str2  = "ab";
var str3  = "12";
var str4  = "中国";
console.log("'AB'字符串的第 1 个字符的 Unicode 编码为: "+str1.charCodeAt(0));
console.log("'AB'字符串的第 2 个字符的 Unicode 编码为: "+str1.charCodeAt(1));
console.log("'ab'字符串的第 1 个字符的 Unicode 编码为: "+str2.charCodeAt(0));
console.log("'ab'字符串的第 2 个字符的 Unicode 编码为: "+str2.charCodeAt(1));
console.log("'12'字符串的第 1 个字符的 Unicode 编码为: "+str3.charCodeAt(0));
console.log("'12'字符串的第 2 个字符的 Unicode 编码为: "+str3.charCodeAt(1));
console.log("'中国'字符串的第 1 个字符的 Unicode 编码为: "+str4.charCodeAt(0));
console.log("'中国'字符串的第 2 个字符的 Unicode 编码为: "+str4.charCodeAt(1));
```

上述代码在 Chrome 浏览器的控制台中运行后的结果如图 6-2 所示。

'AB'字符串的第1个字符的Unicode编码为：65
'AB'字符串的第2个字符的Unicode编码为：66
'ab'字符串的第1个字符的Unicode编码为：97
'ab'字符串的第2个字符的Unicode编码为：98
'12'字符串的第1个字符的Unicode编码为：49
'12'字符串的第2个字符的Unicode编码为：50
'中国'字符串的第1个字符的Unicode编码为：20013
'中国'字符串的第2个字符的Unicode编码为：22269

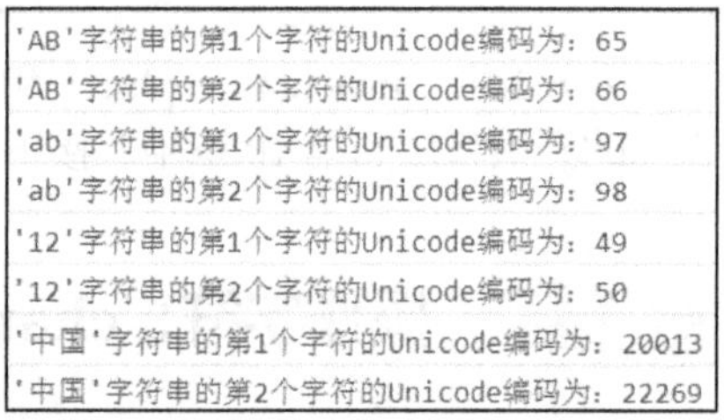

图 6-2 获取指定位置字符的 Unicode 编码

3. fromCharCode(Unicode1,…,UnicodeN)

fromCharCode() 是静态方法，需要通过 String 来调用，其使用格式为：String.fromCharCode()，其中的参数可以包含 1 到多个 Unicode 编码，按参数顺序返回对应的字符。fromCharCode() 的使用示例如下：

```
console.log("Unicode 编码为 65 的字符是: "+String.fromCharCode(65));
console.log("Unicode 编码为 66 的字符是: "+String.fromCharCode(66));
console.log("Unicode 编码为 97 的字符是: "+String.fromCharCode(97));
console.log("Unicode 编码为 98 的字符是: "+String.fromCharCode(98));
console.log("Unicode 编码为 49 的字符是: "+String.fromCharCode(49));
console.log("Unicode 编码为 50 的字符是: "+String.fromCharCode(50));
console.log("Unicode 编码为 20013 的字符是: "+String.fromCharCode(20013));
console.log("Unicode 编码为 22269 的字符是: "+String.fromCharCode(22269));
console.log("Unicode 编码为 67 和 68 的字符是: "+String.fromCharCode(67,68));
```

上述代码在 Chrome 浏览器的控制台中运行后的结果如图 6-3 所示。

```
Unicode编码为65的字符是: A
Unicode编码为66的字符是: B
Unicode编码为97的字符是: a
Unicode编码为98的字符是: b
Unicode编码为49的字符是: 1
Unicode编码为50的字符是: 2
Unicode编码为20013的字符是: 中
Unicode编码为22269的字符是: 国
Unicode编码为67和68的字符是: CD
```

图 6-3　根据 Unicode 编码获取字符

从图 6-3 可看出，最后一行代码包含 67 和 68 两个 Unicode 编码参数，其结果按参数的顺序分别返回 C 和 D 两个字符。

charCodeAt()和 fromCharCode()两个方法在实际应用中常用来对普通级别的文本内容进行加密和解密，具体代码请见示例 6-1。

【示例 6-1】使用 charCodeAt()和 fromCharCode()对文本内容加密和解密。

```html
<!doctype html>
<html>
<head>
<meta charset="utf-8">
<title>ex6-1.html</title>
<script>
    window.onload = function(){
        var aInp = document.getElementsByTagName('input');
        var str = null;
        //var n1 = 360;
        aInp[1].onclick = function(){
            encodeDecode(-360);
        };
        aInp[2].onclick = function(){
            encodeDecode(360);

        };
        function encodeDecode(num){
            str = aInp[0].value;
            var str1 = '';
            for(var i = 0; i < str.length; i++){
                //num 为负值时加密，为正值时解密
                str1 += String.fromCharCode(str.charCodeAt(i)+num);
            }
            aInp[0].value  = str1;
        }
    };
</script>
</head>
<body>
 <input type="text"/>
 <input type="button" value="加 密"/>
 <input type="button" value="解 密"/>
</body>
</html>
```

上述代码的功能是对文本框中输入的文本内容进行加密和解密。加密时首先获取到文本框中输入的内容（即明文），然后使用 charCodeAt()获取明文中每个字符的 Unicode 编码值，该值减 360 后再通过 fromCharCode()获取对应的字符，得到的字符即为密文。解密和加密类似，不同在于其首先获取的是密文，且对密文中的每个字符的 Unicode 编码加 360，最后得到的字符即为明文。

示例 6-1 在 Chrome 浏览器中运行结果如图 6-4、图 6-5 和图 6-6 所示。

图 6-4　输入的明文

图 6-5　加密后得到的密文

图 6-6　解密后得到的明文

6.3　字符搜索方法：indexOf()和 lastIndexOf()

indexOf()和 lastIndexOf()都是用来查找指定字符串在字符串中的位置的。

1. indexOf（查找的字符串 str1[,startIndex]）

功能：用于从指定的 startIndex 位置开始从左往右查找字符串 str1 在 str 字符串中的位置，并返回 str 字符串内第一次出现字符串 str1 的首个字符在 str 字符串中的索引值；如果找不到 str1 字符串，则返回-1。

参数含义："查找的字符串 str1"参数用于指定需要查找的内容，既可以是一个字符，也可以是一个字符串；startIndex 参数用于指定查找的起始位置，该参数可以省略，省略时表示从 0，即第一个字符开始查找。

参数注意事项如下。

（1）"查找的字符串 str1"参数不能省略，且不能为空字符串（否则返回值为 0），但可以为空格字符串。

（2）startIndex 参数的取值可为负数。为负数时相当于 startIndex 等于 0 的情况。

（3）startIndex 参数值大于字符串的最大索引值时相当于 startIndex 等于最大索引值的情况。

indexOf()的应用示例如下：

```
var str = "How do you do";
console.log("'do'在 str 字符串中第一次出现的位置是: "+str.indexOf("do"));
console.log("从 str 字符串的第 6 个字符开始查, 'do'在字符串中的位置是: "+str.indexOf("do",5));
console.log("空字符串在 str 字符串中的位置是: "+str.indexOf(""));
console.log("空格字符串在 str 字符串中的位置是: "+str.indexOf(" "));
console.log("从 str 字符串的索引值-3 开始查, 'o'在字符串中的位置是: "+str.indexOf('o',-3));
console.log("'@'在'nch@163.com'中的位置是: "+"nch@163.com".indexOf('@'));
```

上述代码 Chrome 浏览器控制台上运行后的结果如图 6-7 所示。

```
'do'在str字符串中第一次出现的位置是：4
从str字符串的第6个字符开始查，'do'在字符串中的位置是：11
空字符串在str字符串中的位置是：0
空格字符串在str字符串中的位置是：3
从str字符串的索引值-3开始查，'o'在字符串中的位置是：1
'@'在'nch@163.com'中的位置是：3
```

图 6-7　indexOf()的运行结果

2.　lastIndexOf（（查找的字符串 str1[,startIndex] ）

功能：用于从指定的 startIndex 位置开始从右往左查找字符串 str1 在 str 字符串中的位置，并返回 str 字符串内最后一次出现 str1 字符串的首个字符在 str 字符串中的索引值；如果找不到 str1 字符串，则返回-1。

参数含义和注意事项和 indexOf()方法的完全相同，在此不再赘述。

lastIndexOf()的应用示例如下：

```
var str = "How do you do";
console.log("'do'在 str 字符串中最后一次出现的位置是："+str.lastIndexOf("do"));
console.log("从 str 字符串的第 6 个字符开始查，'do'在字符串中最后一次出现的位置是："+
            str.lastIndexOf("do",5));
console.log("空字符串在 str 字符串中最后一次出现的位置是："+str.lastIndexOf(""));
console.log("空格字符串在 str 字符串中最后一次出现的位置是："+str.lastIndexOf(" "));
console.log("从 str 字符串的索引值 100 开始查，'o'在字符串中最后一次出现的位置是："+
            str.lastIndexOf('o',100));
```

上述代码 Chrome 浏览器控制台上运行后的结果如图 6-8 所示。

```
'do'在str字符串中最后一次出现的位置是：11
从str字符串的第6个字符开始查，'do'在字符串中最后一次出现的位置是：4
空字符串在str字符串中最后一次出现的位置是：13
空格字符串在str字符串中最后一次出现的位置是：10
从str字符串的索引值100开始查，'o'在字符串中最后一次出现的位置是：12
```

图 6-8　lastIndexOf()的运行结果

indexOf()和 lastIndexOf()使用建议：虽然这两个方法的第二个参数为任意整数，但建议最好为非负数且值不超过字符中的最大索引值；第一个参数则最好为非空字符串，否则查找没有意义。

6.4　截取字符串方法：substring()、substr()和 slice()

substring()、substr()和 slice() 3 个方法功能类似，都可以截取字符串，但它们的参数含义有所不同。

1.　substring(startIndex [,endIndex])

用于提取并返回字符串索引值 startIndex 到 endIndex-1 之间的字符串。参数为负数时会看成 0。如果第一个参数为正数，第二个参数为负数，则两个参数会对调位置。如果 startIndex 比 endIndex 大，则在提取子串之前会先对调这两个参数。如果 startIndex 和 endIndex 相等，则返回空字符。如果只有一个 startIndex 参数，则返回字符串从 startIndex 位置开始到结尾之间所有字符串。substring() 示例如下：

```
var oStr = "Hello,can I help you?";
alert(oStr.substring(6));//从第 6 个字符开始提取后面所有的字符，输出：can I help you?
alert(oStr.substring(6,9));//提取第 6～8 之间的字符，输出：can
alert(oStr.substring(9,6));//第二个参数大于第一个参数，截取字符串前先对调参数位置，输出：can
alert(oStr.substring(2,-3));//将负数和正数对调，且将负数看成 0，输出：He
alert(oStr.substring(-2,-3));//两个参数都为负数，没有输出
alert(oStr.substring(-4));//将负数看成 0，输出：Hello,can I help you?
```

从上述示例可看出，substring() 必须至少有一个参数为正数，否则无结果输出。而且为负数的参数永远都只能作为第一个参数，且其值都会被看成 0。所以，substring(2,-3) 等效于 substring(0,2)，substring(-4) 等效于 substring(0)。另外，第二个参数大于第一个参数时，两个参数会对调位置，所以 substring(9,6) 等效于 substring(6,9)。

2. substr(startIndex[,length])

用于从 startIndex 位置开始向后面截取不超过 length 个字符。参数 startIndex 可以取正数或负数，为负数时，则该负数的绝对值表示字符串的倒数第几个字符，例如 -1 指最后一个字符，-2 指倒数第二个字符，以此类推。length 参数只能为非 0 正数，表示截取的字符个数，否则不能截取字符串；该参数可以省略，如果省略则表示从 startIndex 开始截取到字符串结尾的所有字符。substr() 示例如下：

```
var str = "Hello,can I help you?";
alert(str.substr(-2,3));//从倒数第二个字符开始提取后面不超过 3 个字符的子串，输出：u?
alert(str.substr(1,3));//从第二个字符开始提取后面不超过 3 个字符的子串，输出：ell
alert(str.substr(1,-3));//length 参数为负数，没有结果输出
alert(str.substr(6));//从第 7 个字符开始提取后面所有的字符，输出：can I help you?
```

3. slice((startIndex [,endIndex])

用于截取并返回字符串索引值 startIndex 到 endIndex-1 之间的字符串。该方法和 substring() 的用法很类似，参数的含义除了两个参数都可以为负数以及第一个参数必须大于第二个参数外，其他和 substring() 的完全一样，故在此不再赘述。slice() 示例如下：

```
var str = "Hello,can I help you?";
alert(str.slice(6));//从第 6 个字符开始提取后面所有字符，输出：can I help you?
alert(str.slice(6,9));//提取从第 6 到第 8 个字符之间的所有字符，输出：can
alert(str.slice(9,6));////第一个参数大于第二个参数，没有输出
alert(str.slice(2,-3));//从第三个字符开始提取到倒数第四个字符之间的所有字符,输出:llo,can I help y
alert(str.slice(-4));//从倒数第四个字符开始提取后面所有字符，输出：you?
alert(str.slice(-4,-1));//提取从倒数第四个字符开始到倒数第二个字符之间的所有字符，输出：you
```

下面使用 substring() 实现字符串的收缩和展开效果，具体代码如下所示。

【示例 6-2】使用 substring() 实现字符串的收缩和展开。

```
<!doctype html>
<html>
<head>
<meta charset="utf-8">
<title>使用 substring()实现字符串的收缩和展开</title>
<script>
    window.onload = function(){
```

```
        var oP = document.getElementsByTagName('p')[0];
        var oSpan = document.getElementsByTagName('span')[0];
        var oA = document.getElementsByTagName('a')[0];
        var str = oSpan.innerHTML;
        var onOff = true;
        oA.onclick = function(){
        if(onOff){
            oSpan.innerHTML = str.substring(0,27);
            oA.innerHTML = '>>展开';
            }else{
            oSpan.innerHTML = str;
            oA.innerHTML = '>>收缩';
            }
            onOff = !onOff;
        };
    };
</script>
</head>
<body>
    <p><span>DJI 大疆创新今日发布"御"Mavic 2 系列无人机，包括"御"Mavic 2 专业版及"御"Mavic 2 变
焦版两款。大疆官方将"御"Mavic 2 系列定位为"便携航拍旗舰"，其延续了"御"Mavic Pro 的折叠式机身设计，
并将哈苏影像与光学变焦技术融入其中。</span>…<a href="javascript:;">>>收缩</a></p>
</body>
</html>
```

上述 JS 代码使用 substring() 来截取字符串作为收缩后的文本，使用 substr() 或 slice() 方法替换 substring() 得到的结果完全相同。上述代码在 Chrome 浏览器中的运行结果如图 6-9 和图 6-10 所示。

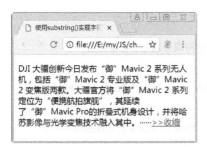

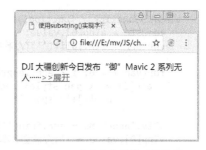

图 6-9　收缩前的效果　　　　　　　　　图 6-10　单击收缩链接后的效果

当单击图 6-10 中的展开链接后，界面又回到图 6-9 所示的效果。

6.5　分割字符串方法：split()

split() 方法用于将字符串分隔为一个字符串数组，格式为：split(分隔符[,length])。该方法和数组的 join() 互为逆运算。

split() 方法根据"分隔符"参数将字符串分隔成不大于"length"参数指定长度的字符串数组。参数"分隔符"既可以是某个字符串，也可以是一个正则表达式（有关正则表达式的内容请参

见第 10 章）。参数 "length" 可选，该参数可指定返回的数组的最大长度。如果设置了 length 参数，返回的字符串个数不会多于这个参数；如果没有设置该参数，整个字符串都会被分割，不考虑其长度。

split() 方法在分隔符指定的边界处将字符串 str 进行分隔，返回的数组中的字符串不包括分隔符自身。需要注意的是，如果分隔符为空字符串(' ')，则 str 字符串中的每个字符之间都会被分割。

split() 示例如下：

```
var str = "Hello,can I help you?";
alert(str.split(","));//使用,作为分隔符,输出: ["Hello","can I help you?"]
alert(str.split(' '));//使用空格字符串作为分隔符,输出: ["Hello,can", "I", "help", "you?"]
alert(str.split(''));//使用空字符串作为分隔符,输出: ["H","e","l","l","o",",","c","a","n","
                //","I"," ","h","e","l","p"," ","y","o","u","?"]
alert(str.split('can'));//使用"can"字符串作为分隔符,输出: ["Hello,", " I help you?"]
```

下面举两个 split() 方法的实用案例。

【示例 6-3】使用 split() 实现对输入文字设置背景颜色。

```
<!doctype html>
<html>
<head>
<meta charset = "utf-8">
<title>使用 split()和 join()实现对输入文字设置背景颜色</title>
<script>
    window.onload = function(){
        var oDiv = document.getElementById('div1');
        var aInp = document.getElementsByTagName('input');
        var arrColor = ['#FFC','#CC3','#6FC','#9C9','#C6F','#CFF'];

        aInp[1].onclick = function(){
            var str = aInp[0].value;
            var arr = str.split('');//将字符串使用空字符串分隔为字符串数组

            for(var i = 0; i < arr.length; i++){
                arr[i] = '<span style="background:'+arrColor[i%arrColor.length]+';">'+
                        arr[i]+'</span>';
            }
            oDiv.innerHTML = arr.join('');//将数组各个元素使用空字符串连接成字符串
            aInp[0].value = '';//清空文本框中输入的文本内容
        };
    };
</script>
<body>
    <div id="div1" style="width:300px;height:50px;"></div>
    <input type="text"/>
    <input type="button" value="提交"/>
</body>
</html>
```

上述 JS 代码使用 split('') 按空字符将字符串分隔到的一个个字符作为数组元素存放在数组 arr 中，然后使用循环语句对数组中的每个字符元素添加背景颜色后，通过 join('') 使用空字符将数组中的各个字符元素连接成一个字符串。上述代码在 Chrome 浏览器中的运行结果如图 6-11 和图 6-12 所示。

| 图 6-11 在文本框中输入文本内容 | 图 6-12 单击提交按钮后为文本添加背景 |

【示例 6-4】使用 split()和 join()实现高亮显示关键字。

```html
<!doctype html>
<html>
<head>
<meta charset="utf-8">
<title>使用 split()和 join()实现高亮显示关键字</title>
<style>
    p{border:10px solid #ccc;background:#ffc;width:400px;padding:20px;font-size:16px;
     font-family:微软雅黑;}
    span{background:yellow;}
</style>
<script>
    window.onload = function(){
        var aInp = document.getElementsByTagName('input');
        var oP = document.getElementsByTagName('p')[0];
        aInp[1].onclick = function(){
          var str = aInp[0].value;
          if(!str)return;//如果没有输入查找关键字，则返回，否则高亮显示关键字
          //高亮显示关键字
          oP.innerHTML = oP.innerHTML.split(str).join('<span>'+str+'</span>');
        };
    };
</script>
<body>
  <input type="text"/>
  <input type="button" value="查找"/>
  <p>妙味课堂是一支独具特色的 IT 培训团队，2011 年至 2013 年，妙味课堂精准研发出领先行业的 “HTML5&CSS3
     课程”，并配合 2013 年最新官网同时对外发布。<br/>
     2014 年至今，妙味课堂重磅推出超值的 “VIP 会员”收费服务，并配合优良的 IT 培训资源、成熟的远程课堂
     方案，彻底打通线上线下环节，为广大学习爱好者提供了一个更加便捷、有效、实用的 IT 学习方案！……</p>
</body>
</html>
```

　　上述 JS 代码使用了 oP.innerHTML 获取需要操作的文本，然后对这些文本使用 split()方法通过文本框中输入的查找关键字作为分隔符进行分隔。当段落中包含文本框中输入的关键字时，段落将会被分隔成包含至少两个以上元素的数组。例如，假设输入的关键字是“妙味”，由于段落中存在 3 处“妙味”，因而段落被分隔为一个具有 4 个元素的数组，这些数组元素中都不包含“妙味”。为了在连接这些数组元素后的字符串中包含“妙味”，需要使用“妙味”作为连接符，同时为了高亮显示作为关键字的“妙味”，还需要对连接符设置背景颜色，因而需要设置背景样式的相关内容作为连接符的组成部分。在示例 6-4 中使用了 span 元素来设置连接符的背景颜色。上述代码在 Chrome 浏览

器中的运行结果如图 6-13 和图 6-14 所示。从图 6-14 可看到，在段落中会找到所有关键字且全部对其高亮显示。

图 6-13　最初运行效果　　　　　　　　　　图 6-14　输入关键字后查找将高亮显示关键字

【示例 6-5】使用 split()和 join()实现替换关键字。

```html
<!doctype html>
<html>
<head>
<meta charset="utf-8">
<title>使用 split()和 join()实现替换关键字</title>
<style>
    p{border:10px solid #ccc;background:#ffc;width:400px;padding:20px;font-size:16px;
     font-family:微软雅黑;}
    span{background:yellow;}
</style>
<script>
    window.onload = function(){
        var aInp = document.getElementsByTagName('input');
        var oP = document.getElementsByTagName('p')[0];
        aInp[2].onclick = function(){
            var oldStr = aInp[0].value;
            var newStr = aInp[1].value;
            if(!oldStr)return;//如果没有输入查找关键字，则返回，否则高亮显示关键字
            //高亮显示关键字
            oP.innerHTML = oP.innerHTML.split(oldStr).join('<span>'+newStr+'</span>');
        };
    };
</script>
<body>
  查找：<input type="text"/>
  替换：<input type="text"/>
  <input type="button" value="替换"/>
  <p>妙味课堂是一支独具特色的 IT 培训团队，2011 年至 2013 年，妙味课堂精准研发出领先行业的"HTML5&CSS3
  课程"，并配合 2013 年最新官网同时对外发布。<br/>
  2014 年至今，妙味课堂重磅推出超值的"VIP 会员"收费服务，并配合优良的 IT 培训资源、成熟的远程课堂
  方案，彻底打通线上线下环节，为广大学习爱好者提供了一个更加便捷、有效、实用的 IT 学习方案！……</p>
</body>
</html>
```

示例 6-5 和示例 6-4 很类似，主要不同的地方是使用 join()进行数组元素连接时使用的连接符是第 2 个文本框中内容。上述代码在 Chrome 浏览器中的运行结果如图 6-15 和图 6-16 所示。

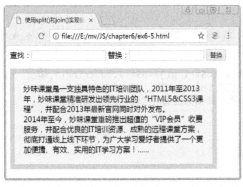

图 6-15　最初运行效果

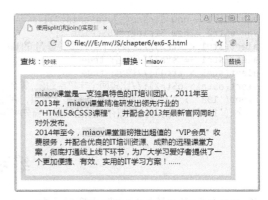

图 6-16　输入查找和替换内容后的替换结果

6.6　字符串大小写转换及字符串的比较

1. toLowerCase()和 toUpperCase()

这两个方法分别用于将字符串 str 中的所有大写字母转换为小写字母以及将所有小写字母转换为大写字母。示例如下：

```
var oStr = "Hello,欢迎学习 JavaScript";
alert(oStr.toLowerCase());//输出: hello,欢迎学习 javascript
alert(oStr.toUpperCase());//输出: HELLO,欢迎学习 JAVASCRIPT
```

2. valueOf()和 toString()

这两个方法是针对字符串对象的，用于获取字符串对象的原始字符串值。

```
var oStr = new String("Hello,JavaScript!");
console.log(oStr.toString());//输出: Hello,JavaScript!
console.log(oStr.valueOf());//输出: Hello,JavaScript!
```

3. 字符串的比较

两个字符串之间的比较是逐位比较字符的 Unicode 值的大小。字符串的比较可使用 ">"、"<"、">="、"<="、"==" 5 个比较运算符。当使用 ">" 或 "<" 运算符时，一旦某位置上的字符的 Unicode 值不相等时，将返回 true 或 false，否则继续比较，一直到一个字符串的所有字符都比较完时，对应位的字符的 Unicode 都相等，此时如果两个字符串的长度相等，则表示这两个字符串相等；此时如果两个字符串的长度不相等，则长度较长的那个字符串大于长度较短的字符串。

需要注意的是，如果两个字符串对象进行比较，则在比较前会默认调用 toString()方法获取它们的原始字符串值，然后再用字符串值进行比较。此外，如果比较的两个数据有一个是字符串，另一个是数值型数据，则默认会将字符串隐式转变为数值，然后按数值大小进行比较。

有关字符串的比较示例如下：

```
var str1 = "JavaScript";
var str2 = "javaScript";
var str3 = "JavaScript";
var str4 = "Java";
```

```
var oStr1 = new String("JavaScript");
var oStr2 = new String("VBScript");
alert(str1 < str2)//比较两个字符串变量,j的 Unicode 比 J 的大，输出: true
alert(str1 == str3)//输出: true
alert(str3 > str4);//输出: true
alert(oStr1> oStr2);//比较两个字符串对象,等效于 oStr1.toString()==oStr2.toString(),输出: false
alert('100' > '2');//两个比较数都是字符串，将按对应位的 Unicode 进行比较，输出: false
alert('100' > 2);//比较数存在数值数据，首先将字符串隐式转换为数值再比较，输出: true
```

练习题

验证 QQ 号码：检测输入框中所输入的是否为正确合法的 QQ 号码。要求检测前必须输入 QQ 号码，输入的 QQ 号码必须全部为数字、首个号码必须为大于 0 的数字，输入的 QQ 号码的长度大于 5 但不超过 10。当验证不通过时在输入框下面显示提示信息。运行结果如图 1～图 4 所示。

图 1　没有输入号码时

图 2　输入的号码中包含字母时

图 3　输入号码长度不符时

图 4　输入的号码前面包含 0 时

（1）提示：可从从号码长度、是否为数字、输入数字是否合法等多个层面进行判断，对所输入号码进行多重检测并提示检测结果。

（2）所需知识点：使用 document 获取元素、对输入框输入文本的获取以及设置、数据类型的转换、字符的获取和查找、使用 innerHTML 设置标签文本、isNaN 方法的使用还有判断语句 if…else 的使用。

第 7 章

使用 HTML DOM 对象操作 HTML 文档

DOM（Document Object Model）即文档对象模型。使用 DOM 技术可以实现网页的动态变化，如可以动态地显示或隐藏一个元素，改变它们的属性，增加一个元素等。DOM 技术极大地增强了用户与网页的交互性。

7.1　HTML DOM 概述

DOM 是 W3C 推荐操作结构化文档的一种标准，是 JavaScript 的三大组成部分之一。该标准提供了一组独立于语言和平台的应用程序编程接口，描述了如何访问和操作 XML 和 HTML 等结构化文档的结构、内容和样式。根据操作的文档的不同，DOM 可分为以下三部分。

（1）核心 DOM：针对任何结构化文档的标准模型。

（2）XML DOM：针对 XML 文档的标准模型。

（3）HTML DOM：针对 HTML 文档的标准模型。

本章主要介绍 HTML DOM。在 DOM 中，每个 HTML 文档都被组织成为一个树状结构，即每个 HTML 文档对应一棵 DOM 树，DOM 树中的每一块内容称为一个节点。HTML 文档中的元素、属性、文本等不同的内容在内存中转化为 DOM 树中的相应类型的节点。DOM 经常操作的节点类型主要有 document 节点、元素节点（包括根元素节点）、属性节点和文本节点这几类。其中，document 节点位于最顶层，是所有节点的祖先节点，该节点对应整个 HTML 文档，是操作其他节点的入口。每个节点都是一个对应类型的对象，所以在 DOM 中，对 HTML 文档的操作可以通过调用 DOM 对象的相关 API 来实现。

接下来以下面这个简单的 HTML 文档为例画一下其对应的 DOM 模型树结构。

```
<!doctype html>
<html>
<head>
<meta charset="utf-8">
<title>一个简单的 HTML 文档</title>
</head>
<body>
    <h1>一级标题</h1>
    <div id="box">DIV 内容</div>
</body>
</html>
```

上面的 HTML 文档的对应的 DOM 树如图 7-1 所示。

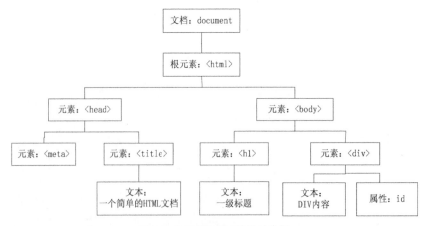

图 7-1　HTML DOM 模型树结构

7.2 节点类型

DOM 树中的节点可根据不同的方式分类。根据节点的层次来分，主要可分为：祖先节点（当前节点上面的所有节点的统称）、父子节点（表示上下两层节点之间的关系）、子孙节点（当前节点下面的所有节点的统称）和兄弟节点（具有相同父节点的所有节点统称）等几种。根据节点类型来分，主要可分为：document 节点、元素节点、属性节点、文本节点、注释节点这几种。不同类型的节点具有一个对应的常量，代表特定的值，可使用这个常量来判断节点类型，常用 HTML DOM 节点的常量表示及代表的值见表 7-1。

表 7-1　HTML DOM 节点类型及其常量

节点类型	节点类型常量	常量值
document 节点	DOCUMENT_NODE	9
元素节点	ELEMENT_NODE	1
属性节点	ATTRIBUTE_NODE	2
文本节点	TEXT_NODE	3
注释节点	COMMENT_NODE	8

7.2.1 document 节点

在 DOM 中，document 节点是节点树中的顶层节点，代表的是整个 HTML 文档，它是操作文档其他内容的入口。一个 document 节点就是一个 document 对象。document 节点通过调用它的方法或属性来访问或处理文档。document 节点的常用属性和方法分别见表 7-2 和表 7-3。

表 7-2　document 节点常用属性

属性	描述
anchors	返回文档中的所有书签锚点，通过数组下标引用每一个锚点，如：document.anchors[0] 返回第一个锚点
body	代表 body 元素
cookie	操作 cookie
forms	返回文档中的所有表单，通过数组下标引用每一个表单，如：document.forms[0]返回第一个表单
images	返回文档中的所有图片，通过数组下标引用每一张图片，如：document.images[0]返回第一张图片
lastModified	用于获取文档最后修改的日期和时间
links	返回文档中的所有链接，通过数组下标引用每一个链接，如：document.links[0]返回第一个链接
location	用于跳转到指到的 URL
nodeType	返回 document 的节点类型值
title	用于设置或获取文档标题
URL	返回当前文档完整的 URL

7

表 7-3　document 节点方法

方法	描述
createAttribute（节点名）	创建一个属性节点
createElement（节点名）	创建一个元素节点
createTextNode（节点内容）	创建一个文本节点
getElementsByClassName（CSS 类名）	返回文档中所有指定类名的元素集合，集合类型为 NodeList
getElementById（id 属性值）	返回拥有指定 id 的第一个对象的引用
getElementsByName（name 属性值）	返回文档中带有指定名称的元素集合，集合类型为 NodeList
getElementsByTagName（标签名）	返回文档中带有指定标签名的元素集合，集合类型为 NodeList
querySelectorAll（选择器名）	返回文档中匹配指定 CSS 选择器的所有元素集合，集合类型为 NodeList
write（字符串）	向文档写指定的字符串，包括 HTML 语句或 JavaScript 代码。早期较常用，现在主要用于代码的测试

【示例 7-1】document 节点的应用。

```
<!doctype html>
<html>
<head>
<meta charset="utf-8">
<title>document 节点的应用</title>
</head>
<body>
    <p id='p1'>段落</p>
    <div>DIV</div>
    <script>
        var oP = document.getElementById('p1');
        var oDIV = document.getElementsByTagName('div')[0];
        console.log('document 节点类型为：'+document.nodeType);
        console.log('当前文档的修改时间为：'+document.lastModified);
        console.log('当前文档的标题为：'+document.title);
        console.log('使用 document 节点获取的对象如下所示：');
        console.log(oP);
        console.log(oDIV);
    </script>
</body>
</html>
```

上述代码在 Chrome 浏览器中的运行结果如图 7-2 所示。

注：使用 document 节点创建各类节点的示例请参见 7.4 节中的相关内容。

7.2.2　使用 document 操作 cookie

cookie 是存储于访问者的计算机中的变量，当用户访问了某个网站时，就可以通过 cookie 向访问者计算机上存储数据。之后，当用户在同一台计算机通过浏览器再次请求该页面时，会发送这个 cookie，因而可以使用 cookie 来识别用户。

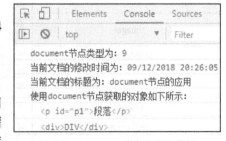

图 7-2　document 节点的应用结果

1. 设置 cookie

使用 cookie 来存储数据是通过设置 cookie 来实现的。每个 cookie 都是一个名/值对，名/值对用等号连接，并将该名/值对赋值给 document.cookie 即可。一次可以将多个名/值对赋给 document.cookie，并使用分号加空格隔开每个名/值对。设置 cookie 的基本格式如下：

```
document.cookie = "名称1=值1[; 名称2=值2; …]";
```

设置 cookie 的示例如下：

```
document.cookie = "username=abc";
document.cookie = "age=23";
document.cookie = "username=abc; age=23";
```

需要注意的是，在 cookie 的名称或值中不能使用分号（;）和等号（=）等符号。如果想存入这些符号，需要使用 escape()函数进行编码。例如：document.cookie="str="+escape("username=nch")，该代码等效于：document.cookie="str=username%3Dnch"，即等号被编码为"%3D"。当使用 escape()编码后，在取出值以后需要使用 unescape()进行解码才能得到原来的 cookie 值。

另外，使用上述格式设置的 cookie 中的值在用户计算机中存储时，是以网站域名形式来区分不同网站的数据，而且不同浏览器存放 cookie 的位置不一样，因此不同浏览器之间存储的 cookie 不可以相互访问。另外，同一个域名下存放的 cookie 的个数是有限制的，不同的浏览器对存放的个数限制不一样。而且，每个 cookie 存放的内容大小也是有限制的，不同的浏览器该大小限制也不一样。

2. 修改 cookie 值

如果要改变一个 cookie 值，只需对它重新赋值，例如：document.cookie="age=36";这样就可以修改前面设置的 age=23 的 cookie 值。

3. 获取 cookie

通过 document.cookie 来获取当前网站下的 cookie 时，得到的是字符串形式的值，该值包含了当前网站下所有的 cookie。它会把所有的 cookie 通过一个分号+空格的形式串联起来。要获取不同的 cookie 值，可以将这个包含了分号及空格的字符串使用 split()方法按分号分隔转换为一个字符串数组，然后再对这个字符串数组进行遍历即可得到每个名/值对，对这个名/值对再次使用 split()方法按等号分隔转换为一个包含名称和值的数组，就可以得到指定 cookie 名称的值了。例如要获取 cookie 名为 age 的值的代码如下：

```
document.cookie = "username=abc; age=23";
var arr1 = document.cookie.split(';');
for(var i = 0; i < arr1.length; i++){
    var arr2 = arr1[i].split('=');
    if(arr2[0] == 'age'){
        alert(arr2[1]);
    }
}
```

4. 设置 cookie 的有效时间

默认情况下，cookie 是临时存储的，即默认是存在内存的，并没有存储到硬盘中，所以存储的 cookie 在浏览器进程关闭后会自动销毁。如果想把 cookie 在计算机中保存一段时间或永久保存，则需要在设置 cookie 时对其设置一个有效时间，设置格式如下：

7

```
document.cookie = "名称=值;expires="+字符串格式的时间;
```

例如：

```
var oDate = new Date();
oDate.setDate(oDate.getDate()+10);//访问页面后的 10 天过期
//设置 cookie 的有效时间，时间为字符串格式
document.cookie = 'username=abc;expires='+oDate.toGMTString();
```

5. 删除 cookie

直接将 cookie 的有效时间设置成过去某个时间即可。例如：

```
var oDate = new Date();
oDate.setDate(oDate.getDate()-1);//访问页面的前一天
document.cookie = 'username=abc;expires='+oDate.toGMTString();
```

【示例 7-2】使用 document 操作 cookie。

```
<!doctype html>
<html>
<head>
<meta charset="utf-8">
<title>使用 cookie 记住登录用户名</title>
<script>
    window.onload = function(){
        var oUsername = document.getElementById('username');
        var oLogin = document.getElementById('login');
        var oDel = document.getElementById('del');
        //判断用户是否曾经登录过
        if(getCookie('username')){
            oUsername.value = getCookie('username');
        }
        //定义一个函数来获取指定名称的 cookie 值：
        function getCookie(key){
            var arr1 = document.cookie.split(';');
            for(var i = 0; i < arr1.length; i++){
                var arr2 = arr1[i].split('=');
                if(arr2[0] == key){
                    return unescape(arr2[1]);//对编码后的内容进行解码
                }
            }
        }
        //定义一个函数来设置 cookie,同时设置 cookie 的有效时间
        function setCookie(key,value,t){
            var oDate = new Date();
            oDate.setDate(oDate.getDate()+t);
            //使用 escape()对内容进行编码
            document.cookie = key+'='+escape(value)+';expires='+oDate.toGMTString();
        }
        //定义一个函数移除 cookie
        function removeCookie(key){
            setCookie(key,'',-1);
        }
        oLogin.onclick = function(){
            alert('登录成功');
            //将输入的用户名存储在 cookie 中，且在登录 5 天后 cookie 过期
```

```
                setCookie('username',oUsername.value,5);
            }
            oDel.onclick = function(){
                removeCookie('username');
                oUsername.value = '';//移除 cookie 后清空文本框内容
            }
        };
    </script>
    </head>
    <body>
        <input type="text" id="username"/>
        <input type="button" value="登录" id="login"/>
        <input type="button" value="删除用户名 cookie" id="del"/>
    </body>
    </html>
```

注：Firefox 和 IE 在本地只允许临时操作 cookie，关闭浏览器后无法获取 cookie。而 Chrome 则不允许在本地操作 cookie。将示例 7-2 发布到 Web 服务器上后再访问它时，这些浏览器都可以操作 cookie。

图 7-3 和图 7-4 所示是在 Chrome 浏览器中访问发布到 Tomcat Web 服务器上运行后分别为输入用户名后单击登录按钮和删除按钮的结果（Tomcat 服务器在本机，因而可以使用 localhost 作为域名来访问它）。输入用户名后单击登录按钮，在单击删除用户名 cookie 按钮前关掉 Chrome 浏览器进程，然后再次打开 Chrome 访问示例 7-2，可得到图 7-3 所示的结果，即用户名会自动显示在文本框中。如果单击删除用户名 cookie 按钮后关掉 Chrome 浏览器进程，然后再次打开 Chrome 访问示例 7-2，则得到图 7-4 所示的结果，此时存储在 cookie 中的用户名已删掉，因而无法显示在文本框中。

图 7-3　输入用户名后单击登录

图 7-4　单击删除用户名 cookie 按钮后的效果

7.2.3　元素节点

在 HTML DOM 中，一个元素节点就是一个元素对象，代表一个 HTML 元素（标签）。使用 DOM 对文档执行插入、修改、删除节点等操作时需要使用元素节点的相应属性和方法。元素节点的常用属性和方法分别见表 7-4 和表 7-5。

表 7-4　元素节点常用属性

属性	描述
attributes	返回元素的所有属性
childNodes	返回元素的所有子节点（包含元素节点、文本节点、注释节点）

续表

属性	描述
children	返回元素的子元素节点（不包含文本节点、注释节点），该属性不是标准属性，但所有浏览器都支持
className	设置或返回元素的 class 属性
clientHeight	在页面上返回内容的可视高度，包括内边距，但不包括边框、外边距和滚动条
clientWidth	在页面上返回内容的可视宽度，包括内边距，但不包括边框、外边距和滚动条
contentEditable	设置或返回元素的内容是否可编辑
firstChild	返回元素的第一个子节点（包含元素节点、文本节点、注释节点）
firstElementChild	返回元素的第一个元素子节点（不包含文本节点、注释节点）
id	设置或返回元素的 id
innerHTML	设置或返回元素的内容
lastChild	返回元素的最后一个子节点（包含元素节点、文本节点、注释节点）
lastElementChild	返回元素的最后一个元素子节点（不包含文本节点、注释节点）
nextSibling	返回该元素紧跟着的下一个兄弟节点（可能是元素节点或文本节点或注释节点）
nextElementSibling	返回该元素紧跟着的下一个兄弟元素节点（只能是元素节点）
nodeName	返回元素的标签名（大写）
nodeValue	设置或返回元素值
nodeType	返回元素的节点类型
offsetHeight	返回元素的高度，包括边框和内边距，但不包括外边距
offsetWidth	返回元素的宽度，包括边框和内边距，但不包括外边距
offsetLeft	返回元素相对于 body 元素或最近定位祖先元素的水平偏移位置，即元素外边框到 body 或最近定位祖先元素内边框之间的距离
offsetTop	返回元素相对于 body 元素或最近定位祖先元素的垂直偏移位置，即元素上外边框到 body 或最近定位祖先元素上内边框之间的距离
offsetParent	返回最近的有定位属性的祖先节点，如果祖先节点都没有定位，则返回 body 节点
parentNode	返回元素的父节点
previousSibling	返回该元素紧跟着的前一个兄弟节点（包含元素节点、文本节点、注释节点）
previousElementSibling	返回该元素紧跟着的前一个兄弟元素节点（不包括文本节点、注释节点）
scrollHeight	返回整个元素的高度，包括带滚动条隐藏的地方
scrollWidth	返回整个元素的宽度，包括带滚动条隐藏的地方
scrollLeft	返回水平滚动条的向右滚动的距离
scrollTop	返回垂直滚动条的向下滚动的距离
style	设置或返回元素的样式属性
tagName	返回元素的标签名（大写），作用和 nodeName 完全一样
title	设置或返回元素的 title 属性

表 7-4 中属性 childNodes 和 children、firstChild 和 firstElementChild、lastChild 和 lastElementChild、nextSibling 和 nextElementSibling 以及 previousSibling 和 previousElementSibling 的作用比较类似，使

用时需要注意它们的不同。

表 7-5　元素节点方法

方法	描述
appendChild（子节点）	在元素的子节点列表后面添加一个新的子节点
focus()	使用元素获取焦点
getAttribute（属性名）	返回元素指定的行间属性的值
getBoundingClientRect()	返回指定元素的左、上、右和下分别相对浏览器视窗的位置（绝对位置）
getElementsByTagName（标签名）	返回元素所有具有指定标签名的子节点
getElementsByClassName（CSS 类名）	返回元素所有具有指定类名的子节点
hasAttributes()	判断元素是否存在属性，存在则返回 true，否则返回 false
hasChildNodes()	判断元素是否存在子节点，存在则返回 true，否则返回 false
hasfocus()	判断元素是否获得焦点，存在则返回 true，否则返回 false
insertBefore（节点 1，节点 2）	在元素的指定子节点（节点 2）的前面插入一个新的子节点（节点 1）
querySelectorAll（选择器名）	返回文档中匹配指定 CSS 选择器的所有元素
removeAttribute（属性名）	删除元素的指定行间属性
removeChild（子节点）	删除元素的指定子节点
replaceChild（新节点，旧节点）	使用新的节点替换元素指定的子节点（旧节点）
setAttribute（属性名，属性值）	设置元素指定的行间属性值

需要访问 HTML 文档以及对文档执行插入、修改和删除节点等操作时，将会使用到表 7-4 和表 7-5 所列的一些属性和方法，具体示例请参见 7.4 节中的相关内容。

7.2.4　属性节点

在 HTML DOM 中，一个属性节点就是一个属性对象，代表 HTML 元素的一个属性。一个元素可以拥有多个属性。元素的所有属性存放在表示无序的集合 NamedNodeMap 中。NamedNodeMap 中的节点可通过名称或索引来访问。使用 DOM 处理 HTML 文档元素，有时需要处理元素的属性，此时需要使用到属性节点的属性和相关方法。属性节点的常用属性和相关方法见表 7-6。

表 7-6　属性节点的常用属性和相关方法

属性/方法	描述
nodeName | name	通过属性对象来引用，返回元素属性的名称
nodeValue | value	通过属性对象来引用，设置或返回元素属性的值
Item（节点下标）	返回属性节点集中指定下标的节点
lengh	返回属性节点集的节点数
nodeType	返回属性节点的类型值

注：属性 name 和 nodeName 的作用等效，value 和 nodeValue 的作用等效。

【示例 7-3】操作属性节点。

```
<!doctype html>
<html>
<head>
```

```
<meta charset="utf-8">
<title>操作属性节点</title>
</head>
<body>
  <a href="ex7-1.html" title="document 节点的应用" id="a1">document 节点</a>
  <script>
        var oA = document.getElementById('a1');
        var aAttr = oA.attributes;//获取 a 元素的所有属性节点
        console.log('a 元素具有以下属性节点: ');
        for(var i = 0; i < aAttr.length; i++){//遍历 a 元素的所有属性节点
                console.log(aAttr[i]);
        }
        console.log('aAttr[0]节点类型为: '+aAttr[0].nodeType);//获取第一个属性节点的类型值
        console.log('aAttr[0]节点名称为: '+aAttr[0].nodeName);//获取第一个属性节点的节点名
        console.log('aAttr[0]节点值为: '+aAttr[0].nodeValue);//获取第一个属性节点的节点值
  </script>
</body>
</html>
```

访问属性节点列表中的元素还可以使用 item()，aAttr[0]等效于 aAttr.item(0)，另外，aAttr[0].nodeName 等效于 aAttr[0].name，aAttr[0].nodeValue 等效于 aAttr[0].value。上述代码在 Chrome 浏览器中的运行结果如图 7-5 所示。

图 7-5　操作属性节点的结果

7.2.5　文本节点

文本节点指的是 DOM 中用于呈现文本的部分，一般被包含在元素节点的开闭合标签内部，所以文本节点通常就是元素的文本内容，其中包含文本、回车、换行、空格等内容。应用示例如下。

【示例 7-4】操作文本节点。

```
<!doctype html>
<html>
<head>
<meta charset="utf-8">
<title>操作文本节点</title>
</head>
<body>
  <p>段落一</p>
  <p>

  </p>
  <script>
    var aP = document.getElementsByTagName('p');
    console.log(aP[0].childNodes[0]);//使用 childNodes 属性获取第一个 p 节点的子节点
    console.log(aP[1].childNodes[0]);
    console.log('第二个 p 节点的内容属于节点类型: '+aP[1].childNodes[0].nodeType);
  </script>
</body>
</html>
```

示例中使用 childNodes 属性获取 p 元素节点的包括空格、换行在内的各种类型的所有子节点。

上述代码在 Chrome 浏览器中的运行结果如图 7-6 所示。从图 7-6 中的 p 元素的内容的节点类型可以看出，在标签内的换行和空格都属于文本节点。

图 7-6　文本节点的应用结果

7.3　使用 HTML DOM 访问 HTML 文档

从表 7-3 和表 7-5 中可知，使用 document 和元素节点调用相应的一些方法可以获取 HTML 元素。而使用这些节点的相关属性则进而可以获取特定的节点，例如获取元素的所有子节点、第一个子节点、最后一个子节点、下一个兄弟节点和父节点。从而可以对元素或其相关节点作进一步的处理，如访问或设置元素的属性及样式、获取或设置元素内容、获取元素的位置及其宽、高等操作。通过 HTML DOM 访问 HTML 文档，极大地增强了用户与浏览器的交互性，提高了用户体验。

7.3.1　获取文档元素

在 HTML DOM 中，常用于获取文档元素的方式主要有以下 6 种。

（1）用指定的 id 属性：调用 document.getElementById（id 属性值）。

（2）用指定的 name 属性：调用 document.getElementsByName（name 属性值）。

（3）用指定的标签名字：调用 document|元素对象.getElementsByTagName（标签名）。

（4）用指定的 CSS 类名：调用 document|元素对象.getElementsByClassName（类名）。

（5）用指定的 CSS 选择器：调用 document|元素对象.querySelectorAll（选择器）找出所有匹配的元素。

（6）匹配指定的 CSS 选择器：调用 document|元素对象.querySelector（选择器）找出第 1 个匹配的元素。

下面使用示例 7-5 演示使用前面 5 种方式获取文档元素。

【示例 7-5】 获取文档元素的综合示例。

```
<!doctype html>
<html>
<head>
<meta charset="utf-8">
<title>获取文档元素综合示例</title>
<script>
    window.onload = function(){
        var oDiv = document.getElementById("box"); //使用 id 属性获取元素
        var oH = document.getElementsByTagName("h2")[0]; //使用标签名获取元素
```

```
                    var oP1 = box.getElementsByClassName("content")[0];//使用父元素通过 CSS 类名获取元素
                    var oInput1 = box.querySelectorAll("input")[0]; //使用父元素通过 CSS 选择器获取元素
                    var oTextarea = document.getElementsByName("info")[0]; //使用 name 属性获取元素
                    alert("获取的元素的标签名分别为: \n"+oDiv.tagName+", "+
                    oH.tagName+", "+oP1.tagName+","+oInput1.nodeName+", "+oTextarea.nodeName);
                }
        </script>
        </head>
        <body>
          <div id="box">
            <h2>标题</h2>
            <p class="content">段落一</p>
             <p class="content">段落二</p>
            <form>
             用户名: <input type="text" name="username"><br>
              个人信息: <textarea name="info" cols="30" rows="6"></textarea><br>
              <input type="submit">
            </form>
          </div>
        </body>
        </html>
```

上述脚本代码中分别使用 id 属性、name 属性、标签名、CSS 类名和 CSS 选择器来选择文档元素。访问这些元素的 tagName 或 nodeName 属性可以分别获得这些元素的大写的标签名,其在 Chrome 浏览器中的运行结果如图 7-7 所示。

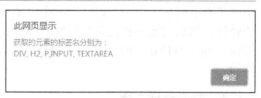

图 7-7　使用 HTML DOM 获取元素结果

7.3.2　操作元素属性及元素内容

使用 HTML DOM 可以访问或设置属性以及访问或设置元素内容。在实际应用中,常常需要执行读取元素的某些属性值、读取元素内容或动态修改元素内容、动态修改元素样式或更换图片等操作,这些操作通过使用 HTML DOM 可以很容易实现。

第 3 章中介绍了使用 JavaScript 操作 HTML 元素属性及元素内容,其实就是使用了 JavaScript 中的 HTML DOM 来操作元素属性和元素内容,在此将只介绍元素调用 getAttribute()、setAttribute() 和 removeAttribute() 3 个方法对属性的操作,HTML DOM 对元素属性和内容的操作的其他内容及相关示例请参见第 3 章。

需要特别注意的是,使用 HTML DOM 操作元素属性时存在一些注意事项,具体事项请参见 3.1.2 节。

getAttribute()用于获取指定属性的值,setAttribute()用于设置属性,removeAttribute()用于删除指定属性,这 3 个方法都只能对行间属性进行操作,对自定义的属性,这 3 个方法无效。下面通过示例 7-6 演示这 3 个方法的使用。

【示例 7-6】使用 HTML DOM 的相关方法对行间属性进行操作。

```
<!doctype html>
<html>
<head>
<meta charset="utf-8">
```

```
<title>使用 HTML DOM 的相关方法对行间属性进行操作</title>
<script>
  window.onload = function(){
    var oImg = document.getElementById('img');
    console.log("图片的 src 属性值为: "+oImg.getAttribute('src'));
    oImg.setAttribute('title','海滩');
    console.log("设置的 title 属性值为: "+oImg.getAttribute('title'));
    oImg.removeAttribute('title');
    console.log("删除 title 属性后的 title 属性值为: "+oImg.getAttribute('title'));
    oImg.index = 1;
    console.log("使用 getAttribute()获取的自定义的 index 属性值为: "+
                oImg.getAttribute('index'));//无效
    oImg.removeAttribute('index');//无效
    console.log("使用对象引用属性的方法获取的自定义的 index 属性值为: "+oImg.index);
  };
</script>
</head>
<body>
  <img src="images/p1.jpg" id='img'/>
</body>
</html>
```

示例中的 HTML 代码设置了 img 元素具有两个行间属性，在 JS 代码中又通过 setAttribute() 添加了一个 title 行间属性，同时自定义了一个 index 属性。上述代码在 Chrome 浏览器中的运行结果如图 7-8 所示。从图 7-8 中可以看到，getAttribute() 和 removeAttribute() 操作自定义属性都无效。

图 7-8　使用相关属性方法操作属性

注：使用 getAttribute('src') 方法获取的图片的路径，该值和元素引用 src 获取的值不一样，它在任何浏览器中都不会进行编码，因而在不同的浏览器值都相等，所以该值可以用来进行判断。

7.3.3　获取子节点

使用元素节点的相关属性可以获取元素的子节点、第一个子节点、最后一个子节点。

1. 获取元素的子节点

使用元素的 childNodes 和 children 属性可以获取元素的子节点，其中 childNodes 获取的是元素的所有子节点，其中除了元素子节点外，还可能包含文本节点及注释节点；而 children 属性获取的则全部是元素子节点。

【示例 7-7】获取元素子节点。

```
<!doctype html>
<html>
<head>
<meta charset="utf-8">
<title>获取元素子节点</title>
<style>
li{
    width:20px;
```

```
            height:30px;
            background:red;
            margin:5px;
            transition:width 2s;//过渡属性，实现从一种样式逐渐改变到另一种样式
        }
    </style>
    </head>
    <body>
      <ul id='ul1'>
        <li>11</li>
        <li>22</li>
        <li>33</li>
      </ul>
      <script>
            var oUl = document.getElementById('ul1');
            var aLi = oUl.childNodes;//获取 ul 元素的所有子节点
            document.onclick = function(){
                for(var i = 0; i < aLi.length; i++){
                    if(aLi[i].nodeType == 1){//判断节点是否为元素节点
                        aLi[i].style.width = '150px';
                    }
                }
            };
      </script>
    </body>
    </html>
```

上述代码的功能是实现单击文档窗口时，li 元素的长度在 2 s 内实现从 20px 逐渐改变为 150px。示例中的 transition 是一个 CSS3 属性，实现从一种样式逐渐过渡到另一种样式，该属性需要同时指定在哪个属性上进行样式过渡以及整个过渡时长。样式代码中设置了 li 元素的初始长度，li 元素的最终长度通过 JS 的单击事件来设置。

上述 JS 代码中使用了 childNodes 属性来获取 ul 元素的所有子节点，并使用了 aLi[i].nodeType==1 来判断遍历到的子节点是否为元素节点。那么可否省略这个元素节点的判断呢？答案是不能省略。因为使用 childNodes 属性获取的子节点可能包括空格、换行等内容组成的文本节点。在示例中的 HTML 代码中，可以看到 ul 元素下的各个<li>是换行显示的，所以 ul 元素内容中包括了换行，同时也包括了一些空格。此时使用 alert(aLi.length)，将会看到结果为 7，即 ul 下包含了 7 个子节点，其中 3 个 li 元素节点，其他的就是由换行和空格组成的文本节点。如果不想进行子节点类型的判断，则需要使用 children 属性来获取 ul 元素的子节点，JS 代码作如下修改：

```
<script>
    var oUl = document.getElementById('ul1');
    var aLi = oUl.children;//获取 ul 元素的所有元素子节点
    document.onclick = function(){
      for(var i = 0; i < aLi.length; i++){
        aLi[i].style.width = '150px';
      }
    };
</script>
```

示例 7-7 在 Chrome 浏览器中的运行结果如图 7-9 和图 7-10 所示。

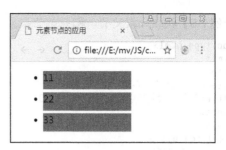

图 7-9　li 元素的最初效果　　　　　图 7-10　单击文档窗口后的 li 元素效果

2. 获取元素第一个子节点和最后一个子节点

使用元素的 firstChild 和 lastChild 属性可以分别获取元素的第一个和最后一个子节点,使用元素的 firstElementChild 和 lastElementChild 属性可以分别获取元素的第一个和最后一个元素子节点。

【示例 7-8】获取元素子节点。

```
<!doctype html>
<html>
<head>
<meta charset="utf-8">
<title>获取元素第一个和最后一个元素子节点</title>
</head>
<body>
  <ul id='ul1'>
    <li>11</li>
    <li>22</li>
    <li>33</li>
  </ul>
  <script>
    var oUl = document.getElementById('ul1');
    var li1 = oUl.firstElementChild;//获取 ul 元素的第一个元素子节点
    var li2 = oUl.lastElementChild;//获取 ul 元素的最后一个元素子节点
    console.log(li1);
    console.log(li2);
  </script>
</body>
</html>
```

上述代码在 Chrome 浏览器中的运行结果如图 7-11 所示。

图 7-11　ul 元素的第一个和最后一个元素子节点

7.3.4　获取父节点和兄弟节点

使用元素的 parentNode 属性可以获取元素的父节点,对一个元素使用多次 parentNode 属性还可以获取其祖先节点。使用元素的 nextSibling 和 previousSibling 属性可以获取元素下一个和上一个兄弟节点,该兄弟节点可能是元素节点、文本节点和注释节点这几种节点中的某一种;如果只需要获取元素的元素兄弟节点,则可以使用 nextElementSibling 和 previousSibling 属性来分别获取元素的下一个和上一个元素兄弟节点。

【示例 7-9】 获取元素父节点和兄弟节点。

```
<!doctype html>
<html>
<head>
<meta charset="utf-8">
<title>获取元素父节点和兄弟节点</title>
</head>
<body>
  <ul id='ul1'>
    <li>11</li>
    <li>22</li>
    <li>33</li>
    <li>44</li>
  </ul>
  <script>
    var oUl = document.getElementById('ul1');
    var aLi = oUl.children;
    console.log("li 元素的父元素为: ");
    console.log(aLi[0].parentNode);
    console.log("li 元素的祖父元素为: ");
    console.log(aLi[0].parentNode.parentNode);
    console.log("第二个 li 元素的上一个兄弟元素为: ");
    console.log(aLi[1].previousElementSibling);
    console.log("第二个 li 元素的下一个兄弟元素为: ");
    console.log(aLi[1].nextElementSibling);
    console.log("第四个 li 元素为: ");
    console.log(aLi[1].nextElementSibling.nextElementSibling);
  </script>
</body>
</html>
```

上述代码在 Chrome 浏览器中的运行结果如图 7-12 所示。

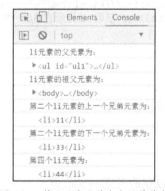

图 7-12　获取元素父节点和兄弟节点

7.3.5　获取元素的偏移位置

元素的偏移位置指的是相对于最近定位的父节点或 body 元素的偏移位置。使用元素的 offsetParent 属性可以获取元素的最近定位的父节点，而使用 offsetLeft 和 offsetTop 属性可以分别获取元素相对定位父元素或 body 元素的水平和垂直偏移位置。

【示例 7-10】获取元素的偏移父节点。

```
<!doctype html>
<html>
<head>
<meta charset="utf-8">
<title>获取偏移父节点</title>
<style>
#div2{
    position:relative;
}
#div3{
    position:relative;
}
</style>
</head>
<body>
  <div id="div1">
    <div id="div2">
     <div id="div3">
        <div id="div4"></div>
     </div>
    </div>
  </div>
  <script>
    var div2 = document.getElementById('div2');
    var div4 = document.getElementById('div4');
    console.log("第二个 div 的偏移父节点为: ");
    console.log(div2.offsetParent);
    console.log("第四个 div 的偏移父节点为: ");
    console.log(div4.offsetParent);
  </script>
</body>
</html>
```

上述代码在 Chrome 浏览器中的运行结果如图 7-13 所示。

图 7-13　获取元素的偏移父节点

【示例 7-11】获取元素的水平和垂直偏移位置。

```
<!doctype html>
<html>
<head>
<meta charset="utf-8">
<title>获取元素的水平及垂直偏移位置</title>
<style>
  #div1{width:100px;height:100px;border:3px solid red;}
```

```
        #div2{width:70px;height:70px;border:3px solid blue;position:relative;}
        #div3{width:50px;height:50px;border:3px solid green;position:absolute;left:20px;
            top:10px;}
        #div4{width:30px;height:30px;border:3px solid olive;position:absolute;left:20px;
            top:10px;}
    </style>
    </head>
    <body>
        <div id="div1">
            <div id="div2">
                <div id="div3">
                    <div id="div4"><div>
                </div>
            </div>
        </div>
        <script>
            var div2 = document.getElementById('div2');
            var div4 = document.getElementById('div4');
            console.log("第二个 div 的水平偏移位置为: ");
            console.log(div2.offsetLeft);
            console.log("第四个 div 的水平偏移位置为: ");
            console.log(div4.offsetLeft);
            console.log("第二个 div 的垂直偏移位置为: ");
            console.log(div2.offsetTop);
            console.log("第四个 div 的垂直偏移位置为: ");
            console.log(div4.offsetTop);
        </script>
    </body>
    </html>
```

上述代码在 Chrome 浏览器中的运行结果如图 7-14 所示。

由示例的 CSS 代码可知，第二个 div 没有定位父节点，所以其偏移相对于 body 节点，其水平和垂直偏移位置分别等于第一个 div 的边框宽度（3px）加上 body 的默认外边距（8px），因而结果为 11px。第四个 div 有两个定位祖先节点，其中第三个 div 离它最近，因而它的偏移父节点为第三个 div，它的样式代码中的 left 属性值（20px）正是相对于偏移父节点的水平距离，top 属性值（10px）正是相对于偏移父节点的垂直距离，因而它的水平和垂直偏移位置分别为 20 和 10。

图 7-14　获取元素的水平和垂直偏移位置

第四个 div 使用了内嵌样式代码来设置水平和垂直偏移，因而它的偏移位置也可以使用 getComputedStyle() 来获取，即 div4.offsetLeft 也可以使用 getComputedStyle(div4).left 来代替；div.offsetTop 使用 getComputedStyle(div4).top 来代替。需要注意的是，getComputedStyle()方法获取的结果默认为 px 为单位，并会在结果中包含 px。

7.3.6　获取元素的绝对位置

使用元素的 getBoundingClientRect()方法可以获取元素相对于浏览器视窗的位置。该方法返回一个 Object 对象，该对象有 6 个属性：top、left、right、bottom、width、height，其中 top 表示元

素上外边框到浏览器视窗上边框的距离；left 表示元素左外边框到浏览器视窗左边框的距离；right
表示元素右外边框到浏览器视窗左边框的距离；bottom 表示元素下外边框到浏览器视窗上边框的
距离；width 表示元素的宽度，其中包括左、右边框宽度；height 表示元素的高度，其中包括上、
下边框宽度。

【示例 7-12】获取元素的绝对位置。

```
<!doctype html>
<html>
<head>
<meta charset="utf-8">
<title>获取元素的绝对位置</title>
<style>
  #div1{width:100px;height:100px;border:3px solid red;}
  #div2{width:70px;height:70px;border:3px solid blue;position:relative;}
  #div3{width:50px;height:50px;border:3px solid green;position:absolute;
     left:20px;top:10px;}
</style>
</head>
<body>
  <div id="div1">
   <div id="div2">
     <div id="div3"></div>
   </div>
  </div>
  <script>
    var div3 = document.getElementById('div3');
    alert("div3 的 left 属性值为:"+div3.getBoundingClientRect().left+"px, right 属性值为:"+
         div3.getBoundingClientRect().right+"px, top 属性值为:"+
         div3.getBoundingClientRect().top+"px, bottom 属性值为:"+
         div3.getBoundingClientRect().bottom+"px, width 属性值为:"+
         div3.getBoundingClientRect().width+"px, height 属性值为:"+
         div3.getBoundingClientRect().height+"px");
  </script>
</body>
</html>
```

上述代码在 Chrome 浏览器中的运行结果如图 7-15 所示。

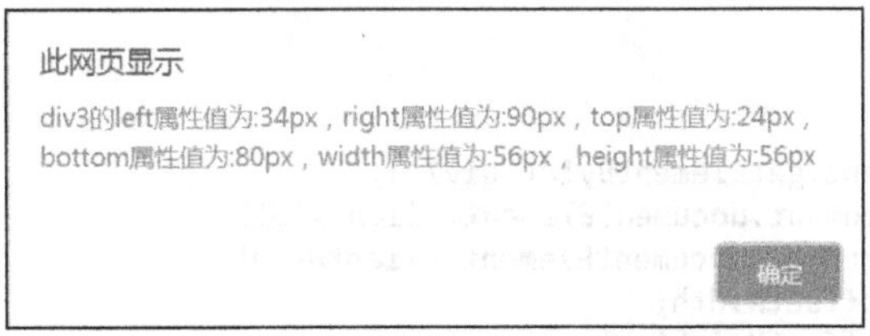

此网页显示

div3的left属性值为:34px，right属性值为:90px，top属性值为:24px，
bottom属性值为:80px，width属性值为:56px，height属性值为:56px

确定

图 7-15　获取元素的绝对位置

由图 7-15 可知，div3 的 left 属性值等于 div3 的 left（20）+div2 的边框宽度（3）+div1 的边框
宽度（3）+body 默认的外边距（8）；right 属性值等于 div3 的 left（20）+div2 的边框宽度（3）+div1
的边框宽度（3）+body 默认的外边距（8）+div3 的内容宽度（50）+div3 的左、右边框宽度（3+3）；
top 和 bottom 的属性值可参照 left 和 right 属性值的获取方式得到；width 属性值等于 div3 的内容宽

度（50）+左、右边框宽度（3+3）；height 属性值等于 div3 的内容宽度（50）+上、下边框宽度（3+3）。

需要注意的是，使用 getBoundingClientRect()方法得到的 top、left、right、bottom 值会随可视窗口的变化而变化。

7.3.7　获取元素的宽、高

使用元素的 offsetWidth 和 offsetHeight 属性可以分别获取元素的包含边框的宽度和高度；而 clientWidth 和 clientHeight 属性则可以分别获取元素的不包含边框的宽度和高度。这些属性值包含的内容如下：

offsetWidth=左、右边框宽度+内容宽度+左、右内边距

offsetHeight=上、下边框宽度+内容高度+上、下内边距

clientWidth=内容宽度+左、右内边距

clientHeight=内容高度+上、下内边距

在实际应用中，经常需要让一个元素在视窗中居中显示，此时需要确定元素的定位 left 和 top 属性值，这两个值可使用下面的公式来确定：

元素的 left=（可视区域宽-元素的宽）/2

元素的 top=（可视区域高-元素的高）/2

其中，可视区域宽和高又可以使用以下格式的代码来获取：

```
可视区域宽度=document.documentElement.clientWidth
可视区域高度=document.documentElement.clientHeight
```

元素在一个视窗中居中显示的具体代码请参见示例 7-13。

【示例 7-13】设置元素在视窗中居中显示。

```
<!doctype html>
<html>
<head>
<meta charset="utf-8">
<title>设置元素在视窗中居中显示</title>
<style>
  #div1{width:100px;height:100px;background:red;border:10px solid #00BFFF;
      position:absolute;}
</style>
<body>
  <div id="div1">
  <script>
    var oDiv = document.getElementById('div1');
    var clientW = document.documentElement.clientWidth;
    var clientH = document.documentElement.clientHeight;
    var divW = oDiv.offsetWidth;
    var divH = oDiv.offsetHeight;
    oDiv.style.left = (clientW-divW)/2+'px';
    oDiv.style.top = (clientH-divH)/2+'px';
  </script>
</body>
</html>
```

上述代码在 Chrome 浏览器中的运行结果如图 7-16 所示。

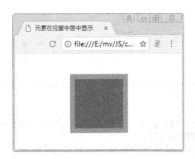

图 7-16 元素在视窗中居中显示

7.4 使用 DOM 创建、插入、修改和删除节点

使用 HTML DOM 创建、插入、修改（替换）和删除节点需要分别调用 document 对象和元素对象的相应方法来实现，调用情况分别如下。

（1）创建节点：创建元素节点调用 document.createElement（节点名）；创建文本节点调用 document.createTextNode（节点名）；创建属性节点调用 document.createAttribute（节点名）。

（2）元素节点的内容也可以使用：元素节点.innerHTML 来设置。

（3）节点的插入分两种情况：在元素子节点列表的后面附加子节点和在元素某个子节点前面插入子节点。第一种情况调用：element.appendChild（子节点）；第二种情况调用：element.insertBefore（新节点，现有节点）。

（4）节点的替换修改：element.replaceChild（新节点，旧节点）。

（5）节点的删除：element.removeChild（子节点）。

下面通过示例 7-14 演示使用 HTML DOM 对节点分别进行创建、添加、插入、修改和删除操作。其中节点类型包括元素节点和文本节点。

【示例 7-14】使用 HTML DOM 操作节点综合示例。

1. HTML 代码

```
<!doctype html>
<html>
<head>
<meta charset="utf-8">
<title>使用 HTML DOM 操作节点</title>
<script type="text/javascript" src="js/nod.js"></script>
</head>
<body>
  <div id="box">
     <p>段落一</p>
     <p>段落二</p>
  </div>
  <a href="javascript:addNode()">添加节点</a>
  <a href="javascript:insertNode()">插入节点</a>
  <a href="javascript:updateNode()">修改节点</a>
  <a href="javascript:deleteNode()">删除节点</a>
</body>
```

```
</html>
```

2．JavaScript 代码（nod.js）

```
window.onload = function(){
  var box = document.getElementById("box");  //通过 id 属性值获得 DIV
};
function addNode(){//附加节点
  var p = document.createElement("p"); //创建需要添加的元素节点
  p.innerHTML = "段落三(添加的内容)";
  box.appendChild(p); //将段落节点添加到 box 的子节点列表后面
}
function insertNode(){//插入节点
  var h2 = document.createElement("h2"); // 创建一个 H2 元素节点
  h2.innerHTML = "二级标题(插入的内容)";
  var oP = document.getElementsByTagName("p")[0]; //获取第一个段落
  box.insertBefore(h2,oP); //在第一个段落前面插入一个 H2 标题
}
function updateNode(){//修改节点
  var oP = document.getElementsByTagName("p")[1];//获取第二个段落
  var oldtxt = oP.firstChild;//获取第二个段落的文本节点
  //创建需要替换旧文本节点的新文本节点
  var newtxt = document.createTextNode("新段落二(修改的内容)");
   oP.replaceChild(newtxt,oldtxt); //使用 newtxt 节点替换 oldtxt 节点
}
function deleteNode(){//删除节点
  var oP = document.getElementsByTagName("p")[0];//获取第一个段落
  box.removeChild(oP);//删除第一个段落
}
```

上述脚本代码实现的功能有：单击"添加节点"链接时会在 DIV 的子节点列表后面添加段落三；单击"插入节点"链接时会在段落一前面插入一个二级标题；单击"修改节点"链接时会修改段落二的文本内容；单击"删除节点"链接时会把段落一删掉。在 Chrome 浏览器中的运行结果分别如图 7-17～图 7-19 所示。

图 7-17　页面初始状态

图 7-18　添加、插入和修改节点后的效果

图 7-19　删除节点后的效果

7.5 使用 HTML DOM 克隆节点

HTML DOM 除了可以添加、修改、删除节点外，还可以克隆（复制）节点。HTML DOM 克隆

节点需要调用节点的 cloneNode()方法。该方法的调用格式如下：

节点对象.cloneNode(true);

说明：参数 true 可以省略，省略时，节点下的所有子节点将不会被克隆，如果需要克隆节点下的所有子节点，必须加上参数 true。

【示例 7-15】使用 HTML DOM 克隆节点。

```html
<!doctype html>
<html>
<head>
<meta charset="utf-8">
<title>使用 HTML DOM 克隆节点</title>
<style>
  #div1{width:100px;height:100px;background:red;margin:5px;}
  #div2{width:120px;height:120px;background:green;margin:5px;}
</style>
<body>
  <input type="button" id="btn" value="克隆元素"/>
  <div id="box">
    <div id="div1">DIV1</div>
    <div id="div2">DIV2</div>
  </div>
  <script>
      var oBtn = document.getElementById('btn');
      var box = document.getElementById('box');
      var div1 = document.getElementById('div1');
      var div2 = document.getElementById('div2');
      //单击按钮时，将克隆生成的节点插入到第二个 div 的前面
      oBtn.onclick = function(){
          var cDiv2 = div2.cloneNode(true);//如果省略参数 true，div2 的内容将不会被克隆
          box.insertBefore(cDiv2,div2);//将克隆的节点插入到第二个 div 的前面
      };
  </script>
</body>
</html>
```

上述代码在 Chrome 浏览器中的运行结果如图 7-20 和图 7-21 所示。

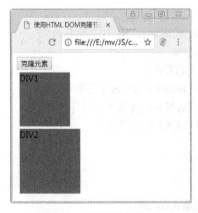

图 7-20 运行的最初效果   图 7-21 克隆节点并插入节点后的效果

7.6　使用 HTML DOM 操作表单

　　表单是一个网站的重要组成内容，是动态网页的一种主要的表现形式，它主要用于实现收集浏览者的信息或实现搜索等功能。JavaScript 对表单的处理是作为一个对象来处理的。在 JavaScript 中，根据其作用，对象主要分为 JavaScript 内置对象、DOM 对象和 BOM（浏览器）对象。表单属于 DOM 对象，所以对表单对象的处理可以使用 DOM。

7.6.1　表单对象

　　一个 form 对象代表一个 HTML 表单，在 HTML 页面中由<form>标签对构成。JavaScript 运行引擎会自动为每一个表单标签建立一个表单对象。对 form 对象的操作需要使用它的属性或方法。form 对象的常用属性和方法分别见表 7-7 和表 7-8。

表 7–7　form 对象常用属性

属性	描述
action	设置或返回表单的 action 属性
elements	表示包含表单中所有表单元素的数组，使用索引引用其中的元素
length	返回表单中的表单元素数目
method	设置或返回将数据发送到服务器的 HTTP 方法
name	设置或返回表单的名称
target	设置或返回表单提交的数据所显示的 frame 或窗口
onreset	在重置表单元素之前调用事件处理方法
onsubmit	在提交表单之前调用事件处理方法

表 7–8　form 对象常用方法

方法	描述
reset()	把表单的所有输入元素重置为它们的默认值
submit()	提交表单

　　获取表单的方式有以下几种。

　　（1）通过 document 的 forms 属性：document.forms[索引值]，索引值从 0 开始。

　　（2）直接引用表单的 name 属性：document.formName。

　　（3）通过表单的 ID：调用 document.getElementById()方法。

　　（4）通过表单的 name 属性：调用 document.getElementsByName()[表单索引]方法。

　　（5）通过表单标签：调用 document.getElementsByTagName()[表单索引]方法。

　　（6）通过选择器：调用 document.querySelectorAll()[表单索引]方法。

　　上述方法中，最常用的是第 2 种和第 3 种。例如：

```
<form name="form1" id="fm">
    ...
</form>
var fm = document.form1; //获取表单方式：直接引用表单 name 属性
var fm = document.getElementById("fm"); //获取表单方式：通过 ID 获取表单
```

7.6.2 表单元素对象

在 HTML 页面中<form>标签对之间包含了用于提供给用户输入或选择数据的表单元素。JavaScript 运行引擎会自动为每一个表单元素标签建立一个表单元素对象。表单元素按使用的标签可分为三大类：输入元素（<input>标签）、选择元素（<select>标签）和文本域元素（<textarea>标签）。其中输入元素包括：文本框（text）、密码框（password）、隐藏域（hidden）、文件域（file）、单选框（radio）、复选框（checkbox）、普通按钮（button）、提交按钮（submit）、重置按钮（reset）；选择元素包括：多项选择列表或下拉菜单（select）、选项（option）；文本域只有 textarea 一个元素。对表单元素对象的操作需要使用它们的属性或方法。不同表单元素具有的属性和方法有些相同有些不同，下面将分别按公共和私有两方面来介绍它们的属性和方法。

1. 表单元素的常用属性

（1）表单元素常用的公共属性主要有以下几个。

disabled：设置或返回是否禁用表单元素。注意：hidden 元素没有 disabled 属性。

id：设置或返回表单元素的 id 属性。

name：设置或返回表单元素的 name 属性。注意：option 元素没有 name 属性。

type：对输入元素可设置或返回 type 属性；对选择和文本域两类元素则只能返回 type 属性。

value：设置或返回表单元素的 value 属性。注意：select 元素没有 value 属性。

（2）text 和 password 元素具有以下几个常用的私有属性。

defaultValue：设置或返回文本框或密码框的默认值。

maxLength：设置或返回文本框或密码框中最多可输入的字符数。

readOnly：设置或返回文本框或密码框是否只读的。

size：设置或返回文本框或密码框的尺寸（长度）。

（3）textarea 元素具有以下几个常用的私有属性。

defaultValue：设置或返回文本域元素的默认值。

rows：设置或返回文本域元素的高度。

cols：设置或返回文本域元素的宽度。

（4）radio 和 checkbox 元素具有以下几个常用的私有属性。

checked：设置或返回单选框或复选框的选中状态。

defaultChecked：返回单选框或复选框的默认选中状态。

（5）select 元素具有以下几个常用的私有属性。

length：返回选择列表中的选项数目。

multiple：设置或返回是否选择多个项目。

selectedIndex：设置或返回选择列表中被选项目的索引号。注意：若允许多重选择，则仅返回第一个被选选项的索引号。

size：设置或返回选择列表中的可见行数。

（6）option 元素具有以下几个常用的私有属性。

defaultSelected：返回 selected 属性的默认值。

selected：设置或返回 selected 属性的值。

text：设置或返回某个选项的纯文本值。

2. 表单元素常用的事件属性

（1）表单元素的公共事件属性主要有以下两个。

onblur：当表单元素失去焦点时调用事件处理函数。

onfocus：当表单元素获得焦点时调用事件处理函数。

（2）text、password、textarea 元素具有以下两个私有的事件属性。

onSelect：当选择了一个 input 或 textarea 中的文本时调用事件处理函数。

onChange：当表单元素的内容发生改变并且元素失去焦点时调用事件处理函数。

（3）radio、checkbox、button、submit 和 reset 表单元素具有以下一个私有的事件属性。

onClick：单击复选框、单选框、普通按钮、提交按钮和重置按钮时调用事件处理函数。

3. 表单元素常用的方法

（1）表单元素常用的公共方法主要有以下两个。

blur()：从表单元素上移开焦点。

focus()：在表单元素上设置焦点。

（2）text 和 password 元素具有以下一个私有的方法。

select()：选取文本框或密码框中的内容。

（3）radio、checkbox、button、submit 和 reset 表单元素具有以下一个私有的方法。

click()：在表单元素上单击鼠标左键。

（4）select 元素具有以下两个私有的方法。

add()：向选择列表添加一个选项。

remove()：从选择列表中删除一个选项。

4. 获取表单元素的方式

（1）引用表单对象的 elements 属性：document.formName.elements[索引值]。

（2）直接引用表单元素的 name 属性：document.formName.name。

（3）通过表单元素的 ID：调用 document.getElementById()方法。

（4）通过表单元素的 name 属性：调用 document.getElementsByName()[表单元素索引]方法。

（5）通过表单元素标签：调用 document.getElementsByTagName()[表单元素索引]方法。

（6）通过选择器：调用 document.querySelectorAll()[表单元素索引]方法。

上述方法中，第 2～6 种方法都是比较常用的方法。

下面通过示例 7-16 来演示表单及表单元素的获取以及它们的一些常用属性和方法的使用。

【示例 7-16】使用 HTML DOM 操作表单及表单元素。

1. HTML 代码

```
<!doctype html>
<html>
<head>
<meta charset="utf-8">
<title>使用 HTML DOM 操作表单及表单元素</title>
<script type="text/javascript" src="js/form.js"></script>
</head>
<body>
  <h2>个人信息注册</h2>
```

```html
<form id="form" name="form1">
  <table border="1" width="630" cellpadding="5" cellspacing="0">
    <tr><td>用户名</td><td><input type="text" name="username"/></td></tr>
    <tr><td>密 码</td><td><input type="password" name="psw1"/></td></tr>
    <tr><td>确认密码</td><td><input type="password" name="psw2"/></td></tr>
    <tr><td>性 别</td><td>
      <input type="radio" name="gender" value="女">女
      <input type="radio" name="gender" value="男">男
    </td></tr>
    <tr><td>掌握的语言</td><td>
      <input type="checkbox" name="lang" value="中文">中文
      <input type="checkbox" name="lang" value="英文">英文
      <input type="checkbox" name="lang" value="法文">法文
      <input type="checkbox" name="lang" value="日文">日文
    </td></tr>
    <tr><td>个人爱好</td><td><select name="hobby" size="4" multiple="miltiple">
      <option value="旅游">旅游</option>
      <option value="运动">运动</option>
      <option value="阅读">阅读</option>
      <option value="上网">上网</option>
      <option value="游戏">游戏</option>
      <option value="音乐">音乐</option>
    </select></td></tr>
    <tr><td>最高学历</td><td><select name="degree">
      <option value="-1">--请选择学历--</option>
      <option value="博士">博士</option>
      <option value="硕士">硕士</option>
      <option value="本科">本科</option>
      <option value="专科">专科</option>
      <option value="高中">高中</option>
      <option value="初中">初中</option>
      <option value="小学">小学</option>
    </select></td></tr>
    <tr><td>个人简介</td><td><textarea name="info" rows="6" cols="45"></textarea>
     </td></tr>
    <tr><td colspan="2" align="center">
      <input type="button" value="注 册" id="regBtn">
      <input type="reset" value="重 置">
    </td></tr>
  </table>
</form>
</body>
</html>
```

2. JavaScript 代码（form.js）

```javascript
window.onload = function(){
    //声明变量
    var sex,selDegree,infor;
    var hobbies = new Array(); //用于存储选择的爱好
    var langs = new Array(); //用于存储选择的语言
    var fr = document.form1;//获取表单对象
    fr.username.focus();//使用表单元素的 focus()方法使用户名在页面加载完后获得焦点
    var oBtn = document.getElementById('regBtn');
    oBtn.onclick = function(){
```

```
//判断是否选择了性别，以及获取所选择的值
if(fr.gender[0].checked == true){
    sex = "女";
}else if(fr.gender[1].checked == true){
    sex = "男";
}
//将选择的语言存储在 langs 数组中
for(var i = 0; i < 4; i++){
    if(fr.lang[i].checked == true)
        langs.push(fr.lang[i].value);
}
//将选择的爱好存储到 hobbies 数组中
for(i = 0; i < 6; i++){
    if(fr.hobby.options[i].selected == true)
        hobbies.push(fr.hobby.options[i].value);
}
var index = fr.degree.selectedIndex;//获取被选中项的索引
selDegree = fr.degree.options[index].value;//将选择的学历存储在 selDegree 变量中
infor = fr.info.value;
var msg = "您注册的个人信息如下: \n 用户名: "+fr.username.value+"\n 密码: "
    +fr.psw1.value+"\n 性别: "+sex+"\n 掌握的语言有: "+langs.join("、")+"\n 爱好有: "+
hobbies.join("、")+"\n 最高学历是: "+selDegree+"\n 个人情况: "+infor;
alert(msg);
};
};
```

上述脚本代码演示了直接通过 name 属性来获取表单及表单元素，以及它们的一些常用属性和方法的使用。例如调用了 username 表单元素的 focus()方法，使文本框在页面加载完成后获得焦点，这是一个提高用户体验的处理方法；此外通过表单元素的相关属性演示了不同类型的表单元素值的获取。在运行得到的表单中输入数据，如图 7-22 所示，提交后得到图 7-23 所示结果。

图 7-22　在表单中输入数据　　　　　　　　图 7-23　显示用户输入的所有数据

为了减少数据无效时在客户端和服务端之间传输时的网络带宽并降低服务器负担，表单中的数据在提交给服务端处理之前通常需要先使用 JavaScript 进行数据的有效性校验，即在客户端需要校验表单数据的有效性，以保证提交的数据符合不能为空、长度范围、组成内容等有效性要求。在客户端校验表单数据的有效性通常会使用 DOM 元素的一些属性以及正则表达式来进行。有关正则表达式的内容请参见第 10 章。

7.7　使用 HTML DOM 操作表格

表格由于其具有二维结构，所以特别适合用于组织结构化数据，其主要由 table 表格、行和单元格等元素组成。整个表格又可以按数据分为：表格头部、表格主体和表格尾部 3 个区域。在 DOM 中，这些表格的组成部分以及组成区域都被看作元素节点，因而操作它们可以使用 HTML DOM 的元素节点方法和属性。此外，还可以使用表格节点所提供的一些属性，以简化表格节点的操作。表 7-9 列出了表格相关节点的常用属性。

表 7–9　表格相关节点的常用属性

属性	描述
tHead	获取表格头部，使用 table 节点来引用
tBodies	获取表格的所有主体（表格主体集合），使用下标引用各个主体，如第一个主体：tBodies[0]，使用 table 节点来引用
tFoot	获取表格尾部，使用 table 节点来引用
rows	获取表格中的所有行（行集合），可使用 table、tBodies[n]、tHead 和 tFoot 节点来引用
cells	获取表格某一行中的所有单元格（集合），由指定行节点来引用

下面通过示例 7-17 和示例 7-18 来演示表格各个属性的用法。

【示例 7-17】使用表格节点属性操作表格。

```html
<!doctype html>
<html>
<head>
<meta charset="utf-8">
<title>使用表格节点属性操作表格</title>
<script>
  window.onload = function(){
      oTable = document.getElementById('tbl');
      oTable.tHead.style.borderColor = 'red';//操作表格头部
      oTable.rows[1].style.background = 'greenyellow';//操作表格的第二行
      oTable.tBodies[0].style.background = 'blue';//操作表格中的第一个主体
      oTable.tBodies[0].rows[1].style.background = 'brown';//操作表格第一个主体中的第二行
      //操作表格第一个主体中的第二行中的第一个单元格
      oTable.tBodies[0].rows[1].cells[0].style.background = 'pink';
      oTable.tFoot.style.background = 'gray';//操作表格尾部
  };
</script>
</head>
<body>
  <table border="1" id="tbl" width="500">
```

```
    <thead>
      <tr>
        <th>表头一</th>
        <th>表头二</th>
        <th>表头三</th>
      </tr>
    </thead>
    <tbody>
      <tr>
        <td>内容一</td>
        <td>内容二</td>
        <td>内容三</td>
      </tr>
      <tr>
        <td>内容一</td>
        <td>内容二</td>
        <td>内容三</td>
      </tr>
    <tbody>
    <tfoot>
      <tr>
        <td>统计一</td>
        <td>统计一</td>
        <td>统计一</td>
      </tr>
    </tfoot>
  </table>
</body>
</html>
```

示例 JS 代码分别使用相应的表格属性获取了表格头部、主体、尾部、行以及单元格等节点，进而对它们设置行内样式。上述代码在 Chrome 浏览器中的运行结果如图 7-24 所示。

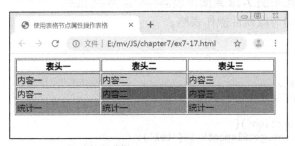

图 7-24　使用表格节点属性操作表格结果

【示例 7-18】获取表单数据动态生成表格。

```
<!doctype html>
<html>
<head>
<meta charset="utf-8">
<title>动态生成表格</title>
<style>
  #tbl{border-collapse:collapse;margin-top:5px;width:500px;}
  table,th,td{border:1px solid #000;}
```

```
    th,td{text-align:center;}
</style>
<script>
  window.onload = function(){
    var gender;
    var fr = document.form1;
    var username = fr.username;
    var age = fr.age;
    var oBtn = document.getElementById('btn');
    var tbl = document.getElementById('tbl');
    var tBody = tbl.tBodies[0];
    //单击按钮后为表格新增一行数据
    oBtn.onclick = function(){
        //创建 tr 和 td 元素
        var tr = document.createElement('tr');
        var tID = document.createElement('td');
        tID.setAttribute('class','id');//为 ID 单元格增加 class 属性
        var tUsername = document.createElement('td');
        var tGender = document.createElement('td');
        var tAge = document.createElement('td');
        //校验输入数据的有效性
        if(!username.value || !age.value){
            alert('请输入完整内容');
            return;
        }
        if(isNaN(age.value) || age.value<0){
            alert('请输入正确年龄');
            return;
        }
        //判断是否选择了性别，以及获取所选择的值
        if(fr.gender[0].checked == true){
            gender = "女";
            fr.gender[0].checked = false;
        }else if(fr.gender[1].checked == true){
            gender = "男";
            fr.gender[1].checked = false;
        }
        if(gender == null){
            alert('请选择性别');
            return;
        }
        //为各个单元格添加表单提交的数据
        tUsername.innerHTML = username.value;
        tGender.innerHTML = gender;
        tAge.innerHTML = age.value;
        //添加删除超链接
        var tDel = document.createElement('td');
        tDel.innerHTML = '<a href="javascript:;">删除</a>';
        //执行删除表格行操作
        var oA = tDel.children[0];
        oA.onclick = function(){
            if(confirm("确定删除吗？")){
              tBody.removeChild(this.parentNode.parentNode);
              setId();//重新排序
            }
```

```
        };
        //为表格添加单元格和行
        tr.appendChild(tID);
        tr.appendChild(tUsername);
        tr.appendChild(tGender);
        tr.appendChild(tAge);
        tr.appendChild(tDel);
        tBody.appendChild(tr);
        //设置行序号
        setId();
        username.value = age.value='';
    };
    //定义行序号
    function setId () {
      var tId = tBody.querySelectorAll('.id');
      for (var i = 0; i < tId.length; i++) {
          tId[i].innerHTML = i+1;
      }
    }
  };
</script>
</head>
<body>
  <form name="form1">
    姓名: <input type="text" name="username" id="username"/><br/>
    性别: <input type="radio" name="gender"/>女
    <input type="radio" name="gender"/>男<br/>
    年龄: <input type="text" name="age" id="age"/><br/>
    <input type="button" id='btn' value="添加"/>
  </form>
  <table id='tbl'>
    <thead>
      <tr>
        <th>序号</th>
        <th>姓名</th>
        <th>性别</th>
        <th>年龄</th>
        <th>删除</th>
      </tr>
    </thead>
    <tbody>
    </tbody>
  </table>
</body>
</html>
```

示例 7-18 将表单输入的数据添加到表格中，每提交一次表单将新增一行数据。在提交表单时会校验数据的有效性：各项数据不能为空，并且年龄必须为大于 0 的数字。对表格中的数据还可以动态执行删除操作，删除前需要进行确认。

该示例综合应用了前面所介绍的多个知识点，其中除了使用表格节点属性获取相关表格节点外，还使用了表单相关节点的属性来获取表单及表单元素节点，使用 document 节点获取和创建元素节点，以及使用元素节点的属性操作来设置属性和元素内容等知识点。上述代码在 Chrome 浏览器中的运行结果如图 7-25～图 7-28 所示。

图 7-25　运行最初效果

图 7-26　添加 4 条数据后的效果

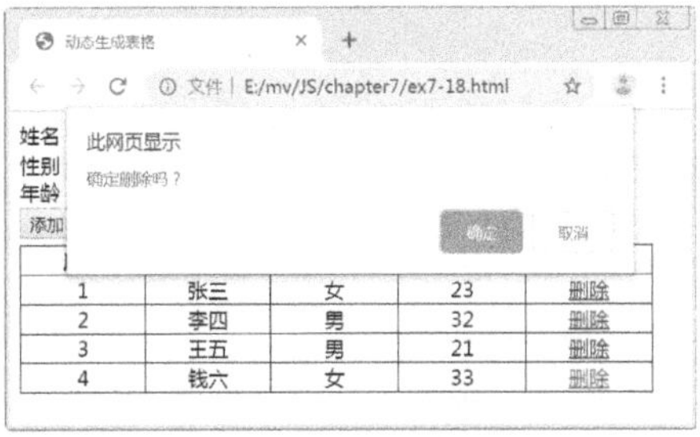

图 7-27　确认删除

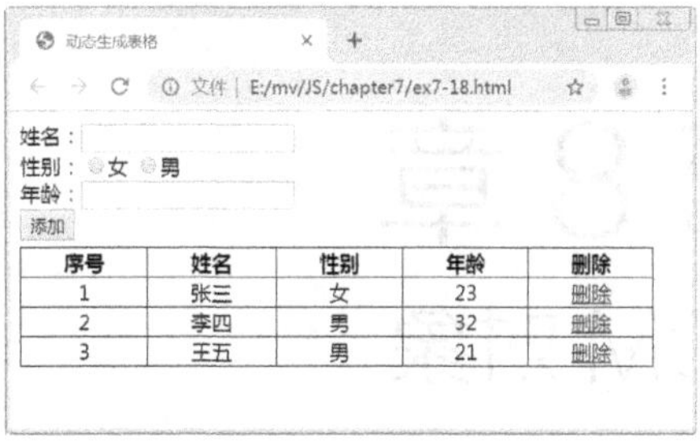

图 7-28　删除第 4 行数据后的效果

练习题

一、填空题

DOM 的全称是_____，中文意思是_____。DOM 经常操作的节点类型主要有 document 节点、_____节点、属性节点和_____节点这几类。其中，_____节点位于最顶层，是所有节点的祖先节点，该节点对应整个 HTML 文档，是操作其他节点的入口。

二、上机题

动态创建文件夹：单击"创建文件夹"按钮时会创建文件夹，单击"删除文件夹"按钮时会删除所选中的文件夹，如图 1 和图 2 所示。

图 1　单击了三次"创建文件夹"后的结果　　　图 2　勾选文件夹后点击"删除文件"可删掉选择的文件夹

（1）提示：文件夹的创建及删除需要进行 DOM 的元素节点的创建及删除。

（2）所需知识点：使用 document 获取元素、createlement()、appendChild()、removeChild()等方法的使用以及单击事件等。

第 8 章

BOM 对象

BOM（Browser Object Model），即浏览器对象模型。BOM 定义了 JS 操作浏览器的一些方法和属性，提供了独立于内容的、与浏览器窗口进行交互的对象结构。

8.1　BOM 结构

BOM 由多个对象组成，其中核心对象是 window 对象，该对象是 BOM 的顶层对象，代表浏览器打开的窗口，其他对象都是该对象的子对象。图 8-1 所示描述了 BOM 的对象结构。

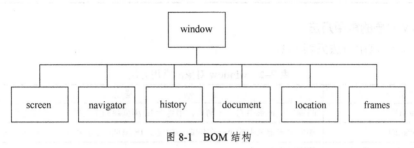

图 8-1　BOM 结构

图 8-1 中的 document 对象已在第 7 章中详细介绍过，在此不再赘述。下面将详细介绍除 document 以外的的其他 BOM 对象。

8.2　window 对象

window 对象表示浏览器打开的窗口。如果网页中包含 frame 或 iframe 标签，则浏览器会为每个框架创建一个 window 对象，并将它们存放在 frames 集合中。

需要注意的是，window 对象的所有属性和方法都是全局性的。而且 JavaScript 中的所有全局变量都是 window 对象的属性，所有全局函数都是 window 对象的方法。

window 对象是全局对象，因此访问同一个窗口中的属性和方法时，可以省略"window"字样，但如果要跨窗口访问，则必须写上相应窗口的名称或别名。

1. window 对象的常用属性

window 对象的常用属性见表 8-1。

表 8-1　window 对象的常用属性

属性	描述
defaultStatus	设置或返回窗口状态栏的默认信息，主要针对 IE、Firefox 和 Chorme 没有状态栏
status	设置窗口状态栏的信息，主要针对 IE、Firefox 和 Chorme 没有状态栏
document	引用 document 对象
history	引用 history 对象
location	引用 location 对象
navigator	引用 navigator 对象
screen	引用 screen 对象
name	设置或返回窗口的名称

8

续表

属性	描述
opener	表示创建当前窗口的窗口
self	表示当前窗口，等价于 window 对象
top	表示最顶层窗口
parent	表示当前窗口的父窗口

2. window 对象的常用方法

window 对象的常用方法见表 8-2。

表 8-2　window 对象的常用方法

方法	描述
back()	回到历史记录中的上一网页，相当于 IE 浏览器的工具栏上单击后退按钮
forward()	加载历史记录中的下一个网页，相当于 IE 浏览器工具栏上单击前进按钮
blur()	使窗口失去焦点
focus()	使窗口获得焦点
close()	关闭窗口。该方法关闭当前窗口以及在当前窗口中关闭通过 JS 方法打开的新窗口。注意：该方法对 Firefox 浏览器无效
home()	进入客户端在浏览器上设置的主页
print()	打印当前窗口的内容，相当于在 IE 浏览器中选择【文件】-【打印】
alert（警告信息字符串）	显示警告对话框，用以提示用户注意某些事项
confirm（确认信息字符串）	显示确认对话框，有"确认"和"取消"两个按钮，单击确认按钮返回 true，单击取消按钮返回 false
prompt（提示字符串，[默认值]）	显示提示输入信息对话框，返回用户输入信息
open（URL，窗口名称，[规格]）	打开新窗口
setTimeout（执行程序，毫秒）	在指定的毫秒数后调用函数或计算表达式
setInterval（执行程序，毫秒）	按照指定的周期（以毫秒计）来调用函数或计算表达式
clearTimeout（定时器对象）	取消 setTimeout 设置的定时器
clearInterval（定时器对象）	取消 setInterval 设置的定时器

3. 访问 window 对象属性和方法的方式

[window 或窗口引用名称或别名].属性
[window 或窗口引用名称或别名].方法(参数列表)

例如：

```
window.alert("警告对话框");
adwin=window.open();//打开一个新的空白窗口，可以通过 adwin 引用打开的窗口
adwin.status="www.miaov.com";//adwin 为上一行代码打开的窗口
```

访问同一个窗口中的属性和方法时，一般会省略 window，例如：

```
alert("警告对话框");
status="www.miaov.com";
```

在实际使用中，window 也经常使用别名代替。window 常用的别名有以下几个。

opener：表示打开当前窗口的窗口。

parent：表示当前窗口的上一级窗口。

top：表示最顶层的窗口。

self：表示当前活动窗口。

例如：

```
self.close();  //关闭当前窗口
```

4. window 对象的应用

window 对象的应用主要有创建警告对话框、创建确认对话框、创建信息提示对话框、打开指定窗口以及定时器的使用等。

（1）创建警告对话框

使用 window 对象的 alert()方法可以创建警告对话框。使用 alert()创建警告对话框的示例前面各章中都有很多，在此不再赘述。

（2）创建确认对话框

使用 window 对象的 confirm()方法可以创建确认对话框。

【示例 8-1】使用 confirm()创建确认对话框。

```
<!doctype html>
<html>
<head>
<meta charset="utf-8">
<script>
window.onload=function(){
    var oBtn=document.getElementsByTagName('input')[0];
    oBtn.onclick=function(){
        if(confirm('你确认删除吗？')){//当用户确认删除时返回 true，否则返回 false
            alert("信息已成功删除!");
        }else{
            alert("你取消了删除! ");
        }
    };
};
</script>
</head>
<body>
  <input type="button" value="删除">
</body>
</html>
```

当用户在图 8-2 所示的运行结果中单击"删除"按钮时，将弹出图示的确认对话框。当用户在确认对话框中单击"确定"按钮时，确认对话框返回"true"，从而弹出图 8-3 所示的警告对话框；当用户在确认对话框中单击"取消"按钮时，确认对话框返回"false"，从而弹出图 8-4 所示的警告对话框。

图 8-2　创建确认对话框

图 8-3　确认删除的结果　　　　　　　　　图 8-4　取消删除的结果

（3）创建信息提示对话框

使用 window 对象的 prompt()方法可以创建信息提示对话框。

【示例 8-2】使用 prompt()创建信息提示对话框。

```html
<!doctype html>
<html>
<head>
<meta charset="utf-8">
<title>使用 prompt()创建提示信息对话框</title>
<script>
    var name=prompt("请输入你的姓名");
    alert("你的姓名是: "+name);
</script>
</head>
<body>
</body>
</html>
```

上述代码在浏览器中运行后首先会弹出一个信息提示对话框，在对话框中输入姓名，结果如图 8-5 所示。单击图 8-5 对话框中的"确认"按钮后返回输入的信息，结果如图 8-6 所示。

图 8-5　创建信息提示对话框　　　　　　　图 8-6　在信息提示对话框输入信息后的结果

（4）打开指定窗口

使用 window 对象的 open()方法可以按一定规格打开指定窗口。

基本语法：

```
open（URL,name,spec）
```

语法说明如下。

URL：该部分可以是完整的网址，表示在指定窗口中打开该网址页面；也可以是以相对路径表示的文件名称，表示在指定窗口中打开该文件；此外，还可以是一个空字符串，此时将新增一个空白窗口。

name：该参数用于指定窗口打开方式或窗口名称。打开窗口方式可以取"_blank"、"_self"、"_parent"和"_top"这些值，而窗口名称则可以是任意符合规范的名字。"_blank"、"_self"、"_parent"和"_top"分别表示新开一个窗口显示 URL 指定文档、在当前窗口显示 URL 指定文档、在当前窗口的父窗口显示 URL 指定文档和在顶层窗口中显示 URL 指定文档。当参数为一个空字符串时，作用等效于"_blank"。如果设置该属性为窗口名称，则窗口名称可以用作标签<a>和<form>的属性 target 的值。

spec：指定规格参数。规格参数由许多用逗号隔开的字符串组成，用以制定新窗口的外观及属性。按参数值的类型可以将规格参数分成两类：一类是布尔类型，以 0 或 no 表示关闭，以 1 或 yes 表示显示；另一类则是数值型。常用规格参数见表 8-3。

表 8-3　常用规格参数表

规格参数	用法
fullscreen=yes|no|1|0	是否以全屏显示，默认为 no
location=yes|no|1|0	是否显示网址栏，默认为 no。只对 IE 有效
menubar=yes|no|1|0	是否显示菜单栏，默认为 no；如果打开窗口的父窗口不显示菜单栏，打开窗口也将不显示
resizable=yes|no|1|0	是否可以改变窗口尺寸，默认为 no。只对 IE 有效
scrollbars=yes|no|1|0	设置如果网页内容超过窗口大小，是否显示滚动条，默认为 no
status=yes|no|1|0	是否显示状态栏，默认为 no。只对 IE 有效
toolbar=yes|no|1|0	是否显示工具栏，默认为 no。只对 IE 有效
height=number	设置窗口的高度，以像素为单位
width=number	设置窗口的宽度，以像素为单位
left=number	设置窗口左上角相对于显示器左上角的 X 坐标，以像素为单位
top=number	设置窗口左上角相对于显示器左上角 Y 坐标，以像素为单位

注：规格参数 left 和 top 对不同的浏览器有不同的默认值，比如，对 left 参数，IE 默认大约为 253px，Chrome 则默认为 0，Firefox 则默认不超过 5px；对 top 参数，IE 默认大约为 450px，Chrome 则默认为 0，Firefox 则默认不超过 5px。故为了在不同浏览器中有统一的位置，应显式设置这两个参数。

【示例 8-3】使用 open()打开一个新窗口。

```
<!doctype html>
<html>
<head>
<meta charset="utf-8">
<title>使用 open()打开一个新窗口</title>
<script>
    window.open("http://www.baidu.com","","height=300,width=500,location=0,left=200
            ,top=100");
</script>
</head>
<body>
</body>
</html>
```

上述代码在 Chrome 浏览器中运行后在距显示器左上角（200，100）处打开一个 500×300 px 大小的新窗口显示 baidu 网页。最终结果如图 8-7 所示。

图 8-7　使用 open()打开一个新窗口

【示例 8-4】在打开的窗口中显示表单的处理页面。

```
<!doctype html>
<html>
<head>
<meta charset="utf-8">
<title>在打开的窗口中显示表单的处理页面</title>
<script>
  window.onload=function(){
      var oBtn=document.getElementsByName('input')[0];
      oBtn.onclick=function(){
          window.open("","temp","top=80,left=100,width=300,height=100");
      };
  };
</script>
</head>
<body>
<form target="temp" action="ex8-2.html">
    <input type="submit" value="打开窗口" onClick="open_win()">
</form>
</body>
</html>
```

在<form>标签中设置表单处理页面显示的目标窗口为名称为"temp"的窗口，该名称正是打开的窗口的名称，因而表单处理页面将在打开的窗口中显示。上述代码在 Chrome 浏览器中运行后将在距显示器左上角（100，80）坐标处打开一个 300×100 px 大小的新窗口显示 ex8-2.html 页面内容，最终结果如图 8-8 所示。

（5）定时器的使用

使用 window 对象的 setTimeout()以及 setInterval()两个方法可以创建定时器，而使用 clearTimeout()以及 clearInterval()则可以清除对应的定时器。在第 5 章中已详细介绍了定时器的创建及清除，在此不再赘述。

图 8-8　在打开的窗口中显示表单处理页面

8.3　navigator 对象

　　navigator 对象包含有关浏览器的信息。navigator 对象包含的属性描述了正在使用的浏览器。navigator 对象是 window 对象的属性，因而可以使用 window.navigator 来引用它，实际使用时一般省略 window。

　　navigator 没有统一的标准，因此各个浏览器都有自己不同的 navigator 版本。下面将介绍各个 navigator 对象中普遍支持且常用的一些属性和方法。

1. navigator 对象属性

navigator 对象的常用属性见表 8-4。

表 8-4　navigator 对象的常用属性

属性	描述
appCodeName	返回浏览器的代码名
appMinorVersion	返回浏览器的次级版本
appName	返回浏览器的名称
appVersion	返回浏览器的平台和版本信息
browserLanguage	返回当前浏览器的语言
cookieEnabled	返回指明浏览器中是否启用 cookie，如果启用则返回 true，否则返回 false
platform	返回运行浏览器的操作系统平台
systemLanguage	返回 OS 使用的默认语言
userAgent	返回由客户端发送服务器的 user-agent 头部的值

　　上述属性中，最常用的是 userAgent 和 cookieEnabled，前者主要用于判断浏览器的类型，后者则用于判断用户浏览器是否开启了 cookie。

2. navigator 对象方法

navigator 对象的常用方法见表 8-5。

表 8-5　navigator 对象的常用方法

方法	描述
javaEnabled()	规定浏览器是否启用 Java
preference()	用于取得浏览器的爱好设置

3. 访问 navigator 对象属性和方法的方式

```
[window.]navigator.属性
[window.]navigator.方法(参数 1,参数 2,…)
```

【示例 8-5】navigator 对象的使用。

```html
<!doctype html>
<html>
<head>
<meta charset="utf-8">
<title>navigator 对象的使用</title>
<script>
 if (navigator.userAgent.toLowerCase().indexOf("trident") > -1){
    alert('你使用的是 IE'+', 浏览器的 cookie 启用了吗? '+navigator.cookieEnabled);
 }else if(navigator.userAgent.indexOf('Firefox') >= 0){
    alert('你使用的是 Firefox'+', 浏览器的 cookie 启用了吗? '+navigator.cookieEnabled);
 }else if(navigator.userAgent.indexOf('Opera') >= 0){
    alert('你使用的是 Opera'+', 浏览器的 cookie 启用了吗? '+navigator.cookieEnabled);
 }else if(navigator.userAgent.indexOf("Safari")>0){
    alert('你使用的是 Safari'+', 浏览器的 cookie 启用了吗? '+navigator.cookieEnabled);
 }else{
    alert('你使用的是其他的浏览器浏览网页! ');
 }
</script>
</head>
<body>
</body>
</html>
```

上述脚本代码使用了 navigator 对象来判断浏览器的类型以及是否启用了 cookie。上述代码在 IE、Firefox 和 Chrome 浏览器中的运行结果分别如图 8-9、图 8-10 和图 8-11 所示。

图 8-9　在 IE 中的结果　　　　图 8-10　在 Firefox 中的结果　　　　图 8-11　在 Chrome 中的结果

8.4　location 对象

location 对象包含了浏览器当前显示的文档的 URL 信息。当 location 对象调用 href 属性设置 URL 时，可使浏览器重定向到该 URL。location 对象是 window 对象的一个对象类型的属性，因而可以使用 window.location 来引用它，使用时也可以省略 window。

需注意的 document 对象也有一个 location 属性，而且 document.location 也包含了当前文档的 URL 信息。尽管 window.location 和 document.location 代表的意思差不多，但两者还是存在一些区别：window.location 中的 location 本身是一个对象，它可以省略 window 直接使用；而 document.location 中的 location 只是一个属性，必须通过 document 来访问它。

下面来看看 location 对象的一些常用属性和方法。

1. location 对象属性

location 对象的常用属性见表 8-6。

表 8-6　location 对象的常用属性

属性	描述
hash	设置或返回从井号（#）开始的 URL（锚）
host	设置或返回主机名和当前 URL 的端口号
hostname	设置或返回当前 URL 的主机名
href	设置或返回完整的 URL
pathname	设置或返回当前 URL 的路径部分
port	设置或返回当前 URL 的端口号
protocol	设置或返回当前 URL 的协议
search	设置或返回从问号（?）开始的 URL（查询部分）

完整的 URL 包括了不同的组成部分。上述属性中，href 属性存放的是当前文档完整的 URL，其他属性则分别描述了 URL 的各个部分。URL 的结构如图 8-12 所示。

图 8-12　URL 的结构示意图

2. location 对象方法

location 对象的常用方法见表 8-7。

表 8-7　location 对象的常用方法

方法	描述
assign()	加载新的文档
reload()	重新加载当前文档
replace()	用新的文档替换当前文档，且无需为它创建一个新的历史记录

3. 访问 location 对象的属性和方法的方式

```
[window.]location.属性
[window.]location.方法(参数 1,参数 2,…)
```

【示例 8-6】location 对象的使用。

```
<!doctype html>
<html>
<head>
<meta charset="utf-8">
```

```
<title>location 对象的使用</title>
<script>
function loadNewDoc(){
    window.location.assign("http://www.baidu.com");
}
function reloadDoc(){
    window.location.reload();
}
function getDocUrl(){
    alert("当前页面的 URL 是: "+window.location.href);
}
</script>
</head>
<body>
    <input type="button" value="加载新文档" onClick="loadNewDoc()"/>
    <input type="button" value="重新加载当前文档" onClick="reloadDoc()"/>
    <input type="button" value="查看当前页面的 URL" onClick="getDocUrl()"/>
</body>
</html>
```

上述脚本代码分别调用了 location 的 assign()、reload() 和 href 属性实现加载 baidu 网页、重新加载当前页面和获取当前页面的 URL。上述代码在 Chrome 浏览器中的运行结果如图 8-13 所示。当单击"查看当前页面的 URL"按钮时将弹出图 8-14 所示的对话框；当单击"加载新文档"按钮时，页面将跳转到 baidu 网页；当单击"重新加载当前文档"按钮时，将重新加载当前页面。

图 8-13　location 对象的应用

图 8-14　使用 location 对象获取 URL

8.5　history 对象

history 对象包含用户在浏览器窗口中访问过的 URL，它是 window 对象的一个对象类型的属性，可通过 window.history 属性对其进行访问，使用时也可以省略 window。history 对象最初设计时用于表示窗口的浏览历史。但出于隐私方面的原因，history 对象不再允许脚本访问已经访问过的 URL。现在可用的方法主要有 back()、forward()、go()、pushState() 和 replaceState()，其中，pushState() 和 replaceState() 是新增的方法，在主流浏览器上的一些较新版本（如 IE10+）上才可以用。

1. history 对象属性

history 对象的属性主要是 length，该属性用于返回浏览器历史列表中的 URL 数量。

2. history 对象方法

history 对象的常用方法见表 8-8。

表 8-8　history 对象的常用方法

方法	描述
back()	加载 history 列表中的前一个 URL
forward()	加载 history 列表中的下一个 URL
go(number)	加载 history 列表中的某个具体页面。参数 number 是要访问的 URL 在 history 的 URL 列表中的相对位置，可取正数或负数。在当前页面前面的 URL 的位置为负数（如在前一个页面的位置为 -1），反之则为正数
pushState(state,title,url)	添加指定的 url 到历史记录中，并且刷新将地址栏中的网址更新为 url
replaceState(state,title,url)	使用指定的 url 替换当前历史记录，并且无需刷新浏览器就会将地址栏中的网址更新为 url

注：pushState()和 replaceState()两个方法中的参数说明如下。

state 参数：与第三个参数 url 相关的状态对象。当同一个文档的浏览历史出现变化触发 popstate 事件时，该对象会传入回调函数。如果不需要这个对象，可将其设置为 null。

title 参数：新页面的标题，目前这个参数在所有浏览器中并没有效果，所以可将其设置为 null。

3. 访问 history 对象的属性和方法的方式

```
[window.]history.属性
[window.]history.方法(参数 1,参数 2,…)
```

4. history 对象的使用示例

```
history.back();//等效单击后退按钮
history.forward();//等效单击前进按钮
history.go(-1);//等效单击一次后退按钮,与 history.back()功能等效
history.go(-2);//等效单击两次后退按钮
history.pushState(null,null,"test1.html");
 history.replaceState(null,null,"test2.html");
```

假设当前页面的 URL 为 test.html，则在当前页面中存在上述示例中的最后两条代码。假设 test1.html、test2.html 和 test.html 保存在同一目录下，则浏览器运行 test.html 文件时，当执行完 test.html 文件中的 pushState()方法后，地址栏中的网址将会在没有刷新浏览器的情况下更改为 test1.html，同时历史记录中将会存在 test.html 和 test1.html 两条历史记录；而当执行完 replaceState()方法后，地址栏中的网址将会在没有刷新浏览器的情况下更改为 test2.html。

8.6　screen 对象

screen 对象包含有关客户端显示屏幕的信息。JavaScript 程序可以利用这些信息来优化输出，以达到用户的显示要求。例如，JavaScript 程序可以根据显示器的尺寸选择使用大图像还是使用小图像，它还可以根据有关屏幕尺寸的信息将新的浏览器窗口定位在屏幕中间。

screen 对象是 window 对象的一个对象类型的属性，可通过 window.screen 属性对其进行访问，使用时也可以省略 window。screen 对象的使用主要是调用 screen 对象的属性。screen 对象的常用属性见表 8-9。

8

表 8-9　screen 对象的常用属性

属性	描述
availHeight	返回显示屏幕的可用高度，单位为像素，不包括任务栏
availWidth	返回显示屏幕的可用宽度，单位为像素，不包括任务栏
height	返回显示屏幕的高度，单位为像素
width	返回显示屏幕的宽度，单位为像素
colorDepth	返回当前颜色设置所用的位数，值为-1：黑白；8：256 色；16：增强色；24/32：真彩色

1. 访问 screen 对象属性的方式

[window.]screen.属性

2. screen 对象的使用示例

```
screen.availHeight;//获取屏幕的可用高度
screen.availWidth;//获取屏幕的可用宽度
scren.height;//获取屏幕的高度
screen.width;//获取屏幕的宽度
```

练习题

一、填空题

BOM 的全称是＿＿＿＿＿＿＿＿＿＿＿＿，中文意思是＿＿＿＿＿＿＿＿＿＿＿＿，该模型的顶层对象是＿＿＿＿＿＿＿＿＿＿＿＿。

二、上机题

分别使用 window 对象创建一个确认对话框、删除对话框以及信息提示对话框。

第 9 章

事件处理

JavaScript 的一个基本特征就是事件驱动。所谓事件驱动，就是当用户执行了某种操作或 Javascript 和 html 交互后导致了某种状态改变后，会因此而引发一系列程序的响应执行。在这里，用户的操作称为事件，程序对事件作出的响应称为事件处理。

9.1 事件处理概述

事件处理，是指程序对事件作出的响应。事件，对 JavaScript 来说，就是用户与 Web 页面交互时产生的操作或 Javascript 和 html 交互后导致发生变化某种状态的事情，比如移动鼠标、按下某个键、单击按钮等操作以及表示 Ajax 的工作状态发生变化、表示动画已经完成运行等。事件处理中涉及的程序称为事件处理程序。事件处理程序通常定义为函数。在 Web 页面中产生事件的界面元素，称为事件源。在不同事件源上可以产生相同类型的事件，同一个事件源也可以产生不同类型的事件。JS 程序通过指明事件类型和事件源，并对事件源绑定事件处理程序，这样，一旦事件源发生指定类型的事件，浏览器就会调用事件源所绑定的处理程序进行事件处理。所以事件处理涉及的工作包括事件处理程序的定义及其绑定。在 Web 页面中，用户可进行的操作有很多，而每一种操作都将产生一个事件，表 9-1 中列出了常用的 JS 事件。

表 9-1　JavaScript 常用事件

事件		描述
鼠标事件	click	用户单击鼠标时触发此事件
	dblclick	用户双击鼠标时触发此事件
	mousedown	用户按下鼠标时触发此事件
	mouseup	用户按下鼠标后松开鼠标时触发此事件
	mouseover	当用户将鼠标的光标移动到某对象范围的上方时触发此事件
	mousemove	用户移动鼠标时触发此事件
	mouseout	当用户鼠标的光标离开某对象范围时触发此事件
	mousewheel	当滚动鼠标滚轮时发生此事件，只针对 IE 和 Chrome 有效
	DOMMouseScroll	当滚动鼠标滚轮时发生此事件，针对标准浏览器有效
键盘事件	keypress	当用户键盘上的某个字符键被按下时触发此事件
	keydown	当用户键盘上某个按键被按下时触发此事件
	keyup	当用户键盘上某个按键被按下后松开时触发此事件
窗口事件	error	加载文件或图像发生错误时触发此事件
	load	页面内容加载完成时触发此事件
	resize	当浏览器的窗口大小被改变时触发此事件
	unload	当前页面关闭或退出时触发此事件
表单事件	blur	当表单元素失去焦点时触发此事件
	click	用户单击复选框、单选框、普通按钮、提交按钮和重置按钮等按钮时触发此事件
	change	表单元素的内容发生改变并且元素失去焦点时触发此事件
	focus	当表单元素获得焦点时触发此事件
	reset	用户单击表单上的重置按钮时触发此事件
	select	用户选择了一个 input 或 textarea 表单元素中的文本时触发此事件
	submit	用户单击提交按钮提交表单时触发此事件

9.2　事件处理程序的绑定

为了使浏览器在事件发生时能自动调用相应的事件处理程序处理事件，需要对事件源绑定事件处理程序（绑定事件处理程序也叫注册事件处理程序）。绑定事件处理程序有以下 3 种方式。

（1）使用 HTML 标签的事件属性绑定事件处理程序。该方式通过设置标签的事件属性值为事件处理程序。这种方法现在不推荐使用。

（2）使用事件源的事件属性绑定事件处理函数。该方式通过设置事件源对象的事件属性值为事件处理函数。

（3）使用 addEventListener() 方法绑定事件和事件处理函数（IE9 之前的版本则使用 attach Event() 方法。限于篇幅，本书将只介绍 addEventListener()）。

上述 3 种事件绑定方式，（1）和（2）属于 DOM0 级事件的绑定方式，（3）则属于 DOM2 级事件的绑定方式。

9.2.1　使用 HTML 标签的事件属性绑定处理程序

需要注意的是，使用 HTML 标签的事件属性绑定事件处理程序的方式时，事件属性中的脚本代码不能包含函数声明，但可以是函数调用或一系列使用分号分隔的脚本代码。

【示例 9-1】使用 HTML 标签的事件属性绑定事件处理程序。

```
<!doctype html>
<html>
<head>
<meta charset="utf-8">
<title>使用 HTML 标签的事件属性绑定事件处理程序</title>
</head>
<body>
    <input type="button" onclick="var name='张三';alert(name);" value="事件绑定测试"/>
</body>
</html>
```

上述代码的 button 为 click 事件的目标对象，其通过标签的事件属性 onclick 绑定了两条脚本代码进行事件的处理。上述代码在 Chrome 浏览器的运行后，当用户单击按钮时，将弹出警告对话框，结果如图 9-1 所示。

图 9-1　HTML 标签事件属性绑定事件结果

当事件处理程序涉及的代码在 2 条以上时，如果还像示例 9-1 那样绑定事件处理程序，会使程序的可读性变得很差。对此，可以将事件处理程序定义为一个函数，然后在事件属性中调用该函数。

【示例 9-2】HTML 标签的事件属性为函数调用。

```html
<!doctype html>
<html>
<head>
<meta charset="utf-8">
<title>HTML 标签的事件属性为函数调用</title>
<script>
    function printName(){
        var name = "张三";
        alert(name);
    }
</script>
</head>
<body>
    <input type="button" onClick="printName()" value="事件绑定测试"/>
</body>
</html>
```

上述代码的执行结果和示例 9-1 完全相同。

从上述两个示例可以看到，标签事件属性将 JS 脚本代码和 HTML 标签混合在一起，违反了 Web 标准的 JS 和 HTML 应分离的原则。所以，使用 HTML 标签的事件属性绑定事件处理程序不好，在实际应用时应尽量避免使用。

9.2.2　使用事件源的事件属性绑定处理程序

使 HTML 和 JS 分离的其中一种方式是通过使用事件源的事件属性绑定事件处理函数，绑定格式如下：

```
obj.on 事件名 = 事件处理函数
```

说明：格式中的 obj 为事件源对象。绑定的事件程序通常为一个匿名函数的定义语句，或者是一个函数名称。

事件源的事件属性绑定处理程序示例：

```
oBtn.onclick = function(){//oBtn 为事件源对象，它的单击事件绑定了一个匿名函数定义
    alert('hi')
};
```

【示例 9-3】使用事件源的事件属性绑定事件处理函数。

```html
<!doctype html>
<html>
<head>
<meta charset="utf-8">
<title>使用事件源的事件属性绑定事件处理函数</title>
<script>
    window.onload = function(){//窗口加载事件绑定了一个匿名函数
        //定义一个名为 fn 的函数
        function fn(){
            alert('hello');
        }
```

```
        //获取事件源对象
        var oBtn1 = document.getElementById("btn1");
        var oBtn2 = document.getElementById("btn2");

        //绑定一个匿名函数
        oBtn1.onclick = function(){
            alert("hi");
        }
        //绑定一个函数名
        oBtn2.onclick = fn;
    };
</script>
</head>
<body>
    <input type="button" id="btn1" value="绑定一个匿名函数">
    <input type="button" id="btn2" value="绑定一个函数名">
</body>
</html>
```

上述 JS 代码中处理了 3 个事件：文档窗口加载事件 load、两个按钮的单击事件 click。这三个事件的处理都是使用事件源的事件属性绑定事件处理函数来实现的，其中 load 事件和第一个按钮的 click 事件绑定的是匿名函数，而第二个按钮的 click 事件绑定的是一个函数名。需要特别注意的是，不能在 oBtn2 绑定的函数名后面加 "()"，否则绑定的函数变为函数调用，这样就会在 JS 引擎执行到该行代码时自动调用执行，而在事件触发时却不会执行了。

在文档所有元素加载完成后会处理窗口加载事件函数，而单击每个按钮时将会触发单击事件。单击第一个和第二个按钮后，将分别弹出显示 "hi" 和 "hello" 两个警告对话框。

9.2.3 使用 addEventListener()绑定处理程序

使用事件源对象的事件属性绑定事件处理程序方式虽然简单，但其存在一个不足之处：一个事件只能绑定一个处理程序，后面绑定的事件处理函数会覆盖前面绑定的事件处理函数。实际应用中，一个事件源的一个事件可能会用到多个函数来处理。当一个事件源需要使用多个函数来处理时，可以通过事件源调用 addEventListener()（针对标准浏览器）来绑定事件处理函数以实现此需求。一个事件源通过方法绑定多个事件函数的实现方式是：对事件源对象调用多次 addEventListener()，其中每次的调用只绑定一个事件处理函数。

addEventListener()是标准事件模型中的一个方法，对所有标准浏览器都有效。使用 addEventListener()绑定事件处理程序的格式如下：

事件源.addEventListener(事件名称,事件处理函数名,是否捕获);

说明：参数 "事件名称" 是一个不带 "on" 的事件名；参数 "是否捕获" 是一个布尔值，默认值为 false，取 false 时实现事件冒泡，取 true 时实现事件捕获。有关事件冒泡和事件捕获的内容请参见 9.4 节。

通过多次调用 addEventListener()可以为一个事件源对象的同一个事件类型绑定多个事件处理函数。当对象发生事件时，所有该事件绑定的事件处理函数就会按照绑定的顺序依次调用执行。

另外，需要注意的是，addEventListener()绑定的事件处理函数中的 this 指向事件源。

addEventListener()绑定处理程序示例：

```
document.addEventListener('click',fn1,false);//click 事件绑定 fn1 函数实现事件冒泡
document.addEventListener('click',fn2,true);//click 事件绑定 fn2 函数实现事件捕获
```

【示例 9-4】使用 addEventListener()绑定事件函数。

```
<!doctype html>
<html>
<head>
<meta charset="utf-8">
<title>使用 addEventListener()/attachEvent()绑定事件函数</title>
<script>
    function fn1(){
        alert("fn1()");
    }
    function fn2(){
        alert("fn2()");
    }
    function bindTest(){
        document.addEventListener('click',fn1,false);//首先绑定 fn1 函数
        document.addEventListener('click',fn2,false);
    }
    bindTest();//调用函数
</script>
</head>
<body>
</body>
</html>
```

上述代码在 Chrome 浏览器中运行后，当单击文档窗口时，会依次弹出显示"fn1()"和"fn2()"的警告对话框。

9.3 事件对象

事件对象用于描述所产生的事件。调用事件处理程序时，JS 会把事件对象作为参数传给事件处理程序。事件对象提供了有关事件的详细信息，因而可以在事件处理程序中通过事件对象获取有关事件的相关信息，例如获取事件源的名称、键盘按键的状态、鼠标光标的位置、鼠标按钮的状态等信息。

需要注意的是，事件对象在不同浏览器中存在兼容问题：在 IE/Chrome，事件对象为 event 对象，为一个内置全局对象，而 event 对象在 Firefox 不存在这个对象，对 Firefox 需要使用一个局部变量来接收有关事件的相关信息。可见，在获取事件对象时需要进行兼容处理，具体做法请参见示例 9-5。所有标准浏览器（包括 IE9、IE10、IE11、Chrome 和 Firefox），事件对象都是使用事件函数的第一个参数表示，有关事件的所有详细信息都将传入这个参数。由前面的描述可知，事件对象必须在一个事件调用的函数里面使用才有事件的相关信息。

事件对象包含的有关事件的所有信息以及事件具有的一些特性都是通过该对象的属性和方法来体现的，表 9-2 列出了事件对象的一些常用属性和方法。

表 9-2　事件对象的常用属性和方法

属性/方法	说明
altKey	用于判断键盘事件发生时 "Alt" 键是否被按下
button	用于判断鼠标事件发生时哪个鼠标键被点击了。在遵循 W3C 标准的浏览器中，鼠标左、中、右键分别用 0、1 和 2 表示；不遵循 W3C 标准的 IE 浏览器中，鼠标左、中、右键分别用 1、4 和 2 表示
clientX	用于获取鼠标事件发生时相对于可视窗口左上角的鼠标光标的水平坐标
clientY	用于获取鼠标事件发生时相对于可视窗口左上角的鼠标光标的垂直坐标
ctrlKey	用于判断键盘事件发生时 "Ctrl" 键是否被按下
keyCode	返回被按下的键盘按键对应的键码值
relatedTarget	用于获取鼠标事件发生时与事件源相关的节点
screenX	用于获取鼠标事件发生时相对于文档窗口的鼠标光标的水平坐标
screenY	用于获取鼠标事件发生时相对于文档窗口的鼠标光标的垂直坐标
shiftKey	用于判断键盘事件发生时 "Shift" 键是否被按下
offsetX	用于获取鼠标事件发生时相对于事件源的左上角的水平偏移，在 Chrome、Opera 和 Safari 浏览器中，左上角为外边框的位置；在 Firefox 和 IE 浏览器中，左上角为内边框的位置
offsetY	用于获取鼠标事件发生时相对于事件源的左上角的垂直偏移，浏览器的情况与 offsetX 同
srcElement	用于在 IE8 及以下版本的 IE 浏览器中，获取事件源
target	在 W3C 标准浏览器中获取事件源
type	获取事件类型
returnValue	取值为 true 或 false。用于在 IE8 及以下版本的 IE 浏览器中决定是否不执行与事件关联的默认动作。当值为 false 时，不执行默认动作

【示例 9-5】事件对象的使用。

```html
<!doctype html>
<html>
<head>
<meta charset="utf-8">
<title>事件对象的使用</title>
<style>
#div1{width:100px;height:100px;background:red;position:absolute;}
</style>
<script>
    window.onload = function(ev){
      var oDiv = document.getElementById('div1');
      document.onmousemove = function(ev){
          var ev = ev || event;//获取事件对象的兼容处理
          //计算滚动条离屏幕顶端的距离
          var scrollTop = document.documentElement.scrollTop;
          //计算滚动条离屏幕左端的距离
          var scrollLeft = document.documentElement.scrollLeft;
          //加上滚动条距离可实现 div 紧跟在鼠标光标后面移动
          oDiv.style.top = ev.clientY + scrollTop + 'px';
          oDiv.style.left = ev.clientX + scrollLeft + 'px';
      };
    };
```

9

```
    </script>
    </head>
    <body>
        <div id="div1"></div>
    </body>
    </html>
```

示例 9-5 的功能是实现鼠标光标移动时，div 紧跟在鼠标光标后面移动。示例中的 JS 代码分别对事件对象以及滚动条与屏幕的距离进行了兼容处理。获取滚动条与屏幕左端和顶端的距离，现在都使用 document.documentElement.scrollTop 和 document.documentElement.scrollLeft。另外，div 的 left 和 top 的值需要等于相对于可视窗口左上角的距离 clientX/clientY 加上滚动条与屏幕左端的距离 scrollLeft/scrollTop，否则，当文档窗口大于可视窗口时，鼠标光标移动时，div 有可能和鼠标光标分隔开，无法紧跟其后移动。

9.4　事件流

事件流描述的是从页面中接受事件的顺序。IE 和 Netscape 开发团队提出了两个截然相反的事件流概念，IE 的事件流是事件冒泡（event bubbling），Netscape 的事件流是事件捕获（event capturing）。

9.4.1　事件冒泡

事件冒泡：当一个元素接收到事件时，会把它接收到的事件逐级向上传播给它的祖先元素，一直传到顶层的 window 对象（关于最后传播到的顶层对象，不同浏览器有可能不同，例如 IE9 及其以上的 IE、FireFox、Chrome、Safari 等浏览器，事件冒泡的顶层对象为 window 对象，而 IE7/8 顶层对象则为 document 对象）。例如，在 Chrome 浏览器中，当用户单击了<div>元素，click 事件将按照<div>→<body>→<html>→document→window 的顺序进行传播，如图 9-2 所示。事件冒泡可以形象地比喻为把一块石头投入水中，泡泡会一直从水底冒出水面，也就是说从下向上开始传播。

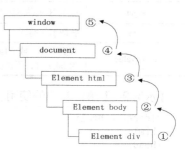

图 9-2　事件冒泡时事件的传播顺序

事件冒泡对所有浏览器都是默认存在的，且由元素的 HTML 结构决定，而不是由元素在页面中的位置决定，所以即便使用定位或浮动使元素脱离父元素的范围，单击元素时，其依然存在冒泡现象。

使用 addEventListener()绑定事件，当第三个参数为 false 时，事件为冒泡；为 true 时，事件为捕获。而使用事件源对象的事件属性绑定事件函数以及使用 HTML 标签事件属性绑定事件函数的事件流都是事件冒泡。

【示例 9-6】事件冒泡演示。

```
<!doctype html>
<html>
<head>
<meta charset="utf-8">
<title>事件冒泡演示</title>
<style>
```

```
        div{padding:30px;}
        #div1{background:red;}
        #div2{background:green;}
        #div3{background:blue;position:absolute;top:200px;}
    </style>
    <script>
        window.onload = function(){
            //获取各个元素
            var oBody = document.getElementById('body1');
            var oDiv1 = document.getElementById('div1');
            var oDiv2 = document.getElementById('div2');
            var oDiv3 = document.getElementById('div3');
            //对各个元素的单击事件绑定事件处理函数 fn1
            window.onclick = fn1;
            document.onclick = fn1;
            oBody.onclick = fn1;
            oDiv1.onclick = fn1;
            //oDiv2.onclick = fn1;
            oDiv3.onclick = fn1
            function fn1(){//定义事件处理函数
                console.log(this);
            }
        };
    </script>
    </head>
    <body id="body1">
        <div id="div1">
            <div id="div2">
                <div id="div3"></div>
            </div>
        </div>
    </body>
    </html>
```

　　示例 9-6 对获取到的各个元素都使用事件属性绑定事件处理函数，因而这些元素都会实现事件冒泡。当单击 div3 时，div3 作为事件冒泡的最低层元素，会首先触发单击事件，在 Chrome 浏览器中的运行结果如图 9-3 所示。由图 9-3 可见，虽然 div3 因为绝对定位而脱离了文档，但其所触发的事件仍然会逐级向上传递单击事件给 div2、div1、document 和 window，即便注释掉 div2 的单击事件。

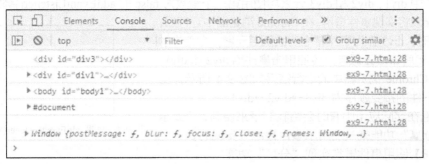

图 9-3　事件冒泡运行结果

在前面介绍了，addEventListener()的第三个参数取 false 值时，将会实现事件冒泡。下面通过示例 9-7 演示使用 addEventListener()实现事件冒泡。

【示例 9-7】使用 addEventListener()实现事件冒泡。

```
<!doctype html>
<html>
<head>
<meta charset="utf-8">
<title>使用 addEventListener()实现事件冒泡</title>
<style>
    div{padding:30px;}
    #div1{background:red;}
    #div2{background:green;}
    #div3{background:blue;position:absolute;top:200px;}
</style>
<script>
    window.onload = function(){
        var oDiv1 = document.getElementById('div1');
        var oDiv2 = document.getElementById('div2');
        var oDiv3 = document.getElementById('div3');
        //调用 addEventListener()实现事件冒泡
        oDiv1.addEventListener('click',fn1,false);
        oDiv2.addEventListener('click',fn1,false);
        oDiv3.addEventListener('click',fn1,false);

        function fn1(){
            console.log(this);
        }
    };
</script>
</head>
<body id="body1">
    <div id="div1">
        <div id="div2">
            <div id="div3"></div>
        </div>
    </div>
</body>
</html>
```

示例 9-7 中 div1、div2 和 div3 元素均使用第三个参数为 false 的 addEventListener()绑定事件函数，因而这 3 个元素将实现事件冒泡。在 Chrome 浏览器中运行后，当单击 div3 时，div3 作为事件冒泡的最低层元素，会首先触发单击事件，然后 div3 逐级向上传递单击事件给 div2 和 div1。示例 9-7 在 Chrome 浏览器中的运行结果如图 9-4 所示。由图 9-4 可见事件的接受顺序为 div3→div2→div1。

图 9-4 使用 addEventListener()实现事件冒泡

事件冒泡在实际应用中有时会给我们带来便利，例如示例 9-8 的"分享"功能就是使用了事件冒泡来实现的。

【示例 9-8】使用事件冒泡实现"分享"功能。

```
<!doctype html>
<html>
```

```
<head>
<meta charset="utf-8">
<title>使用事件冒泡实现"分享"功能</title>
<style>
    #div1{width:80px;height:150px;border:black 1px solid;position:absolute;
        left:-82px;top:100px;}
    #div2{width:30px;height:70px;position:absolute;right:-30px;top:45px;
        background:black;color:white;text-align:center;}
    ul{list-style:none;padding:0 20px;}
    img{width:36px;height:39px;}
</style>
<script>
    window.onload = function(){
        var oDiv = document.getElementById('div1');
        oDiv.onmouseover = function(){//鼠标光标移入，使div1 显示
            this.style.left = '0px';
        }
        oDiv.onmouseout = function(){//鼠标光标移出，使div1 隐藏
            this.style.left = '-82px';
        }
    };
</script>
</head>
<body>
  <div id="div1">
    <ul>
    <a href="#"><li><img src="images/qq.png"/></li></a>
    <a href="#"><li><img src="images/sina.png"/></li></a>
    <a href="#"><li><img src="images/renren.png"/></li></a>
    </ul>
    <div id="div2">分享到</div>
  </div>
</body>
</html>
```

示例 9-8 在 Chrome 浏览器中运行后的初始状态如图 9-5 所示，当我们将鼠标光标移到 div2（"分享到"）上后，div2 的鼠标光标移入事件将会传递给它的父级元素 div1（图标列表），因而此时会触发 div1 的鼠标光标移入事件，而使 div1 显示出来，结果如图 9-6 所示。当将鼠标光标从 div2 移开时，div2 的鼠标光标移开事件同样会传递给 div1，从而触发 div1 的鼠标光标移开事件，而使 div1 隐藏起来，即回到图 9-5 所示状态。

图 9-5　初始状态

图 9-6　鼠标光标移入"分享到"后的状态

在程序开发时，事件冒泡在某些时候会带来便利，但有时却又会带来不好的影响，此时就需要阻止事件冒泡。所有标准浏览器（IE9 及其以上版本、Chrome 和 Firefox）都通过事件对象调用 stopPropagation()来实现事件冒泡的阻止。

注：IE7/8 等非标准的 IE 只能使用设置事件对象的 cancelBubble 属性值为 true 的方法来阻止事件冒泡。

阻止事件冒泡的方法格式如下：

```
事件对象.stopPropagation();//针对标准浏览器
```

下面通过示例 9-9 来演示事件冒泡的阻止。

【示例 9-9】事件冒泡的阻止。

```
<!doctype html>
<html>
<head>
<meta charset="utf-8">
<title>阻止事件冒泡</title>
<style>
    #div1{width:100px;height:200px;border:1px solid red;display:none;}
</style>
<script>
    window.onload = function(){
        var oBtn = document.getElementById('btn');
        var oDiv = document.getElementById('div1');
        oBtn.onclick = function(ev){
            //阻止事件冒泡的兼容处理:
            ev.stopPropagation();
            oDiv.style.display = 'block';//显示 div
        };
        document.onclick = function(){
            oDiv.style.display = 'none';//隐藏 div
        }
    };
</script>
</head>
<body>
    <div id="div1"></div>
    <input type="button" id="btn" value="显示 DIV"/>
</body>
</html>
```

示例 9-9 的作用是单击按钮时，显示 div，如图 9-7 所示；再单击除按钮以外的其他地方则隐藏 div，如图 9-8 所示。

由示例 JS 代码，可知 button 和 document 两个元素都使用了事件属性来绑定单击事件处理函数，因而它们将会实现事件冒泡。因而当单击按钮时，如果不阻止 button 元素的事件冒泡，button 触发的单击事件将会传递到 document。

根据事件冒泡的事件接受顺序，可知单击按钮后将显示 div，但因为事件冒泡，document 接着也触发了单击事件，而其却是隐藏 div，这样最终的运行结果是，单击按钮后将永远都无法显示 div。可见，要实现我们所要求的功能，就必须在单击按钮后，只有 button 触发单击事件，这就需要阻止 button 的事件冒泡。

图 9-7 单击按钮显示 div

图 9-8 单击除按钮以外的其他地方隐藏 div

9.4.2 事件捕获

事件捕获是由 Netscape Communicator 团队提出来的，从最顶层的 window 对象开始逐渐往下传播事件,即最顶层的 window 对象最早接收事件，最低层的具体被操作的元素最后接收事件。例如，当用户单击了 <div> 元素，采用事件捕获，则 click 事件将按照 window→document→<html>→<body>→<div> 的顺序进行传播，如图 9-9 所示。

使用 addEventListener() 绑定事件函数时，当第三个参数取值为 true 时，将执行事件捕获，除此之外的其他事件的绑定方式，都是执行事件冒泡。可见，只有标准浏览器才能进行事件捕获。

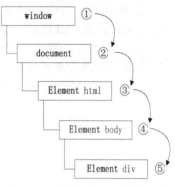

图 9-9 事件捕获时的事件传播顺序

【示例 9-10】事件捕获。

```html
<!doctype html>
<html>
<head>
<meta charset="utf-8">
<title>事件捕获</title>
<style>
    div{padding:40px;}
    #div1{background:red;}
    #div2{background:green;}
    #div3{background:blue;position:absolute;top:300px;}
</style>
<script>
    window.onload = function(){
        var oDiv1 = document.getElementById('div1');
        var oDiv2 = document.getElementById('div2');
        var oDiv3 = document.getElementById('div3');
        //事件捕获
        oDiv1.addEventListener('click',fn1,true);
        oDiv2.addEventListener('click',fn1,true);
        oDiv3.addEventListener('click',fn1,true);
        window.addEventListener('click',fn1,true);
```

```
        document.addEventListener('click',fn1,true);
         //定义事件函数
        function fn1(){
            console.log(this);
        }
    };
</script></head>
<body>
    <div id="div1">
        <div id="div2">
            <div id="div3"></div>
        </div>
    </div>
</body>
</html>
```

上述 JS 代码分别对 window、document、div1、div2 和 div3 元素调用 addEventListener()绑定事件函数，而且这些 addEventListener()的第三个参数都为 true，因而前述 5 个元素都实现了事件捕获。当单击 div3 节点时，单击事件的接收顺序为 window→document→div1→div2→div3，在 Chrome 浏览器中的运行结果如图 9-10 所示。

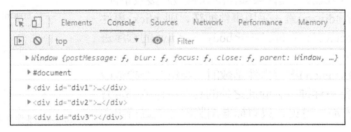

图 9-10　事件捕获结果

9.4.3　W3C 标准事件流

W3C 标准事件流（DOM2 级事件流）包含 3 个阶段，捕获阶段、目标阶段、冒泡阶段。在捕获阶段，事件对象通过目标的祖先从窗口传播到目标的父级。在目标阶段，事件对象到达事件对象的事件目标。在冒泡阶段，事件对象以相反的顺序通过目标的祖先传播，从目标的父级开始，到窗口结束。W3C 事件模型中发生的任何事件，先从顶层对象 window 开始一路向下捕获，直到达到目标元素，其后进入目标阶段。目标元素 div 接收到事件后开始冒泡到顶层对象 window。例如，当用户单击了<div>元素，则首先会进行事件捕获，此时事件按 window → document → <html> → <body>的顺序进行传播，当事件对象传到<div>时进入目标阶段，接着事件对象又从目标对象传到 body，从而进入事件的冒泡阶段，此时事件对象按<body>→<html>→document→window 的顺序传播事件。各阶段的事件流如图 9-11 所示。

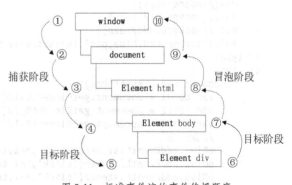

图 9-11　标准事件流的事件传播顺序

【示例 9-11】标准事件流的事件处理。

```html
<!doctype html>
<html>
<head>
<meta charset="utf-8">
<title>标准事件流的事件处理</title>
<style>
    div{padding:40px;}
    #div1{background:red;}
    #div2{background:green;}
    #div3{background:blue;position:absolute;top:300px;}
</style>
<script>
    window.onload = function(){
        var oDiv1 = document.getElementById('div1');
        var oDiv2 = document.getElementById('div2');
        var oDiv3 = document.getElementById('div3');
        //标准事件流处理事件
        oDiv1.addEventListener('click',function(){
            console.log('事件冒泡 1');
        },false);
        oDiv1.addEventListener('click',function(){
            console.log('事件捕获 1');
        },true);
        oDiv3.addEventListener('click',function(){
            console.log('事件捕获 2');
        },true);
        oDiv3.addEventListener('click',function(){
            console.log('事件冒泡 2');
        },false);
    };
</script>
</head>
<body>
    <div id="div1">
        <div id="div2">
            <div id="div3"></div>
        </div>
    </div>
</body>
</html>
```

上述 JS 代码分别对 div1 和 div3 元素调用两次 addEventListener()绑定事件函数，从 addEventListener()的第三个参数的取值可知，div1 和 div3 元素都同时包含事件冒泡和事件捕获阶段。当单击 div3 元素时，事件流首先进入捕获阶段。对 div1～div3 这三个元素来说，单击事件会首先由 div1 捕获到，然后再由 div1 传播到 div2，至此捕获阶段结束。接着事件流进入目标阶段，单击事件从 div2 传到目标元素 div3，然后又由 div3 传到 div2，至此目标阶段结束。此后事件流进入冒泡阶段，此时将由 div2 开始从下往上冒泡将单击事件传播给 div1。示例 9-11 在 Chrome 浏览器中的运行结果如图 9-12 所示。从图 9-11 中可以看到，在标准事件流中，首先从上往下执行事件捕获，然后再从下往上执行事件冒泡。

图 9-12　标准事件流事件处理结果

9.5 绑定事件的取消

在 9.2 节中我们介绍了三种事件绑定方式，使用这些绑定方式，可以将事件源对象和事件处理函数进行绑定。对绑定的事件，如果不再需要时可以取消。不同级别的事件，绑定事件的取消采用不同方式。

DOM0 级事件是将绑定的事件替换为 null 即可，例如：

```
document.onclick = fn1;//绑定事件函数
document.onclick = null;//取消绑定的事件
```

DOM2 级事件的取消，对不同浏览器采取不同的处理方式。

标准浏览器，采用以下格式取消绑定的事件：

```
事件源对象.removeEventListener(事件名称,事件函数名,是否捕获);
```

对非标准的 IE 浏览器，采用以下格式取消绑定的事件：

```
事件源对象.detachEvent(事件名称,事件函数名);
```

由 DOM2 级事件的取消格式可知，要取消绑定的事件，则在绑定事件时必须使用有名函数，否则取消时没法指定事件函数名。

DOM2 级事件的取消示例如下：

```
//标准浏览器下的事件绑定和取消
document.addEventListener('click',fn1,false);
document.addEventListener('click',fn1,true);
document.addEventListener('click',fn2,false);
//取消冒泡阶段绑定的 fn1，这样单击文档后，在事件捕获时执行 fn1 函数，事件冒泡时只执行 fn2 函数
document.removeEventListener('click',fn1,false);
```

9.6 事件默认行为的取消

事件的默认行为指的是：当一个事件发生时，浏览器自己会默认做的事情。这些事件的默认行为，在某些情况下，可能并不是我们所期望的，此时就需要取消它。事件默认行为的取消方法跟事件的绑定方式有关。

（1）使用对象的事件属性绑定事件（即使用"obj.on 事件名称=事件处理函数"的绑定格式）的事件默认行为的取消方法是：在当前事件的处理函数中 return false 即可阻止当前事件的默认行为。

（2）使用 addEventListener()绑定事件函数的事件默认行为的取消方法是：在当前事件的处理函数中使用 event.preventDefault()即可阻止当前事件的默认行为。

例如：表单的提交按钮单击后默认会提交表单，如果在用户名没有输入的情况下，我们希望阻止表单的提交，则可以在提交按钮的单击事件处理函数中通过 return false 来或通过 event 对象调用 preventDefault()来达到，具体代码请参见示例 9-12 和示例 9-13。

【示例 9-12】取消使用对象属性绑定的事件的默认行为。

```
<!doctype html>
<html>
<head>
```

```
<meta charset="utf-8">
<title>取消使用对象属性绑定的事件的默认行为</title>
<script>
    window.onload = function(){
        var oBtn = document.getElementById('btn');
        oBtn.onclick = function(){
            var name = document.getElementById("username");
            if(name.value.length == 0){
                alert("请输入姓名");
                return false; //用户名没有输入时，阻止表单提交
            }
        };
    };
</script>
</head>
<body>
<form action="ex9-1.html">
    姓名:<input type="text" name="username" id="username"/>
    <input type="submit" value="提交" id='btn'/>
</form>
</body>
</html>
```

　　上述代码在浏览器中运行后，单击提交按钮，首先会判断用户名文本框中是否有内容，如果内容为空，返回 false，此时弹出警告对话框，并阻止表单提交；当文本框中有内容时，提交按钮会执行单击事件的默认行为，即将表单提交给 ex9-1.html 处理。

　　【示例 9-13】取消使用 addEventListener()绑定的事件的默认行为。

```
<!doctype html>
<html>
<head>
<meta charset="utf-8">
<title>取消使用 addEventListener()绑定的事件的默认行为</title>
<script>
    window.onload = function(){
        var oBtn = document.getElementById('btn');
        oBtn.addEventListener('click',function(ev){
            var ev = ev || event;
            var name = document.getElementById("username");
            if(name.value.length == 0){
                alert("请输入姓名");
                if(ev.preventDefault){//用户名没有输入时，阻止表单提交
                    ev.preventDefault();
                }
            }
        },false);
    };
</script>
</head>
<body>
<form action="ex9-1.html">
    姓名:<input type="text" name="username" id="username"/>
    <input type="submit" value="提交" id='btn'/>
</form>
```

```
    </body>
    </html>
```

上述代码在浏览器中运行后，单击提交按钮，首先会判断用户名文本框中是否有内容，如果内容为空，将调用事件对象的 preventDefault()方法。此时会弹出警告对话框，并阻止表单提交。当文本框中有内容时，提交按钮会执行单击事件的默认行为，即将表单提交给 ex9-1.html 处理。

9.7 使用 oncontextmenu 事件自定义上下文菜单

当用户对元素单击鼠标右键时将触发元素的 oncontextmenu 事件，从而打开上下文菜单，即弹出下拉菜单。任何元素触发的 oncontextmenu 事件，打开的都是浏览器默认的上下文菜单，不同浏览器默认的上下文菜单有可能不一样。如果不希望打开默认的上下文菜单，且在任何浏览器中打开的上下文菜单都相同，则需取消 oncontextmenu 事件的默认行为，同时自定义显示的上下文菜单。自定义上下文菜单的具体代码请参见示例 9-14。

【示例 9-14】使用 oncontextmenu 事件自定义上下文菜单

```
<!doctype html>
<html>
<head>
<meta charset="utf-8">
<title>使用 oncontextmenu 事件自定义上下文菜单</title>
<style>
    #div1{width:120px;height:200px;border:1px solid #CCC;position:absolute;
        display:none;text-align:center;}
    ul{padding:5px 0;}
    li{list-style:none;margin:20px;}
    a{text-decoration:none;}
    a:link,a:visited{color:#000;}
</style>
<script>
    window.onload = function(){
        var oDiv = document.getElementById('div1');
        //单击右键阻止默认的上下文菜单弹出，而弹出自定义的上下文菜单
        document.oncontextmenu = function(ev){
            var ev = ev || event;
            oDiv.style.display = 'block';//显示 div
            //设置弹出的 div 的 left 和 top 为单击鼠标光标处的位置
            oDiv.style.left = ev.clientX + 'px';
            oDiv.style.top = ev.clientY + 'px';
            return false;//阻止浏览器的默认行为，使默认的上下文菜单不弹出
        };

        //单击文档窗口任意的地方，使自定义的上下文菜单隐藏
        document.onclick = function(){
            oDiv.style.display = 'none';
        };
    };
</script>
</head>
<body>
```

```
    <div id="div1">
        <ul>
            <li><a href="#">刷 新</a></li>
            <li><a href="#">资源下载</a></li>
            <li><a href="#">联系我们</a></li>
        </ul>
    </div>
</body>
</html>
```

示例 9-14 的功能是，当在文档窗口的任何地方单击鼠标右键时，会在单击鼠标光标处弹出自定义的上下文菜单，如图 9-13 所示，并会取消浏览器默认的上下文菜单，之后在文档窗口的任何地方单击鼠标左键则隐藏自定义的上下文菜单。

根据上述功能要求，示例 9-14 JS 代码在 oncontextmenu 事件绑定的事件函数中通过 return false 来取消默认的上下文菜单。自定义的上下文菜单使用 div 来生成，因而在 oncontextmenu 事件函数中显示 div，而在文档的 onclick 事件中隐藏 div。

图 9-13   右键单击文档窗口弹出自定义的
上下文菜单

9.8   焦点事件

焦点用于使浏览器能够区分可响应用户操作的对象。当一个元素有焦点时，它可以响应用户的操作；反之失去焦点后，元素无法响应用户操作。例如文本框获得焦点后用户可以对其输入内容，失去焦点后则不可以在方本框中输入内容。可通过单击元素、按 Tab 键或调用元素的 focus() 使元素获得焦点，元素调用 blur() 方法则会失去焦点。

焦点事件包括获取焦点事件和失去焦点事件，分别用 focus（onfocus）和 blur（onblur）来表示。当元素获得焦点后会触发焦点事件，元素失去焦点后会触发失去焦点事件。

需要注意的是，不是所有元素都能够接收焦点的，如 div 不能接收焦点；只有能够响应用户操作的元素才能有焦点，如文本框，<textarea>等元素。

【示例 9-15】使用焦点事件实现类似 HTML5 表单 placeholder 属性功能。

```
<!doctype html>
<html>
<head>
<meta charset="utf-8">
<title>使用焦点事件实现类似 HTML5 表单 placeholder 属性功能</title>
<script>
    window.onload = function(){
        var oBtn = document.getElementById('btn');
        var oText = document.getElementById('text1');
        oText.onfocus = function(){//获取焦点事件
            if(this.value == "请输入内容")
                this.value = '';
        };
        oText.onblur = function(){//失去焦点事件
```

```
                if(this.value == '')
                    this.value = "请输入内容";
            };
            oBtn.onclick = function(){
                oText.select();//全选文本框中的内容
            };
        };
    </script>
    </head>
    <body>
      <input type="text" id="text1" value="请输入内容"/>
      <input type="button" id="btn" value="选择输入文本"/>
    </body>
    </html>
```

HTML5 表单元素的 placeholder 属性的功能是元素没有输入内容时会显示输入提示信息，当单击元素获得焦点且在其中输入内容时输入提示信息消失。示例 9-15 的功能是文本框默认显示提示信息；当文本框获得焦点时，将触发 onfocus 事件处理，此时如果文本框中的内容为"请输入内容"，将会清空文本内容；文本框失去焦点时，触发 onblur 事件处理，此时如果文本框没有内容，将显示"请输入内容"提示信息。此外，该示例还通过文本框对象调用 select()方法实现单击按钮时，全选文本框中的内容。

示例 9-15 在 Chrome 浏览器中的运行结果如图 9-14～图 9-16 所示。

图 9-14 没有输入内容且失去焦点时的状态　　图 9-15 没有输入内容且获得焦点时的状态

图 9-16 单击按钮后全选文本框中输入的内容

示例 9-16 通过文本框调用 focus()实现文本框自动获取焦点。

【示例 9-16】使用 focus()自动获得焦点。

```
<!doctype html>
<html>
<head>
<meta charset="utf-8">
<title>使用 focus()获得焦点</title>
```

```
<script>
    window.onload = function(){
        var username = document.getElementById('username');
        username.focus();//文本框自动获得焦点
    };
</script>
</head>
<body>
    <form action="admin.jsp" method="post">
    用户名: <input type="text" id="username"/><br>
    密 码: <input type="password" id="psw"/><br>
    <input type="submit" value="登录"/>
    </form>
</body>
</html>
```

上述 JS 代码中对用户名文本框元素调用了 focus()，使该文本框在页面运行后自动获得焦点，在 Chrome 浏览器中的运行结果如图 9-17 所示。

图 9-17　文本框自动获得焦点

9.9　键盘事件

当用户敲击键盘时，会触发键盘事件。需要注意的是，键盘事件发生后，并不是所有元素都能够接收，只有能够接收焦点的元素，例如，document、<textarea>以及单行文本框等元素，才能接收键盘事件。

键盘事件主要有 keypress（onkeypress）、keydown（onkeydown）和 keyup（onkeyup）3 个事件。keypress 和 keydown 事件都是在按下键盘时触发，但 keypress 只针对字符键有效，对功能键，如：F1～F12、Shift、Ctrl、Alt、Tab、方向键以及 Insert、Home、PrtSc 等键无效。keydown 则对所有按键有效。另外，keypress 得到的 keyCode 是字符的 ASCII 对应的十进制数字，而 keydown 得到的 keyCode 是键盘的代码值；keyup 事件在键盘弹起时触发，它也是针对所有按键有效，返回的 keyCode 值也是键盘的代码值。

处理键盘事件时，经常需要获取键盘的代码值，常用的键盘代码值见表 9-3。

表 9–3　常用键盘代码值

按键	键盘代码值
0～9	48～57
A～Z(a～z)	65～90
F1～F12	112～123
BackSpace（退格）	8
Tab	9
Enter（回车）	13
CapsLock（大写锁定）	20
Space（空格键）	32

按键	键盘代码值
Left（左箭头）	37
Up（上箭头）	38
Right（右箭头）	39
Down（下箭头）	40

【示例 9-17】按 Enter（回车）键发送信息。

```
<!doctype html>
<html>
<head>
<meta charset="utf-8">
<title>按 Enter 键发送信息</title>
<style>
    ul{width:300px; border:1px solid #ccc;}
</style>
<script>
    window.onload = function(){
        var oText = document.getElementById('text1');
        var oUl = document.getElementById('ul1');
        oText.onkeyup = function(ev){//按键弹起时触发
            var ev = ev || event;
            if(this.value! = ''){//文本框有输入内容
                if(ev.keyCode == 13){//按了 Enter 键
                    var oLi = document.createElement('li');//创建 li 元素
                    oLi.innerHTML = oText.value;
                    if(oUl.children[0]){
                        //不是 ul 的第一个子元素，则将 oLi 插入到第一个子元素前面
                        oUl.insertBefore(oLi,oUl.children[0]);
                    }else{
                        oUl.appendChild(oLi);//第一个子元素时附加到 ul 中
                    }
                    oText.value = '';//信息发送后清空文本框内容
                }
            }
        };
    };
</script>
</head>
<body>
    <ul id='ul1'></ul>
    <input type="text" id="text1"/>
</body>
</html>
```

示例 9-17 的功能是，在按键弹起时，如果文本框中有输入内容，则按 Enter（回车）键后将内容作为新生成的 li 元素的内容，并将每个新生成的 li 元素添加到 ul 的最前面，即新输入的内容总是显示在 ul 的最上面。按 Enter 键后清空文本框的内容。需要注意的是：示例中的键盘事件必须使用

onkeyup 事件，而不能使用 onkeydown 事件，否则，每输入一个字符都会触发事件。

示例 9-17 在 Chrome 浏览器中的运行结果如图 9-18 所示。

在处理键盘事件时，常常会用到组合键，例如 Enter+Ctrl 组合键。判断是否按了 Ctrl、Shift 和 Alt 等功能键，需要使用事件对象的 ctrlKey、shiftKey 和 altKey 属性。访问这些属性时，当按下了对应的功能键时返回 true，否则返回 false。需要注意的是，Ctrl、Shift 和 Alt 这 3 个功能键，除了可以配合键盘事件外，还可以配合其他任何事件。而且，只要按下了这些功能键，则无论哪个事件触发，事件对象对应这 3 个功能键的 ctrlKey、shiftKey 和 altKey 属性值都会修改为 true。下面通过示例 9-18 演示组合键的使用。

图 9-18　按 Enter 键发送信息

【示例 9-18】按 Ctrl 键后按 Enter 键发送信息。

```html
<!doctype html>
<html>
<head>
<meta charset="utf-8">
<title>按下 Ctrl 键后按 Enter 键发送信息</title>
<style>
    ul{width:300px; border:1px solid #ccc;}
</style>
<script>
    window.onload = function(){
        var oText = document.getElementById('text1');
        var oUl = document.getElementById('ul1');
        oText.onkeyup = function(ev){//按键弹出时触发
            var ev = ev || event;
            if(this.value! = ''){//文本框有输入内容
                if(ev.keyCode == 13 && ev.ctrlKey){//按 Enter 键及 Ctrl 键
                    var oLi = document.createElement('li');//创建 li 元素
                    oLi.innerHTML = oText.value;
                    //不是 ul 的第一个子元素，则将 oLi 插入到第一个子元素前面
                    if(oUl.children[0]){
                        oUl.insertBefore(oLi,oUl.children[0]);
                    }else{
                        oUl.appendChild(oLi);//第一个子元素时附加到 ul 中
                    }
                    oText.value = '';//信息发送后清空文本框内容
                }
            }
        };
    };
</script>
</head>
<body>
    <ul id='ul1'></ul>
    <input type="text" id="text1"/>
</body>
</html>
```

示例 9-18 和示例 9-17 功能类似，唯一不同的是信息的发送条件，示例 9-18 需要同时按 Ctrl+Enter 组合键才能发送信息。当按 Ctrl 键时，ev.keyCtrl 返回 true，否则返回 false。

下面使用示例 9-19 演示 keydown 事件以及方向键的使用。

【示例 9-19】keydown 事件及方向键的使用。

```html
<!doctype html>
<html>
<head>
<meta charset="utf-8">
<title>keydown 事件及方向键的使用</title>
<style>
    #div1{width:100px;height:100px;background:red;position:absolute;}
</style>
<script>
    window.onload = function(){
        var oDiv = document.getElementById('div1');
        document.onkeydown = function(ev){//按键按下时触发事件
            var ev = ev || event;
            switch(ev.keyCode){//判断按键的代码值
                case 37: //按下向左键
                    oDiv.style.left = oDiv.offsetLeft - 10 + 'px';
                    break;
                case 38: //按下向上键
                    oDiv.style.top = oDiv.offsetTop - 10 + 'px';
                    break;
                case 39: //按下向右键
                    oDiv.style.left = oDiv.offsetLeft + 10 + 'px';
                    break;
                case 40://按下向下键
                    oDiv.style.top = oDiv.offsetTop + 10 + 'px';
                    break;
            }
        };
    };
</script>
</head>
<body>
    <div id='div1'></div>
</body>
</html>
```

示例 9-19 的功能是，如果按下 4 个方向的方向键，则每按一次方向键，div 元素向指定方向移动 10px。需要注意的是，由于 div 元素不能接收焦点，所以其不能接收键盘事件，因而这里使用了其可接收焦点的父对象 document 来接收 keydown 事件。

9.10　鼠标拖曳事件

鼠标拖曳元素时将触发鼠标拖曳事件。

9.10.1　鼠标拖曳原理

鼠标拖曳元素时包含 3 个动作：按下鼠标、拖动鼠标和释放鼠标，这 3 个动作会触发相应的事件，分别为 mousedown 事件、mosemove 事件和 mouseup 事件。使用鼠标拖曳元素时需要首先按下鼠标，此时将触发 mousedown 事件。在 mousedown 事件中，当拖动鼠标移动元素时又会触发 mosemove 事件，对元素释放鼠标时则触发 mouseup 事件。

【示例 9-20】鼠标拖曳事件处理示例一。

```html
<!doctype html>
<html>
<head>
<meta charset="utf-8">
<title>鼠标拖曳事件处理示例一</title>
<style>
    #div1{width:100px;height:100px;background:green;position:absolute;left:0;top:70px}
    #div2{width:100px;height:100px;background:red;position:absolute;left:400px;top:200
        px;}
</style>
<script>
    window.onload = function(){
        var oDiv = document.getElementById('div1');
        oDiv.onmousedown = function(ev){
            var ev = ev || event;
            var disX = ev.clientX - this.offsetLeft;//得到鼠标光标到元素左边的水平距离
            var disY = ev.clientY - this.offsetTop; //得到鼠标光标到元素左边的垂直距离
            oDiv.onmousemove = function(ev){//鼠标移动事件，必须在鼠标按下后移动鼠标才会触发
                var ev = ev || event;
                //在鼠标拖曳过程中，不断计算 left 值和 top 值，赋给被拖曳的元素
                oDiv.style.left = ev.clientX - disX + 'px';
                oDiv.style.top = ev.clientY - disY + 'px';
            };
            oDiv.onmouseup = function(){//鼠标释放事件
                oDiv.onmousemove = null;//取消鼠标移动事件
            };
        };
    };
</script>
<body>
    鼠标拖曳演示: <br>
    <img src="images/sina.png"/>
    <div id="div1"></div>
    <div id="div2"></div>
</body>
</html>
```

由示例中的 JS 代码可以看到，事件源 div 元素可以产生 3 个鼠标事件，其中 mousemove 和 mouseup 事件需要在 mousedown 事件触发后才能触发。上述代码在 Chrome 浏览器中运行后，对 div 元素按下鼠标后，拖动鼠标时，div 元素可随着鼠标光标进行移动。

9.10.2 鼠标拖曳问题及其解决方法

示例 9-20 中虽然 div 元素可以跟随鼠标光标移动而移动，但这个示例存在以下几个的问题。

（1）鼠标移动比较快时，div 无法跟随鼠标光标。

（2）当将一个 div 移动到另一个元素的下面时再释放鼠标，此时鼠标的释放并不是针对该 div

来释放的，这样当鼠标移动时，将会使 div 继续移动。

（3）鼠标拖曳时，如果文字或图片被选中，会产生元素无法移动等问题。

（4）div 元素移动区域没有限制，可以移动到可视区以外的地方。

问题（1）和（2）产生的原因是 mousemove 事件和 mouseup 事件的事件源不恰当，解决方法是将这两个事件的事件源修改为 document 即可。问题（3）产生的原因是当鼠标按下时，如果页面中有文字或图片被选中，会触发浏览器默认拖曳文字（图片）的效果。对问题（3）的解决方法为：通过在 mousedown 事件函数中 return false 阻止事件即可（对非标准的 IE 浏览器则通过 mousedown 事件的事件源对象调用 setCapture()进行全局事件的捕获来解决）。问题（4）的解决方法是限制 div 的 left 和 top，使它们的最小值为 0，最大值为可视区宽（高）减去元素的宽（高）即可。

下面分别使用几个示例来演示上述几个问题的解决。

【示例 9-21】解决鼠标移动较快时元素不能跟随鼠标光标问题。

```html
<!doctype html>
<html>
<head>
<meta charset="utf-8">
<title>鼠标拖曳事件处理示例二</title>
<style>
    #div1{width:100px;height:100px;background:green;position:absolute;left:0;top:0;}
    #div2{width:100px;height:100px;background:red;position:absolute;left:400px;top:200
        px;}
</style>
<script>
    window.onload = function(){
        var oDiv = document.getElementById('div1');
        oDiv.onmousedown = function(ev){
            var ev = ev || event;
            var disX = ev.clientX - this.offsetLeft;//得到鼠标光标到元素左边的水平距离
            var disY = ev.clientY - this.offsetTop;

            document.onmousemove = function(ev){//修改鼠标移动的事件源为 document
                var ev = ev || event;
                oDiv.style.left = ev.clientX - disX + 'px';
                oDiv.style.top = ev.clientY - disY + 'px';
            };

            document.onmouseup = function(){//修改鼠标释放的事件源为 document
                document.onmousemove = null;//修改事件源为 document
            };
        };
    };
</script>
</head>
<body>
    <div id='div1'></div>
    <div id="div2"></div>
</body>
</html>
```

示例 9-21 中的 JS 代码将 mousemove 和 mouseup 事件中的 div 事件源修改为 document 后，在浏

览器中运行时可发现，不管以多快的速度拖动鼠标，div 元素都能跟随鼠标光标移动。另外，将 div1 拖动到 div2 下面后，在 div2 元素上释放鼠标后，再移动鼠标时，发现 div1 元素不会再继续移动。可见示例 9-21 能很好地解决上面提到的（1）和（2）两个问题。

【示例 9-22】 解决选择文字或图片时不能移动元素的问题。

```html
<!doctype html>
<html>
<head>
<meta charset="utf-8">
<title>鼠标拖曳事件处理示例三</title>
<style>
    #div1{width:100px;height:100px;background:green;position:absolute;left:0;top:70px}
</style>
<script>
    window.onload = function(){
        var oDiv = document.getElementById('div1');
        oDiv.onmousedown = function(ev){
            var ev = ev || event;
            var disX = ev.clientX - this.offsetLeft;
            var disY = ev.clientY - this.offsetTop;
            document.onmousemove = function(ev){
                var ev = ev || event;
                oDiv.style.left = ev.clientX - disX + 'px';
                oDiv.style.top = ev.clientY - disY + 'px';
            };
            document.onmouseup = function(){
                document.onmousemove = null;
            };
            return false;//标准浏览器下的默认行为取消方法
        };
    };
</script>
<body>
  鼠标拖曳演示: <br>
  <img src="images/sina.png"/>
    <div id='div1'></div>
</body>
</html>
```

示例 9-22 解决了前面所说的问题（3），在示例的 JS 代码中，通过在 div 元素的 mounsedown 事件函数中返回 false 来取消浏览器中 mousedown 事件默认的鼠标移动和释放行为。

【示例 9-23】 在限定区域内拖曳元素。

```html
<!doctype html>
<html>
<head>
<meta charset="utf-8">
<title>在限定区域内拖曳元素</title>
<style>
    #div1{width:100px;height:100px;background:red;position:absolute;}
</style>
<script>
    //在限制区域内拖曳 div 元素: 通过 onmousemove 事件中限制 div 的 left 和 top 来达到
```

```
        window.onload = function(){
            var oDiv = document.getElementById('div1');
            var oImg = document.getElementById('img1');
             oDiv.onmousedown = function(){
                var ev = ev || event;
                var disX = ev.clientX - this.offsetLeft;
                var disY = ev.clientY - this.offsetTop;
                document.onmousemove = function(ev){
                    var ev = ev || event;
                    var L = ev.clientX - disX;//鼠标的水平偏移量减其到元素左边的距离
                    var T = ev.clientY - disY;//鼠标的垂直偏移量减其到元素顶端的距离
                    //判断 L 的取值范围
                    if(L < 0){
                        L = 0;
                    }else if(L > document.documentElement.clientWidth - oDiv.offsetWidth){
                        L = document.documentElement.clientWidth - oDiv.offsetWidth;
                    }
                    //判断 T 的取值范围
                    if(T < 0){
                        T = 0;
                    }else if( T> document.documentElement.clientHeight - oDiv.offsetHeight){
                        T = document.documentElement.clientHeight - oDiv.offsetHeight;
                    }
                    oDiv.style.left = L + 'px';
                    oDiv.style.top = T + 'px';
                };
                document.onmouseup = function(){
                    document.onmousemove = null;
                };
                return false;//标准下的默认行为取消方法
            };
        };
    </script>
    </head>
    <body>
        <div id='div1'></div>
    </body>
</html>
```

示例 9-23 实现在可视区中拖曳 div，因此，需要在 onmousemove 事件中设置元素的 left 和 top 的值。其中，left 的最左边为 0，最右边为可视区宽度减元素的宽度：document.documentElement. client Width–oDiv.offsetWidth；top 的最顶端为 0，最下端为可视区高度减元素的高度：document.document Element.clientHeight–oDiv.offsetHeight。

注：当一个元素被拖曳到和另一个元素很近时，该元素可以和另一个元素合并，这种现象称为拖曳的磁性吸附。拖曳的磁性吸附功能的实现是通过更改在限制范围的拖曳中的 left 来实现拖曳元素在一定范围内被吸附到左边窗口边框上。例如将示例 9-23 中的 if(L<0)修改为：if(L<100)时，当移动 div 到文档窗口左边的距离小于 100 px 时，div 的 left 会马上变为 0，而使 div 很快移动文档窗口左边框上。

9.10.3 鼠标拖曳事件应用

使用鼠标拖曳事件可以实现很多应用，例如，实现在 Web 页面中判断两个元素是否碰撞（即两个元素是否位置上有重合）、改变元素大小、模拟滚动条控制其他元素等。下面将通过几个示例来演示鼠标拖曳事件的应用。

1. 使用鼠标拖曳事件判断两个元素是否碰撞

判断页面中的两个元素是否碰撞的方法很多，在此使用"九宫格排除法"。所谓九宫格排除法，指的是按照某些条件排除图 9-19 所示九个格子中不符合要求的格子。

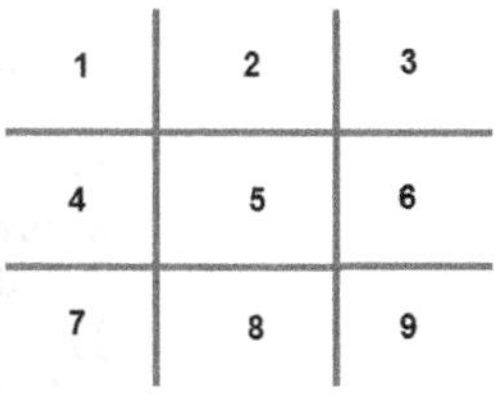

使用"九宫格排除法"判断页面中的两个元素是否碰撞的思路是，首先分别获取两个元素的左、右两条边距离可视区窗口左边框的距离（假设分别为 L1、R1 和 L2、R2），以及它们的上、下两条边距离可视区窗口上边框的距离（假设分别为 T1、B1 和 T2、B2），然后分别判断 R1 和 L2、L1 和 R2、T1 和 B2 以及 B1 和 T1 的大小关系，满足：R1<L2 或 L1>R2 或 B1<T2 或 T1>B2 的两个元素都不会碰撞，即它们在页面中永远都不会重合。除了这些条件以外的情况都会碰撞。这个思路的具体实现代码参见示例 9-24。

图 9-19 九宫格

1	2	3
4	5	6
7	8	9

【示例 9-24】 使用鼠标拖曳事件判断两个元素是否碰撞。

```
<!doctype html>
<html>
<head>
<meta charset="utf-8">
<title>使用鼠标拖曳事件判断两个元素是否碰撞</title>
<style>
    #div1{width:100px;height:100px;background:red;position:absolute;z-index:2;}
    #img1{position:absolute;left:200px;top:120px;}
</style>
<script>
    window.onload = function(){
        var oDiv = document.getElementById('div1');
            var oImg = document.getElementById('img1');
        //拖曳 div 去碰撞图片，当在任何一个方向碰撞到图片后，将图片更改为另外的图片
        oDiv.onmousedown = function(ev){
            var ev = ev || event;
            var disX = ev.clientX - this.offsetLeft;
            var disY = ev.clientY - this.offsetTop;
            document.onmousemove = function(ev){
                var ev = ev || event;
                var L = ev.clientX - disX;
                var T = ev.clientY - disY;
                //div 的四条边与可视区窗口边框的距离：
                var L1 = L;
                var R1 = L + oDiv.offsetWidth;
                var T1 = T;
                var B1 = T + oDiv.offsetHeight;

                //img 的四条边与或视区窗口边框的距离：
                var L2 = oImg.offsetLeft;
```

```
                        var R2 = L2 + oImg.offsetWidth;
                        var T2 = oImg.offsetTop;
                        var B2 = T2 + oImg.offsetHeight;

                        //判断 div 和 img 是否会碰撞
                        if(R1<L2 || L1>R2 || B1<T2 || T1>B2){//这些情况都不会碰撞
                            oImg.src = 'images/sina.png';//不碰撞时，图片保持不变
                        }else{
                            oImg.src = 'images/qq.png';//碰撞时切换图片
                        }
                        //设置 div 的 left 和 top
                        oDiv.style.left = L + 'px';
                        oDiv.style.top = T + 'px';
                    };
                    document.onmouseup = function(){
                        document.onmousemove = null;
                    };
                    return false;
                };
            };
        </script>
        </head>
        <body>
        <div id='div1'></div>
           <img src="images/sina.png" id="img1"/>
        </body>
        </html>
```

示例 9-24 实现了 div 和图片的碰撞，当两者碰撞时，图片会切换为其他图片，否则保持不变。代码在 Chrome 浏览器运行后的效果如图 9-20 和图 9-21 所示。

图 9-20 没碰撞时的效果

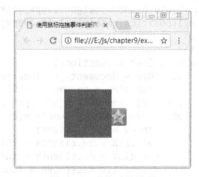

图 9-21 碰撞后的效果

2. 使用鼠标拖曳事件改变元素大小

【示例 9-25】使用鼠标拖曳事件改变元素大小。

```
<!doctype html>
<html>
<head>
<meta charset="utf-8">
<title>使用鼠标拖曳事件改变元素大小</title>
<style>
```

```
        #div1{width:100px;height:100px;background:red;position:absolute;left:150px; top:80px;}
    </style>
    <script>
        window.onload = function(){
            var oDiv = document.getElementById('div1');
            var b = '';
            oDiv.onmousedown = function(ev){
                var ev = ev || event;
                var disW = this.offsetWidth;//div 的原始宽度
                var disX = ev.clientX;//鼠标按下去时的水平位置
                var disL = this.offsetLeft;//div 的原始 left 值

                if(disX > this.offsetLeft + disW-10){
                    b = 'right';//表示鼠标在元素的右边按下
                }else if(disX < this.offsetLeft + 10){
                    b = 'left';//表示鼠标在元素的左边按下
                }
                document.onmousemove = function(ev){
                    var ev = ev || event;
                    switch(b){
                        case 'left'://鼠标在元素左边按下时，会改变元素的宽度以及 left 值
                            oDiv.style.width = disW - (ev.clientX-disX) + 'px';
                            oDiv.style.left = disL + (ev.clientX-disX) + 'px';
                            break;
                        case 'right'://鼠标在元素的右边接下时，left 值不变，但宽度会变化
                            oDiv.style.width = disW + (ev.clientX-disX) + 'px';
                            break;
                    }
                };
                document.onmouseup = function(){
                    document.onmousemove = null;
                };
            };
        };
    </script>
</head>
<body>
    <div id='div1'></div>
</body>
</html>
```

上述代码在 Chrome 浏览器中运行的结果如图 9-22～图 9-24 所示。

图 9-22　初始状态

图 9-23　向右拖曳元素

图 9-24　向左拖曳元素

3. 使用鼠标拖曳事件模拟滚动条控制内容的滚动

【示例 9-26】使用鼠标拖曳事件模拟滚动条控制内容的滚动。

```
<!doctype html>
<html>
<head>
<meta charset="utf-8">
<title>使用鼠标拖曳事件模拟滚动条控制内容的滚动</title>
<style>
    #box{border:1px solid green;width:218px;height:198px;position:absolute;}
    #div1{width:30px; height:198px; background:black; position:absolute; right:0; top:0;}
    #div2{width:30px; height:30px; background:red; position:absolute; left:0; top:0;}
    #div3{width:168px;height:198px;position:absolute;left:10px;top:0;overflow:hidden;}
    #div4{position:absolute;left:0;top:0;}
</style>
<script>
    window.onload = function(){
        var oDiv1 = document.getElementById('div1');
        var oDiv2 = document.getElementById('div2');
        var oDiv3 = document.getElementById('div3');
        var oDiv4 = document.getElementById('div4');
        var iMaxTop = oDiv1.offsetHeight - oDiv2.offsetHeight;//获取滚动条最大可滚动的范围

        oDiv2.onmousedown = function(ev){
            var ev = ev || event;
            //鼠标在滚动条上按下时，鼠标光标距离滚动条顶部的距离
            var disY = ev.clientY - this.offsetTop;
            document.onmousemove = function(ev){
                var ev = ev || event;
                var T = ev.clientY - disY;//鼠标每次移动滚动条后，滚动条距离其父元素顶部的距离
                if(T < 0){
                    T = 0;
                }else if(T > iMaxTop){
                    T = iMaxTop;
                }
                oDiv2.style.top = T + 'px';//设置滚动条的 top 值，范围为 0~iMaxTop
                var iScale = T / iMaxTop;//求滚动条每次滚动后的 top 值与最大 top 值的比率
                //滚动条滚动时，包含内容的 div 的 top 值
                oDiv4.style.top = (oDiv3.offsetHeight - oDiv4.offsetHeight)
                                    * iScale+'px';
            };
            document.onmouseup = function(){
                document.onmousemove = null;
            };
            return false;
        };
    };
</script>
</head>
<body>
  <div id="box">
    <div id="div1">
      <div id="div2"></div>
    </div>
```

```
<div id="div3">
  <div id="div4">
  使用鼠标拖曳事件可以实现很多应用，例如，实现在 Web 页面中判断两个元素是否碰撞（即两个元素是否位置
  上有重合）、改变元素大小、模拟滚动条控制其他元素等。<br>
  判断页面中的两个元素是否碰撞的方法很多，在此使用"使用九宫格排除法"。所谓九宫格排除法，指的是，在
  如下图所示的九个格子，按照某些条件排除不符合要求的格子。
  </div>
  </div>
</div>
</body>
</html>
```

通过拖动滚动条动态获取包含内容的 div4 的 top 值就可以控制其中内容的显示。上述代码在 Chrome 浏览器中的运行结果如图 9-25 和图 9-26 所示。

图 9-25　滚动条在最上面时的状态

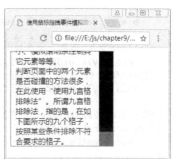

图 9-26　滚动条滚到末尾时的状态

9.11　鼠标滚轮事件

对某个元素滚动鼠标滚轮时，会触发鼠标滚轮事件。滚轮事件可以给我们提供许多便利，例如滚动滚轮可以很容易放大或缩小图片、幻灯平滑移动图片、变大或变小数字等。用过 Google 地图的人可能还会惊叹于其通过滚动滚轮就能缩放地图的便利。适当地使用滚轮事件可以带来不错的用户体验。

需要注意的是，鼠标滚轮事件名存在浏览器兼容问题：IE、Chrome 和 Safari 等浏览器，对应的鼠标滚轮事件名称是"mousewheel"；而 Firefox 浏览器对应的鼠标滚轮事件名称是"DOMMouse Scroll"。另外，鼠标滚轮的滚动方向分向上滚和向下滚，判断滚轮滚动方向使用事件对象的一个对应属性，该属性也存在浏览器兼容问题：IE、Chrome 和 Safar 等浏览器使用事件对象的 wheelDelta 属性来判断滚动方向，该属性返回值为一个整数，其中向上滚返回正整数，向下滚返回负整数；Firefox 浏览器使用事件对象的 detail 属性判断滚动方向，该属性返回值也为一个整数，但其中向上滚返回负整数，向下滚返回正整数。由此可见，IE、Chrome 等浏览器和 Firefox 浏览器滚动方向相同时返回的数刚好正、负相反。

【示例 9-27】使用鼠标滚轮事件实现对指定图片的缩放。

```
<!doctype html>
<html>
<head>
```

```
<meta charset="utf-8">
<title>使用鼠标滚轮事件实现对指定图片的缩放</title>
<script>
    window.onload = function(){
        var oImg = document.getElementById('img1');
        oImg.onmousewheel = fn;//对 IE 及 chrome 有效
        if(oImg.addEventListener){//对 FF 有效
            oImg.addEventListener('DOMMouseScroll',fn,false);
        }
        function fn(ev){
            var ev = ev || event;
            var b = true;//将滚轮向上和向下滚动得到的正负值转换为 boolean 值
            if(ev.wheelDelta){
                b = ev.wheelDelta > 0 ? true : false;
            }else{
                b = ev.detail < 0 ? true : false;
            }
            if(b){//b 为 true 时，宽度减少
                this.style.width = this.offsetWidth - 10 + 'px';
            }else{//b 为 true 时，宽度增加
                this.style.width = this.offsetWidth + 10 + 'px';
            }
            //取消由 addEventListener()绑定的鼠标滚动时滚动条默认会滚动的事件
            if(ev.preventDefault){
                ev.preventDefault();
            }
            //取消由 obj.onmousewheel = fn 形式绑定的鼠标滚动时滚动条默认会滚动的事件
            return false;
        }
    };
</script>
</head>
<body style="height:2000px">
    <img src="images/sina.png" id="img1"/>
</body>
</html>
```

上述 JS 代码对图片使用了鼠标滚轮事件，并对该事件进行了浏览器兼容处理。上述代码在 Chrome 浏览器中运行后的结果如图 9-27 所示。将鼠标光标移动图 9-27 中的图片上，然后向下滚动滚轮，此时图片会根据 JS 代码中的设置等比变大，结果如图 9-28 所示。当对图 9-28 所示的图向上滚动滚轮时，图片又会等比缩小，结果如图 9-29 所示。

图 9-27　图片初始大小

图 9-28　滚轮向下滚动的结果

图 9-29　滚轮向上滚动的结果

示例 9-27 的 JS 代码中包含了取消滚轮事件的默认行为的代码，这是因为，在<body>中我们人

为地使用了样式代码设置其高度远远大于可视窗口，因而出现滚动条。如果没有取消滚轮事件的默认行为，则当滚动滚轮时，滚动条会滚动，从而出现不期望的结果。

练习题

一．填空题

1. 绑定事件处理程序有 3 种方式，分别是＿＿＿＿＿＿＿＿＿＿＿＿＿＿＿＿＿＿＿＿、＿＿＿＿＿＿＿＿＿＿＿＿＿＿＿＿＿＿＿＿＿和＿＿＿＿＿＿＿＿＿＿＿＿＿＿＿＿＿＿＿＿＿＿＿＿＿。

2. 事件流描述的是从页面中接受事件的顺序，其包括 3 类事件流：IE 的＿＿＿＿＿＿、Netscape 的＿＿＿＿＿＿＿＿以及 W3C 的标准事件流。

二．简述题

1. 什么是事件、事件处理、事件目标和事件对象？
2. 简述取消事件的默认行为可使用哪些方法。
3. 简述 this 指针什么情况下指向事件目标，什么情况下指向 window 对象。

三．上机题

1. 使用相关知识点实现图 1 所示的放大镜效果。

（1）提示：放大镜效果需要处理鼠标光标进入、鼠标光标离开和鼠标光标移动事件。

（2）所需知识点：使用 document 获取元素，onmouseenter、onmouseleave 和 onmousemove 事件处理，使用 offsetWidth/offsetHeight、clientWidth 和 clientHeight 获取元素宽度和高度，style 属性引用 CSS 属性进行定位等知识点。

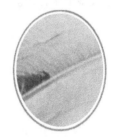

图 1　放大镜放大

2. 模拟原生右键菜单的效果，实现自定义需求的右键菜单。

所需知识点：使用 document 获取元素、阻止鼠标右键菜单 oncontextmenu 默认事件不让右键菜单弹出并显示自定义右键菜单、事件委托以及 event 事件对象的使用。

第 10 章

使用正则表达式进行模式匹配

　　正则表达式（Regular Expression）是由普通字符以及特殊字符（元字符）组成的符合某种规则的字符串搜索模式。搜索模式描述了搜索文本或替换文本时要匹配的一个或多个字符串。

10.1 模式匹配的引出：找出字符串中的所有数字

由前面的描述可知，正则表达式是用来操作字符串的，主要用于在指定的字符串中搜索或替换符合某些条件的字符。其实对字符串进行搜索或替换内容使用第 6 章介绍的字符串的相关方法同样也可以实现。例如示例 10-1 就是使用字符串的相关方法找出了字符串中的所有数字。

【示例 10-1】使用字符串方法找出字符串中的所有数字。

```html
<!doctype html>
<html>
<head>
<meta charset="utf-8">
<title>使用字符串方法找出字符串中的所有数字</title>
<script>
    var str = 'abc123defjh54fekds26pytdksa879';
    function findNum(str){
        var arr = [];
        var temp = '';
        for(var i = 0; i < str.length; i++){
            //将连续的数字存放在 temp 变量中
            if(str.charAt(i) <= '9' && str.charAt(i) >= '0'){
                temp += str.charAt(i);
            }else{
                if(temp){//不是数字时，将保存在 temp 变量的数字存到数组中，同时清空 temp 变量的值
                    arr.push(temp);
                    temp = '';
                }
            }
        }
        if(temp){//将字符串结尾的数字序列存到数组中
            arr.push(temp);
            temp = '';
        }
        return arr;
    }
    console.log(findNum(str));
</script>
</head>
<body>
</body>
</html>
```

上述代码主要使用了字符串的 charAt()方法来搜索每个字符。在 Chrome 浏览器中运行后，会在控制台中输出：["123", "54", "26", "879"]。

示例 10-1 使用字符串方法虽然能搜索字符，但很明显，涉及的代码量有点偏多。如果使用正则表达式来搜索字符，则可将示例 10-1 修改为示例 10-2 代码。

【示例 10-2】使用正则表达式找出字符串中的所有数字。

```html
<!doctype html>
<html>
<head>
<meta charset="utf-8">
<title>使用正则表达式找出字符串中的所有数字</title>
<script>
```

```
        var str = 'abc123defjh54fekds26pytdksa879';
        function findNum(str){
            return str.match(/\d+/g);//使用正则表达式搜索字符
        }
        console.log(findNum(str));
    </script>
    </head>
    <body>
    </body>
    </html>
```

上述代码和示例 10-1 实现的功能完全相同。很明显，使用正则表达式简化了示例 10-1 代码。

示例 10-2 中的 match() 中的参数：/\d+/g 就是一个正则表达式。正则表达式定义了许多相关规则，下面将详细介绍这些规则。

10.2　正则表达式的定义

10.2.1　正则表达式的定义方式

要使用正则表达式来搜索或替换字符，就必须正确定义正则表达式。正则表达式是由普通字符以及特殊字符（元字符）组成的字符模式。这个字符模式的定义有以下两种方式。

1. 采用直接量方式定义

也称简写定义式，语法格式如下：

/字符串序列/[修饰符]

说明如下。

（1）两个斜杠（/）之间的字符串序列就是正则表达式主体内容，其中包括可打印的大小写字母和数字、不可打印的字符以及一些具有特定含义的元字符，例如 "^" "$" "+" "*" 等符号。不可打印的字符在正则表达式中需要使用转义字符来表示。而元字符在正则表达式中主要用于匹配字符和字符位置，常用元字符将在后续介绍。常用的不可打印字符的转义字符见表 10-1。

表 10-1　正则表达式中常用的不可打印字符的转义字符

转义字符	描述
\f	匹配一个换页符
\n	匹配一个换行符
\r	匹配一个回车符
\t	匹配一个制表符
\v	匹配一个垂直制表符

（2）正则表达式修饰符用于描述匹配方式，如是否忽略大小写、是否全局匹配等，包括表示大小写的 i、全局匹配的 g 等字符。修饰符并不是必须的，可根据需要选择使用。有关修饰符的介绍请参见 10.2.7 节。

当 JS 代码包含了使用直接量方式定义的正则表达式，JS 引擎执行正则表达式后将创建一个 RegExp 对象。例如：

```
var pattern = / \d{3} /g;
```

```
var pattern1 = / Java /ig;
```

上述两行代码分别定义了两个正则表达式。运行上述两个正则表达式定义代码后将创建两个 RegExp 对象,并将它们赋值给变量 pattern 和 pattern1。第一个 RegExp 对象用来匹配检索文本中所有包含 3 个数字的字符串;第二个 RegExp 对象用来匹配检索文本中所有包含"Java"的字符串,匹配时不区别大小写。

2. 采用构造函数方式定义

语法格式如下:

```
var re = new RegExp( "正则表达式主体部分", "修饰符" );
```

说明:参数""正则表达式主体部分""就是直接量定义方式中的两条斜线之间的字符串序列。在第一个参数中,正则表达式主体部分的所有转义字符前面需要再添加反斜线"\"作为其前缀。例如\d{3}作为 RegExp()构造函数参数时应写成"\\d{3}"。

上面的 pattern 和 pattern1 两个 RegExp 对象可以使用构造函数来创建,代码如下:

```
var pattern = new Regexp( "\\d{3}", "g" );
var pattern = new Regexp( "Java", "ig" );
```

正则表达式两种定义方式的比较如下。

(1)采用直接量语法生成的正则表达式对象在代码编译时就会生成。

(2)采用构造函数生成的正则表达式对象要在代码运行时生成。

(3)采用直接量定义方式性能优于采用构造函数定义方式,开发通常会使用第一种方式,但在某些特殊情况下(如需要对正则表达式传参),则必须使用第二种定义方式。

10.2.2 正则表达式中的转义字符

在正则表达式中会大量使用转义字符,除了表 10-1 所列的用于表示不可打印字符的转义字符外,还包括许多用于匹配字符的转义字符。表 10-2 列出了正则表达式中常用的匹配字符的转义字符。

表 10-2 正则表达式中常用的匹配字符的转义字符

匹配字符的转义字符	描述
.	代表任意字符,表示真正的点(.)需使用:\.
\d	匹配一个数字字符
\D	匹配一个非数字字符
\s	匹配任何空白字符,包括空格以及制表符、换页符、换行符和回车符等不可打印的字符
\S	匹配任何非空白字符,包括字母、数字、下划线、@、#、$、%、汉字等字符
\w	匹配下划线、任何字母及数字
\W	匹配除下划线、字母及数字以外的任何字符
\b	匹配单词的边界,即单词是否为独立的内容,边界包括单词的开始、结束和单词后面的空格
\B	匹配非单词边界
\1、\2、\3……	重复子项匹配,分别匹配第一子项、第二子项、第三子项……

【示例 10-3】正则表达式中转义字符的使用。

```
<!doctype html>
<html>
<head>
```

```
<meta charset="utf-8">
<title>正则表达式中转义字符的使用</title>
<script>
    var str1 = 'abc1de.f23#jh fek_ds%26py 您好 td@ksa\tdtd hyt\n\r\f\vqh';
    var str2 = 'hello world';
    console.log("str1 = " + str1);
    console.log("\\d 的匹配结果: " + str1.match(/\d/g));//匹配所有数字
    console.log("\\D 的匹配结果: " + str1.match(/\D/g));//匹配所有非数字
    console.log("\\s 的匹配结果如下: ")
    console.log(str1.match(/\s/g));//匹配所有空格、制表符、换行符、回车符、换页符、垂直制表符
    console.log("\\S 的匹配结果: " + str1.match(/\S/g));//匹配所有非空白字符
    console.log("\\w 的匹配结果: " + str1.match(/\w/g));//匹配下划线、字母和数字
    console.log("\\W 的匹配结果: " + str1.match(/\W/g));//匹配除下划线、字母和数字以外的任意字符
    console.log(".的匹配结果: " + /./.test(str1));//匹配任意字符
    console.log("\\.的匹配结果: " + str1.match(/\./));//匹配点
    console.log("\\t的匹配结果: " + /\t/.test(str1));//匹配制表符
    console.log("\nstr2 = " + str2);
    console.log("\\bhe 的匹配结果: " + /\bhe/.test(str2));//匹配单词的边界
    console.log("\\Bhe 的匹配结果: " + /\Bhe/.test(str2));//匹配单词的非边界
    console.log("\\bwor\\b 的匹配结果: " + /\bwor\b/.test(str2));
    console.log("\\bworld\\b 的匹配结果: " + /\bworld\b/.test(str2));
    console.log("(c)(d)\\1\\2 的匹配结果: " + /(c)(d)\1\2/.test("cdcd"));//匹配子项
</script>
</head>
<body>
</body>
</html>
```

上述代码中使用了正则表达式对象的 test()方法和字符串的 match()方法来实现字符串的匹配，test()匹配成功时会返回 true，匹配不成功时返回 false；match()匹配成功时会返回一个包含匹配成功的字符的数组，匹配不成功时则返回 null。有关这两个方法的具体介绍请参见 10.3 节和 10.4 节。另外，最后一个正则表达式：/(c)(d)\1\2/中的小括号表示分组，每个分组对应一个子项，有关正则表达式中的分组的具体介绍请参见 10.2.6 节。

上述代码在 Chrome 浏览器中的运行结果如图 10-1 所示。

图 10-1　转义字符的使用

10.2.3 正则表达式中的字符类

字符类指的是一组相似的元素，使用[]中括号表示，中括号内放置的是这组相似的元素。正则表达式[]的整体代表一个字符，其中的元素是"或"的关系。例如[abc]在进行匹配时，字符串中包含 a 或 b 或 c 任一位都表示匹配成功。

常用字符类如下。

表示小写字母：[a-z]。
表示大写字母：[A-Z]。
表示数字：[0-9]。

【示例 10-4】正则表达式中字符类的使用。

```
<!doctype html>
<html>
<head>
<meta charset="utf-8">
<title>正则表达式中字符类的使用</title>
<script>
    var str = 'ab69CDef123cdFJSTpqlZW';
    var re1 = /[1-9]/g;//匹配所有数字
    var re2 = /[A-Z]/g;//匹配所有大写字母
    var re3 = /[a-z]/g;//匹配所有小写字母
    console.log("[1-9]匹配成功返回的字符： " + str.match(re1));
    console.log("[A-Z]匹配成功返回的字符： " + str.match(re2));
    console.log("[a-z]匹配成功返回的字符： " + str.match(re3));
</script>
</head>
<body>
</body>
</html>
```

上述代码在 Chrome 浏览器中的运行结果如图 10-2 所示。

10.2.4 正则表达式中的量词

量词，用于表示不确定字符的个数，使用{}来表示，例如：{3, 7}表示最少出现 3 次，最多出现 7 次。量词除了使用{}表示外，还可以使用简写形式。量词的简写形式需要使用"?"、"*"和"+"这几个符号。量词可以用不同格式表示，见表 10-3。

图 10-2 字符类的使用

表 10-3 正则表达式中的量词格式

量词	描述
{n}	n 为非负整数。表示前面的子表达式出现 n 次。例如：ab{2}表示 b 出现 2 次，能匹配"abb"
{m,n}	n 和 m 都为非负整数，且 m≤n。表示前面的子表达式至少出现 m 次，最多出现 n 次。例如：ab{2,3}表示 b 至少出现 2 次，最多出现 3 次，能匹配"abb"和"abbb"
{n,}	n 为非负整数。表示前面的子表达式至少出现 n 次，最大出现次数则没有限制。例如：ab{2,}表示 b 至少出现 2 次，能匹配"abb"、"abbb"、"abbbb"等字符串
*	表示前面的子表达式出现 0 次或多次，即任意次，等价于{0,}。例如：ab*能匹配"a"，也能匹配"ab"、"abb"等字符串

10

续表

量词	描述
+	表示前面的子表达式出现 1 次或多次，等价于{1,}。例如：ab+能匹配 "ab"，也能匹配 "abb"、"abbb" 等字符串
?	表示前面的子表达式出现 0 次或 1 次，等价于{0,1}。例如：ab?能匹配 "a" 和 "ab"

【示例 10-5】正则表达式中量词的使用。

```
<!doctype html>
<html>
<head>
<meta charset="utf-8">
<title>正则表达式中量词的使用</title>
<script>
    var str1 = 'abc@de$f123456';
    var str2 = 'ab12c_f1234trAQ98';
    var str3 = 'abcdef6';
    var re1 = /\S{8,14}/;//匹配出现 8~14 个非空白字符
    var re2 = /[a-f]+\d{6}/;//a~f 中至少出现一个字母以及 6 个数字
    var re3 = /[a-f]{1,}\d+/;//a~f 中至少出现一个字母以及 6 个 1~6 之间的数字
    var re4 = /[a-f]+\\d{6}/;//6 个 a~f 之间的字母以及至少一个数字
    var re5 = /\d?/;//数字出现 0 或 1 次
    var re6 = /\w+/;//字母或数字或下划线至少出现一次
    var re7 = /\w*/;//字母或数字或下划线出现 0~多次
    console.log("/\\S{8,14}/对 str1 的匹配结果: " + re1.test(str1));
    console.log("/[a-f]+\\d{6}/对 str1 的匹的结果: " + re2.test(str1));
    console.log("/[a-f]{1,}\\d+/对 str1 的匹的结果: " + re3.test(str1));
    console.log("/[a-f]+\\d{6}/对 str3 的匹配结果: " + re4.test(str3));
    console.log("/\\d?/对 str3 的匹配结果: " + re5.test(str3));
    console.log("/\\w+/对 str2 的匹配结匹配的结果: " + re6.test(str2));
    console.log("/\\w*/对 str2 的匹配结匹配的结果: " + re7.test(str2));
</script>
</head>
<body>
</body>
</html>
```

上述代码在 Chrome 浏览器中的运行结果如图 10-3 所示。

10.2.5　正则表达式中的首尾匹配符、排除符和选择符

1. 正则表达式中的首尾匹配符

正则表达式最开始位置出现符号 "^" 时，表示匹配字符串的起始位置。

正则表达式最开始位置出现符号 "$" 时，表示匹配字符串的结束位置。

图 10-3　量词的使用

【示例 10-6】在正则表达式中使用首尾匹配符校验手机号。

```
<!doctype html>
<html>
<head>
<meta charset="utf-8">
<title>在正则表达式中使用首尾匹配符校验手机号</title>
```

```html
<script>
    var str1 = '15216781271';
    var str2 = '13566837061';
    var str3 = '18533837061';
    var str4 = '17533809066';
    var str5 = '12533837061';
    var str6 = '1753380906a';
    //定义正则表达式，要求第1位必须是1，第2位必须为3～9中的任一个数字，最后9位必须全部为数字
    var re = /^1[3-9]\d{9}$/;
    console.log("str1的匹配结果为: " + re.test(str1));
    console.log("str2的匹配结果为: " + re.test(str2));
    console.log("str3的匹配结果为: " + re.test(str3));
    console.log("str4的匹配结果为: " + re.test(str4));
    console.log("str5的匹配结果为: " + re.test(str5));
    console.log("str6的匹配结果为: " + re.test(str6));
</script></head>
<body>
</body>
</html>
```

上述代码在 Chrome 浏览器中的运行结果如图 10-4 所示。str5 中的第 2 位为 2，不符合正则表达式第 2 位的要求，所以匹配不成功。str6 则因为最后一位为字符，不符合数字的要求，所以也匹配不成功。

2. 正则表达式中的排除符

当正则表达式的字符类（即[]）中出现"^"时，表示字符串中匹配排除字符类所指定的所有内容。

【示例 10-7】正则表达式中排除符的使用。

图 10-4　首尾匹配符的使用

```html
<!doctype html>
<html>
<head>
<meta charset="utf-8">
<title>正则表达式中排除符的使用</title>
<script>
    var str = 'abc';
    var re = /a[^bde]c/; //排除b、d、e
    console.log("abc 的匹配结果为: " + re.test(str));//false
    str = 'awc';
    console.log("awc 的匹配结果为: " + re.test(str));//true
</script>
</head>
<body>
</body>
</html>
```

上述代码在 Chrome 浏览器中的运行结果如图 10-5 所示。

3. 正则表达式中的选择符

当正则表达式中出现"｜"时，表示将两个匹配条件进行逻辑"或"运算。例如"him|her"可以匹配"him"和"her"。

【示例 10-8】正则表达式中选择符的使用。

图 10-5　排除符的使用

```html
<!doctype html>
```

```html
<html>
<head>
<meta charset="utf-8">
<title>正则表达式中选择符的使用</title>
<script>
    var str = 'abcdejfjdfkscd';
    var re = /ab|cd|ef/g;//匹配条件为 ab 或 cd 或 ef
    console.log("/ab|cd|ef/g的 test 结果为: " + re.test(str));
    console.log("/ab|cd|ef/g的 match 结果为: " + str.match(re));
    str = '1360abc';
    re = /\d+|\w+/g;//匹配条件为 1 个以上的数字或 1 个以上的字母
    console.log("/\d+|\w+/g的 test 结果为: " + re.test(str));
    console.log("/\d+|\w+/g的 match 结果为: " + str.match(re));
</script>
</head>
<body>
</body>
</html>
```

上述代码在 Chrome 浏览器中的运行结果如图 10-6 所示。

10.2.6　正则表达式中的分组

在正则表达式中使用（）把单独的项组合成子表达式，以便可以像处理一个独立的单元那样用 "|"、"*"、"+"、"？" 等符号来对单元内的项进行处理，每个圆括号称为一个分组，也叫一个子项，并按顺序分别称为第一个子项、第二个子项……

图 10-6　选择符的使用

正则表达式中的圆括号的另一个作用是在完整的模式中定义子模式。当一个正则表达式成功地和字符串相匹配时，可以从目标中抽出和圆括号中的子模式相匹配的部分。

正则表达式中使用分组后匹配的结果会保存到一个临时区域，可以通过 RegExp 对象的属性 $m~$n 来引用组，其中 m 通常取 0 值，此时 $0 表示整个表达式匹配的结果；n 的取值由分组的个数来决定，即如果正则表达式中有 3 个分组，则 n 的取值为 3，此时，$1、$2 和$3 中分别引用第一个分组（第一个子项）、第二个分组和第三个分组。

【示例 10-9】正则表达式分组的使用。

```html
<!doctype html>
<html>
<head>
<meta charset="utf-8">
<title>正则表达式分组的使用</title>
<script>
    var str1 = 'abc';
    var str2 = 'abcab';
    var re1 = /abc/;
    var re2 = /(a)(b)(c)/;//正则表达式中使用分组
    var re3 = /(a)(b)c\1\2/;//使用分组及重复子项
    console.log("/abc/的匹配结果为: " + str1.match(re1));//[abc]
    console.log("/(a)(b)(c)/的匹配结果为: " + str1.match(re2));//[abc,a,b,c]
    console.log("/(a)(b)c\\1\\2/的匹配结果为: " + str2.match(re3));//[abcab,a,b]
</script>
</head>
```

```
<body>
</body>
</html>
```

示例 10-9 中定义的 re2 和 re3 两个正则表达式都使用了分组，其中 re2 有 3 个分组，re3 有两个分组，并且 re3 中使用了\1 和\2 来分别匹配第一个和第二个分组。上述代码在 Chrome 浏览器中的运行结果如图 10-7 所示。

从图 10-7 中可以看到，re2 和 re3 除了进行整个正则表达式匹配外，还分别使用分组进行匹配。需要注意的是：使用 match()进行匹配，当表达式中包含分组时，如果希望匹配结果中包含分组匹配结果，则正则表达式中不能包含 g 修饰符，即不能进行全局匹配，否则匹配结果只得到整个表达式匹配的结果，而不包含分组匹配结果。

图 10-7　分组的使用

10.2.7　正则表达式中的修饰符

定义正则表达式中可以指定修饰符，正则表达式修饰符用于描述匹配方式。常用的正则表达式修饰符主要有"i"和"g"两个。其中"i"表示执行不区分大小写的匹配；"g"表示执行一个全局匹配，即找到被检索字符串中所有的匹配，如果不加"g"修饰符，则找到第一个匹配内容之后就停止往后检索。

定义正则表达式时，可以同时使用多个修饰符。使用时这些修饰符的顺序不作要求。

【示例 10-10】在正则表达式中使用修饰符。

```
<!doctype html>
<html>
<head>
<meta charset="utf-8">
<title>在正则表达式中使用修饰符</title>
<script>
    var str = 'aBCda';
    var re1 = /[a-c]/;//非全局匹配，匹配条件为 a 或 b 或 c
    var re2 = /[a-c]/g;//全局匹配，匹配条件为 a 或 b 或 c
    var re3 = /[a-c]/ig;//全局匹配，同时不区分大小匹配，匹配条件为 a 或 b 或 c
    console.log("/[a-c]/的匹配结果为: " + str.match(re1));
    console.log("/[a-c]/g 的匹配结果为: " + str.match(re2));
    console.log("/[a-c]/ig 的匹配结果为: " + str.match(re3));
</script>
</head>
<body>
</body>
</html>
```

上述代码在 Chrome 浏览器中的运行结果如图 10-8 所示。

图 10-8　修饰符的使用

10.3　使用 RegExp 对象进行模式匹配

RegExp 对象是一个用于描述字符模式的对象。创建 RegExp 对象的方式有两种：一种是定义一个正则表达式，每次执行这个正则表达式时将创建一个 RegExp 对象；另一种是使用 RegExp()构造函数。RegExp 对象提供了 exec()和 test()方法，使用这两个方法可以实现模式匹配。

10.3.1 使用 exec()进行模式匹配

exec()的作用是：通过正则表达式对象调用该方法去匹配字符串，如果匹配成功则返回一个数组，该数组总是一个长度为 1 的数组，其值就是当前匹配到的字符串；如果匹配不成功，则返回 null。

exec()的调用格式：

正则表达式对象.exec(字符串);

【示例 10-11】使用 exec()进行模式匹配。

```
<!doctype html>
<html>
<head>
<meta charset="utf-8">
<title>使用 exec()进行模式匹配</title>
<script>
    var re = /\d{3}/g;//使用正则表达式定义的方式创建 RegExp 对象
    var text = "abc123def456";//搜索字符串
    var result;
    console.log("下面是通过使用正则表达式定义的方式创建的 RegExp 对象实现匹配: ");
    while((result = re.exec(text)) != null){
        console.log("匹配字符串'" + result[0] + "'的位置是" + result.index +
            "; 下一次搜索开始位置是" + re.lastIndex);
    }
</script>
</head>
<body>
</body>
</html>
```

上述 JS 代码中的 "index" 为数组属性，表示当前匹配项第一个字符的位置，"lastIndex" 是正则表达式对象的一个属性，当正则表达式带有修饰符 "g" 时，该属性存储继续匹配的起始位置。上述代码在 Chrome 浏览器中的运行结果如图 10-9 所示。

图 10-9　使用 exec()进行模式匹配

10.3.2 使用 test()进行模式匹配

test()的作用是：通过正则表达式对象调用该方法去匹配字符串，如果匹配成功就返回 true，否则返回 false。

test()的调用格式：

正则表达式对象.test(字符串);

【示例 10-12】使用 test() 进行模式匹配。

```
<!doctype html>
<html>
<head>
<meta charset="utf-8">
<title>使用 test()进行模式匹配</title>
<script>
    var str = 'ac';
    var re = /ab*/;
    console.log("/ab*/的匹配结果为: " + re.test(str));//true

    str = 'ac';
    re = /ab+/;
    console.log("/ab+/的匹配结果为: " + re.test(str));//false
</script>
</head>
<body>
</body>
</html>
```

正则表达式/ab*/可匹配 a、ab、abb、……而/ab+/可匹配 ab、abb、abbb、……上述代码在 Chrome 浏览器中的运行结果如图 10-10 所示。

【示例 10-13】使用 RegExp 对象的 test() 校验表单数据的有效性。

1. HTML 代码

图 10-10 使用 test() 进行模式匹配

```
<!doctype html>
<html>
<head>
<meta charset="utf-8">
<title>使用 RegExp 对象的 test()校验表单数据的有效性</title>
<script type="text/javascript" src="js/10-1.js"></script>
</head>
<body>
  <form action="ex10-12.html">
    <table border="1" width="400" cellpadding="5" cellspacing="0">
    <tr><td>用户名</td><td><input type="text" name="username" id="username"/></td></tr>
    <tr><td>密 码</td><td><input type="password" name="psw" id="psw"/></td></tr>
    <tr><td>身份证号</td><td><input type="text" name="IDC" id="idc"/></td></tr>
    <tr><td>email</td><td><input type="text" name="email" id="email"/></td></tr>
    <tr><td>家庭电话</td><td><input type="text" name="tel" id="tel"/></td></tr>
    <tr><td>手 机</td><td><input type="text" name="mobil" id="mobil"/></td></tr>
    <tr><td>通信地址</td><td><input type="text" name="address" id="address"/></td></tr>
    <tr><td>邮 编</td><td><input type="text" name="zip" id="zip"/></td></tr>
    <tr><td colspan="2"><input type="submit" value="提交" id='btn'></td></tr>
    </table>
  </form>
</body>
</html>
```

2. JS 代码

```
window.onload = function(){
    var oBtn = document.getElementById('btn');
```

10

```javascript
    oBtn.onclick = function(){
        var flag = true;
        var username = document.getElementById("username");
        var password = document.getElementById("psw");;
        var idc = document.getElementById("idc");
        var email = document.getElementById("email");
        var tel = document.getElementById("tel");
        var mobil = document.getElementById("mobil");
        var zip = document.getElementById("zip");
        var url = document.getElementById("url");
        //用户名第一个字符为字母，其他字符可以是字母、数字、下划线等，且长度为 5~10 个字符
        var pname = /^[a-zA-Z]\w{4,9}$/;
        var ppsw = /\S{6,15}/;   //密码可以为任何非空白字符，长度为 6~15 个字符
        //身份证号可以是 15 位或 18 位，18 位的可以全部为数字，也可以最后一个为 x 或 X
        var pidc = /^\d{15}$|^\d{17}[\d|x|X]$/;
//email 包含@，且其左、右两边包含任意多个单词字符，后面则包含至少一个包含.和 2~3 个单词字符的子串
        var pemail = /^\w+([\.-]?\w+)*@\w+([\.-]?\w+)*(\.\w{2,3})+$/;
        var ptel = /^\d{3,4}-\d{7,8}$/; //xxx/xxxx-xxxxxxx/xxxxxxx，其中 x 表示一个数字
        //手机为 11 位数字，且第二数字只能为 3、4、5、7 或 8
        var pmobil = /^1[3|4|5|7|8]\d{9}$/;
        var pzip = /^[1-9]\d{5}$/; //邮编为 1~9 之间的 6 位数字
        if(!pname.test(username.value)){
            flag = false;
            alert("用户名第一个字符为字母，长度为 5~10 个字符");
        }
        if(!ppsw.test(password.value)){
            flag = false;
            alert("密码长度为 6~15 个非空白字符");
        }
        if(!pidc.test(idc.value)){
            flag = false;
            alert("身份证号为 15 位或 18 位，请输入正确的身份证号");
        }
        if(!pemail.test(email.value)){
            flag = false;
            alert("email 包含@以及至少一个包含.和 2~3 个单词字符的子串");
        }
        if(!ptel.test(tel.value)){
            flag = false;
            alert("家庭电话的格式为 xxx/xxxx-xxxxxxx/xxxxxxxx");
        }
        if(!pmobil.test(mobil.value)){
            flag = false;
            alert("手机为 11 位数字，且第二数字只能为 3、4、5、7 或 8");
        }
        if(!pzip.test(zip.value)){
            flag = false;
            alert("邮编为 1~9 之间的 6 位数字");
        }
        //当 flag 的值为 false 时，取消提交按钮的默认提交行为
        if(!flag){
            return false;
        }
    };
};
```

上述脚本代码中分别对用户名、密码、身份证号、email、家庭电话、手机和邮编定义了正则表达式来校验用户输入这些数据的有效性。对这些正则表达式使用 RegExp 对象的 test() 来进行匹配。如果用户输入的数据匹配正则表达式，test() 方法返回 true，否则返回 false。提交表单时，将触发提交按钮的单击事件，从而进行数据有效性的校验。当所有匹配都通过测试时，表单提交给 ex10-12.html，否则停留在当前页面（通过在按钮的事件函数中返回 false 来阻止提交）。

上述代码在 Chrome 浏览器中运行后输入图 10-11 所示的数据后提交，将依次得到图 10-12～图 10-14 所示分别为用户名、家庭电话和手机不匹配的提示信息。

用户名	a123
密 码	••••••
身份证号	12345678912345678x
email	aa@sise.com.cn
家庭电话	12345678
手 机	12345678912
通信地址	广州华软广从南路548号
邮 编	510990

提交

图 10-11　输入表单数据

此网页显示

用户名第一个字符为字母，长度为5~10个字符

确定

图 10-12　用户名不通过有效性校验

此网页显示

家庭电话的格式为xxx/xxxx-xxxxxxxx/xxxxxxxx

确定

图 10-13　家庭电话不通过有效性校验

此网页显示

手机为11位数字，且第二数字只能为3、4、5、7或8

确定

图 10-14　手机不通过有效性校验

10.4　使用 string 对象的模式匹配方法进行匹配

在脚本编程中，除了可以使用 RegExp 对象进行模式匹配外，还可以使用一些 string 方法进行模式匹配。常用的模式匹配的 string 方法见表 10-4。

表 10-4　具有模式匹配功能的 string 方法

方法	描述
match(pattern)	在一个字符串中寻找与参数指定的正则表达式模式 pattern 的匹配
replace(pattern,newStr)) replace(pattern,function(str){ … })	将匹配第一个参数指定的正则表达式的字符串替换为第二个参数指定的字符串，或者匹配第一个参数指定的正则表达式时，执行第二个参数定义的函数，并用函数的返回值替换匹配内容。函数中的参数 str 可省略，当出现参数 str 时，str 将存储匹配成功的字符串
search(pattern)	搜索与参数指定的正则表达式 pattern 的匹配

接下来将详细介绍表 10-4 中的各个方法。

10.4.1 使用 match()进行模式匹配

match()方法的作用是：通过字符串调用该方法实现模式匹配，如果没有匹配，则返回 null；如果有匹配，则返回的是一个由匹配结果组成的数组。如果该正则表达式设置了修饰符 g，则该方法返回的数组包含字符串中的所有匹配结果。如果正则表达式没有设置修饰符 g，则 match()只进行一次匹配，此时，如果正则表达式中没有分组，则返回的数组只有一个元素；如果正则表达式中包含分组，则返回的数组的第一个元素为正则表达式匹配到的结果，其余的元素则是由正则表达式中用分组所匹配的结果。match()的调用格式如下：

```
字符串.match(正则表达式);
```

【示例 10-14】使用 match()进行模式匹配。

```html
<!doctype html>
<html>
<head>
<meta charset="utf-8">
<title>使用 match()进行模式匹配</title>
<script>
    var str = '1 plus 2 equal 3';
    console.log("/\\d/g 的匹配结果为: " + str.match(/\d/g)); //全局匹配
    console.log("/\\d/的匹配结果为: " + str.match(/\d/));//单次匹配
    console.log("/(\\d)/的匹配结果为: " + str.match(/(\d)/));//单次、分组匹配
</script>
</head>
<body>
</body>
</html>
```

示例 10-14 使用了 3 个正则表达式，/\d/g 表达式实现全局匹配，返回字符串中的所有数字，即 1，2，3；/\d/表达式只进行一次匹配，因而返回首先匹配到的数字: 1；/(\d)/表达式，即单次匹配，同时分组匹配，单次匹配所匹配到的是第一个数字 1，分组匹配也返回其对应的第一个分组子项匹配结果: 1，所以最终的结果返回两个 1。上述代码在 Chrome 浏览器中的运行结果如图 10-15 所示。

图 10-15　使用 match()进行模式匹配

10.4.2　使用 replace()进行模式匹配

replace()方法用于替换匹配的字符串，或匹配时执行指定函数。它具有两种形式，由字符串来调用，调用格式如下。

格式一：

```
字符串.replace(pattern,newStr));//实现替换匹配字符串功能
```

格式二：

```
字符串.replace(pattern,function(str){//匹配成功时,执行函数并用其返回值进行字符串替换
    ...
})
```

replace()的第一个参数是一个正则表达式，第二个参数是用来替换匹配第一个参数的字符串的

字符串或者匹配成功时需执行的函数定义。执行 replace() 时，该方法首先会对调用它的字符串使用第一个参数指定的模式进行匹配检索，找到匹配子串后使用第二个参数进行替换或执行第二个参数定义的函数并用函数的返回值替换匹配内容。如果正则表达式中设置了修饰符 g，则所有与模式匹配的字符串都将替换成第二个参数指定的字符串或多次执行第二个参数定义的函数并使用函数返回值进行匹配内容的替换；如果不带修饰符 g，则只替换所匹配的第一个字符串或只执行一次函数并将其返回值作一次替换。例如：

```
var str = 'aaa';
sconsole.log(str.replace(/a/,'b'));//替换一次，返回：baa
console.log(str.replace(/a/g,'b'));//全局匹配，共 3 次匹配成功，替换 3 次，返回：bbb
//每次匹配成功时，都将执行函数，并将函数返回值替换匹配到的字符串。全局匹配，共 3 次匹配成功，且替换了 3 次
str.replace(/a/g,function(s){
    return s + 'b';//s 的值为匹配成功的字符串：a
});
```

【示例 10-15】使用 replace() 替换敏感词。

```
<!doctype html>
<html>
<head>
<meta charset="utf-8">
<title>使用 replace()替换敏感词</title>
<script>
    window.onload = function(){
        var aTextarea = document.getElementsByTagName('textarea');
        var oBtn = document.getElementById('btn');
        var re = /傻子|二货/g;
        oBtn.onclick = function(){
            //使用匹配成功时直接替换匹配字符串时，整个敏感词只使用一个*来替换
            //aTextarea[1].value = aTextarea[0].value.replace(re,'*');
            //使用匹配成功时执行函数，实现将每个敏感词中每个字替换成*
            aTextarea[1].value = aTextarea[0].value.replace(re,function(str){
                //str 参数就是匹配成功的字符串
                var result = '';
                for(var i = 0; i < str.length; i++){
                    result += '*';
                }
                return result;
            });
        }
    };
</script>
</head>
<body>
    替换前<br>
    <textarea rows='6' cols='30'></textarea><br>
    替换后<br>
    <textarea rows='6' cols='30'></textarea><br>
    <input type="button" id="btn" value="替换"/>
</body>
</html>
```

替换敏感词，既可以使用匹配成功时直接替换匹配字符串，也可以匹配成功时通过执行定义的

函数来进行替换，前者只能将整个敏感词替换成一个*号，后者则可以实现将敏感词中的每个字都替换成一个*号。在 Chrome 浏览器中的运行结果如图 10-16 和图 10-17 所示。

图 10-16　执行函数可替换每个字　　　　图 10-17　直接替换只能替换整个词

【示例 10-16】使用 replace()和分组匹配替换内容。

```html
<!doctype html>
<html>
<head>
<meta charset="utf-8">
<title>使用 replace()和分组匹配替换内容</title>
<script>
    var str = '2018-10-25';
    var re = /(\d+)(-)/g;//第一个子项为(\d+)所匹配的内容；第二个子项为(-)所匹配的内容
    //将 str 中的"-"替换为"."
    str = str.replace(re,function($0,$1){
        return $1 + '.';//用函数返回的值替换匹配内容
        //return $0.substring(0,$0.length-1) + '.';//不使用$1 时，代码相对较复杂
    });
    console.log(str);//2018.10.25
</script>
</head>
<body>
</body>
</html>
```

正则表达式/(\d+)(-)/g 中包含分组，因而在进行全局匹配时，$0 的值先后为 2018-和 10-，$1 中的值先后为 2018 和 10。在 replace()方法中，每次匹配成功后，就会将通过执行第二个参数定义的函数获得的$1 中存储的值+"."来替换$0 中所存储的值。在 Chrome 浏览器中最终得到的结果为：2018.10.25。

【示例 10-17】使用 replace()去掉字符串前、后的空格。

```html
<!doctype html>
<html>
<head>
<meta charset="utf-8">
<title>使用 replace()去掉字符串前、后的空格</title>
<script>
    var str = '  hello   ';
    alert('(' + trim(str) + ')');
```

```
        function trim(str){
            var re = /^\s+|\s+$/g;//匹配首尾空白字符
            return str.replace(re,'');//将匹配的首、尾空白字符删除
        }
    </script>
    </head>
    <body>
    </body>
    </html>
```

正则表达式/^\s+|\s+$/g 使用首、尾符号匹配首、尾的多个空白字符，字符串 str 按该正则表达式搜索到前、后的空格后，将其全部删除掉。

10.4.3　使用 search()进行模式匹配

search()是 string 模式匹配方法中最简单的一个。通过需要匹配的字符串调用去匹配正则表达式，如果匹配成功，就返回匹配成功的字符串的起始位置，否则返回-1。

search()的调用格式：

字符串.search(正则表达式);

需注意的是：search()方法不支持全局检索。

【示例 10-18】使用 search()进行模式匹配。

```
<!doctype html>
<html>
<head>
<meta charset="utf-8">
<title>使用 search()进行模式匹配</title>
<script>
    var str = 'abcdef';
    console.log("/de/的匹配结果为: " + str.search(/de/));//检索 de
    console.log("/DE/的匹配结果为: " + str.search(/DE/));//检索 DE
    console.log("/DE/i 的匹配结果为: " + str.search(/DE/i));//忽略大小写检索 DE
</script>
</head>
<body>
</body>
</html>
```

上述代码在 Chrome 浏览器中的运行结果如图 10-18 所示。

图 10-18　search()匹配结果

10.4.4　使用字符串的模式匹配方法实现数据有效性校验

在实际应用中，除了使用正则表达式对象进行数据有效性校验外，也经常会使用 string 的模式匹配方法 match()或 search()来实现数据有效性校验。下面将同时使用 match()和 search()方法修改示例 10-13 来实现数据有效性的校验。

【示例 10-19】使用 string 的 match()和 search()校验表单数据的有效性。

1.　HTML 代码

```
<!doctype html>
<html>
```

```html
<head>
<meta charset="utf-8">
<title>使用 string 的 match()和 search()校验表单数据的有效性</title>
<script type="text/javascript" src="js/10-2.js"></script>
</head>
<body>
  <form action="ex10-12.html">
    <table border="1" width="400" cellpadding="5" cellspacing="0">
    <tr><td>用户名</td><td><input type="text" name="username" id="username"/></td></tr>
    <tr><td>密 码</td><td><input type="password" name="psw" id="psw"/></td></tr>
    <tr><td>身份证号</td><td><input type="text" name="IDC" id="idc"/></td></tr>
    <tr><td>email</td><td><input type="text" name="email" id="email"/></td></tr>
    <tr><td>家庭电话</td><td><input type="text" name="tel" id="tel"/></td></tr>
    <tr><td>手 机</td><td><input type="text" name="mobil" id="mobil"/></td></tr>
    <tr><td>通信地址</td><td><input type="text" name="address" id="address"/></td></tr>
    <tr><td>邮 编</td><td><input type="text" name="zip" id="zip"/></td></tr>
    <tr><td colspan="2"><input type="submit" value="提交" id='btn'></td></tr>
    </table>
  </form>
</body>
</html>
```

2. JS 代码

```javascript
window.onload = function(){
    var oBtn = document.getElementById('btn');
    oBtn.onclick = function(){
        var flag = true;
        var username = document.getElementById("username");
        var password = document.getElementById("psw");;
        var idc = document.getElementById("idc");
        var email = document.getElementById("email");
        var tel = document.getElementById("tel");
        var mobil = document.getElementById("mobil");
        var zip = document.getElementById("zip");
        var url = document.getElementById("url");
        //用户名第一个字符为字母，其他字符可以是字母、数字、下划线等，且长度为 5~10 个字符
        var pname = /^[a-zA-Z]\w{4,9}$/;
        var ppsw = /\S{6,15}/;  //密码可以为任何非空白字符，长度为 6~15 个字符
        //身份证号可以是 15 位或 18 位，18 位的可以全部为数字，也可以最后一位为 x 或 X
        var pidc = /^\d{15}$|^\d{17}[\d|x|X]$/;
    //email 包含@，且其左、右两边包含任意多个单词字符，后面则包含至少一个包含.和 2~3 个单词字符的子串
        var pemail = /^\w+([\.-]?\w+)*@\w+([\.-]?\w+)*(\.\w{2,3})+$/;
        var ptel = /^\d{3,4}-\d{7,8}$/;  //xxx/xxxx-xxxxxxx/xxxxxxxx，其中 x 表示一个数字
        //手机为 11 位数字，且第二位数字只能为 3、4、5、7 或 8
        var pmobil = /^1[3|4|5|7|8]\d{9}$/;
        var pzip = /^[1-9]\d{5}$/; //邮编为 1~9 之间的 6 位数字
        if((username.value.search(pname)) == -1){  //使用 string 的 search()方法进行模式匹配
            flag = false;
            alert("用户名第一个字符为字母，长度为 5~10 个字符");
        }
        if((password.value.search(ppsw)) == -1){
            flag = false;
            alert("密码长度为 6~15 个字符");
        }
```

```
        if((idc.value.search(pidc)) == -1){
            flag = false;
            alert("身份证号为 15 位或 18 位，请输入正确的身份证号");
        }
        if((email.value.search(pemail)) == -1){
            flag = false;
            alert("email 包含@以及至少一个包含.和 2~3 个单词字符的子串");
        }
        if((tel.value.match(ptel)) == null){ //使用 string 的 match()方法进行模式匹配
            flag = false;
            alert("家庭电话的格式为 xxx/xxxx-xxxxxxx/xxxxxxxx");
        }
        if(mobil.value.match(pmobil) == null){
            flag = false;
            alert("手机为 11 位数字，且第二数字只能为 3 或 4 或 5 或 7 或 8");
        }
        if(zip.value.match(pzip) == null){
            flag = false;
            alert("邮编为 1~9 之间的 6 位数字");
        }
        //当 flag 的值为 false 时，取消提交按钮的默认提交行为
        if(!flag){
            return false;
        }
    };
};
```

上述脚本代码分别使用了 string 的 search()和 match()来实现对用户输入的用户名、密码、身份证号、email、家庭电话、手机和邮编进行模式匹配，校验用户输入这些数据的有效性。校验效果和示例 10-13 完全一样。

练习题

一、简述题

1. 简述使用 RegExp 对象验证数据方法。
2. 简述使用 string 对象验证数据方法。
3. 简述正则表达式：/^1[3-9]\d{9}$/的含义。

二. 上机题

使用 RegExp 或 string 对象校验注册信息中的用户名、邮箱和手机号码。对注册用户名、邮箱和手机的要求如下。

（1）用户名：4~8 位长度；由数字、字母或者下划线组成；首位必须是字母，不允许空格。

（2）邮箱：首位是数字或者字母（大小写均可）；中间是 4~6 位数字、字母或下划线；@后面只能为 163 或 qq；最后域名部分只能是.com 或.cn 或.com.cn。

（3）手机：1 开头；第二位是 3~9；总长度 11 位。

所需知识点：使用 document 获取元素、正则表达式定义、使用 RegExp 的 test()或 string 对象的 search()或 match()等知识点。

第 11 章

JavaScript 面向对象及组件开发

　　以对象的思想来编写代码，就叫面向对象编程。所谓对象的思想，是指客观世界的万事万物（包括人、物以及概念等东西）都可以被看成为一个个的对象，而这些对象在计算机的世界里，则表现为数据（属性）和对这些数据所做的一些操作（方法）。

　　"组件"是指可重复使用并且可以和其他对象进行交互的对象，组件开发就是创建新的组件。

11.1 JavaScript 面向对象编程概述

在 JS 中，我们也可以进行面向对象编程。ECMA-262 把对象定义为：无序属性的集合，其中的属性可以包含基本值、对象或者函数。简单来说，对象就是一组无序的名/值对，其中的名字包括属性名和函数名，值则包括基本类型数据、对象和函数。对对象来说，其中的函数也称为方法。

严格来说，JS 是一种基于对象的编程语言。尽管如此，它一样可以实现面向对象编程，因而具有和 Java 等面向对象语言同样的编程特点，如下所述。

抽象性：根据系统功能需求，抓住核心问题，并用对应的属性和方法来描述和解决这些问题。

封装性：将属性和方法封装到对象中，属性和方法的访问需要通过对象来实现。封装性隐藏了方法的具体实现细节。

继承性：从已有对象上衍生出新的对象，是代码复用的形式之一。

多态性：多个不同的对象调用同样的方法，得到不同的结果。

11.2 JavaScript 对象的创建

在 JS 中，创建对象的方法有多种，下面将介绍其中几种比较常用的方式。

1. 使用 Object()创建对象

在早期，最常用的创建对象的方式是调用 Object()创建一个 object 对象。创建示例如下。

【示例 11-1】使用 Object()创建对象。

```html
<!doctype html>
<html>
<head>
<meta charset="utf-8">
<title>使用 Object()创建对</title>
<script>
var student = new Object();//创建一个空对象
//定义对象属性
student.sno= '190121001';
student.name = '张三';
student.age = 20;
student.gender = '女';
//定义对象方法
student.printInfo = function(){
    console.log("学号: "+this.sno+"\n 姓名: "+this.name+"\n 性别: "+this.gender+
            "\n 年龄: "+this.age);//this 表示调用该方法的当前对象
}
//调用对象方法
student.printInfo();//输出学生张三的相关信息
//判断对象类型
console.log(student instanceof Object );//输出: true, 即 student 是 Object 对象的实例
</script>
</head>
<body>
</body>
</html>
```

　　注：instanceof 运算符用于判断运算符前面的对象是否是运算符后面的对象的实例，如果是返回 true，否则返回 false。

2. 使用对象直接量创建对象

　　从使用 Object()创建对象方式中可以看到，设置对象的每个属性和方法时，都需要使用对象名，这种写法很烦琐。由于 var student=new Object()等效于 var student={}，因而，可以在{}里使用对象直接量来简化对象属性和方法的定义。

　　对象直接量是由若干名/值对组成的映射表，每对名/值中的名和值之间使用冒号分隔，不同名/值对用逗号分隔。整个映射表用花括号（{}）括起来。使用对象直接量创建对象的示例如下。

　　【示例 11-2】使用对象直接量创建对象。

```
<!doctype html>
<html>
<head>
<meta charset="utf-8">
<title>使用对象直接量创建对象</title>
<script>
var student = {
    //定义对象属性
    sno: '190121001',
    name: '张三',
    age: 22,
    gender: '女',
    //定义对象方法
    printInfo: function(){
      console.log("学号: "+this.sno+"\n 姓名: "+this.name+"\n 性别: "+this.gender+
              "\n 年龄: "+this.age);//this 表示调用该方法的当前对象
    }
};
//调用对象方法
student.printInfo();//输出学生张三的相关信息
//判断对象类型
console.log(student instanceof Object );//输出: true
</script>
</head>
<body>
</body>
</html>
```

　　使用对象直接量创建对象由于代码相对比较简洁，因而在早期曾是创建对象的首选方式。但由于早期的这两种方式在创建相似对象时，每次都需要重复指定相同的属性名以及进行完全相同的方法的定义，所以这两种方式存在大量的冗余代码。为此出现了工厂模式创建对象的方法。

3. 使用工厂模式创建对象

　　工厂模式创建对象的基本思想是：把创建对象的代码封装为一个函数，并使函数返回所创建的对象。工厂模式创建对象涉及定义工厂方法和调用工厂方法创建对象两步操作，示例如下。

　　【示例 11-3】使用工厂模式创建对象。

```
<!doctype html>
<html>
<head>
```

```
<meta charset="utf-8">
<title>使用工厂模式创建对象</title>
<script>
//定义工厂方法
function createStudent(sno,name,age,gender){
    var obj=new Object();
    obj.sno=sno;
    obj.name=name;
    obj.age=age;
    obj.gender=gender;
    obj.printInfo=function(){
        console.log("学号: "+this.sno+"\n 姓名: "+this.name+"\n 性别: "+this.gender+
                    "\n 年龄: "+this.age);
    };
    return obj;//返回创建的对象
}
//调用工厂方法创建对象
var student1=createStudent('190121001','张三',20,'女');
var student2=createStudent('190122001','李四',21,'男');
//调用对象方法
student1.printInfo();//输出学生张三的相关信息
student2.printInfo();//输出学生李四的相关信息
//判断对象类型
console.log(student1 instanceof Object);//输出: true
console.log(student2 instanceof Object );//输出: true
</script>
</head>
<body>
</body>
</html>
```

示例 JS 中的 createStudent()返回了一个对象，由所传的参数可知，返回的是一个学生对象，其中包含了学生学号、姓名等相关信息以及一个输出学生相关信息的 printInfo()方法。当需要获取一个学生对象时，只需调用一次 createStudent()方法，即要获取多少个学生对象，就调用相应次数的 createStudent()方法。可见 createStudent()方法可以反复多次调用。而要获取不同学生的信息，只需在调用方法时给方法传不同的信息即可。

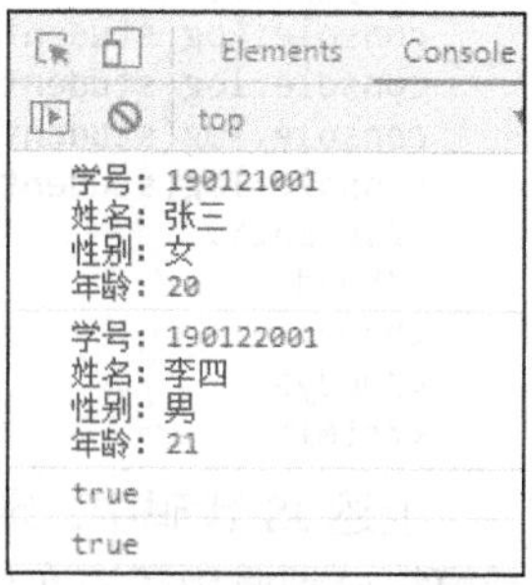

示例 11-3 在 Chrome 浏览器中的运行结果如图 11-1 所示。

从图 11-1 中可以看到输出的两个学生的相关信息。这两个学生对象都是 Object 的实例。

图 11-1　输出学生相关信息

比较前面两种创建对象的方式，工厂模式确实解决了创建多个相似对象时出现大量冗余代码的问题，但是它却和前面两种方式一样，所创建的对象全部都是 Object 对象，而不能对对象进行具体类型的识别。为解决这个问题，又出现了构造函数创建对象的方式。

4. 使用构造函数模式创建对象

构造函数和普通函数既相同又不完全相同。相同的是：构造函数其实就是一个函数，两者的定义语法完全相同；普通函数的调用也适用于构造函数。不同点主要体现在构造函数存在以下几方面的特点。

（1）首字母一般要大写。

（2）对属性和方法赋值时需要使用 this 关键字。

（3）没有 return 语句。

使用构造函数模式创建对象包括定义构造函数和使用构造函数创建对象两步操作。示例如下。

【示例 11-4】使用构造函数模式创建对象。

```html
<!doctype html>
<html>
<head>
<meta charset="utf-8">
<title>使用构造函数模式创建对象</title>
<script>
//定义构造函数
function Student(sno,name,age,gender){
    this.sno=sno;
    this.name=name;
    this.age=age;
    this.gender=gender;
    this.printInfo=function(){
        console.log("学号: "+this.sno+"\n 姓名: "+this.name+"\n 性别: "+this.gender+
                "\n 年龄: "+this.age);
    };
}

//通过 new 操作符调用构造函数创建对象
var student1=new Student('190121001','张三',20,'女');
var student2=new Student('190122001','李四',21,'男');
//调用对象方法
student1.printInfo();//输出学生张三的相关信息
student2.printInfo();//输出学生李四的相关信息
//判断对象类型
console.log(student1 instanceof Object );//输出: true
console.log(student1 instanceof Student );//输出: true
console.log(student2 instanceof Object );//输出: true
console.log(student2 instanceof Student );//输出: true
</script>
</head>
<body>
</body>
</html>
```

上述 JS 代码中，定义了一个包含 4 个参数的构造函数，并通过 new 运算符分别调用了两次构造函数，得到了两个学生对象。在 Chrome 浏览器中的运行结果如图 11-2 所示。

由图 11-2 所示的运行结果可知，student1 和 student2 对象既是 Object 对象的实例，同时又是 Student 对象的实例。因而可以将 student1 和 student2 对象标识为 Student 类型。

从示例 11-4 中可以看到，相较于工厂模式，构造函数模式存在以下几个不同点。

（1）没有显式地创建对象。

（2）对属性和方法赋值时需要使用 this 关键字。

图 11-2　使用构造函数的结果

（3）没有 return 语句（默认返回 this 对象）。

（4）构造函数名首字母通常大写。

（5）创建对象需要通过 new 运算符来调用构造函数。

构造函数模式虽然相比工厂模式有优点，但它也同样存在不足的地方：就是每个方法都要在每个实例上重新创建一遍。而每个方法其实每创建一次就实例化一个对象，而每次实例化一个对象就会在内存为对象开辟一块新的空间，以存放对象的相关属性，同时会把这块内存的首地址作为引用返回给对象。因而将一个对象赋值给另一个对象时，其实是将该对象的引用赋给了另一个对象。所以当要比较两个对象时，必须属性、方法和引用都相同时，才能说这两个对象相等。

由上述的描述可知，printInfo()方法在使用构造函数模式创建 student1 和 student2 对象时都会实例化一个对象，因而在这两个学生对象中的 printInfo()是不相等的。然而，就功能来说，printInfo()对 student1 和 student2 来说是完全相同的，完全没有必要创建两个功能完全相同的函数实例，因为这样毫无意义，同时也会存在大量的冗余代码。解决相同实例方法重复出现的方法是使用原型模式。

5. 使用原型模式创建对象

我们创建的每个构造函数都有一个 prototype（原型）属性。该属性是一个指针，指向一个称为"原型对象"的对象。原型对象表示为：构造函数名.prototype。原型对象包含所有实例共享的属性和方法。因此，对所有实例共享的属性和方法，可以将其放到原型对象中，这样对这些共享属性和方法只需定义一次就可以了。由此可以想到，通过原型对象定义共享方法正好可以解决构造函数模式存在的同一个方法需要在不同对象实例中多次创建的问题。

通过原型对象来定义所有对象实例的共享属性和方法的方式来创建对象称为原型模式，示例如下。

【示例 11-5】使用原型模式创建对象。

```html
<!doctype html>
<html>
<head>
<meta charset="utf-8">
<title>使用原型模式创建对象</title>
<script>
//定义构造函数
function Student(){
    this.name='李四';
}
//给原型对象定义属性和方法
Student.prototype.sno = '190121001';
Student.prototype.name = '张三';
Student.prototype.age = 20;
Student.prototype.gender = '女';
Student.prototype.printInfo = function(){
    console.log("学号: "+this.sno+"\n 姓名: "+this.name+"\n 性别: "+this.gender+
                "\n 年龄: "+this.age);
};

//创建两个对象
var student1 = new Student();
var student2 = new Student();

console.log(student1.name+student1.age+"岁");
console.log(student2.name+student2.age+"岁");
```

```
student1.name='王五'; //修改 student1 的 name 实例属性值
student2.name='王五'; //修改 student2 的 name 实例属性值
student2.age = 23; //给 student2 设置 age 实例属性
delete student2.name;//使用 delete 操作符删除 student2 的实例属性 name

console.log(student1.name+student1.age+"岁");
console.log(student2.name+student2.age+"岁");
</script>
</head>
<body>
</body>
</html>
```

示例 JS 代码设置了一个实例属性 name，以及 4 个原型属性和一个原型方法。可以看到，实例属性 name 和原型 name 同名，它们的值分别为“李四”和“张三”。示例 11-5 在 Chrome 浏览器中的运行结果如图 11-3 所示。

从图 11-3 中可以看到，调用构造函数创建的两个学生对象第一次访问的 name 属性都是实例属性，而 age 的值则是原型属性的值。可见，当实例属性和原型属性同名时，实例属性会覆盖原型属性。从第二次访问的两个对象的结果可以看到，当不存在某个实例属性时，使用对象实例设置的属性将作为实例属性，例如示例 11-5 中的 student2.age=23，此时会给 student2 添加一个 age 实例属性；如果存在某个实例属性，再次对其赋值时，则会修改该实例属性，对同名的原型属性则不会修改，例如示例 11-5

图 11-3　使用原型对象的结果

中的 student2.name='王五'，此时实例属性 name 的值（李四）会被替换为“王五”，原型属性中的“张三”值并没有改变。所以当使用 delete 删除 student2 的实例属性 name 后，输出 student2 的 name 属性是原型属性的值。由此可见，通过对象实例使用赋值方式来修改属性时，只能修改实例属性，而不可以修改原型属性。

上述示例定义原型属性和方法时需要多次重复编写 Student.prototype，这种写法就像前面介绍的创建对象的第一种方式一样很烦琐，对此同样可以使用对象的直接量来进行简化。上述示例中的原型属性和方法定义的简化代码如下所示：

```
Student.prototype = {
    sno: '190121001';
    name: '张三';
    aAge: 20;
    gender: '女';
    printInfo: function(){
        console.log("学号: "+this.sno+"\n 姓名: "+this.name+"\n 性别: "+this.gender+
            "\n 年龄: "+this.age);
    }
};
```

使用原型模式虽然解决了构造函数模式重复创建共享方法的问题，但纯粹使用原型模式会存在一些问题。因为所有原型属性被所有实例共享，所以在默认情况下，所有实例都将取得相同的属性值。当原型属性是一个引用类型的值时，每个对象实例将获得对这个引用类型属性的相同引用，这样，任何一个实例对这个引用类型属性进行修改，都将影响其他实例。例如：

```
function Aaa() {}
Aaa.prototype.arr = [1,2,3];//设置原型属性 arr, arr 类型是一个数组 (引用类型)
var a1 = new Aaa();
var a2 = new Aaa()
//arr 属性值修改前访问 arr
alert(a1.arr);//输出: 1,2,3
alert(a2.arr);//输出: 1,2,3
a1.arr.push(4,5,6);//通过实例 a1 修改数组属性 arr
//arr 属性值修改后访问 arr
alert(a1.arr);//输出: 1,2,3,4,5,6
alert(a2.arr);//输出: 1,2,3,4,5,6
```

从上述示例中可以看到，通过实例 a1 修改原型中的引用属性 arr 时，实例 a2 访问 arr 时会得到修改以后的值。可见，实例访问引用类型的原型属性时有可能会带来一些不可预期的问题。这是纯粹使用原型模式时存在的一个严重问题。

而当原型属性是一个非引用类型的值时，如果实例需要取不同的值时，需要对各个实例设置一个同名属性，以隐藏原型中的对应属性，这样的做法有点做重复工作的味道。这就是纯粹使用原型模式存在的第二个问题。

组合使用构造函数模式和原型模式，可以解决原型模式的上述两个问题。

6. 组合使用构造函数模式和原型模式创建对象

组合使用构造函数模式和原型模式创建对象是最常用的方式，其中构造函数用于设置对象实例属性，原型则用于设置方法和共享属性。这样做的结果是，每个实例都拥有自己的实例属性，同时又共享方法的引用，从而可以最大限度地节省内存。

组合使用构造函数模式和原型模式创建对象的步骤是：首先定义构造函数，然后在构造函数下面定义原型属性和方法，接着创建对象。示例如下。

【示例 11-6】组合使用构造函数模式和原型模式创建对象。

```
<!doctype html>
<html>
<head>
<meta charset="utf-8">
<title>组合使用构造函数模式和原型模式创建对象</title>
<script>
//定义构造函数
function Employee(name,age,job){
    this.name = name;
    this.age = age;
    this.job = job;
}

//给原型对象定义属性和方法
Employee.prototype.name = '王五';
Employee.prototype.company = 'AA 科技有限公司';
Employee.prototype.printInfo = function(){
    console.log(this.name+", "+this.age+"岁, 是一个"+this.job);
};

//创建两个对象
var employee1 = new Employee('张三',23,'软件工程师');
```

11

```
var employee2 = new Employee('李四',29,'项目经理');

console.log(employee1.name); //输出: 张三
console.log(employee2.name);//输出: 李四
console.log(employee1.company);//输出: AA 科技有限公司
console.log(employee2.company);//输出: AA 科技有限公司
delete employee1.name;//删除实例属性
console.log(employee1.name);//输出: 王五
</script>
</head>
<body>
</body>
</html>
```

上述示例中分别使用了构造函数和原型对象定义了实例属性和原型属性。其中，实例属性和原型属性都有 name 属性。示例 11-6 在 Chrome 浏览器中的运行结果如图 11-4 所示。

图 11-4　组合使用构造函数模式和原型模式的结果

由运行输出结果可看到，使用实例访问属性时，首先访问的是实例属性，当实例中不存在指定属性时才会访问原型属性。可见，实例属性的优先级高于原型属性。

使用 hasOwnProperty()方法可以判断属性是否属于对象，属于返回 true，否则返回 false。该方法的使用格式为：

```
obj.hasOwnProperty("prop"); //判断 prop 属性是否属于对象 obj 的属性
```

使用 hasOwnProperty()判断上述示例中的 name 和 company 属性代码如下：

```
…
alert(employee1.hasOwnProperty("name"));//输出: true
alert(employee1.hasOwnProperty("company"));//输出: false
alert(employee.prototype.hasOwnProperty("company"));//输出: true

delete employee1.name;//删除实例属性 name
alert(employee1.hasOwnProperty("name"));//输出: false
```

上述示例中存在同名的实例属性和原型属性 name，由于实例属性的优先级比较高，所以，第一次调用 hasOwnProperty()访问到的 name 是实例 employee1 的属性，因而输出 true。但使用 delete 操作符删除 employee1.name 后，employee1 访问到的 name 属性就是原型属性的，所以调用 hasOwnProperty()时返回 false。company 属性是原型属性，所以通过原型对象 Employee.prototype 来调用 hasOwnProperty()判断该属性时返回 true，但是通过实例 employee1 来调用 hasOwnProperty()判断该属性时返回 false。

7. 使用类创建对象

在前面的使用构造函数模式和使用原型模式创建对象的模式中，都是通过 new 调用构造函数来创建对象。但这两种模式中的构造函数是一个使用 function 定义的函数，这与 Java、c#等传统的面向对象语言的构造函数的定义方式有很大的不同，这样对熟悉 Java、c#等语言的 JS 初学者有可能会造成一定的困惑。为了解决这个困惑，ECMAScript 6（ES6）引入了类（class）这个概念，并和 Java、 c#等语言一样，使用类作为对象的模板。

（1）类的定义

作为对象模板的类，其中封装了对象的属性和方法。并和 Java、c#等语言类似，同样使用了 class 关键词进行定义，基本格式如下：

```
class 类名{
    [属性定义]
    [方法定义]
}
```

说明如下。

① 类体可以为空，即可以没有属性定义和方法定义。

② 类方法包括普通方法和构造函数。

③ 类属性有两种定义方式：一是在类的最顶层进行声明（直接指定属性名，每行定义一个属性。定义时可以给属性赋初始值也可以不用）；二是在构造函数中使用 this 定义属性（此时必须给属性赋值）。这两种方式定义的属性都是实例属性。

④ 类的构造函数使用"constructor"作为函数名。构造函数可以无参，也可以包含 1 到多个参数。一个类有且仅有一个构造函数，当没有显式定义构造函数时，JS 会提供一个默认的构造函数。对一个没有继承其他类的类来说，默认的构造函数是一个无参的空函数；对于子类来说，默认的构造函数的参数和父类一样，但函数体则是一个 super 方法的调用。不管什么类，构造函数默认返回实例对象（即 this）。

⑤ 类中定义的所有方法都是原型方法。

⑥ 类中的所有方法定义时都不能使用"function"关键字。

⑦ 类中的各个方法之间不需要使用逗号分隔。

类的定义示例如下：

```
class People{
    address; //在类的最顶层定义实例属性
    constructor(n,a,g){ //定义构造函数，并在其中使用 this 关键字定义实例属性
      this.name = n;
      this.age = a;
      this.gender = g;
    }

    toString(){ //定义了一个普通方法（原型方法）
      return "name="+this.name+",age="+this.age+",gender="+this.gender+;
    }
}
```

上述示例代码定义了一个名字为"People"的类，在类体中，共定义了 address、name、age 和 gender 4 个实例属性以及一个构造函数和一个原型方法 toString()。需要特别注意的是：不能使用 var 或 let 等关键字声明 address 属性，否则会报错。类 People 中显式定义了一个构造函数，其中使用 this 关键字定义了 3 个实例属性。如果针对不同的对象实例，实例属性的初始值都相同，则可以定义无参构造函数，并在构造函数中使用常量给属性赋值；如果希望各个对象实例属性的初始值动态变化，则需要定义有参构造函数，并在构造函数中使用参数给属性赋值。类中的原型方法 toString()定义时不能在方法名前添加"function"关键字，否则会报错。

从 ES6 类的定义格式来看，类和构造函数似乎有很大的不同，但事实上，ES6 类本身其实就是

一个函数，这一点可以通过使用 typeof 来验证。另外，ES6 类自身指向的就是构造函数，所以 ES6 类完全可以看作是构造函数的另外一种写法。

使用上述定义的 People 类验证 ES6 类的类型以及类和构造函数的关系示例如下：

```
console.log(typeof People); //输出 function
console.log(People === People.prototype.constructor);//输出 true
```

上述示例中的第一行代码的运行结果为"function"，可见，类的数据类型为函数。第二行代码的运行结果为"true"，可见，类本身指向其自身的构造函数。

（2）使用类创建对象

使用类创建对象，需要使用 new 运算符调用类的构造函数来创建对象实例。注意，创建对象时应将构造方法名 constructor 改为类名。对前面定义的 People 类创建对象的示例如下：

```
var p1 = new People(Tom",21,'m'); //使用 new 运算符调用构造函数创建对象 p1
var p2 = new People('Marry',23,'f'); //使用 new 运算符调用构造函数创建对象 p2
```

上述示例使用 new 调用两次构造函数分别创建了 p1 和 p2 两个对象实例。

下面通过示例 11-7 综合演示类的定义及其使用。

【示例 11-7】类的定义及其实例的创建和使用

```html
<!doctype html>
<html>
<head>
<meta charset="utf-8">
<title>类的定义及其实例的创建和使用</title>
<script>
  //定义类
  class People{
    address; //在类的最顶层定义实例属性
    constructor(n,a,g){//在构造函数中使用 this 关键字定义实例属性
      this.name= n;
      this.age=a;
      this.gender=g;
    }

    toString(){
      return "name="+this.name+", age="+this.age+", gender="+this.gender;
    }
  }
  //使用 new 调用构造方法创建对象实例
  var p = new People('Tom',21,'m');

  console.log('类实例的各个属性值为: ',p.toString());//使用对象实例调用方法
  console.log('address 是实例属性吗? ',p.hasOwnProperty('address'));//true
  console.log('age 是实例属性吗? ',p.hasOwnProperty('age'));//true
  console.log('toString()是实例方法吗? ',p.hasOwnProperty('toString'));//false
  console.log('toString()是原型方法吗? ',
              Object.getPrototypeOf(p).hasOwnProperty('toString'));//true
</script>
</head>
<body>
</body>
</html>
```

上述代码中的 Object.getPrototypeOf(p) 用于获取对象实例 p 的原型对象，也可以使用 People.prototype 来代替，对于 Firefox 和 Chrome 等浏览器，还可以使用 p.__proto__ 来获取对象实例 p 的原型对象。示例 11-7 在 Chrome 浏览器中的运行结果如图 11-5 所示。

图 11-5　类的定义及使用结果

从图 11-5 的运行结果中可看出，在类体最顶层定义的属性和构造方法中定义的属性都是实例属性，而类体中定义的方法则是原型方法。

（3）静态方法和静态属性

类相当于实例的原型，所有在类中定义的方法，都会被实例继承。为了阻止实例的继承，可以在方法名前面添加 static 关键字。添加了 static 关键字后的方法称为静态方法。原型方法需要通过对象实例来调用才能执行，如果使用类名来调用原型方法，则方法不会被执行；静态方法则只能通过类名来调用，不能使用实例名来调用，否则会报错。

对于属性也和方法一样，存在实例属性、原型属性和静态属性之分。实例属性和原型属性可以通过实例来访问，而静态属性则属于类，只能通过类名来访问，否则将得到 "undefined" 结果。

【示例 11-8】定义及使用静态方法和静态属性。

```
<!doctype html>
<html>
<head>
<meta charset="utf-8">
<title>定义及使用静态方法和静态属性</title>
<script>
  class Person{
    static address = 'miaov'; //定义静态属性

    toString(){ //定义原型方法
      return "原型方法调用";
    }

    static toString1(){ //定义静态方法
        return "静态方法调用";
    }
  }
  var p = new Person(); //创建对象实例

  console.log('使用实例名调用原型方法,结果输出: ',p.toString());
  console.log('使用类名调用静态方法, 结果输出: ',Person.toString1());
  console.log('使用类名访问静态属性, 结果输出: ',Person.address);
  console.log('使用实例名访问静态属性, 结果输出: ',p.address);//输出: undefined
  console.log('使用实例名调用静态方法, 结果输出: ',p.toString1());//报错
</script>
```

11

```
  </head>
  <body>
  </body>
</html>
```

上述示例中的 address 属性和 toString1()方法分别使用"static"关键字修饰，它们分别为静态属性和静态方法。对它们的调用需要分别使用类名，不能使用实例来调用，否则会报错或得不到预期结果。上述示例在 Chrome 浏览器中的运行结果如图 11-6 所示。

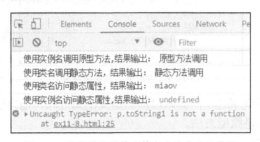

图 11-6　类的静态属性和静态方法定义及使用

图 11-6 中的异常信息出现的原因是使用了实例来调用静态方法，而不是使用类名来调用。

需要注意的是，在静态方法中同样可以使用"this"关键字，此时的"this"指的是类，而不是实例。例如：

```
class Person{
    static printInfo(){
      this.sayHello();
    }
    static sayHello(){
      console.log('Hi');
    }
    sayHello(){
      console.log('Hello');
    }
  }

  Person.printInfo(); //结果输出: Hi
```

上述示例中的 Person 类存在两个静态方法和一个原型方法，其中静态方法 sayHello()和原型方法同名。示例中的最后一行代码通过类名调用了静态方法 printInfo()，该方法又调用了 sayHello()方法。此时我们要问的是，printInfo()中调用的 sayHello()是静态方法还是原型方法呢？上述代码的运行结果输出的是"Hi"，从这个结果可以看出，printInfo()调用的是静态方法。可见，printInfo()中的"this.sayHello()"等效于"Person.sayHello()"。由此可见，静态方法中的"this"指的是类。

（4）私有属性和私有方法

在实际应用中，为了更安全地访问各个对象的相关属性，一般只允许在类内部访问类属性，而不允许在类外部直接访问对象的属性。这些只允许在类的内部访问的属性称为类的私有属性。外部对类的私有属性的访问通常是通过封装在类中的一些公开方法（接口）来实现，这些方法在类的内部可以访问类的私有属性。通过在这些方法中设置相关的条件，就可以有效地控制外部对私有属性的访问，从而提高系统的安全性。相应的，只允许在类的内部调用的方法称为类的私有方法。

ES6 不提供直接的私有方法和私有属性实现，只能通过变通方法模拟实现。目前在类中定义私有方法和私有属性的方案有多种，常用的如：通过在变量/方法名前加下划线 "_" 前缀的命名约定方法，和使用 ES6 提供的 Symbol 来定义私有方法和私有属性等方案。但使用约定名称来定义私有方法和私有属性的方法是不可靠的，因为通过命名来约定的私有变量和私有方法其实还是公有的，它们在类的外部仍然可以被直接访问。而通过 Symbol 来定义私有变量和私有方法，主要是利用了 Symbol 的唯一性来将私有方法和私有属性的名字命名为一个 Symbol 值。但同样的，使用 Symbol 定义私有方法和私有属性这种方案也不是完全百分之百可靠的，因为通过 Reflect.ownKeys()，在类的外部依然可以获得私有方法名和私有属性名。现在有一种更简单可靠的提案，就是在属性名和方法名前面添加 "#" 修饰符来定义私有方法和私有属性。下面将介绍使用 "#" 修饰符来定义私有方法和私有属性方案的使用。

需要注意的是，目前的浏览器对 ES6 新增的一些特性或提案并不支持，所以常常需要将 ES6 代码转换为 ES5 代码才能在浏览器中正常运行。将 ES6 转换为 ES5 代码的现在常用的方式有 Babel 和 Traceur 转码器。Babel 和 Traceur 转码器都可以将插入到网页中的 ES6 代码直接转码为 ES5 代码。下面通过示例介绍使用 "#" 修饰符来定义私有方法和私有属性和 Traceur 转码器的使用。

【示例 11-9】使用 "#" 修饰符定义私有方法和私有属性。

```html
<!doctype html>
<html>
<head>
<meta charset="utf-8">
<title>使用 "#" 修饰符定义私有属性和私有方法</title>
<script src="https://google.github.io/traceur-compiler/bin/traceur.js"></script>
<script src="https://google.github.io/traceur-compiler/bin/BrowserSystem.js"></script>
<script src="https://google.github.io/traceur-compiler/src/bootstrap.js"></script>
<script type="module">
  class Person{
    #age; //定义私有实例属性
    constructor(name,gender){
        this.name = name;
        this.gender = gender;
    }

    setAge(age){//设置年龄时添加条件
      if(age < 0 || age > 200){
          this.#age = 0; //访问私有属性
      }else{
          this.#age = age;
      }
    }
    getAge(){
        if(this.#age != 0)
            return this.#age;
        else
            return "不合理";
    }
  }

  var person = new Person('张三','女');//创建对象实例
  person.setAge(100);//对象实例调用公有方法
```

```
    //console.log(person.#age);//Undefined private field undefined
    console.log(person.name + '的年龄: ' + person.getAge());
</script>
</head>
<body>
</body>
</html>
```

上述示例代码中，一共有 4 个 script 标签。第一个用于加载 Traceur 的库文件，第二个和第三个用来将这个库文件用于浏览器环境，第四个加载用于包含 ES6 代码的用户脚本。需要注意的是，加载 ES6 代码的 script 标签的 type 属性的值必须为 module，这是 Traceur 编译器识别 ES6 代码的标志。编译器会自动将所有 type=module 的代码编译为 ES5，然后再交给浏览器执行。上述代码使用了 "#" 在类的最顶层定义了一个私有实例属性 age，该属性只能在类的内部使用。在类外部通过对象实例 person 访问时，将报 "Undefined private field undefined" 异常。

示例 11-9 在 Chrome 浏览器中运行后输出的结果为 "张三的年龄: 100"。如果将 person.setAge (100)中的参数改为 300，此时输出的结果为 "张三的年龄: 不合理"。可见，通过方法来访问私有属性后，就可以对属性的访问进行有效的控制。

注意：私用属性和方法也可以定义为静态的，定义方法就是在#前面添加 "static" 关键字即可，引用静态的私有方法和属性时，需要通过类名来引用。

（5）定义属性的 getter 和 setter 方法

对象实例属性值的设置除了可以使用构造函数外，最常用的方法是使用 setter（设值）方法；而非私有属性的访问则除了使用对象直接访问属性外，也常常使用属性的 getter（取值）方法。对于私有属性来说，通常都会定义对应的 setter 和 getter 方法。属性的 setter 和 getter 方法的定义基本格式如下：

```
set 属性名(参数){
    //使用参数对某个属性的赋值表达式
}
get 属性名(){
    //return 某个属性值
}
```

例如：

```
set age(age){
    this.#age = age; //使用参数设置私有属性的值
}
get age(){
    return this.#age; //返回私有属性的值
}
```

定义了属性的 setter 和 getter 方法后，当对象实例通过 "." 运算符来访问该属性时，将会自动调用该属性的 getter 方法，例如 person.age，此时将自动调用 age 的 getter 方法返回私有属性#age 的值。当设置 age 属性的值时，则自动调用 age 属性的 setter 进行设值，例如：person.age=100，此时等效于调用 set age(100)，所以此时私有属性#age 的值被设置为 100。

可以使用属性的 setter 和 getter 方法来修改示例 11-9 达到同样的效果，具体代码参见示例 11-10。

【示例 11-10】定义 setter 和 getter 方法。

```
<!doctype html>
```

```html
<html>
<head>
<meta charset="utf-8">
<title>定义 setter 和 getter 方法</title>
<script src="https://google.github.io/traceur-compiler/bin/traceur.js"></script>
<script src="https://google.github.io/traceur-compiler/bin/BrowserSystem.js"></script>
<script src="https://google.github.io/traceur-compiler/src/bootstrap.js"></script>
<script type="module">
  class Person{
    #age; //定义私有属性
    constructor(name,gender){
        this.name = name;
        this.gender = gender;
    }

    get age() { //定义 getter 方法
      return this.#age;
    }
    set age(age){ //定义 setter 方法
        if(age < 0 || age > 200){
            this.#age = "不合理";
        }else{
            this.#age = age;
        }
    }
  }
  var person = new Person('张三','女');
  person.age = 100; //设置属性的值
  //person.age = 300;
  console.log(person.name + '的年龄: ' + person.age);//访问属性的值
</script>
</head>
<body>
</body>
</html>
```

上述代码通过属性 age 的 setter 和 getter 两个方法分别实现对私有属性#age 的设置和访问。在类的外部，则直接由实例名来读、写属性 age 实现自动调用 age 的 setter 和 getter 方法来达到对私有属性的读和写操作。示例 11-10 在 Chrome 浏览器中运行的结果和示例 11-9 的完全一样。

11.3 对象属性和方法的访问方式

对象中封装了属性和方法，对对象的属性和方法的访问可使用以下两种格式。

（1）点号访问方式：对象实例名.属性名，对象实例名.方法名(参数列表)。

（2）中括号访问方式：对象实例名['属性名']，对象实例名['方法名'](参数列表)。

上述两种访问格式，如果属性名和方法名命名不符合规范，则只能使用中括号方式；另外使用变量来表示属性名和方法名时，也必须使用中括号访问方式。除了这两种情况外，这两种访问格式是完全等效，使用时可以任用一种，或混合使用，但建议最好使用点号访问方式，因为这种方法相对更简便。

11

【示例 11-11】对象对属性的访问格式示例。

```
<!doctype html>
<html>
<head>
<meta charset="utf-8">
<title>对象对属性的访问格式示例</title>
<script>
window.onload = function(){
    var book = {
        name: 'HTML+CSS 修炼之道',
        published: 2017,
        press: '人民邮电出版社',
        author: {
            name: '聂常红 刘伟',
            company: '广大华软 妙味课堂'
        }
        sayName: function(){
                alert(this.name);
        }
    };
    //访问对象属性
    alert(book.author.name);//输出: 聂常红 刘伟
    alert(book['author']['name']);//输出: 聂常红 刘伟
    alert(book.author['name']);//输出: 聂常红 刘伟
     //调用对象方法
     book.sayName(); //输出: HTML+CSS 修炼之道
    book['sayName']();//输出: HTML+CSS 修炼之道
    var oInput=document.getElementById('name');//获取文本框对象
    oInput.onblur = function(){
        alert(book.author[oInput.value]);//属性名使用变量来表示，只能使用中括号访问方式
    };
};
</script>
</head>
<body>
  <input type="text" id="name"/>
</body>
</html>
```

11.4 原型链

　　由前面的介绍可知，创建的每个构造函数都有一个 prototype 属性，该属性指向构造函数的原型对象。而在默认情况下，所有原型对象都有 constructor（构造函数）属性，该属性包含一个指向构造函数的指针。例如：Student.prototype.contructor 指向 Student。

　　contructor 和其他原型的属性一样，也是一个共享属性，因而可以通过对象实例访问它。对象实例访问 contructor 属性的结果是返回构造函数。例如：由 Student 构造函数创建的对象实例 student1 和 student2，则 student1.contructor 和 student2.contructor 的值都是 Student。

　　创建构造函数之后，在没有添加其他原型属性和方法之前，除了从父对象如 Object 继承来的方法和属性外，构造函数的原型对象默认只有 constructor 属性。当调用构造函数创建一个新实例后，

该实例的内部将包含一个称为[[prototype]]的指针（内部属性），指向构造函数的原型对象。在 Firefox 和 Chrome 等浏览器上使用 __proto__ 属性来表示[[prototype]]。

接下来，以一个具体的例子来描述 constructor 属性和[[prototype]]属性的指向：

```
function Student(){
    this.name='李四';
}
Student.prototype.name = '张三';
Student.prototype.printInfo = function(){
    alert("姓名: "+this.name);
};
var student=new Student();
console.log(student);
```

上述代码声明了同名的实例变量和原型变量 name 以及一个原型方法。上述代码在 Chrome 浏览器中运行结果如图 11-7 所示。

图 11-7　输出实例结果

从图 11-7 中可以看到，实例 student 通过 __proto__ 指向了 Student 的原型对象，而 Student 的原型对象的 constructor 指向了 Student 构造函数，Student 的原型对象的 __proto__ 指向了 Object 的原型对象，Student 的原型对象的 contructor 则指向了 Object 构造函数。

由图 11-7 可知，对 Chrome 浏览器，可以通过对象实例名. __proto__ 的格式来访问原型属性和方法。例如：student.__proto__.name，可得到"张三"结果（原型属性 name 的值）。

在前面的示例 11-5 和示例 11-6 中看到，在一个对象中访问某个属性时，JS 引擎都会执行一次搜索，搜索时首先会搜索该对象实例，找到直接返回该属性的值；没有找到，则继续搜索其原型对象，找到直接返回原型对象中所搜索的属性；如果在原型对象中也找不到所访问的属性，它还会继续搜索原型对象的原型对象，以此类推，直到最顶端的父级对象 Object 的原型。访问属性时所经历的整个搜索属性的路径称为原型链。原型链最低层的是实例对象，是属性搜索的起始点，最顶层的是 Object 原型对象，是属性搜索的终点。搜索整个原型链都找不到所访问的属性时，才会返回 undefined 值。由原型链对属性的搜索顺序，在原型链中存在同名属性时，实例属性优先级最高，而

11

Object 原型属性的优先级最低，其他原型中的同名属性则按它们在原型链中的由低到高的位置优先级依次递减。

由前面的介绍可知，原型链是通过内部属性[[prototype]]链接而成的，该链接存在于实例与构造函数的原型对象之间。下面就通过示例 11-12 来具体介绍属性在原型链中的搜索顺序。

【示例 11-12】属性在原型链中的搜索顺序。

```html
<!doctype html>
<html>
<head>
<meta charset="utf-8">
<title>属性在原型链中的搜索顺序</title>
<script>
//定义构造函数
function Person(name,age){
    this.name = name;
    this.age = age;
}
//定义 Person 原型属性
Person.prototype.name = 'Person 原型属性名';
Person.prototype.printInfo = function(){
    console.log(this.name+", "+this.age+"岁");
}
//定义 Object 原型属性
Object.prototype.name = 'Object 原型属性名';
//创建对象
var person = new Person('实例属性名',23);
console.log("删除 person.name 之前的 name 属性值为: "+person.name);
delete person.name;//删除实例 name 属性
console.log("删除 person.name 之后的 name 属性值为: "+person.name);
delete Person.prototype.name;//删除 Person 原型 name 属性
console.log("删除 Person.property.name 之后的 name 属性值为: "+person.name);
</script>
</head>
<body>
</body>
</html>
```

从上述 JS 代码中可以看到，对象实例 person 访问了 3 次 name 属性，而 JS 代码中同时存在实例 name 属性、Person 原型 name 属性和 Object 原型 name 属性，这些属性中，实例属性的优先级最高，Person 原型 name 属性优先级次之，Object 原型 name 属性优先级最低。所以，当存在实例属性 name 时将返回该属性的值。当使用 delete 操作符删除实例 name 属性时，将返回 Person.prototype.name 属性的值。使用 delete 操作符删除 Person.prototype.name 属性时，才会返回 Object.prototype.name 属性的值。

示例 11-12 在 Chrome 浏览器中的运行结果如图 11-8 所示。

图 11-8　原型链中属性的访问结果

示例 11-12 的原型链可使用图 11-9 所示点画线框框起来的内容来描述。name 属性的访问搜索正是按图 11-9 中所示的 person>>Person.prototype>>Object.prototype 的顺序进行搜索的。

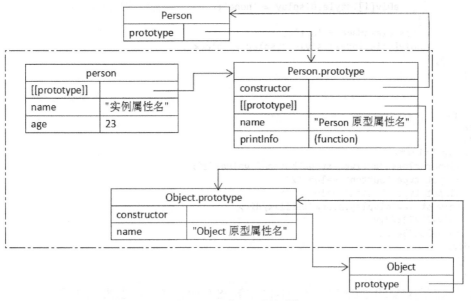

图 11-9　示列 11-8 的原型链

11.5　使用面向对象方式编写选项卡

前面各章都是使用过程式编写 JS 程序，大家对过程式编程的熟练程度远大于面向对象编程。本节将通过改写传统的过程式编写选项卡过渡到面向对象方式编写选项卡，以便让大家逐步建立面向对象的编程思想。

【示例 11-13】使用传统的过程式编写选项卡。

```
<!doctype html>
<html>
<head>
<meta charset="utf-8">
<title>使用传统的过程式编写选项卡</title>
<style>
#div1 div{ width:200px; height:200px; border:1px #000 solid; display:none;}
.active{ background:red;}
</style>
<script>
window.onload = function(){
    var oParent = document.getElementById('div1');
    var aInput = oParent.getElementsByTagName('input');
    var aDiv = oParent.getElementsByTagName('div');

    for(var i=0;i<aInput.length;i++){
        aInput[i].index = i;
```

```
            aInput[i].onclick = function(){
                for(var i=0;i<aInput.length;i++){
                    aInput[i].className = '';
                    aDiv[i].style.display = 'none';
                }
                this.className = 'active';
                aDiv[this.index].style.display = 'block';
            };
        }

};
</script>
</head>
<body>
  <div id="div1">
      <input class="active" type="button" value="1">
      <input type="button" value="2">
      <input type="button" value="3">
      <div style="display:block">11111</div>
      <div>22222</div>
      <div>33333</div>
  </div>
</body>
</html>
```

下面将以面向对象的方式修改示例 11-13 中的 JS 代码，修改时遵循以下原则。

（1）尽量不要出现函数嵌套函数。

（2）不同函数之间都要使用的变量，需要定义为全局变量。

（3）把 onload 中不是赋值的语句放到单独函数中。

按上述修改原则对示例中的 JS 代码修改如下：

```
<script>
//定义全局变量
var oParent = null;
var aInput = null;
var aDiv = null;

window.onload = function(){
    oParent = document.getElementById('div1');
    aInput = oParent.getElementsByTagName('input');
    aDiv = oParent.getElementsByTagName('div');

    init();

};
//将 onload 中不是赋值的语句放到单独函数中
function init(){
    for(var i=0;i<aInput.length;i++){
        aInput[i].index = i;
        aInput[i].onclick = change;
    }
}
//将嵌套在 window 的 onload 事件函数中的选项卡 onclick 事件函数放到单独的函数中
function change(){
```

```
    for(var i=0;i<aInput.length;i++){
        aInput[i].className = '';
        aDiv[i].style.display = 'none';
    }
    this.className = 'active';
    aDiv[this.index].style.display = 'block';
}
</script>
```

接下来，对修改后的 JS 代码再使用面向对象编程的方式进行修改，修改原则如下。

（1）将全局变量改为属性。

（2）将函数改为原型方法。

（3）在 onload 事件函数中创建对象。

（4）在 onload 事件函数中通过对象调用方法。

（5）注意事件函数中的 this 指向问题，如果事件函数中的 this 没有指向当前对象，需要修改 this 指向对象。

按上述修改原则对示例中的 JS 代码修改如下：

```
<script>
window.onload = function(){
    var t1 = new Tab();//创建对象
    t1.init();//调用对象方法初始化选项

};
//定义构造函数，在函数中定义实例属性，注意需要使用 this 来引用属性
function Tab(){
    this.oParent = document.getElementById('div1');
    this.aInput = this.oParent.getElementsByTagName('input');
    this.aDiv = this.oParent.getElementsByTagName('div');
}
//定义对象原型方法，实现初始化选项卡。在方法中所有对象的属性都需要通过 this 来引用
Tab.prototype.init = function(){
    var that = this;//作用是为了在选项卡单击事件函数中调用 change()时区分 this 指向
    for(var i=0;i<this.aInput.length;i++){
        this.aInput[i].index = i;
        this.aInput[i].onclick = function(){//该行中的 this 指向原型对象
            that.change(this);//此处的 this 指向单击的选项卡，that 指向原型对象
        };
    }
};
//定义对象原型方法，实现选项卡切换
Tab.prototype.change = function(obj){//用参数 obj 来代表选项卡
    for(var i=0;i<this.aInput.length;i++){
        this.aInput[i].className = '';
        this.aDiv[i].style.display = 'none';
    }
    obj.className = 'active';
    this.aDiv[obj.index].style.display = 'block';
};
</script>
```

使用面向对象方式编程时，除了按上面所说的修改原则进行修改外，还对选项卡的单击事件函

数以及原型方法 change()进行了某些修改。这主要是因为，之前的事件函数 change()中有两处使用 this 来表示所单击的选项卡，但当使用面向对象方式编程时，作为原型对象的方法 change()中的所有属性都需要使用 this 来表示原型对象，这样在 change()中的多个 this 就会出现冲突。为解决这个问题，在 onclick 绑定事件时让其绑定一个匿名函数，而在匿名函数中再通过对象调用 change()，并且将被单击的选项卡作为参数传给原型方法 change()。而在定义原型方法时则定义其包含一个参数，该参数用来表示单击的选项卡。

　　比较传统的过程式编写的选项卡和面向对象编程方式编写的选项卡，似乎面向对象方式编程反而复杂化了，确实是这样的。面向对象方式编程主要是为了代码的重用，如果一个元素在页面中只需要出现一次，则使用过程式编程实现该元素的功能会更简洁。但如果一个元素需要在页面中重复出现多次，有时在不同地方出现的该元素的功能可能还有些差别，使用面向对象方式编程则可以较大地提高维护和开发效率。下面通过示例 11-14 来演示使用面向对象方式编程实现在页面中创建多个选项卡。

　　【示例 11-14】使用面向对象方式编程在页面中编写多个选项卡。

```
<!doctype html>
<html>
<head>
<meta charset="utf-8">
<title>使用面向对象方式编程在页面中编写多个选项卡</title>
<style>
#div1 div,#div2 div,#div3 div{ width:200px; height:200px; border:1px #000 solid;
display:none;}
.active{ background:red;}
</style>
<script>
window.onload = function(){
    //创建第一个选项卡并初始化选项卡
    var t1 = new Tab('div1');
    t1.init();
    //创建第二个选项卡并初始化选项卡
    var t2 = new Tab('div2');
    t2.init();
    //创建第三个选项卡并初始化选项卡，同时实现选项卡自动播放
    var t3 = new Tab('div3');
    t3.init();
    t3.autoPlay();
};
//定义构造函数
function Tab(id){
    this.oParent = document.getElementById(id);
    this.aInput = this.oParent.getElementsByTagName('input');
    this.aDiv = this.oParent.getElementsByTagName('div');
    this.iNow = 0;
}
//定义原型方法，实现初始化选项卡
Tab.prototype.init = function(){
    var that = this;
    for(var i=0;i<this.aInput.length;i++){
        this.aInput[i].index = i;
        this.aInput[i].onclick = function(){
```

```
                that.change(this);
            };
        }
};
//定义原型方法，实现选项卡切换
Tab.prototype.change = function(obj){
    for(var i=0;i<this.aInput.length;i++){
        this.aInput[i].className = '';
        this.aDiv[i].style.display = 'none';
    }
    obj.className = 'active';
    this.aDiv[obj.index].style.display = 'block';
};
//定义原型方法，实现选项卡自动播放
Tab.prototype.autoPlay = function(){
    var that = this;
    //定义定时器每隔 2s 自动切换选项卡
    setInterval(function(){
            //如果选项卡切换到最后一个，则下次播放时回到第一个选项卡，否则依次切换选项卡
            if(that.iNow == that.aInput.length-1){
                that.iNow = 0;
            }
            else{
                that.iNow++;
            }
            //设置选项卡及其对应的 DIV 样式
            for(var i=0;i<that.aInput.length;i++){
                that.aInput[i].className = '';
                that.aDiv[i].style.display = 'none';
            }
            that.aInput[that.iNow].className = 'active';
            that.aDiv[that.iNow].style.display = 'block';
    },2000);
};
</script>
</head>

<body>
  <div id="div1">
      <input class="active" type="button" value="1">
      <input type="button" value="2">
      <input type="button" value="3">
      <div style="display:block">11111</div>
      <div>22222</div>
      <div>33333</div>
  </div>

  <div id="div2">
      <input class="active" type="button" value="1">
      <input type="button" value="2">
      <input type="button" value="3">
      <div style="display:block">11111</div>
      <div>22222</div>
      <div>33333</div>
  </div>
```

```
    <div id="div3">
        <input class="active" type="button" value="1">
        <input type="button" value="2">
        <input type="button" value="3">
        <div style="display:block">11111</div>
        <div>22222</div>
        <div>33333</div>
    </div>
</body>
</html>
```

在上述示例中，在页面中同时创建了 3 个选项卡，其中第一和第二个选项卡功能完全相同，而第 3 个选项卡除了初始状态和前两个完全相同外，还可以自动播放选项卡。可见，3 个选项卡的初始状态完全一样，就可以重用 init()和 change()两个原型方法，在此基础上，第三个选项卡只需要增加实现自动播放功能的 autoPlay()原型方法就可以了。而且，如果以后其他选项卡也需要改为自动播放，则也只需对应选项卡对象调用 autoPlay()就可以了。此时就充化体现出面向对象方式编程的好处了：可以提供较大的灵活性，也简化了 JS 代码。

11.6　包装对象

基本类型中的 string、number 和 boolean 都有对应的一个引用类型，分别为 String、Number 和 Boolean。这些对应基本类型的引用类型称为包装对象。

在操作基本类型值时，JS 引擎会创建一个对应包装对象，因而可以直接对基本类型数据调用对应包装对象的方法来进行操作。例如：

```
//操作字符串
var s1 = "hello world";
alert(s1.substring(6)); //输出: world

//操作数字
var num = 123.456;
alert(num.toFixed(2));//输出: 123.46
```

上述代码中，当运行 s1.substring(6)访问字符串 s1 时，JS 引擎会自动完成下列处理。
（1）创建 String 类型的一个实例。
（2）在实例上调用指定的方法。
（3）销毁这个实例。
上述处理等效执行了下列代码：

```
var s1 = new String("hello world");
alert(s1.substring(6));
s1 = null;
```

上述 3 个步骤也适用于操作 number 和 boolean 基本类型。因而上述代码中的 num 可以直接调用包装对象 Number 的方法 toFixed()。

基本类型的数据可以直接调用方法，似乎基本类型的数据也是一个对象，但其实并不是这样的。这是因为，当执行一个基本类型数据调用的方法时会首先创建对应的包装对象，然后再由创建的包装对象来调用方法，而且执行该行调用的方法后会立即销毁创建的包装对象，此后这个基本类型数据就不再具有对象的行为，因此不能为基本类型值添加属性和方法。例如：

```
var s1 = "hello world";
s1.color = "red";
alert(s1.color);//undefined
```

第二行代码试图为字符串 s1 添加一个 color 属性，但是，当第三行代码再次访问 s1 时，其 color 属性不见了。问题的原因就是第二行代码创建的 String 对象在执行第三行代码时已经被销毁了。第三行代码又创建自己的 String 对象，而该对象没有 color 属性。

如果确实希望字符串具有 color 属性怎么办呢？答案是可通过 String 的原型来定义，例如：

```
String.prototype.color = "red";//定义 String 原型属性
var s1 = "hello world";
alert(s1.color);//访问字符串属性，输出：red
```

需要对字符串加方法时，同样可以通过 String 的原型来定义，例如：

```
//定义 String 原型方法
String.prototype.lastChar=function(){
    return this.charAt(this.length-1);
}

var s1 = "hello world";
alert(s1.lastChar());//对字符串变量调用新加的方法，结果：d
```

由上可见，要对基本类型的字符串添加属性和方法，需要通过其对应的包装对象 String 来定义原型属性和方法。这种处理方法同样适用于基本类型的 number 和 boolean。

需要注意的是，虽然可以显式地调用 Boolean、Number 和 String 的构造函数来创建对应的对象，不过，除非必要的情况下这样做，否则一般不建议通过创建包装对象来操作基本类型数据。

11.7 toString()和 valueOf()

toString()和 valueOf()是 Object 对象提供的两个方法，toString()用于返回对象的字符串表示，valueOf()则用于返回对象的原始值。所有对象都是继承了 Object 对象，因而所有对象都具有 toString()和 valueOf()这两个方法。Object 对象的 toString()方法返回值是[object Object]，而 valueOf()方法返回的是对象本身。可以根据需要重写这两个方法，JS 很多内置对象就重写了这两个方法，比如数组、字符串、Date、Number 和 Boolean 等对象都重写了 toString()方法，其中数组对象的 toString()返回以逗号分隔的数组成员的字符串形式，字符串对象的 toString()返回对象存储的字符串，Date 对象的 toString()返回字符串形式的格林威治时间，Number 和 Boolean 对象的 toString()都是直接返回所包装的值的字符串形式。字符串、Date、Number 和 Boolean 等对象同时也重写了 valueOf()方法，这些对象调用 valueOf()时将直接返回对象中存储的值，例如，对于字符串对象就是其中存储的字符串内容，而 Number 对象则是其中包装的数字，Boolean 对象是其中包装的 true 或 false，而 Date 对象返回的值是从 1970 年 1 月 1 日零时开始计的毫秒数。

下面的代码演示了 toString()和 valueOf()重写前后的结果。

```
<script>
```

```
function Student(){
    this.name='张三';
    this.age=21;
}
var student1=new Student();
console.log("===重写 toString()和 valueOf()之前的输出结果===");
console.log("输出对象: ");
console.log(student1);
console.log("valueOf()输出结果: ");
console.log(student1.valueOf());
console.log("toString()输出结果: ");
console.log(student1.toString());
//重写 toString()方法
Student.prototype.toString = function(){
    return this.name+"今年"+this.age+"岁";
}
//重写 valueOf()方法
Student.prototype.valueOf = function(){
    return "name="+this.name+", age="+this.age;
}
var student2=new Student();
console.log("===重写 toString()和 valueOf()之后的输出结果===");
console.log("输出对象: ");
console.log(student2);
console.log("valueOf()输出结果: ");
console.log(student2.valueOf());
console.log("toString()输出结果: ");
console.log(student2.toString());
</script>
```

上述代码使用 Student 的原型对象重写了从 Object 对象继承来的 toString()和 valueOf()两个方法，在 Chrome 浏览器中的运行结果如图 11-10 所示。

图 11-10   toString()和 valueOf()重写前后的结果

从图 11-10 的运行结果可以看到，在重写 toString()和 valueOf()前，student 对象的 toString()方法返回的是默认返回值，即[object Object]；valueOf()返回的也是默认返回值，即对象 student。重写

toString()和 valueOf()后，再次调用这两个方法，返回值则是重定义后的返回值。

需要注意的是，toString()和 valueOf()方法在以下几种情况下会默认调用。

（1）对象作为 alert() 方法的参数，例如访问前面代码创建的 student2 对象：alert(student2)，在后台会自动调用 student2.toString()，得到结果：张三今年 21 岁。

（2）将某个非 Date 对象使用运算符与其他值构成的表达式作为 console.log()或 alert()方法的参数时，如果参数中的对象的 valueOf()返回值是一个对象，则执行 console.log()方法或 alert()时会先调用参数对象的 valueOf()方法获取对象的值，然后会再调用 toString()方法返回该对象的字符串描述信息，最后再计算参数表达式的值；如果参数对象的 valueOf()返回值是一个非对象，则执行 console.log()或 alert()方法时会调用参数对象的 valueOf()方法获取对象的值，然后再计算表达式的值。例如：console.log('对象 valueOf()/toString()的测试：'+student2)得到的结果为"对象 valueOf()/toString()的测试：name=张三, age=21"。这个结果正是 student2 自动调用了 valueOf()，在 console.log()方法中输出对象的值，然后将该值和字符串连接。如果修改 Student 的 valueOf()原型方法返回结果为一个对象，则 console.log('对象 valueOf()/toString()的测试：'+student2)得到的结果为"对象 valueOf()/toString()的测试：张三今年 21 岁"，这个结果是首先由 student2 调用 valueOf()方法，然后再由 student2 调用 toString()得来的。

11.8　JavaScript 对象的继承

在 OOP（面向对象编程模型）中，继承指的是类之间的继承，在 JavaScript 中由于不存在类的概念，所以 JavaScript 的继承是针对对象之间的继承。

对象的继承，指的是在原有对象的基础上进行修改，得到一个新的对象。新对象具有原对象的全部或部分功能，同时还可以具有一些原对象所没有的功能，但同时新对象不会影响原有对象的功能。其中，原对象称为父对象，新对象称为子对象。当子对象中某些功能和父对象完全相同时，可以直接使用父对象中的同功能的代码，而不需要重新定义。可见，对象的继承可以实现代码重用。事实上，对象继承是一个很常用的代码重用方式。

在 JavaScript 中，对象的继承有多种模式，比如通过原型链继承、通过借用构造函数实现继承、组合原型链和借用构造函数继承、复制继承、原型继承、寄生式继承以及寄生组合式继承等。下面将介绍常用的几种继承方式。

11.8.1　通过原型链继承对象

原型链是 JavaScript 对象的默认继承模式。原型链的基本思想是利用原型让一个对象继承另一个对象的属性和方法。具体做法是让一个对象的原型对象等于另一个对象的实例，例如：对象 Child 通过原型链继承了对象 Parent（Child 称为子对象，Parent 称为父对象），则继承格式如下：

```
Child.prototype = new Parent()
```

上述继承格式中，Child.prototype 作为 Parent.prototype 的一个实例，该继承实现的本质是重写原型对象，用父对象的实例替换子对象的默认原型对象。这样，子对象的原型对象除了具有自身的属性和方法外，同时还具有了父对象的实例所拥有的所有属性和方法。

【示例 11-15】使用原型链实现对象继承。

```html
<!doctype html>
<html>
<head>
<meta charset="utf-8">
<title>使用原型链实现对象继承</title>
<script>
//定义父对象构造函数
function Person(){
    this.country = "China";
}
//定义父对象原型方法
Person.prototype.printCountry = function(){
    console.log("来自于"+this.country);
}
//定义子对象构造函数
function Employee(name,age,job){
    this.name = name;
    this.age = age;
    this.job = job;
}
//使用原型链继承 Person
Employee.prototype = new Person();
//定义子对象原型方法
Employee.prototype.printInfo = function(){
    console.log(this.name+", "+this.age+"岁, 是一个"+this.job);
}
//创建子对象实例
var employee = new Employee("张三",26,"软件工程师");
//通过对象实例调用方法
employee.printInfo();//调用子对象原型方法
employee.printCountry();//调用继承的父对象原型方法
console.log(employee.constructor);
</script>
</head>
<body>
</body>
</html>
```

上述代码在 Chrome 浏览器中的运行结果如图 11-11 所示。

从图 11-11 中可以看到，employee.constructor 现在指向的是 Person 而不是 Employee。这是因为 Employee 的原型指向了 Person 的原型，而 Person 原型对象的 constructor 属性指向的是 Person。如果需要将 employee. constructor 指向回 Employee，则需要在继承语句后面添加以下语句修改子对象 constructor 属性的指向：

图 11-11　对象继承运行结果

```javascript
Employee.prototype.constructor = Employee;//修改构造器属性指向为子对象本身
```

示例 11-15 定义了 Person 和 Employee 两个对象，其中，Person 有 country 实例属性和 printCountry 原型方法，而 Employee 有 name、age 和 job 3 个实例属性和一个原型方法 printInfo()。通过使用 Person 的实例重写 Employee 原型对象后，Employee 继承了 Person 对象，此时 Employee.prototype 原型对象作为 Person 的一个实例，因而，Employee.prototype 中也具有 country 实例属性以及原型方法

printCountry()。可见，Employee 继承了 Person，而 Person 又继承了 Object。图 11-12 所示展示了示例 11-15 完整的原型链。

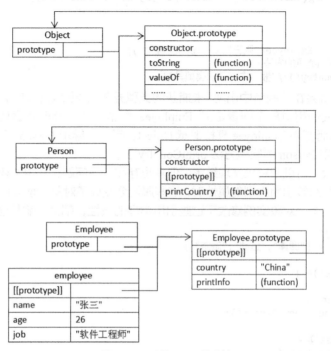

图 11-12　示例 11-15 原型链

使用原型链实现对象继承时，需要注意以下两方面。

（1）子对象需要重写父对象中的某个方法，或者需要添加父对象中不存在的某个方法时，一定要放在继承语句之后。

（2）通过原型链实现继承后，不能使用对象字面量创建原型方法，否则会重写原型链，从而切断了子对象和父对象的联系。示例如下：

```javascript
//定义父对象构造函数
function Person(){
    this.country = "China";
}
//定义父对象原型方法
Person.prototype.printCountry = function(){
    console.log("来自于"+this.country);
}
//定义子对象构造函数
function Employee(name,age,job){
    this.name = name;
    this.age = age;
    this.job = job;
}
//使用原型链继承 Person
Employee.prototype = new Person();
//使用对象字面量创建原型方法
```

```
Employee.prototype = {
    printInfo: function(){
        console.log(this.name+", "+this.age+"岁, 是一个"+this.job);
    }
}
//创建子对象实例
var employee = new Employee("张三",26,"软件工程师");
//通过子对象实例调用继承的方法
employee.printCountry();//报 "未捕获的类型异常"
```

运行上述代码后将会在控制台中出现"未捕获的类型异常",原因是在使用原型链实现 Employee 继承 Person 之后,又使用对象字面量定义 Employee 原型方法,此时将会使用 Object 实例重写 Employee 原型链,从而变为 Employee 直接继承 Object,而不再继承 Person 了,自然,在 Employee 实例中也就不能再使用 Person 的原型方法 printCountry 了。

原型链虽然很强大,可以用它来实现继承,但其也存在一些问题,其中主要有两个问题。问题一就是当父对象中存在数组等引用类型的属性时,这些属性会变成子对象原型属性而被子对象的所有实例共享。这样,任何一个子对象实例修改了这些引用类型的属性,都会影响其他子对象实例。例如:

```
function Person(){
    this.hobbies = ["阅读","运动","旅游"];
}
function Employee(){ }

//Employee 继承 Person
Employee.prototype = new Person();

//创建两个 Employee 实例
var empl1 = new Employee();
empl1.hobbies.push("逛街");
alert(empl1.hobbies);//阅读,运动,旅游,逛街

var empl2 = new Employee();
alert(empl2.hobbies);//阅读,运动,旅游,逛街
```

由代码运行结果可以看到,对 empl1.hobbies 的修改造成了对 empl2.hobbies 的影响。

原型链的第二个问题是:在创建子对象实例时,不能向父对象的构造函数传递参数。鉴于使用原型链实现继承时会存在以上两个问题,在实践中一般很少会单独使用原型链。

11.8.2 通过借用构造函数实现继承

原型链继承存在的上述两个主要问题,可以通过使用借用构造函数技术来解决。该技术的基本思想是:在子对象构造函数的内部通过 apply()或 call()调用父对象构造函数继承父对象实例属性,格式如下所示:

```
function Parent(param1){
    this.param1 = param1;
}
function Child(param1,param2){
    Parent.call(this,param1); //调用父对象构造函数, 继承实例属性
    this.param2 = param2;
}
```

【示例 11-16】通过借用构造函数实现继承。

```
<!doctype html>
<html>
<head>
<meta charset="utf-8">
<title>通过借用构造函数实现继承</title>
<script>
//定义父对象构造函数
function Person(name,age){
    this.name = name;
    this.age = age;
    this.hobbies = ["阅读","运动","旅游"];
}
//定义父对象原型方法
Person.prototype.sayHello = function(){
    console.log("Hello!");
}
//定义子对象构造函数
function Employee(name,age,job){
    Person.call(this,name,age);//调用父对象构造函数继承实例属性 name 和 age
    this.job = job;
}
//定义子对象原型方法
Employee.prototype.printInfo = function(){
    console.log(this.name+", "+this.age+"岁,职业是: "+this.job+"。兴趣爱好有: "
                +this.hobbies);
}

var employee1 = new Employee("张三",26,"软件工程师");//创建子对象实例
employee1.hobbies.push("上网");//修改 hobbies 属性值
employee1.printInfo();//调用子对象的原型方法
//employee1.sayHello();//出错, 不能调用父对象原型方法

var employee2 = new Employee("李四",29,"项目经理");
employee2.printInfo();
</script>
</head>
<body>
</body>
</html>
```

在示例 11-16 中，Person 构造函数定义了 3 个属性：name、age 和 hobbies，其中 hobbies 属性是引用类型。Person 对象还定义了一个原型方法 sayHello()。Employee 构造函数中调用了 Person 构造函数，并在调用 Person 构造函数时传入了 name 和 age 参数，紧接着又定义了它自己的属性 job。这样，Employee 的各个实例就同时具有各自的 name、age、job 和 hobbies 实例属性了。子对象 Employee 通过借用父对象的构造器继承了实例属性，但是并没有继承父对象的原型方法，所以子对象的实例无法使用 Person 的原型方法。在该示例中，Employee 创建了 employee1 和 employee2 两个实例，并且 employee1 修改了 hobbies 属性值。上述代码在 Chrome 浏览器中的运行结果如图 11-13 所示。

图 11-13 借用构造函数继承结果

从图 11-13 中可以看到，实例 employee1 修改引用类型的属性 hobbies 的值后，并不会影响实例 employee2 的 hobbies 的值。

可见，借用构造函数方法可以很好地解决原型链中存在的两个主要问题，但借用构造函数在继承时也存在缺陷，就是借用构造函数继承的只是实例属性，而对于父对象原型属性和方法都无法通过这种方式来实现继承。所以在实践中一般也不会单独使用借用构造函数来实现继承，通常会将其和原型链继承组合起来使用。

11.8.3　组合继承

组合继承就是组合原型链和借用构造函数两种技术，避免它们各自的缺陷，同时融合它们的优点，是 JavaScript 中最常用的继承模式。该继承模式的基本思想是：使用原型链实现对原型属性和方法的继承，对实例属性的继承则通过借用构造函数来实现。

【示例 11-17】组合继承示例。

```html
<!doctype html>
<html>
<head>
<meta charset="utf-8">
<title>组合继承示例</title>
<script>
//定义父对象构造函数
function Person(name,age){
    this.name = name;
    this.age = age;
    this.hobbies = ["阅读","运动","旅游"];
}
//定义父对象原型方法
Person.prototype.sayHello = function(){
    console.log("Hello!");
}
//定义子对象构造函数
function Employee(name,age,job){
    Person.call(this,name,age);//调用父对象构造函数实现实例属性的继承
    this.job = job;
}
//通过原型链实现继承
Employee.prototype = new Person();
//定义子对象原型方法
Employee.prototype.printInfo = function(){
    console.log(this.name+", "+this.age+"岁,职业是: "+this.job+"。兴趣爱好有: "+
        this.hobbies);
}
var employee1 = new Employee("张三",26,"软件工程师");//创建子对象实例
employee1.hobbies.push("上网");//修改 hobbies 属性值
employee1.printInfo();//调用子对象的原型方法
employee1.sayHello();//调用父对象原型方法
var employee2 = new Employee("李四",29,"项目经理");
employee2.printInfo();//调用子对象的原型方法
employee2.sayHello();//调用父对象原型方法
</script>
</head>
```

```
<body>
</body>
</html>
```

在该示例中，Person 构造函数定义了 3 个属性：name、age 和 hobbies，其中 hobbies 属性是引用类型。Person 对象还定义了一个原型方法 sayHello()。Employee 构造函数中调用了 Person 构造函数，并在调用 Person 构造函数时传入了 name 和 age 参数，紧接着又定义了它自己的属性 job。然后，将 Person 的实例赋给 Employee 的原型，并在该原型上定义了方法 printInfo()。这样，就可以让两个不同的 Employee 实例 employee1 和 employee2 分别拥有各自的属性，同时可以使用相同的方法。上述代码在 Chrome 浏览器中的运行结果如图 11-14 所示。

图 11-14 组合继承结果

11.8.4 复制继承

组合继承虽然避免了原型链和借用构造器继承两种技术的缺陷，但它也存在一个问题，就是会调用两次父对象构造器：一次是在创建子对象原型时，另一次是在子对象通过 call()或 apply()方法调用父对象构造函数时。这两次调用会在子对象上得到两组同名的属性：其中，一组在子对象原型上，一组在子对象实例上，并且实例上的属性会覆盖同名的原型属性，可见原型上的同名属性完全是不必要和多余的。解决这个组合继承中的问题有多种方法，其中常用的方法有：使用父对象的原型重写子对象的原型替换原型链继承、使用复制继承替代原型链继承以及寄生组合式继承等方法。

当所有属性都作为公共属性时，使用父对象的原型重写子对象原型是一种最简单的继承方式。使用父对象的原型重写子对象原型的继承格式如下：

```
Child.prototype=Parent.prototype
```

使用父对象的原型重写子对象原型时，子对象将继承父对象的所有原型属性和原型方法。这种继承方法虽然简单，但却存在问题，就是当原型属性为引用类型时，子对象中的任何实例修改引用类型的原型属性都会对子对象的其他实例有影响，而且同时还会影响父对象的所有实例。所以，当存在引用类型的原型属性时，不能使用父对象的原型重写子对象原型的方法来继承父对象的原型属性。

复制继承的基本思想是：将父对象的原型属性和方法逐一复制给子对象。复制继承的基本格式如下：

```
for(var attr in Parent){
    Child[attr] = Parent[attr];
}
```

需要注意的是，上述代码复制的属性，不能是引用类型，否则子对象对这些引用类型属性修改时，会影响父对象。如果是引用类型属性，还需要在复制属性时针对引用类型属性再次使用上述代码进行属性的逐一复制，即在复制属性时再嵌套属性复制。只有非引用类型属性的复制，称为浅复制；在浅复制中嵌套浅复制的复制称为深复制。深复制继承的格式如下：

```
for(var attr1 in Parent){
    if(typeof Parent[attr1] === 'object'){
        Child[attr1]=(Parent[attr1].constructor===Array)?[]:{};
        for(var attr2 in Parent[attr1]){//嵌套引用属性的复制
            Child[attr1][attr2] = Parent[attr1][attr2]);
    }else{
        Child[attr1] = Parent[attr1];
    }
}
```

在实际应用中，常常会对上述复制继承代码进行封装。浅复制继承封装函数如下所示：

```
function extend(Child,Parent){
    for(var attr in Parent){
        Child[attr] = Parent[attr];
    }
}
```

深复制继承封装函数就是在浅复制继承中递归调用浅复制继承封装函数，如下所示：

```
function extend(Child,Parent){
    if(typeof Parent[attr] === 'object'){
        Child[attr]=(Parent[attr].constructor===Array)?[]:{};
            extend(Child[attr],Parent[attr]);
    }else{
        Child[attr] = Parent[attr];
    }
}
```

下面将使用组合借用构造器和复制继承两种技术修改示例 11-17。

【示例 11-18】组合借用构造器和复制继承。

```
<!doctype html>
<html>
<head>
<meta charset="utf-8">
<title>组合借用构造器和复制继承</title>
<script>
//封装复制继承
function extend(child,parent){
    for(var arr in parent){
        child[arr] = parent[arr];
    }
}

//定义父对象构造函数
function Person(name,age){
    this.name = name;
    this.age = age;
    this.hobbies = ["阅读","运动","旅游"];
}
//定义父对象原型方法
Person.prototype.sayHello = function(){
    console.log("Hello!");
}
```

```
//借用父对象构造函数定义子对象构造函数
function Employee(name,age,job){
    Person.call(this,name,age);//调用父对象构造函数继承实例属性
    this.job = job;
}

//使用复制继承
extend(Employee.prototype,Person.prototype);

//定义子对象原型方法
Employee.prototype.printInfo = function(){
    console.log(this.name+", "+this.age+"岁,职业是: "+this.job+"。兴趣爱好有: "
                +this.hobbies);
}

var employee1 = new Employee("张三",26,"软件工程师");//创建子对象实例
employee1.hobbies.push("上网");//修改 hobbies 属性值
employee1.printInfo();//调用子对象的原型方法
employee1.sayHello();//调用父对象原型方法

var employee2 = new Employee("李四",29,"项目经理");
employee2.printInfo();//调用子对象的原型方法
employee2.sayHello();//调用父对象原型方法
</script>
</head>
<body>
</body>
</html>
```

该示例通过复制继承，将父对象原型方法和属性逐一复制到子对象原型上。示例 11-18 和示例 11-17 的运行结果完全相同，但示例 11-18 中父对象构造函数却只需要在创建子对象实例时调用一次即可。

11.8.5　原型继承

前面介绍的原型链、借用构造器以及组合继承这几种继承模式在实现继承时都需要使用构造函数。当需要继承一个对象实例，比如父对象使用对象字面量创建时，就不可以使用这几种继承模式来实现对象继承，此时可以使用原型继承和寄生继承。

本节介绍原型继承。原型继承的基本思想是：使用 object() 函数来接收父对象，并返回一个以父对象为原型的新对象。原型继承格式如下：

```
function object(obj){ //obj 为父对象
    function F(){} //定义一个临时的构造函数
    F.prototype = obj;
    return new F(); //返回以 obj 对象为原型的新对象
}
```

【示例 11-19】原型继承示例。

```
<!doctype html>
<html>
<head>
<meta charset="utf-8">
```

11

```
<title>原型继承</title>
<script>
//使用对象字面量定义父对象
var person = {
    hobbies: ["阅读","运动","旅游"],
    sayHello: function(){
        console.log("Hello!");
    }
}
//定义原型继承
function object(obj){
    function F(){}
    F.prototype = obj;
    return new F();
}

//使用原型继承创建子对象
var employee = object(person);

//为子对象添加属性和方法
employee.name = "张三";
employee.age = 26;
employee.job = "软件工程师";
employee.printInfo = function(){
    console.log(this.name+", "+this.age+"岁,职业是: "+this.job+"。兴趣爱好有: "
                +this.hobbies);
}

employee.hobbies.push("上网");//修改 hobbies 属性值
employee.printInfo();//调用子对象的方法
employee.sayHello();//调用父对象方法
</script>
</head>
<body>
</body>
</html>
```

示例中将 person 作为父对象来创建 employee 子对象,因而 employee 对象拥有 person 对象的所有属性和方法。上述代码在 Chrome 浏览器中的运行结果如图 11-15 所示。

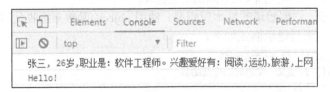

图 11-15　原型继承结果

11.8.6　寄生式继承

寄生式继承和原型继承很类似,也是需要定义一个封装继承过程的函数。其基本思想是:在创建对象的函数中直接获取其他对象,并在函数中为这个获取到的新对象添加公有属性和方法,最后再返回已增强功能的新对象。

寄生式继承格式如下：

```
function cloneObject(obj){
    var clone = object(obj);//使用原型继承或其他能获取对象的方式创建新对象
    clone.param = value;//对新对象增加公有属性
    clone.method = function(){…};//对新对象增加方法
    ...
    return clone;//返回拥有新属性和方法的新对象
}
```

注：在封装函数中定义的属性，可以在子对象中修改属性的值。

【示例 11-20】寄生式继承示例。

```
<!doctype html>
<html>
<head>
<meta charset="utf-8">
<title>寄生式继承</title>
<script>
//使用对象字面量定义父对象
var person = {
    name: "张三",
    age: 26,
    hobbies: ["阅读","运动","旅游"],
    sayHello: function(){
        console.log("Hello!");
    }
}
//定义原型继承
function object(obj){
    function F(){}
    F.prototype = obj;
    return new F();
}

//定义寄生式继承
function cloneObject(obj){
    var clone = object(obj);
    clone.job = "软件工程师";
    clone.printInfo = function(){
        console.log(this.name+", "+this.age+"岁,职业是: "+this.job+"。兴趣爱好有: "
            +this.hobbies);
    }
    return clone;
}

//使用寄生式继承创建子对象
var manager = cloneObject(person);

//修改子对象的属性值
manager.hobbies.push("上网");
manager.name = "李四";
manager.job = "项目经理";

manager.printInfo();//调用子对象的方法
```

```
manager.sayHello();//调用父对象方法
</script>
</head>
<body>
</body>
</html>
```

该示例以 person 作为父对象通过寄生式继承来创建子对象 manager。在寄生式继承中，初始 manager 对象由原型继承产生后，紧接着对其分别添加了属性 job 和 printInfo()。因而寄生式继承产生的 manager 同时拥有 name、age 和 job 三个具有初始值的属性以及 sayHello()和 printInfo()两个方法。从上述代码中还看到，寄生式继承生成的 manager 对象，还可以根据不同需求修改其各个属性值。上述代码在 Chrome 浏览器中的运行结果如图 11-16 所示。

图 11-16　寄生式继承结果

11.8.7　寄生组合式继承

寄生组合式继承，就是通过借用构造函数来继承实例属性，通过寄生式继承来继承父对象的原型，然后再将结果指定给子对象的原型。

寄生组合式继承中子对象继承父对象原型的格式如下：

```
function inheritPrototype(Child,Parent){
    var prototype = object(Parent.prototype);
    prototype.constructor = Child;
    Child.prototype = prototype;
}
```

【示例 11-21】寄生组合式继承示例。

```
<!doctype html>
<html>
<head>
<meta charset="utf-8">
<title>寄生组合式继承</title>
<script>
function inheritPrototype(Child,Parent){
    var prototype = object(Parent.prototype);
    prototype.constructor = Child;
    Child.prototype = prototype;
}

//定义原型继承
function object(obj){
    function F(){}
    F.prototype = obj;
    return new F();
}
```

```
//定义父对象构造函数
function Person(name,age){
    this.name = name;
    this.age = age;
    this.hobbies = ["阅读","运动","旅游"];
}
//定义父对象原型方法
Person.prototype.sayHello = function(){
    console.log("Hello!");
}
//定义子对象构造函数
function Employee(name,age,job){
    Person.call(this,name,age);//借用父对象构造函数来继承父类实例属性
    this.job = job;
}
//通过寄生继承来继承父对象的原型
inheritPrototype(Employee,Person);

//定义子对象原型方法
Employee.prototype.printInfo = function(){
    console.log(this.name+", "+this.age+"岁,职业是: "+this.job+"。兴趣爱好有: "
                +this.hobbies);
}

var employee1 = new Employee("张三",26,"软件工程师");//创建子对象实例 1
employee1.hobbies.push("上网");//修改 hobbies 属性值
employee1.printInfo();//调用子对象的原型方法
employee1.sayHello();//调用父对象原型方法

var employee2 = new Employee("李四",29,"项目经理");//创建子对象实例 2
employee2.printInfo();
employee2.sayHello();
</script>
</head>
<body>
</body>
</html>
```

该示例分别使用借用构造器来继承实例属性和使用寄生式继承原型方法，因而在任一个子对象实例上修改数组实例属性时都不会对其他实例造成影响。而原型方法则作为公共方法提供给每个实例。上述代码在 Chrome 浏览器中的运行结果如图 11-17 所示。

图 11-17 寄生组合式继承结果

11.8.8 类继承

在 11.2 节中介绍了 ES6 中的类其实可以看作是构造函数的另外一种写法。因此 ES6 类同样可

以实现继承以产生子类。使用 ES6 类实现继承格式和传统的面向对象语言类似，同样需要使用"extends"关键字，基本格式如下所示：

```
class 子类名 extends 父类名 {
    //子类新增属性和方法或重新定义的父类方法
}
```

子类继承父类后，子类将拥有父类除了私有属性和私有方法以外的所有属性和方法，包括实例、原型和静态的。继承情况为：父类原型方法、原型属性和实例属性会被子类实例继承，父类静态方法和静态属性不会被子类实例继承，但是会被子类继承。

【示例 11-22】类继承示例。

```
<!doctype html>
<html>
<head>
<meta charset="utf-8">
<title>类继承示例</title>
<script>
  //定义父类
  class Person{
    constructor(country){
      this.country = country;
    }
    printCountry(){
      console.log("来自于"+this.country);
    }
  }

  //定义子类
  class Employee extends Person{
    constructor(name,age,job,country){
      super(country);//通过 super 调用父类构造函数:constructor(country)
      this.name = name;
      this.age = age;
      this.job = job;
    }
    printInfo(){//定义子类原型方法
      console.log(this.name+", "+this.age+"岁, 是一个"+this.job);
    }
  }

  //创建子类实例
  var employee = new Employee("张三",26,"软件工程师","中国");
  employee.printInfo();//调用子类原型方法
  employee.printCountry();//调用继承的父类原型方法
</script>
</head>
<body>
</body>
</html>
```

示例 11-22 创建了两个类，其中 Person 为父类，Employee 为 Person 的子类。父类包含一个实例属性和一个原型方法。子类包含了 country、name、age 和 job 4 个实例以及 printCountry() 和 printInfo() 两个原型方法。其中 country 实例属性是从父类继承过来的，其他三个属性是子类新增的实例属性；

printCountry()是从父类继承过来的方法，而 printInfo()是子类新增的方法。需要注意的是，子类虽然继承了父类的实例属性，但这些父类实例属性的初始化并不能像子类自身的实例属性那样直接在子类中通过 this 来引用并赋值，而是需要通过调用父类的构造函数来实现初始化。在子类中调用父类构造函数需要使用"super"关键字。

创建子类时，子类也可以重新定义从父类继承过来的方法，这样子类和父类就存在同名的两个不同的方法。此时，在子类中，重新定义的方法将覆盖父类的同名方法，在子类中使用 this 引用的同名方法为子类新定义的方法。如果需要在子类中访问父类的那个同名方法，该怎么办呢？答案是：在子类使用"super"关键字来调用该同名方法。

从前面两段内容的介绍可知，"super"在子类中是一个很重要的关键字，下面将详细介绍一下这个关键字的用法。

super 关键字，既可以当作函数使用，也可以当作对象使用。

1. 当 super 作为函数使用时

当 super 作为函数使用时，super 代表父类的构造函数，并在子类中执行 Parent.apply(this)，从而将父类实例对象的属性和方法添加到子类的 this 上面。使用 super 调用父类构造函数时，应注意以下几点。

（1）子类如果有定义 constructor 方法，则必须在构造方法中调用 super 方法，且方法中的参数和父类构造函数的参数完全一样；如果子类没有定义 constructor 方法，JS 将会给子类提供一个默认的构造函数。示例如下：

```
class Person {//创建父类
    constructor(name, age) {//父类构造函数
        this.name = name;
        this.age = age;
    }
    printInfo() { //父类原型方法
        console.log(this.name+", "+this.age+"岁");
    }
}

class Employee extends Person {}//创建子类

var emp = new Employee("张三", 23);//使用默认提供的子类构造函数创建子类实例

console.log(emp.name);//输出: 张三
console.log(emp.age); //输出: 23
console.log(emp.printInfo()); //输出: 张三, 23 岁
```

上述代码中，父类 Person 定义了两个实例属性，子类 Employee 则继承了这两个实例属性，对它们的初始化需要在子类的构造函数中通过 super 调用父类构造函数来实现。但由于子类没有显式提供构造函数，此时子类将会默认提供以下形式的构造函数：

```
constructor(name,age){
    super(name,age);
}
```

因此在创建子类实例 emp 时可以使用 new Employee("张三", 23)。

（2）在子类的 constructor 方法中，只有调用 super 之后，才可以使用 this 关键字，否则会报错，示例如下：

```
class Person {//创建父类
    constructor(name, age) {//父类构造函数
        this.name = name;
        this.age = age;
    }
}

class Employee extends Person {
    constructor(name, age) {
        this.job = "软件工程师"; // ① 报错
        super(name, age);// ②
    }
}

var emp = new Employee("张三", 23);
```

上述代码在运行到注释①处代码时将报：Must call super constructor in derived class before accessing 'this' or returning from derived constructor 异常，该异常要求在子类中调用 super 构造函数必须在访问 this 之前。处理上述异常的方法为：将上述代码中注释①和②两处的代码位置互调。

（3）super()只能用在子类的 constructor 方法之中，用在其他地方会报错，示例如下：

```
class Person {//创建父类
    constructor(name, age) {//父类构造函数
        this.name = name;
        this.age = age;
    }
}

class Employee extends Person {
    printInfo(name,age) {
        super(name, age);//① 报错
        console.log(this.name+", "+this.age+"岁");
    }
}

var emp = new Employee("张三", 23);
emp.printInfo();
```

上述代码在运行到注释①处代码时将报：'super' keyword unexpected here 异常。该异常信息说明 super 构造函数的位置放错。处理上述异常的方法为：将注释①处的代码删除或者在子类中添加构造函数，并将 super 构造函数的调用语句放到子类构造函数的 this 访问语句的前面。

2. 当 super 作为对象使用时

当 super 作为对象使用时，可用于调用父类原型方法、原型属性和静态方法及静态属性。如果 super 调用的是父类原型方法和原型属性，则 super 指向父类原型对象；如果 super 调用的是静态方法和静态属性，则 super 指向父类本身。示例如下。

（1）使用 super 调用父类原型方法和原型属性：

```
//定义父类
class Person{
    num = 1; //父类实例属性
    constructor(country){
```

```
      this.country = country;
    }
    printInfo(){//子类原型方法
      return "来自于" + this.country;
    }
  }

Person.prototype.num = 2; //父类原型属性

//定义子类
class Employee extends Person{
    constructor(name,country){
      super(country);//通过 super 调用父类构造函数
      this.name = name;
      this.num = 3; //子类实例属性
    }
    printInfo(){//定义子类原型方法
      console.log(this.name + ', ' + super.printInfo());//使用 super 调用父类原型方法
      console.log("num=" + super.num);//2
    }
  }

//创建子类实例
var emp = new Employee("张三","中国");
emp.printInfo();//调用子类原型方法;
```

上述代码中的父类 Person 同时定义了同名的实例属性和原型属性 num，值分别为 1 和 2，而子类 Employee 也定义了和父类同名的实例属性 num，值为 3。同时父类和子类都定义了同名的 printInfo 原型方法，这样，在子类中，printInfo()覆盖了父类同名的 printInfo()，要在子类中调用被子类覆盖的 printInfo()，就需要通过 super 关键字来调用，即 super.printInfo()。而子类中的 printInfo()中又使用了 super 来读取 num 属性，那么此时访问的到底是哪个 num 属性呢？从图 11-18 的运行结果可以看到，super 访问的是父类原型属性 num。由此可知，通过 super 访问属性和原型方法时，super 指向的是原型对象，即对上述示例代码来说，super=Person.prototype。

图 11-18　super 调用原型属性和方法

（2）使用 super 调用父类静态方法和静态属性：

```
class Person {
    static num = 1; //静态属性
    constructor(name, age) {
      this.name = name;
      this.age = age;
    }
    static getName() { //静态方法
      console.log("静态方法输出结果: " + this.name);
    }
    getName(){ //原型方法
        console.log("原型方法输出结果: " + this.name);
    }
  }

Person.prototype.num = 2; //Person 原型属性
```

```
class Employee extends Person {
    constructor(name, age) {
        super(name, age);
    }
    static getNum() { //静态方法
        return "num=" + super.num;//num=1
    }
    static getName() { //静态方法
        super.getName();
    }
    getName(){ //原型方法
        super.getName();
    }
}

var emp = new Employee("张三", 23);
emp.getName(); //调用原型方法
Employee.getName(); //调用静态方法
console.log(Employee.getNum()); //调用静态方法
```

上述代码中,父类 Person 定义了一个静态属性、一个静态方法和一个原型方法,而子类 Employee 则同时定义了两个静态方法和一个原型方法,并且子类的 getName 静态方法和原型方法功能都是调用父类的相应方法,而且这两个方法调用的都是父类的同名方法,则它们分别调用的是父类的哪个方法呢? 另外,在子类的静态方法 getNum()中使用了 super 来访问父类的 num 属性,而在父类中同时存在原型属性 num 和静态属性 num,在前面的示例同时存在原型属性和实例属性 num 的情况下,在子类中使用 super 访问的是原型属性,则在这个示例中,使用 super 访问的 num 属性也是原型属性吗? 回答这两个问题前,先分析一下图 11-19 所示的运行结果。

从图 11-19 所示的运行结果中可以看到,子类原型方法中使用 super 调用的是父类中的原型方法;而子类静态方法中使用 super 调用的是父类中的静态方法;子类使用 super 访问的属性为静态属性。可见,使用 super 访问静态方法和静态属性时,super 指向的是类本身,即对上述代码来说,super=Person。

另外,从图 11-19 中还可发现,父类中的静态方法 getName()和原型方法 getName()中都使用了 this 来访问 name 属性,但结果是原型方法中输出的是实例属性 name 的值,而静态方法中输出的则是类名,这是因为,this 关键字在原型方法中指向的是实例,在静态方法中则指向类本身。

图 11-19 super 调用静态属性和方法

另外还需要注意的是,子类静态方法使用 super 只能访问父类的静态方法,而子类原型方法使用 super 只能访问父类的原型方法,否则将报错。示例如下:

```
class Person {
    printStr(){ //父类原型方法
        console.log("原型方法");
    }
    static printStr1(){ //父类静态方法
        console.log("静态方法");
    }
}
```

```
class Employee extends Person {
    printMsg(){//子类原型方法
        super.printStr1(); //调用父类静态方法
    }

    static printMsg1(){ //子类静态方法
        super.printStr();//调用父类原型方法
    }
}

var emp = new Employee();
emp.printMsg(); //调用原型方法
Employee.printMsg1(); //调用静态方法
```

上述代码在执行到倒数第二行代码时会报：(intermediate value).printStr1 is not a function 异常，将这行代码注释掉后，再次运行到最后一行代码时，会报：(intermediate value).printStr is not a function。这两行代码报错的原因就是因为，在原型方法中调用了静态方法，而在静态方法中又调用了父类的原型方法。

11.8.9 对象继承在拖曳事件中的应用

在本节，将使用对象继承实现两个 div 对象的拖曳。这两个 div 对象的拖曳一个是普通的拖曳，另一个是对普通拖曳添加了拖曳范围的限制：只能在可视区域中拖曳。在这里，普通拖曳的各个功能使用父对象来实现，而添加了范围限制的拖曳使用子对象来实现。子对象继承了父对象的各个拖曳功能，并重写了从父对象中继承过来的移动 div 对象的方法，以实现拖曳 div 时限制拖曳范围。

【示例 11-23】对象继承在拖曳中的应用。

```
<!doctype html>
<html>
<head>
<meta charset="utf-8">
<title>对象继承在拖曳中的应用</title>
<style>
#div1{ width:100px; height:100px; background:red; position:absolute;}
#div2{ width:100px; height:100px; background:yellow; position:absolute; left:100px;}
</style>
<script>
//窗口加载事件: 创建并初始化 div 对象
window.onload = function(){
    var d1 = new Drag('div1');
    d1.init();

    var d2 = new ChildDrag('div2');
    d2.init();
};

//定义父对象构造函数
function Drag(id){
    this.obj = document.getElementById(id);
    this.disX = 0;
    this.disY = 0;
```

```
    }
    //定义父对象原型方法
    Drag.prototype.init = function(){
        var This = this;

        this.obj.onmousedown = function(ev){
            var ev = ev || window.event;
            This.fnDown(ev);//调用父对象原型方法 fnDown

            document.onmousemove = function(ev){
                var ev = ev || window.event;
                This.fnMove(ev);//调用父对象原型方法 fnMove
            };
            document.onmouseup = function(){
                This.fnUp();//调用父对象原型方法 fnUp
            };
            return false;
        };
    };

    //定义父对象原型方法
    Drag.prototype.fnDown = function(ev){//获取鼠标按下时的位置
        this.disX = ev.clientX - this.obj.offsetLeft;
        this.disY = ev.clientY - this.obj.offsetTop;
    };
    Drag.prototype.fnMove = function(ev){//获取拖曳的对象在移动时的位置
        this.obj.style.left = ev.clientX - this.disX + 'px';
        this.obj.style.top = ev.clientY - this.disY + 'px';
    };
    Drag.prototype.fnUp = function(){//释放鼠标时取消鼠标移动和释放事件
        document.onmousemove = null;
        document.onmouseup = null;
    };

    //定义子对象构造函数
    function ChildDrag(id){
        Drag.call(this,id);//使用借用构造函数继承父对象实例属性
    }

    //使用复制继承，将父类原型方法继承给子类
    extend( ChildDrag.prototype, Drag.prototype );

    //封装复制继承
    function extend(obj1,obj2){
        for(var attr in obj2){
            obj1[attr] = obj2[attr];
        }
    }

    //重写从父类中继承得到的原型方法 fnMove，使子对象在拖曳时不能超出可视区域
    ChildDrag.prototype.fnMove = function(ev){

        var L = ev.clientX - this.disX;
        var T = ev.clientY - this.disY;
        //限制水平方向的拖曳范围
```

```
    if(L<0){
        L = 0;
    }else if(L>document.documentElement.clientWidth - this.obj.offsetWidth){
        L = document.documentElement.clientWidth - this.obj.offsetWidth;
    }
    //限制垂直方向的拖曳范围
    if(T<0){
        T = 0;
    }else if(T>document.documentElement.clientHeight - this.obj.offsetHeight){
        T = document.documentElement.clientHeight - this.obj.offsetHeight;
    }

    this.obj.style.left = L + 'px';
    this.obj.style.top = T + 'px';
};
</script>
</head>
<body>
  <div id="div1"></div>
  <div id="div2"></div>
</body>
</html>
```

该示例同时使用了借用构造函数和复制继承两种继承方式，分别实现实例属性和原型方法的继承。上述代码在 Chrome 浏览器中的运行结果如图 11-20 和图 11-21 所示。

图 11-20　运行最初状态　　　　　　　　图 11-21　两个 div 对象的拖曳结果

由图 11-21 可见，作为父对象实例的红色 div（第 1 个 div）具有普通拖曳功能，拖曳范围没有限制，因而拖曳时可以超出可视区域。而作为子对象实例的黄色 div（第 2 个 div）则只允许在可视区域中进行拖曳，div 无法拖曳出可视区域。

11.9　JavaScript 组件开发

和绝大部分程序开发语言一样，JS 中，同样也存在组件的开发及应用，目的都是为了代码的重用及维护的便利。

11.9.1　组件开发概述

　　"组件"是指可重复使用并且可以和其他对象进行交互的对象。组件是一个不透明组装单元，是能够被第三方组装，可以被独立部署的软件实体。组件开发就是创建新的组件，开发方法是：把一个效果或者功能用面向对象的方法封装起来，只提供给用户一些相关的方法或者数据接口。

　　组件可分为 UI 组件和功能组件两种类型。在前端开发中，主要涉及 UI 组件，因而本书所介绍的 JS 组件开发就是开发 UI 组件。UI 组件：把对应的业务逻辑绑定到视图元素中，以实现高内聚的代码逻辑。可见，对于 UI 组件，其中可能包含 JavaScript、HTML、CSS 及图像等内容。

　　正规的 UI 组件一般包含 3 个内容：配置参数、方法和事件。"配置参数"包括默认配置参数和实例配置参数。默认配置参数是定义组件时在组件的构造函数中指定的参数；实例配置参数则是创建组件实例后，在调用组件的初始化方法时的实参。在初始化方法调用时，实例配置参数可以改变默认配置参数。因此，当给同一组件的不同实例设置不同的配置参数时，可以使组件得到不同的效果。组件的这一特点极大提高了前端开发的灵活性和可维护性。"方法"则主要是指可供外部调用的一些公共方法，这个通过定义原型方法即可实现，其中包括组件初始化、组件渲染等方法。"事件"在此指的不是系统事件，而是开发人员自定义的事件，其实就是一些方法，然后通过一些机制，使这些方法具有事件的相关特性，从而可以在一定的条件下，对指定的"事件"依次进行主动触发执行。通过自定义事件，可以很容易实现组件的二次开发以及多人协作。

　　组件具有以下几个主要的特点。

　　（1）组件必须有服务接口（API），以便让其他组件可以与之相互作用。

　　（2）组件必须有合适的生命周期机制。

　　（3）组件必须可以配置，而且配置的改变应该是动态的（即在运行中改变）。

　　（4）组件只有一个实例在程序中运行，即遵循单例模式。

　　组件必须有 API，指的是必须具有可供外部调用的方法。组件的生命周期主要是指组件一般具有初始化、渲染以及绑定事件等几个阶段。组件的初始化主要是使用配置参数替换默认参数，以初始化组件的相关属性；组件的渲染主要是用于实现生成 UI 组件以及样式设置等功能；绑定事件指的是绑定自定义的事件，通过绑定事件可以扩展 UI 的业务逻辑功能以及实现多人协作。有关自定义事件的内容请参见本章的 11.9.4 节。配置参数的改变是在调用组件的初始化方法时，将实例配置参数作为方法参数传给初始化方法，然后在方法运行时将传过来的实参参数名和默认参数名进行比对，参数名相同时用实参值替换默认参数值，没有对应的实参，则使用默认参数值。组件的单例模式，可以避免同一个组件实例重复出现而出现一些不可预期的问题。在 JS 中要设置组件的单例模式，可以通过判断某个变量的值的变化与否来实现，具体做法请参见 11.9.3 节中的相关内容。

11.9.2　拖曳组件的创建及应用

　　需要创建的拖曳组件的要求为：默认情况下，拖曳组件可实现不进行任何限制的拖曳，即普通拖曳；当配置参数 flag 取值为 true 时，拖曳组件只能在可视区中进行拖曳。应用则是：在一个页面中使用拖曳组件实现两个 div 的拖曳，其中一个 div 是普通拖曳，另一个只能在可视区中进行拖曳。

　　下面使用示例 11-24 来创建及应用符合上述需求的拖曳组件。

【示例 11-24】拖曳组件的开发及应用。

1. 拖曳组件的开发

```
//定义组件构造函数
function Drag(){
    this.obj = null;
    this.disX = 0;
    this.disY = 0;
    this.settings = { //在构造函数中设置默认配置参数
        id : '',
        flag : false //为 false 时表示是普通拖曳，如果为 true，则只能在可视区域中拖曳
    };
}
//定义原型方法
Drag.prototype.init = function(opt){
    var self = this; //此处的 this 表示 Drag.prototype 对象
    this.obj = document.getElementById(opt.id);//此处的 this 表示调用 init()的对象
    extend( this.settings , opt );//调用属性复制函数，实现实例配置参数替换默认配置参数
    this.obj.onmousedown = function(ev){//鼠标按下事件处理
        var ev = ev || window.event;
        self.fnDown(ev);//调用原型方法

        document.onmousemove = function(ev){//鼠标移动事件处理
            var ev = ev || window.event;
            self.fnMove(ev);
        };

        document.onmouseup = function(){//鼠标释放事件处理
            self.fnUp();
        };
        return false;
    };
};

//定义原型方法获取鼠标按下时的位置
Drag.prototype.fnDown = function(ev){
    this.disX = ev.clientX - this.obj.offsetLeft;
    this.disY = ev.clientY - this.obj.offsetTop;
};

//获取拖曳的对象在移动时的位置
Drag.prototype.fnMove = function(ev){
    var L = ev.clientX - this.disX;
    var T = ev.clientY - this.disY;
    if(this.settings.flag){//配置参数 flag 为 true 时，限制只在可视区中拖曳
        //限制水平方向的拖曳范围
        if(L<0){
            L = 0;
        }else if(L>viewWidth() - this.obj.offsetWidth){
            L = viewWidth() - this.obj.offsetWidth;
        }
        //限制垂直方向的拖曳范围
        if(T<0){
            T = 0;
        }else if(T>viewHeight() - this.obj.offsetHeight){
            T = viewHeight() - this.obj.offsetHeight;
```

```
            }
        }
        //设置拖曳对象的左上角位置
        this.obj.style.left = L + 'px';
        this.obj.style.top = T + 'px';
};

//释放鼠标时取消鼠标移动和释放事件
Drag.prototype.fnUp = function(){
    document.onmousemove = null;
    document.onmouseup = null;
};

//获取可视区的宽度
function viewWidth(){
    return document.documentElement.clientWidth;
}
//获取可视区的高度
function viewHeight(){
    return document.documentElement.clientHeight;
}

//定义属性复制方法
function extend(obj1,obj2){
    for(var attr in obj2){
        obj1[attr] = obj2[attr];
    }
}
```

将上述代码保存为 drag.js，存放在 js 目录下。

2. 拖曳组件的应用

```html
<!doctype html>
<html>
<head>
<meta charset="utf-8">
<title>应用拖曳组件实现 div 拖曳</title>
<style>
#div1{ width:100px; height:100px; background:red; position:absolute;}
#div2{ width:100px; height:100px; background:yellow; position:absolute; left:100px;}
</style>
<!--引入拖曳组件，在当前页面中应用组件-->
<script src="js/drag.js"></script>
<script>
window.onload = function(){
    //创建普通拖曳功能的组件
    var drag1 = new Drag();
    drag1.init({ //设置实例配置参数，flag 参数使用默认参数值 false
        id:'div1',
    });

    //创建只能在可视区拖曳的组件
    var drag2 = new Drag();
    drag2.init({ //设置实例配置参数，flag 参数值修改为 true
        flag: true,
```

```
            id: 'div2'
        });
    };
    </script>
    </head>
    <body>
      <div id="div1"></div>
      <div id="div2"></div>
    </body>
    </html>
```

示例 11-24 在浏览器中的实现效果和示例 11-23 完全一样。很明显，使用组件比对象继承重用性好很多，因为拖曳组件可以实现对任何对象的拖曳，如在示例 11-28 中，还将使用示例 11-24 所创建的拖曳组件对登录弹窗实现在可视区中进行拖曳。

在示例 11-24 中可以看到，drag1 组件实例在调用 init()时设置的实例配置参数的个数只有一个，和组件的默认配置参数为两个不一致；另外，drag2 组件实例在调用 init()时设置的实例配置参数的顺序和组件的默认配置参数也不一致。虽然实例配置参数和默认配置参数存在这两方面的不一致，但却能正常运行。为什么呢？原因是采取了两个措施。措施一：将各个配置参数封装为一个 Json 对象。此时访问配置参数就是访问 Json 对象的属性，因而通过属性名，就可以不用关心属性的顺序了。在实例配置参数修改默认配置参数时，是通过属性名对应地去修改，当在实例配置参数中不存在对应的属性名时，将使用默认配置参数，否则使用实例配置参数。措施二：在组件实例调用 init()方法时，只给组件传一个封装了所有实例配置参数的 Json 对象。

通过示例 11-24，这里可以简单的总结一下组件的创建及应用步骤。

（1）根据需求创建组件，根据具体情况，在组件的构造函数中设置默认配置参数。

（2）创建组件的初始化方法，在方法中进行配置参数的修改。

（3）根据具体情况创建方法进行 UI 渲染。

（4）根据具体情况自定义事件实现业务逻辑（示例 11-24 比较简单，没有自定义事件）。

（5）将组件保存为 js 文件。

（6）在需要使用组件的页面使用<script>标签链接组件 js 文件。

（7）在使用组件的页面创建组件实例。

（8）通过组件实例调用组件的初始化方法，在初始化方法中设置实例配置参数。

11.9.3　弹窗组件的创建及应用

需要创建的弹窗组件的要求为：默认情况下，弹窗宽为 300px，高为 200px，存在标题栏，但没有标题，标题栏右边显示"×"，单击"×"将关闭弹窗。另外，弹窗有两种对齐方式，水平居中和居右显示，默认是水平居中。

创建符合上述需求的弹窗组件的代码如下所示：

```
//定义组件构造函数
function Dialog(){
    this.oDialog = null;
    this.settings = { //默认配置参数
        divId : '',
        contentId : '',
        w : 300,
```

```
            h : 200,
            dir : 'center',
            title : ''
        };
    }
//初始化弹窗
Dialog.prototype.init = function(opt){
    extend(this.settings,opt);//调用属性复制函数，实现实例配置参数替换默认配置参数
    this.create();
    this.fnClose();
};
//创建弹窗（渲染元素）
Dialog.prototype.create = function(){
    this.oDialog = document.createElement('div');
    this.oDialog.id = this.settings.divId;//设置弹窗 id 属性
    this.oDialog.innerHTML = '<div class="title"><span>'+ this.settings.title +
        '</span><span class="close">X</span></div><div id="'+
        this.settings.contentId+'"></div>';
    document.body.appendChild(this.oDialog);
    this.setData();//设置弹窗大小及位置
};
//设置弹窗的大小及显示位置
Dialog.prototype.setData = function(){
    //设置弹窗大小
    this.oDialog.style.width = this.settings.w + 'px';
    this.oDialog.style.height = this.settings.h + 'px';
    //设置弹窗显示位置
    if(this.settings.dir == 'center'){//设置水平居中显示
        this.oDialog.style.left = (viewWidth() - this.oDialog.offsetWidth)/2 + 'px'
        this.oDialog.style.top = (viewHeight() - this.oDialog.offsetHeight)/2 + 'px';
    }else if(this.settings.dir == 'right'){//设置居右显示
        this.oDialog.style.left = (viewWidth() - this.oDialog.offsetWidth) + 'px';
        this.oDialog.style.top = (viewHeight() - this.oDialog.offsetHeight) + 'px';
    }
};
//关闭弹窗
Dialog.prototype.fnClose = function(){
    var oClose = this.oDialog.getElementsByTagName('span')[1];//获取"×"span 元素对象
    var self = this;
    //单击弹窗右边的"×"符号关闭窗口
    oClose.onclick = function(){
        document.body.removeChild(self.oDialog);
    };
};

//获取可视区的宽度
function viewWidth(){
    return document.documentElement.clientWidth;
}
//获取可视区的高度
function viewHeight(){
    return document.documentElement.clientHeight;
}

//定义属性复制方法
```

```
function extend(obj1,obj2){
    for(var attr in obj2){
        obj1[attr] = obj2[attr];
    }
}
```

将上述代码保存为 dialog.js，并存放在 js 目录下。

下面将使用几个示例演示弹窗组件的应用。

1. 使用弹窗组件弹出登录窗口

要求是当单击"登录"按钮时弹出登录窗口，具体参见示例 11-25。

【示例 11-25】使用弹窗组件弹出登录窗口。

```html
<!doctype html>
<html>
<head>
<meta charset="utf-8">
<title>弹出登录窗口</title>
<style>
*{ margin:0; padding:0;}
#login{background:white;border:1px #000 solid;position:absolute;}
.title{height:30px;line-height:30px;background:gray;color:white;padding-left:6px;}
.title .close{float:right;padding-right:6px;}
#form{text-align:center;margin:40px auto;}
input{margin-top:10px;}
</style>
<!--引入弹窗组件-->
<script src="js/dialog.js"></script>
<script>
window.onload = function(){
    var oBtn = document.getElementById("btn");
    //单击按钮后弹出弹窗
    oBtn.onclick = function(){
        var dialog = new Dialog();//创建弹窗组件实例
        //设置实例配置参数：只修改标题、弹窗 id 和弹窗内容 id 参数，其他参数使用默认参数
        dialog.init({
            divId: 'login',
            contentId: 'form',
            title: '登录'
        });
        //通过配置参数中的内容 id 获取内容 div 对象
        var content = document.getElementById(dialog.settings.contentId);
        //对内容 div 添加登录表单
        content.innerHTML = '<form>用户名: <input type="text" name="username"/><br/>
            密    码: <input type="password" name="password"/><br/>
            <input type="submit" value="登录"/>    
            <input type="reset" value="重置"/></form>';
    };
};
</script>
</head>
<body>
  <input type="button" id="btn" value="登录"/>
</body>
</html>
```

11

上述代码在 Chrome 浏览器中运行后，单击页面中的"登录"按钮，将在页面中间弹出登录窗口，如图 11-22 所示。

对图 11-22，当单击一次"登录"按钮时，一切都正常，但如果连续多次单击"登录"按钮，问题就出现了：会弹出多个一模一样的登录弹窗。图 11-23 所示就是连续单击了 3 次"登录"按钮后的结果：在页面中生成了 3 个完全一样的 div 元素。

图 11-22 弹出登录窗口

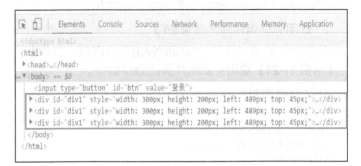

图 11-23 连续 3 次单击"登录"按钮后的结果

之所以多次单击"登录"按钮会出现图 11-23 所示结果，原因就是前面所创建的弹窗组件并不是单例模式，所以每次单击按钮后都会生成一个组件实例。解决上述问题就是使弹窗组件为单例模式，设置方法就是通过对组件实例存在与否给予不同的标识。为此需要对前面创建的弹窗组件 dialog.js 进行修改，修改的内容包括对 init()添加以下一些加粗的代码，以及添加原型属性 json，这样就可以使弹窗组件变为单例模式：

```javascript
//增加一个 json 类型的原型属性，用于存放组件实例生成与否的标识
Dialog.prototype.json = {};

//初始化弹窗
Dialog.prototype.init = function(opt){
    extend(this.settings,opt);//调用属性复制函数，实现实例配置参数替换默认配置参数
    if( this.json[opt.iNow] == undefined ){
        this.json[opt.iNow] = true;//在第一次单击按钮时标识设置为 true
    }
    if(this.json[opt.iNow]){
        this.create();
        this.fnClose();
        this.json[opt.iNow] = false;//组件实例生成后标识设置为 false
    }
};
```

对 dialog.js 进行了上述代码修改后另存为 dialog_singleton.js。

在页面中要想获得不管单击多少次按钮都只生成一个登录弹窗的效果，除了对弹窗组件进行上述代码的修改外，还要对应用该弹窗组件的示例 11-25 代码进行一点修改，这个修改只需在弹窗调用 init()时增加 iNow 配置参数的设置就可以了，如下所示：

```javascript
dialog.init({
    iNow: 1,
    divId: 'login',
    contentId: 'form',
```

```
        title: '登录'
});
```

注：iNow 参数的值可取任意值。

2. 使用弹窗组件创建显示在可视区右下角的公告弹窗

【示例 11-26】使用弹窗组件在页面中弹出公告窗口。

```
<!doctype html>
<html>
<head>
<meta charset="utf-8">
<title>弹出公告窗口</title>
<style>
*{ margin:0; padding:0;}
#ad{background:white;border:1px #000 solid;position:absolute;}
.title{height:30px;line-height:30px;background:gray;color:white;padding-left:6px;}
.title .close{float:right;padding-right:6px;}
#notice{text-align:center;margin:40px auto;}
</style>
<!--引入弹窗组件-->
<script src="js/dialog.js"></script>
<script>
window.onload = function(){
        var dialog = new Dialog();//创建弹窗组件实例
        dialog.init({ //设置实例配置参数
            divId: 'ad',
            contentId: 'notice',
            title: '公告',
            w: 100,
            h: 200,
            dir: 'right'
        });
        var content = document.getElementById(dialog.settings.contentId);
        content.innerHTML = '用户公告'; //对内容 div 添公告内容
};
</script>
</head>
<body>
</body>
</html>
```

运行上述代码后，页面元素一加载完后就会在窗口的右下角弹
出公告窗口，如图 11-24 所示。

3. 使用弹窗组件弹出具有遮罩效果的登录窗口

要弹出具有遮罩效果的登录窗口，需要对前面创建的单例模式
的弹窗组件 dialog_singleton.js 进行修改，涉及内容包括：在组件
的构造函数中增加一个表示是否具有遮罩效果的默认配置参数，创
建遮罩层，关闭登录窗口时同时关闭遮罩层。涉及的代码如下加粗
代码所示：

图 11-24　页面加载完后弹出公告窗口

```
//在构造函数中增加一个表示是否具有遮罩效果的默认配置参数
function Dialog(){
    this.oDialog = null;
```

```javascript
        this.settings = { //默认配置参数
            divId : '',
            contentId : '',
            w : 300,
            h : 200,
            dir : 'center',
            title : '',
            mark : false //设置是否有遮罩效果
        };
    }

//在创建弹窗时判断是否需要创建遮罩层
Dialog.prototype.init = function(opt){
    extend(this.settings,opt);//调用属性复制函数，实现实例配置参数替换默认配置参数
    if( this.json[opt.iNow] == undefined ){
        this.json[opt.iNow] = true;//在第一次单击按钮时标识设置为 true
    }
    if(this.json[opt.iNow]){
        this.create();
        this.fnClose();

        //如果 mark 配置参数为 true，则创建遮罩层
        if(this.settings.mark){
            this.createMark();
        }

        this.json[opt.iNow] = false;//组件实例生成后标识设置为 false
    }
};

//关闭弹窗时同时关闭遮罩层
Dialog.prototype.fnClose = function(){
    var oClose = this.oDialog.getElementsByTagName('span')[1];//获取 "×" span 元素对象
    var self = this;
    //单击弹窗右边的 "×" 符号关闭窗口
    oClose.onclick = function(){
        document.body.removeChild(self.oDialog);

        if(self.settings.mark){//如果有遮罩层，同时把遮罩层也关闭
            document.body.removeChild(self.oMark );
        }

    };
};

//定义创建遮罩层的方法
Dialog.prototype.createMark = function(){
    var oMark = document.createElement('div');
    oMark.id = 'mark';
    document.body.appendChild( oMark );

    this.oMark = oMark;

    //遮罩层和可视区一样大小
    oMark.style.width = viewWidth() + 'px';
```

```
    oMark.style.height = viewHeight() + 'px';
};
```

对 dialog_singleton.js 进行了上述代码修改后另存为 dialog_mark.js，此时的弹窗组件就可以进行遮罩效果的设置了。下面在示例 11-27 中应用具有遮罩效果的弹窗组件。

【示例 11-27】使用弹窗组件弹出具有遮罩效果的登录窗口。

```
<!doctype html>
<html>
<head>
<meta charset="utf-8">
<title>弹出具有遮罩效果的登录窗口</title>
<style>
*{ margin:0; padding:0;}
#login{background:white;border:1px #000 solid;position:absolute;z-index:2;}
.title{height:30px;line-height:30px;background:gray;color:white;padding-left:6px;}
.title .close{float:right;padding-right:6px;}
#form{text-align:center;margin:40px auto;}
input{margin-top:10px;}
#mark{background:#CCF; fitler:alpha(opacity=50); opacity:0.5; position:absolute;
    left:0; top:0; z-index:1;}
</style>
<!--引入弹窗组件-->
<script src="js/dialog_mark.js"></script>
<script>
window.onload = function(){
    var oBtn = document.getElementById("btn");
    //单击按钮后弹出具有遮罩效果的的登录窗口
    oBtn.onclick = function(){
        var dialog = new Dialog();//创建弹窗组件实例
        //设置 mark 配置参数的值为 true 以覆盖默认参数值 false，实现遮罩效果
        dialog.init({
            iNow: 1,
            divId: 'login',
            contentId: 'form',
            title: '登录',
            mark: true //设置遮罩
        });
        //通过配置参数中的内容 id 获取内容 div 对象
        var content = document.getElementById(dialog.settings.contentId);
        //对内容 div 添加登录表单
        content.innerHTML = '<form>用户名: <input type="text" name="username"/><br/>
        密    码: <input type="password" name="password"/><br/>
        <input type="submit" value="登录"/>    
        <input type="reset" value="重置"/></form>';
    };
};
</script>
</head>
<body>
  <input type="button" id="btn" value="登录"/>
</body>
</html>
```

为了实现遮罩效果，除了在实例配置参数中修改 mark 配置参数的值为 true 外，还需要在样式

11

代码中分别设置遮罩层样式 z-index:1 和登录弹窗样式 z-index:2，使遮罩层显示在登录窗口的下面。

　　运行上述代码后单击"登录"按钮时结果如图 11-25 所示，当关闭登录窗口时将同时关闭遮罩层，结果如图 11-26 所示。

图 11-25　单击按钮后的结果

图 11-26　关闭登录窗口后的结果

4. 组合弹窗组件和拖曳组件创建可在可视区进行拖曳的登录弹窗

【示例 11-28】使用弹窗组件和拖曳组件创建在可视区拖曳的登录弹窗。

```html
<!doctype html>
<html>
<head>
<meta charset="utf-8">
<title>创建可拖曳的登录弹窗</title>
<style>
*{ margin:0; padding:0;}
#login{background:white;border:1px #000 solid;position:absolute;}
.title{height:30px;line-height:30px;background:gray;color:white;padding-left:6px;}
.title .close{float:right;padding-right:6px;}
#form{text-align:center;margin:40px auto;}
input{margin-top:10px;}
</style>
<!--分别引入弹窗组件和拖曳组件，在当前页面中组装组件-->
<script src="js/dialog_singleton.js"></script>
<script src="js/drag.js"></script>
<script>
window.onload = function(){
    var oBtn = document.getElementById("btn");
    //单击按钮后弹出可在可视区域拖曳的弹窗
    oBtn.onclick = function(){

      //使用弹窗组件
      var dialog = new Dialog();
      dialog.init({ //设置配置参数
        divId: 'login',
        contentId: 'form',
        title: '登录'
      });
      var content = document.getElementById(dialog.settings.contentId);
      //对内容 div 添加登录表单
      content.innerHTML = '<form>用户名: <input type="text" name="username"/><br/>
        密    码: <input type="password" name="password"/><br/>
```

```
        <input type="submit" value="登录"/>    
        <input type="reset" value="重置"/></form>';

        //使用拖曳组件实现弹窗在可视区进行拖曳
        var drag = new Drag();
        drag.init({
            id:'login',
            flag:true //在可视区中进行拖曳
        });
    };
};
</script>
</head>
<body>
  <input type="button" id="btn" value="登录"/>
</body>
</html>
```

在上述代码中，同时引入具有单例模式的弹窗组件 dialog_singleton.js 和拖曳组件 drag.js。为了在可视区中拖曳弹窗，在实例化拖曳组件后，设置实例配置参数 flag 的值为 true。

在运行结果的页面中单击"登录"按钮后将在页面中间显示登录弹窗，如图 11-27 所示。当拖曳登录弹窗进行移动后，弹窗只能在可视区中进行移动，如图 11-28 所示。

图 11-27　单击按钮后的结果

图 11-28　弹窗只能在可视区中移动

11.9.4　自定义事件

在 11.9.1 节中介绍了组件的内容一般包含配置参数、方法和（自定义）事件，但前面创建的弹窗组件和拖曳组件都没有包含自定义事件。而事件机制有利于解耦，比如有一些行为需要在弹窗关闭以后去完成，这个时候把这些非弹窗相关逻辑封装在弹窗组件内部就会产生高耦合，通过事件可以降低这种耦合度。所以在组件开发中，通常都会包含自定义事件。

通过前面的学习知道，组件中的事件，其实就是一些方法，这些方法通过一定的机制，具有了事件的相关特性，从而可以在指定的"事件"出现时依次自动触发执行。使方法具有事件特性的机制，其实就是在创建组件时定义两个有关事件的函数：一个是事件绑定的函数，另一个主动触发事件方法执行的函数。根据具体的业务需求，在相应的函数中调用主动触发事件方法执行的函数；在使用组件时，调用事件绑定函数，将"事件"和相关的事件处理方法进行绑定。

11

现在有一个组件开发及应用需求为：开发一个具有普通拖曳功能的组件，有 3 个 div 元素需要应用该拖曳组件，其中，div1 只进行拖曳；div2 除了拖曳功能外，按下鼠标和释放鼠标时各自在控制台中输出一行文字；div3 除了拖曳功能外，按下鼠标和释放鼠标时各自在控制台中输出一行文字，同时按下鼠标时还要修改页面背景颜色。

如果把改变元素样式代码以及控制台输出这些与组件逻辑本身无关的代码封装在组件内部，则组件与这些非组件行为产生了强耦合，通过事件机制我们可以把这些行为进行解耦，在组件外部实现这些行为。为此，需要开发一个具有自定义事件的拖曳组件。下面将通过示例 11-29 介绍如何自定义事件以及如何触发自定义事件。

【示例 11-29】开发及应用具有自定义事件的组件。

1. **开发具有自定义事件的拖曳组件**

```
//定义组件构造函数
function Drag(){
    this.obj = null;
    this.disX = 0;
    this.disY = 0;
    this.settings = { //默认配置参数
    };
}

Drag.prototype.init = function(opt){
    var self = this;
    this.obj = document.getElementById(opt.id);
    extend( this.settings , opt );

    this.obj.onmousedown = function(ev){
        var ev = ev || window.event;
        self.fnDown(ev);

        fireEvent(self , 'toDown');//调用主动触发事件函数

        document.onmousemove = function(ev){
            var ev = ev || window.event;
            self.fnMove(ev);
        };
        document.onmouseup = function(){
            self.fnUp();

            fireEvent(self , 'toUp');//调用主动触发事件函数

        };
        return false;
    };
};

Drag.prototype.fnDown = function(ev){
    this.disX = ev.clientX - this.obj.offsetLeft;
    this.disY = ev.clientY - this.obj.offsetTop;
};
Drag.prototype.fnMove = function(ev){
    this.obj.style.left = ev.clientX - this.disX + 'px';
```

```
        this.obj.style.top = ev.clientY - this.disY + 'px';
};
Drag.prototype.fnUp = function(){
    document.onmousemove = null;
    document.onmouseup = null;
};

//定义事件绑定函数
function bindEvent(obj,events,fn){
    obj.listeners = obj.listeners || {};//第一次绑定前 listeners 属性为一个空的 Json 对象
    obj.listeners[events] = obj.listeners[events] || [];//第一次绑定前 events 为一个空数组
    obj.listeners[events].push( fn );//每个事件绑定的函数存放在对应的 events 数组中
    if(obj.nodeType){ //如果 obj 是元素，则对 obj 绑定事件
        if(obj.addEventListener){ //针对标准浏览器进行事件绑定
            obj.addEventListener(events,fn,false);
        }else{ //针对非标准的 IE 浏览器进行事件绑定
            obj.attachEvent('on'+events,fn);
        }
    }
}

//定义主动触发自定义事件函数
function fireEvent(obj,events){
    if(obj.listeners && obj.listeners[events]){
        for(var i=0;i<obj.listeners[events].length;i++){
            obj.listeners[events][i]();//当函数被调用时会主动触发执行自定义事件函数
        }
    }
}

//定义属性复制方法
function extend(obj1,obj2){
    for(var attr in obj2){
        obj1[attr] = obj2[attr];
    }
}
```

将上述代码保存为 drag_event.js。

2. 应用上面所创建的拖曳组件

```html
<!doctype html>
<html>
<head>
<meta charset="utf-8">
<title>应用具有事件的拖曳组件</title>
<style>
#div1{ width:100px; height:100px; background:red; position:absolute;}
#div2{ width:100px; height:100px; background:yellow; position:absolute; left:100px;}
#div3{ width:100px; height:100px; background:blue; position:absolute; left:200px;}
</style>
<!--引入前面所创建的拖曳组件-->
<script src="js/drag_events.js"></script>
<script>
window.onload = function(){
    //对 div1 应用拖曳组件
```

```
        var d1 = new Drag();
        d1.init({       //实例配置参数
            id : 'div1'
        });

        //对 div1 绑定事件'toUp'
        bindEvent(d1 ,'toUp',function(){
            console.log('div1 处理 toUp 事件');
        });

        //对 div2 应用拖曳组件
        var d2 = new Drag();
        d2.init({       //实例配置参数
            id : 'div2'
        });

        //对 div2 绑定事件'toDown'
        bindEvent(d2 ,'toDown',function(){
            console.log('div2 处理 toDown 事件');
        });

        //对 div2 绑定事件'toUp'
        bindEvent(d2 ,'toUp',function(){
            console.log('div2 处理 toUp 事件');
        });

        //对 div3 应用拖曳组件
        var d3 = new Drag();
        d3.init({       //实例配置参数
            id : 'div3'
        });

        //对 div3 绑定事件'toDown'
        bindEvent(d3 ,'toDown',function(){
            console.log('div3 处理 toDown 事件');
        });

        //对 div3 绑定事件'toDown'
        bindEvent(d3 ,'toDown',function(){
            document.body.style.background = 'black';
        });

        //对 div3 绑定事件'toUp'
        bindEvent(d3 ,'toUp',function(){
            console.log('div3 处理 toUp 事件');
        });
};
</script>
</head>

<body>
  <div id="div1"></div>
  <div id="div2"></div>
  <div id="div3"></div>
</body>
```

```
</html>
```

从上述代码中可以看到，自定义了"toUp"和"toDown"两个自定义事件，对一个对象，可以对其使用不同的函数多次绑定同一个事件。可见，同一事件所绑定的不同函数交给不同的人来完成就成为可能了。另外，以后要扩展业务功能，也可以通过定义不同的函数，进而将其绑定到对应的事件就可以了。

注："toUp"和"toDown"两个自定义事件其实也可以作为配置参数来设置，但这样设置的话，对日后的维护和业务扩展以及多人协作会带来困难。

示例 11-29 在 Chrome 浏览器中的运行结果如图 11-29 所示。

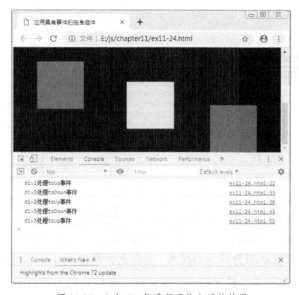

图 11-29　3 个 div 都进行了拖曳后的结果

根据示例 11-29，可以总结得到以下自定义组件事件的步骤。

（1）在组件中定义事件绑定函数。

（2）在组件中定义主动触发自定义事件的函数。

（3）在组件的事件处理函数中调用主动触发自定义事件函数。

应用具有自定义事件的组件时，在 JS 代码中直接调用组件定义的绑定函数。

练习题

1. 简述 JavaScript 面向对象编程思想以及组件开发。
2. 简述 JavaScript 对象属性的方法的访问方式有哪些。
3. 列举常用的 JavaScript 对象的创建方式。
4. 简述原型链以及如何根据原型链查找属性。
5. 列举常用的 JavaScript 对象的继承方式。

第 12 章

Ajax 编程

Ajax(Asynchronous JavaScript and XML，异步的 JavaScript 和 XML)，一种利用 JavaScript 和 XML 实现客户端和服务器交换数据，并在不重新加载整个网页的基础上能够更新部分网页的技术，简言之就是使用 JavaScript 异步地操作 XML。Ajax 并不是一种新技术，它实际上是综合利用了以下多个技术的一个结果：

（1）通过 HTML+CSS 来表达网页内容；

（2）通过 JavaScript 操作 DOM 来执行动态显示和交互；

（3）通过 XML 和 JSON 进行数据交换和处理；

（4）通过 XMLHttpRequest 实现异步数据处理。

12.1　XMLHttpRequest 对象

　　XMLHttpRequest 是一套可以在 JavaScript 等脚本语言中通过 http 协议传送或接收 XML 及其他数据的一套 API。XMLHttpRequest 对象是实现 Ajax 的核心，发送异步请求、接收响应以及执行回调都需要通过它来完成。使用 XMLHttpRequest 对象实现异步处理主要通过它提供的一些方法和属性来实现，该对象主要的方法和属性分别见表 12-1、表 12-2。

表 12–1　XMLHttpRequest 方法

方法	描述
abort()	取消当前请求
getAllResponseHeaders()	获取响应的所有 HTTP 头信息
getResponseHeader(header)	获取指定的 HTTP 头信息，参数 header：指定 HTTP 头名称 例如：getResponseHeader"Content-Type")
open(method,url,async)	创建新的 HTTP 请求，同时规定请求的方法、URL 以及是否异步处理请求。各个参数的说明如下。 method：请求的方法，主要取 GET 或 POST 两个值； url：文件在服务器上的位置，对 GET 请求，常常会附加请求参数； async：确定是否异步处理，取 true（异步）或 false（同步）两个值，默认为 true。如果为 true 时，当状态改变时会调用 onreadystatechange 属性指定的回调函数
send(string)	将 HTTP 请求发送到服务器。对 POST 请求可以使用 string 参数，而 GET 请求则不需要参数。不需要参数时，可以使用 null 作为参数
setRequestHeader(header,value)	设置指定的 HTTP 头信息，参数 header：指定 HTTP 头名称；参数 value：指定 HTTP 头信息

表 12–2　XMLHttpRequest 属性

属性	描述
readyState	返回 Ajax 的工作状态，可取以下 5 个值。 0：XMLHttpRequest 对象已建立，但尚未初始化，尚未调用 open()方法。 1：已初始化，与服务器建立了连接，并已调用了 send()方法，正在发送请求。 2：send()执行完毕，请求已接收，并收到全部响应内容。 3：请求处理中，正在解析响应内容，此时通过 responseText 等属性获取数据会出错。 4：请求已完成，响应内容解析完毕，此时通过 responseText 等属性可获取完整数据
onreadystatechange	事件属性，指定当 readyState 属性值改变时的事件处理回函数
status	返回当前请求的 http 状态码，由 3 位数字组成。常用的状态码及其描述如下。 200 OK：表示客户端请求成功。 400 Bad Request：表示客户端请求有语法错误，不能被服务器理解。 403 Forbidden：表示服务器收到了请求，但拒绝提供服务。 404 Not Found：表示请求的资源不存在。 500 Internal Server Error：服务器发生了不可预期的错误。 503 Server Unavailable：服务器当前不能处理客户端的请求，但一段时间后，可能恢复正常
responseBody	将响应信息正文以 Unsigned Byte 数组形式返回

续表

属性	描述
responseStream	以 ADO Stream 对象的形式返回响应信息
responseText	将响应信息作为字符串返回
responseXML	将响应信息格式化为 XML 文档格式返回

由表 12-2 中的 readyState 和 status 属性的描述可知，只有当 readyState 属性值为 4 且 status 属性值为 200 时，HTTP 请求和响应才表示成功完成，此时，才能正确获取服务端返回的数据。可见，使用 Ajax 获取服务端返回数据时，必须首先判断 readyState 和 status 两个属性的值，只有满足 readyState=4 且 status=200 的条件下才能获取返回的数据。

使用 XMLHttpRequest 对象实现异步通信一般涉及以下几个步骤。

（1）定义 XMLHttpRequest 对象实例。

（2）调用 XMLHttpRequest 对象的 open()方法初始化一个请求。

（3）注册 onreadystatechange 事件处理函数，准备接收和处理响应数据。

（4）调用 XMLHttpRequest 对象的 send()方法发送请求。

12.1.1 创建 XMLHttpRequest 对象实例

使用 Ajax 发送请求和处理响应之前，必须要创建一个 Ajax 对象。现在绝大多数的浏览器，如 IE7+、Firefox、Chrome、Safari 以及 Opera 等均内建了 XMLHttpRequest 对象，所以对这些浏览器来说，Ajax 对象就是 XMLHTTPRequest 对象。但 IE5 和 IE6 没有内建 XMLHttpRequest 对象，它们要实现 Ajax 功能，需要使用 ActiveXObject，该对象是通过插件的形式外接进来的，其对应的插件名为 XMLHTTP。所以在创建 Ajax 对象实例时应针对 IE5/IE6 和其他浏览器进行兼容处理。

IE7+、Firefox、Chrome、Safari 以及 Opera 等浏览器创建 Ajax 对象语法：

```
var xhr =new XMLHttpRequest();
```

IE5、IE6 浏览器创建 Ajax 对象语法：

```
var xhr = new ActiveXObject("Microsoft.XMLHTTP");
```

为了兼容所有浏览器，在实际应用中，通常会对浏览器进行判断，然后针对不同的情况分别使用上述两种方法来创建 Ajax 对象，具体如下：

```
var xhr = null;
if(window.XMLHttpRequest){
    xhr = new XMLHttpRequest();
}else{
    xhr = new ActiveXObject("Microsoft.XMLHTTP");
}
```

12.1.2 发送 GET 和 POST 请求

创建了 XMLHttpRequest 对象实例后，就可以使用它调用 open 方法来发送 GET 或 POST 请求。由表 12-1 可知道，发送请求的 open()的格式为：open(method,url,async)，其中 mehod 参数用于指定 GET 或 POST 请求方式，url 参数用于指定请求的服务端的 url，async 参数用于指定是否异步请求，取 true 值时表示异步请求。

1. 发送 GET 请求

发送 GET 请求需要将 open() 中的第一个参数指定为 "GET" 或 "get"。当需要从客户端传数据到服务端时，需要在 url 参数后面添加查询字符串参数。在 url 后面添加查询字符串参数的格式是：? 查询参数名=参数值，如果有多个查询参数，则需要使用 "&" 将多个查询参数的名 / 值对连接成一串字符串，其具体格式为：? 查询参数名 1=参数值 1&查询参数名 2=参数值 2&…。例如：ex.php?name=Tom&age=23&gender=f，该 url 中包含了三个查询参数，分别为 name、age 和 gender。

【示例 12-1】使用 GET 方式发送非表单数据。

html 文件代码：

```html
<!doctype html>
<html>
<head>
<meta charset="utf-8">
<title>使用 GET 方式发送非表单数据</title>
<script>
var xhr = null;

//创建 XMLHttpRequest 对象
if(window.XMLHttpRequest){
    xhr = new XMLHttpRequest();
}else{
    xhr = new ActiveXObject("Microsoft.XMLHTTP");
}
//向服务端 get.php 创建以异步方式的 HTTP 请求，同时向该文件传递了两个客户端参数
xhr.open("get","get.php?username=Tom&age=26",true);

//注册 onreadystatechange 事件处理函数
xhr.onreadystatechange = function(){
  if(xhr.readyState == 4 && xhr.status ==200){
      alert(xhr.responseText);
  }
}

//发送请求
xhr.send(null);
</script>
</head>
<body>
</body>
</html>
```

上述代码中的 JS 代码仅用于实现 Ajax 功能，其中包括了创建 XMLHttpRequest 对象实例、调用 open() 创建 HTTP 请求、注册 onreadystatechange 事件处理函数以及调用 send() 发送请求这些步骤。open() 中的 url 为 "get.php"，说明客户端 html 文件需要向服务端 get.php 文件提交 HTTP 请求。get.php 的代码如下所示。

get.php 代码：

```php
<?php
header('content-type:text/html;charset="utf-8"');//设置表头
```

```
error_reporting(0);

$username = $_GET['username'];//以 get 方式获取 username 表单域值，并把值赋给变量$username
$age = $_GET['age'];

echo "你的名字: {$username}，年龄: {$age}";//输出包含两个变量值的字符串
```

因为客户端使用 GET 方式传递数据，所以在服务端的 get.php 中应使用$_GET()或$_REQUEST()
（$_REQUEST()既可接收 GET 方式传递的数据，也可以接收 POST 方式传递的数据）来接收数据。

在上述 HTML 文件中可以看到，Ajax 的 onreadystatechange 事件函数中使用了 responseText 属
性，所以 Ajax 代码运行后将获得服务端文件 get.php 输出的纯文本内容，该内容将作为警告对话框
的内容输出。示例 12-1 在 Chrome 浏览器中的运行结果如图 12-1 所示。

示例 12-1 中向服务端传递的参数不是由表单提供的，所
以可以直接在 open()的 url 指定参数值，但如果客户端参数是
由表单提供的，则首先需要获取表单数据，然后将这些数据
作为查询参数的值，而查询参数名则是表单域名，将表单域
名和获得的表单数据按查询字符串的格式串在一起附加到
open()的 url 后面。

图 12-1　Ajax 发送 GET 请求的结果

【示例 12-2】使用 GET 方式发送表单数据。

```
<!doctype html>
<html>
<head>
<meta charset="utf-8">
<title>使用 GET 方式发送表单数据</title>
<script>
window.onload = function(){
    var oBtn = document.getElementById('btn');
    var username = document.getElementById('username');
    var age = document.getElementById('age');

    oBtn.onclick = function(){
        //获取表单提交的数据作为查询参数值
        var url = "get.php?username="+username.value+"&age="+age.value;
        getInfo(url);
    };
};

function getInfo(url){
  var xhr = null;

  if(window.XMLHttpRequest){
      xhr = new XMLHttpRequest();
  }else{
      xhr = new ActiveXObject("Microsoft.XMLHTTP");
  }

  xhr.open("get",url,true);

  xhr.onreadystatechange = function(){
    if(xhr.readyState == 4 && xhr.status ==200){
```

```
                alert(xhr.responseText);
        }
    }

    xhr.send(null);
}
</script>
</head>
<body>
    <form>
        用户名: <input id="username" type="text" name="username"/><br/>
        年 龄: <input id="age" type="text" name="age"/><br/>
        <input id="btn" type="button" value="提交"/>
    </form>
</body>
</html>
```

示例 12-2 的功能和示例 12-1 完全一样，不同的是提交给 get.php 的数据是表单数据。

2. 发送 POST 请求

发送 POST 请求时，客户端数据不再以附加到 url 后面的形式来传递，而是作为 XMLHttpRequest 对象的 send() 的参数来传递。此时 send() 中的参数为一个或多个名/值对，多个名/值对之间使用 "&" 符号进行分隔。在名/值对中，"名" 可以为表单域的名称，"值" 可以是固定的值，也可以是一个变量。

另外需要注意的是，POST 请求除了数据传递方式和 GET 请求不同外，还有一个不同的地方就是：POST 发送数据时，还必须设置头部信息中的内容类型，因为后端一般会根据 content-type 的类型对数据进行不同的解析处理，请求没有设置 content-type，后端可能无法正确处理接收到的数据。设置示例如下：

```
xhr.setRequestHeader("Content-Type","application/x-www-form-urlencoded");
```

上述代码将发送的内容类型设置为 "application/x-www-form-urlencoded"，即对发送的内容会进行 url 编码，这是发送 POST 请求时最常用的一种类型。此外，发送 POST 请求的内容类型还可以设置为 text/xml 或 application/xml，以向服务端发送 XML 数据。

【示例 12-3】使用 POST 方式发送非表单数据。

html 文件代码：

```
<!doctype html>
<html>
<head>
<meta charset="utf-8">
<title>使用 POST 方式发送非表单数据</title>
<script>
var xhr = null;
//创建 XMLHttpRequest 对象
if(window.XMLHttpRequest){
    xhr = new XMLHttpRequest();
}else{
    xhr = new ActiveXObject("Microsoft.XMLHTTP");
}
```

```
//向服务端 post.php 创建以异步方式的 HTTP 请求，此时的 url 不需要包含查询字符串
xhr.open("post","post.php",true);

//POST 发送数据前，必须设置内容类型
xhr.setRequestHeader("Content-type","application/x-www-form-urlencoded");

//注册 onreadystatechange 事件处理函数
xhr.onreadystatechange = function(){
  if(xhr.readyState == 4 && xhr.status ==200){
      alert(xhr.responseText);
  }
}

//发送请求，将发送的所有数据以名/值对的形式串成一个字符串
xhr.send("username=Tom&age=26");
</script>
</head>
<body>
</body>
</html>
```

open()方法向 post.php 发起请求，要求将 username 和 age 两个客户端数据通过 send()发送给它进行处理。

post.php 的代码：

```
<?php
header('content-type:text/html;charset="utf-8"');//设置表头
error_reporting(0);

$username = $_POST['username'];//以 POST 方式获取 username 表单域值，并把值赋给变量$username
$age = $_POST['age'];

echo "你的名字：{$username}，年龄：{$age}";//输出包含两个变量值的字符串
```

因为客户端使用 POST 方式传递数据，所以在服务端的 post.php 中应使用$_POST()或$_REQUEST()来接收数据。

可以看到，在示例 html 文件代码中，POST 传输的数据没有作为查询字符串参数附加到请求的 url 上，而是作为 send()的参数来传递，此时参数将会通过请求主体来进行传递，如图 12-2 所示。

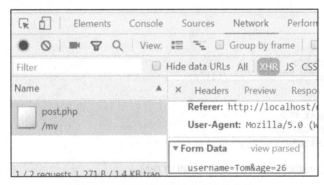

图 12-2　POST 通过请求主体传输数据

【示例 12-4】使用 POST 方式发送表单数据。

```html
<!doctype html>
<html>
<head>
<meta charset="utf-8">
<title>使用 POST 方式发送表单数据</title>
<script>
window.onload = function(){
    var oBtn = document.getElementById('btn');
    var username = document.getElementById('username');
    var age = document.getElementById('age');

    oBtn.onclick = function(){
        var url = "post.php";
        getInfo(url,username.value,age.value);
    };
};

function getInfo(url,v1,v2){
  var xhr = null;

  if(window.XMLHttpRequest){
      xhr = new XMLHttpRequest();
  }else{
      xhr = new ActiveXObject("Microsoft.XMLHTTP");
  }

  xhr.open("post",url,true);

  //设置内容类型
  xhr.setRequestHeader("Content-type","application/x-www-form-urlencoded");

  xhr.onreadystatechange = function(){
    if(xhr.readyState == 4 && xhr.status ==200){
        alert(xhr.responseText);
    }
  }

  xhr.send("username="+v1+"&age="+v2);//发送表单提供的数据
 }
</script>
</head>
<body>
    <form>
    用户名: <input id="username" type="text" name="username"/><br/>
      年 龄: <input id="age" type="text" name="age"/><br/>
        <input id="btn" type="button" value="提交"/>
    </form>
</body>
</html>
```

示例 12-4 的功能和示例 12-3 完全一样，不同的是提交给 post.php 的数据是表单数据。

3. GET 和 POST 请求的比较

从前面的 4 个示例可以看到，GET 和 POST 请求虽然都可以发送表单和非表单数据，但在某些用法上还是存在一些区别，比如数据的传递形式：GET 是通过 url 中的查询字符串参数的形式传递，而 POST 则通过 send()方法发送到请求主体中进行传递；另外内容类型的设置：GET 不需要调用 setRequestHeader()设置内容类型，而 POST 则必须设置内容类型，否则后端无法正确处理数据而造成数据无法被传递。除了这些不同外，这两种请求其实还存在以下几方面的不同，在实际应用中应根据具体情况选择不同的请求方式。

（1）传输内容长度的不同：因为 GET 方法无法通过请求主体发送数据，所以通常通过 url 的查询字符串来携带数据，而 url 在长度是有限制的，所以也导致了 GET 方法携带的数据长度也会受到影响，而且不同浏览器的限制有可能不一样，如 IE 要求不超过 2 KB；而 POST 传输内容长度理论上是没有限制的。

（2）传输内容格式：GET 只能传输字符串格式的内容，而 POST 则可以传输任意格式的内容。

（3）缓存问题：GET 请求存在缓存问题，POST 请求则不存在缓存问题。解决 GET 请求缓存问题的方法是对请求的 url 后面添加一个随机数，比如时间戳，例如对示例 12-1 请求的 url 添加随机数：

```
xhr.open("get","get.php?username=Tom&age=26&"+new Date().getTime(),true);
```

（4）传输中文参数乱码问题：GET 请求传输中文时会出现乱码，而 POST 请求传输中文不会出现乱码。解决 GET 请求传输中文乱码的方法是对中文使用 encodeURI()进行编码，例如：

```
xhr.open("get","get.php?username="+encodeURI('张三')+"&age=26",true);
```

12.1.3 获取服务端返回的数据

从服务端返回的数据类型有多种，比如 XML、JSON、数组、纯文本等类型，Ajax 获取服务端返回的不同类型的数据的方式会有细微的差别，下面将介绍 XML、JSON 和纯文本数据这几类数据的获取。

1. 获取 XML 数据

使用 Ajax 成功请求服务端的 XML 文件后，服务端返回的 XML 数据会存储在 XMLHttpRequest 对象的 responseXML 属性中。通过 responseXML 属性可以获取返回的 XML 数据，然后再使用 XML DOM 的相关 API 就可以操作 XML 数据。

【示例 12-5】获取并操作 XML 数据。

XML 代码：

```xml
<?xml version="1.0" encoding="utf-8"?>
<sites>
  <site>
    <name>google</name>
    <url>www.google.com</url>
  </site>
  <site>
    <name>baidu</name>
    <url>www.baidu.com</url>
  </site>
```

```
</sites>
```

html 文件代码:

```
<!doctype html>
<html>
<head>
<meta charset="utf-8">
<title>获取并操作 XML 数据</title>
<script>
var xhr = null;

if(window.XMLHttpRequest){
    xhr = new XMLHttpRequest();
}else{
    xhr = new ActiveXObject("Microsoft.XMLHTTP");
}

xhr.open("get","sites.xml",true); //向服务端的 sites.xml 发起请求

xhr.onreadystatechange = function(){
  if(xhr.readyState == 4 && xhr.status ==200){
      var info = xhr.responseXML;//获取 XML 数据

      //使用 XML DOM 操作 XML 数据
      alert(info.getElementsByTagName("name")[0].firstChild.data+"的网址是: "+
           info.getElementsByTagName("url")[0].firstChild.data);
  }
}

xhr.send(null);
</script>
</head>
<body>
</body>
</html>
```

在该示例中，客户端使用 GET 方式请求服务端的 "sites.xml"，服务端响应后返回 XML 数据并存储在 responseXML 属性中。通过 responseXML 属性获得 XML 数据后再使用 DOM 的相关方法和属性就可得到指定元素内容。上述代码在 Chrome 浏览器中的运行结果如图 12-3 所示。

图 12-3 操作返回的 XML 数据的结果

2. 获取纯文本数据

服务端返回普通字符串数据会存储在 XMLHttpRequest 对象的 responseText 属性中。通过 responseText 属性可以获取返回的纯文本数据。具体参见示例 12-1～示例 12-4。

12

3. 获取 JSON 数据

当要从服务端获取对象、数组等结构较复杂的数据时，服务端会返回 json 格式的数据。服务端返回这些复杂数据前，会使用相关的方法，例如 PHP 中的 json_encode() 方法，将 php 对象或数组转换为 json 字符串。注：其他后端语言都有相应的 json 处理方法，这样在客户端就可以使用 Ajax 对象的 responseText 属性来接收返回的 json 字符串数据。客户端要操作 json 字符串数据，需要将其转换为 JavaScript 对象。在客户端将字符串转换为对象，可以调用 JSON.parse() 方法进行转换。需要注意的是，IE8 以下的浏览器不识别 JSON.parse()，对它的兼容处理的一种方式是从 "http://json.org/" 网上下载 json2.js，并将其保存在需要使用 JSON.parse() 的文件同一站点的 js 目录下，然后在使用 JSON.parse() 的文件中通过 <script> 来链接 js/JSON.js。

【示例 12-6】获取并操作 JSON 数据。

getNews.php 代码：

```php
<?php
header('content-type:text/html;charset="utf-8"');
error_reporting(0);

//定义二维非连续数组
$news = array(
    array('title'=>'大兴机场有多牛？网友：像科幻游戏', 'date'=>'2019-10-3'),
    array('title'=>'照片显示木星表面出现巨大"黑洞"', 'date'=>'2019-10-3'),
    array('title'=>'异常现象反复出现，"第九行星"可能是个黑洞！', 'date'=>'2019-10-3'),
    array('title'=>'3名外籍游客景区迷路 消防员救援全程飚英文营救', 'date'=>'2019-10-3'),
    array('title'=>'黑龙江塔河气温降至零下8度 大白菜棒打不碎', 'date'=>'2019-10-3'),
    array('title'=>'河南南阳市淅川县发生2.9级地震 震源深度5千米', 'date'=>'2019-10-3'),
    array('title'=>'新疆塔里木油田继中秋1井后再添一个千亿方级气田', 'date'=>'2019-10-3')
);

echo json_encode($news);//对 PHP 变量进行 json 编码：将变量值转换为 json 格式的字符串
```

上述代码定义 $news 为二维的非连续数组，使用 json_encod() 将该数组中的各个元素转换为 json 格式的字符串，最终的转换结果是一个元素为 json 格式的一维数组的字符串形式，如图 12-4 所示。

图 12-4　服务端返回的 json 格式的数据

Html 文件代码：

```html
<!doctype html>
```

```html
<html>
<head>
<meta charset="utf-8">
<title>获取并操作 JSON 数据</title>
<script src="js/json2.js"></script>
<script>
window.onload = function() {
    var oBtn = document.getElementById('btn');
    oBtn.onclick = function() {
        //创建 XMLHttpRequest 对象
        var xhr = null;
        try {
            xhr = new XMLHttpRequest();
        } catch (e) {
            xhr = new ActiveXObject('Microsoft.XMLHTTP');
        }
        xhr.open('get','getNews.php',true);
        xhr.send();
        xhr.onreadystatechange = function() {
            if ( xhr.readyState == 4 && xhr.status == 200) {
                    //将返回的 json 字符串转换为 JavaScript 对象
                    var data = JSON.parse( xhr.responseText );
                    var oUl = document.getElementById('ul1');
                    var html = '';
                    //遍历解析得到的元素为 json 对象的一维数组
                    for (var i=0; i<data.length; i++) {
                        html += '<li><a href="">'+data[i].title+'
                            </a> [<span>'+data[i].date+'</span>]</li>';
                    }
                    oUl.innerHTML = html;
            }
        }
    }
}
</script>
</head>
<body>
  <input type="button" value="查看新闻" id="btn" />
  <ul id="ul1"></ul>
</body>
</html>
```

上述代码中的 Ajax 向 getNews.php 请求数据，而 getNews.php 返回的是一个元素为 json 的一维数组格式的字符串，该字符串存储在 xhr.responseText 属性中。调用 JSON.parse()对 xhr.responseText 属性值进行解析，结果得到一个元素为 json 对象的名字为 data 的一维数组，这样就可以通过下标来引用数组中的相应的 json 对象，进而就可以通过对象属性来获得相应数据了。通过遍历，就可以使用 data[i].title 和 data[i].date 得到每个元素中的标题和时间了。上述代码中还引用了保存在 js 目录下的 json2.js 来实现 JSON.parse()的兼容处理。

在 Chrome 浏览器运行后，单击"查看新闻"按钮，在按钮下面将列表显示新闻，如图 12-5 所示。

图 12-5　获取并操作 JSON 数据

12.2　使用 Ajax 实现瀑布流布局

　　瀑布流，又称瀑布流式布局，是比较流行的一种网站页面布局方式。它的特点是多栏布局，随着滚动条向下滚动，可以不断地加载新数据到当前页面的尾部。最早采用此布局的网站是 Pinterest，后来在国内逐渐流行起来。瀑布流主要用于对图片的展现，所以针对整版以图片为主的网站常常会使用瀑布流来布局，比如，蘑菇街、花瓣网等网站都使用了瀑布流。图 12-6 和图 12-7 所示就是蘑菇街的两个瀑布流页面。

图 12-6　等宽不等高的瀑布流

图 12-7　等宽且等高的瀑布流

　　从图 12-6 和图 12-7 中可看到，瀑布流各栏的每个数据块的宽度都相等，但高度可以相等，也可以不相等。图 12-6 所示的是一种等宽不等高的瀑布流，属于正统的瀑布流；而图 12-7 所示的则是等宽和等高的瀑布流，则是一种更容易实现的非正统瀑布流。

　　瀑布流布局方式有 3 种方法，分别为：浮动布局、绝对定位和 CSS3 多栏布局。本书将介绍前面两种布局方法。瀑布流的表现形式有两种，分别为：固定列和动态列。动态列可通过浮动布局，并且不设置各列所在容器的宽度来得到，这样当可视区宽度变化，列数会相应地改变。

12.2.1　使用浮动布局瀑布流

　　使用浮动布局瀑布流的思路如下。

　　（1）计算可视区中可以容纳多少指定列宽的列数，如果是固定列的瀑布流，则同时计算数据列的父元素的宽度。

（2）生成和列数一致的 li 无序列表项，并使用 JS 代码或 CSS 代码设置 li 元素居左浮动。

（3）获取所有无序列表项并存储在数组中。

（4）使用 Ajax 异步获取服务端数据，并对返回的数据进行 JSON 解析。

（5）使用服务端返回的数据渲染页面：遍历所有 JSON 数据，将每个数据放置在动态生成的 div 中的相应元素中，并放置在高度最小的无序列表中。

（6）处理滚动事件：当指定的某个规则符合要求时，滚动滚动条时在页面的后面加载新数据；在加载数据时应同时保证每次只加载一页的数据。

（7）在滚动事件中加载数据时，用（4）和（5）步方法定位新加载元素的位置。

（8）当所有数据加载完时，直接返回而不再渲染。

按照上述思路，使用浮动布局的瀑布流的代码参见示例 12-7。

【示例 12-7】使用浮动进行布局的瀑布流。

```html
<!doctype html>
<html>
<head>
<meta charset="utf-8">
<title>使用浮动进行布局的瀑布流</title>
<style>
*{margin:0; padding:0;}
#ul1 {margin: 15px auto 0;}
li {width:247px; list-style:none; float:left; margin-left:15px;}
li div {border:1px solid #000; padding:10px; margin-bottom:15px;}
li div img {width:225px;}
li div p {width:225px; word-break:break-all;}
</style>
<script src="js/json2.js"></script>
<script src="js/ajax.js"></script>
<script>
window.onload = function() {
    var oUl = document.getElementById('ul1');
    var iPage = 1;//初始页码为1
    var b = true;//用于确保滚动滚动条加载数据时每次只加载一页数据
    //获取可视区域的宽度
    var width = document.documentElement.clientWidth || document.body.clientWidth;
    //获取列数，262=img 的宽度 225+div 盒子左、右内边距 10*2+li 盒子的左内边距 15
    var cols = Math.floor(width/262);
    oUl.style.width = cols*262+'px';//设置 ul 元素宽度
    for(var i=0;i<cols;i++){//根据列数创建各个 li 元素
        var oLi=document.createElement('li');
        oUl.appendChild(oLi);
    }
    var aLi = oUl.getElementsByTagName('li');
    var iLen = aLi.length;
    //调用函数进行数据渲染
    waterfall();
    //滚动滚动条时加载新数
    window.onscroll = function(){
        var index = getMinHIndex();//获取最小高度的 li 元素对应的索引值
        var oLi = aLi[index];
        //判断滚动条滚动是否可加载数据
        if(isLoad(oLi)){
```

```
                    if(b){//当 b 为 true 时，加载下一页数据进行渲染
                        b = false;
                        iPage++;
                        waterfall();
                    }
                }
            };
            //定义 waterfall()，定位数据块并渲染数据
            function waterfall(){
                //调用 ajax.js 中的 ajax 方法使用 get 方式异步请求 getPics.php，每次请求返回一页的数据，
                //并存储在 data 参数中
                ajax('get','getPics.php','cpage=' + iPage,function(result) {
                    var data = JSON.parse(result);//解析元素为 Json 格式的数组为 json 对象
                    if(!data.length){//没有后续数据时，直接返回
                        return ;
                    }
                    //使用所解析得到的 json 对象渲染页面
                    for(var i=0;i<data.length;i++){
                        var index = getMinHIndex();//获取最小高度 li 对应的下标

                        //创建数据块
                        var oDiv = document.createElement('div');
                        oDiv.className = 'box';
                        oLi.appendChild(oDiv);
                        var oImg = document.createElement('img');
                        oImg.src = data[i].preview;
                        //高度按长度的缩放比例来获取
                        oImg.style.height = data[i].height*(225/data[i].width)+'px';
                        oDiv.appendChild(oImg);
                        var oP = document.createElement('p');
                        oP.innerHTML = data[i].title;
                        oDiv.appendChild(oP);

                        aLi[index].appendChild(oDiv);//将创建的数据块附加到高度最小的 li 中
                    }
                    b = true;
                });
            }
            //获取最小高度的 li 元素对应的索引值
            function getMinHIndex(){
                var index = 0;
                var minH =aLi[index].offsetHeight;//将 minH 的初始值设置为第一个 li 元素的高度
                for(var i=1;i<iLen;i++){
                    if(aLi[i].offsetHeight<minH){
                        minH = aLi[i].offsetHeight;
                        index = i;
                    }
                }
                return index;
            }

            //当最短列中的最后一条数据全部显示在可视区后，滚动条滚动时加载新数据
            function isLoad(obj){
                var scrollTop = document.documentElement.scrollTop || document.body. scrollTop;
                var height = document.documentElement.clientHeight || document.body.clientHeight;
```

```
            return (getTop(obj)+obj.offsetHeight<height+scrollTop)?true:false;
        }

        //获取指定对象的 offsetTop
        function getTop(obj){
            var iTop = 0;
            while(obj){
                iTop += obj.offsetTop;
                obj = obj.offsetParent;
            }
            return iTop;
        }
    };
</script>
</head>
<body>
  <ul id="ul1"></ul>
</body>
</html>
```

从上述代码中可以看到，li 元素使用了 CSS 样式设置为向左浮动。示例 12-7 的最终目的是在页面中渲染使用 Ajax 异步请求同一目录下的 getPics.php 返回的数据。

getPics.php 的代码如下所示：

```
<?php
header('Content-type:text/html; charset="utf-8"');
/*
API:
    getPics.php
        参数
        cpage : 获取数据的页数
*/
$cpage = isset($_GET['cpage']) ? $_GET['cpage'] : 1;
$url = 'http://www.wookmark.com/api/json/popular?page=' . $cpage;
$content = file_get_contents($url);
$content = iconv('gbk', 'utf-8', $content);
echo $content;
?>
```

从上述代码中可以看到，请求的 url 中包含一个页码参数，所以每次请求的是一页数据。

异步请求 getPics.php 的是一个名为 ajax 的自定义 JS 函数，该函数的功能是用参数指定的方式异步请求参数指定的 url（如果参数中指定查询字符串，则 url 将会附加上查询字符串），请求成功处理，则回调参数中指定的函数，其中回调函数中的参数为异步请求得到的数据。ajax()函数的具体代码如下所示：

```
function ajax(method, url, data, success) {//data 参数可以省略
    var xhr = null;
    try {
        xhr = new XMLHttpRequest();
    } catch (e) {
        xhr = new ActiveXObject('Microsoft.XMLHTTP');
    }

    if (method == 'get' && data) {
```

```
            url += '?' + data;
        }

        xhr.open(method,url,true);
        if (method == 'get') {
            xhr.send();
        } else {
            xhr.setRequestHeader('content-type', 'application/x-www-form-urlencoded');
            xhr.send(data);
        }

        xhr.onreadystatechange = function() {
            if ( xhr.readyState == 4 ) {
                if ( xhr.status == 200 ) {
                    success && success(xhr.responseText);
                } else {
                    alert('出错了,Err: ' + xhr.status);
                }
            }
        }
    }
```

异步请求 getPics.php 返回的数据是一个元素为 json 的数组，如图 12-8 所示。

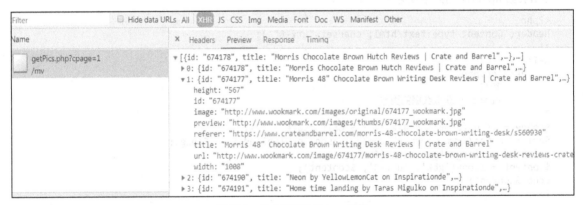

图 12-8　服务端返回的 json 数据

从图 12-8 中可以看到，数组中每个元素就是一个 json，其中包括了图片的高度、宽度、预览图片路径、说明等属性。这里需要渲染的数据是预览图片及其说明，因而分别访问了 json 对象的 preview 和 title 两个属性。

在示例 12-7 中，设定滚动条滚动时加载新数据的条件为高度最小列中的最后一条数据全部显示在可视区后，因而需要保证高度最小列的 offsetTop 及其高度之和小于浏览器可视区高度+已滚动高度。另外，为保证一次只加载一页数据，使用了开关变量 b，只有当 b 的值为 true 时才能加载。每次开始加载数据前将 b 的值修改为 false，而每次加载完一页数据后将 b 的值修改为 true。此外需要注意的是，图片的加载使用了循环语句，由于加载图片需要一定的时间，所以某一张图片没加载完成前，可能下一张图片已开始加载，这样的结果就会使得数据列的高度计算有误，结果可能导致后面加载的数据并没有放置在高度最小数据列中。解决这个问题的一种方案是使用服务端返回的图片的高度对图片设置高度样式。由于图片的宽度并没有使用服务端返回的宽度，而是通过 CSS 设置了图片的宽度，为了使图片不失真，设置图片的高度时应按宽度的缩放比例来设置，为此在示例中使用了 oImg.style.height=data[i].height*(225/data[i].width)+'px'代码来设置图片的显示高度。

示例 12-7 在 Chrome 浏览器中的运行结果如图 12-9 所示。

图 12-9　使用浮动布局的瀑布流

对图 12-9，当缩小浏览器窗口时，数据列并不会减少，这是因为对数据列 li 元素的父元素 ul 使用 oUl.style.width = cols*262+'px'代码设置了其宽度。如果希望数据列能随浏览器窗口的变化而变化，则不要设置 ul 元素的宽度，同时，为了让数据能水平居中显示，还需要对 ul 元素修改其显示样式，将其修改为 table，即需要对 ul 设置 display:table 样式。

12.2.2　使用绝对定位布局瀑布流

使用绝对定位布局瀑布流的思路如下。

（1）计算可视区宽度并计算一行可容纳指定宽度的 div 的数量，同时依此指定这些 div 的父 div 的宽度。

（2）使用 CSS 样式设置数据列的父 div 为相对定位，以及第一行中的每个 div 向左浮动。

（3）使用 Ajax 异步获取服务端数据，并对返回的数据进行 JSON 解析。

（4）使用服务端返回的数据渲染页面：遍历第一页数据时，首先动态创建第一行的每个 div，并将指定的数据放到 div 的相应子元素中。

（5）将第一行的每个 div 的高度存储到一个数组中，当遍历到第一行的最后一个元素时，获取该行的所有 div，并存储到一个数组中。

（6）遍历其他数据时，首先从高度数组中获取最小高度，并求出该高度对应的数组下标。

（7）动态创建 div，并设置 div 为绝对定位，其中 top 为高度数组中的最小值，left 为下标为最小高度的下标对应的 div 数组中的元素的 offsetLeft。

（8）使用最小高度加上新创建的 div 的高度替换高度数组中的最小高度值。

（9）处理滚动事件：当指定的某个规则符合要求时，滚动滚动条时在页面的后面加载新数据；在加载数据时应同时保证每次只加载一页的数据。

（10）在滚动事件中加载数据时，用（5）和（6）步方法定位新加载元素的位置。

（11）当所有数据加载完时，直接返回而不再渲染。

按照上述思路，使用绝对定位布局的瀑布流的代码参见示例 12-8。

【示例 12-8】使用绝对定位进行布局的瀑布流。

```html
<!doctype html>
<html>
<head>
<meta charset="utf-8">
<title>使用绝对定位进行布局的瀑布流</title>
<style>
*{margin:0;padding:0}
#main{position:relative;margin:0 auto;/*设置相对定位，以便数据块相对它来定位*/}
.box {float: left; padding:15px 0 0 15px;}
.content{border: 1px solid #000;padding:10px;}
.content img {width: 225px;}
.content p{width:225px;word-break:break-all;}
</style>
<script src="js/json2.js"></script>
<script src="js/ajax.js"></script>
<script>
window.onload = function() {
    var oDiv = document.getElementById('main');
    var iPage = 1;//初始页码为 1
    var b = true;//用于确保滚动滚动条加载数据时每次只加载一页数据
    var aBox = [];//存储第一行中的所有盒子
    var hArr = [];//存储每一列数据块的高度
    //获取可视区域的宽度
    var width = document.documentElement.clientWidth || document.body.clientWidth;
    //获取列数，262=content 盒子的宽度 225+其左、右内边距 10*2+box 盒子的左右内边距 15
    var cols = Math.floor(width/262);
    oDiv.style.cssText = 'width:'+cols*262+'px;';//设置数据容器宽度
    //调用函数进行数据渲染
    waterfall();
    //滚动滚动条时加载新数据
    window.onscroll = function(){
        if(isLoad()){//判断滚动条滚动时是否可加载数据
            if(b){//当 b 为 true 时，加载下一页数据进行渲染
                b = false;
                iPage++;
                waterfall();
            }
        }
    };

    //定义 waterfall()，定位数据块并渲染数据
    function waterfall(){
        //调用 ajax.js 中的 ajax 方法使用 get 方式异步请求 getPics.php，每次请求返回一页的数据，
        //并存储在 data 参数中
```

```
        ajax('get','getPics.php','cpage=' + iPage,function(result) {
            var data = JSON.parse(result);//解析元素为 Json 格式的数组为 json 对象
            if(data.length==0){//没有后续数据时，直接返回
                return ;
            }

            var minH=null;//minH 用于存储最短列的高度
            for(var i=0;i<data.length;i++){
                //显示第一页数据时，将前面 cols 条数据显示在第一行中
                if(i<cols && iPage==1){
                    var box=createDiv(data,i);//调用 createDiv 函数获取创建的 box 盒子
                    hArr.push(box.offsetHeight);//将第一行中的每个盒子的高度存储在数组 hArr 中
                    //创建完第一行中的所有盒子后，获取所有盒子并存放在数组 aBox 中
                    if(i==cols-1){
                        aBox = oDiv.getElementsByClassName('box');
                    }
                //除了第一页中前 cols 条数据外的各个数据将分别显示在第一行中高度最小的那列下面
                }else{
                    var minH = Math.min.apply(null,hArr);//获取数组 hArr 中的最小值
                    //获取 hArr 数组中数值最小所对应的元素下标
                    var index = getMinHIndex(hArr,minH);
                    var box=createDiv(data,i);//调用 createDiv 函数获取创建的 box 盒子

                    //将新创建的盒子 box(数据块)绝对定位在最小高度值的那列数据后面
                    box.style.position = 'absolute';
                    box.style.top = minH+'px';
                    box.style.left = aBox[index].offsetLeft+'px';
                //更新 hArr 中 minHIndex 下标对应的元素的值，以便后面在新的高度值中获取最小高度值
                    hArr[index] += box.offsetHeight;
                }
            }
            b = true;
        });
    }
    //创建新的数据块
    function createDiv(data,index){
        var box = document.createElement('div');
        box.className = 'box';
        var content= document.createElement('div');
        content.className = 'content';
        box.appendChild(content);
        var oImg = document.createElement('img');
        oImg.src = data[index].preview;
        oImg.style.height = data[index].height*(225/data[index].width)+'px';
        content.appendChild(oImg);
        var oP = document.createElement('p');
        oP.innerHTML = data[index].title;
        content.appendChild(oP);
        oDiv.appendChild(box);
        return box;
    }

    //获取最小高度的那个元素对应的索引值
    function getMinHIndex(arr,val){
        for(var i in arr){
```

12

```
                        if(arr[i]==val){
                            return i;
                        }
                    }
                }

            //当最短列中的最后一条数据全部显示在可视区后，滚动条滚动时加载新数据
            function isLoad(){
                var minH = Math.min.apply(null,hArr)
                var index = getMinHIndex(hArr,minH);
                var scrollTop = document.documentElement.scrollTop || document.body.scrollTop;
                var height = document.documentElement.clientHeight || document.body.clientHeight;
                return (aBox[index].offsetTop+hArr[index]<height+scrollTop)?true:false;
            }

        };
    </script>
    </head>
    <body>
      <div id="main"></div>
    </body>
    </html>
```

上述代码使用的 getPics.php 和 ajax()代码和示例 12-7 完全一样，在浏览器 Chrome 中运行的结果和图 12-9 也一样。

12.3　使用 Ajax 开发留言本

在本节中，将使用 Ajax 开发一个具有登录、登录状态处理、注册、验证留言本用户名、添加留言、列表显示留言、顶和踩留言、退出留言以及具有类瀑布方式显示留言等功能的留言本。

12.3.1　留言本涉及的数据库表

本节的留言本涉及两张数据表：users 用户表和 content 留言内容表。这两张表包含的字段以及各字段的相关信息请见表 12-3 和表 12-4。

表 12-3　uers 用户表信息

字段名	类型	长度	是否允许空值	默认值	备注
uid	int	11	否		主键，自动递增
username	varchar	16	否	null	
password	varchar	32	否	null	
avatar	tinyint	1	是	1	

表 12-4　content 留言本内容表信息

字段名	类 型	长度	是否允许空值	默认值	备注
cid	int	11	否		主键，自动递增

续表

字段名	类 型	长度	是否允许空值	默认值	备注
uid	int	11	否	null	外键，引用 users 的主键
content	varchar	2 000	否	null	
dateline	bigint	13	否	null	
support	int	11	是	0	
oppose	int	11	是	0	

注：本节实现的留言本使用的数据库是 MySql。

12.3.2 留言本的 HTML 和 CSS 代码及初始状态

留言本的 HTML 代码如下所示：

```html
<!doctype html>
<html lang="en">
<head>
<meta charset="UTF-8">
<title>留言本</title>
<link rel="stylesheet" href="css/css.css" type="text/css" />
<script src="js/ajax.js"></script>
<script src="js/guestbook.js"></script>
</head>
<body>
    <!-- 留言头部区域-->
    <div id="header"></div>
    <div id="container">
      <!-- 留言内容显示区域-->
      <div id="list"></div>
      <div id="showMore">显示更多…</div>
      <!-- 侧边栏区域-->
      <div id="sidebar">
          <div id="user" style="margin-bottom: 10px;">
            <h4><span id="userinfo"></span> <a href="" id="logout">退出</a></h4>
          </div>
          <!-- 注册区域-->
          <div id="reg">
            <h4>注册</h4>
            <div>
                <p>用户名: <input type="text" name="username" id="username1"></p>
                <p id="verifyUserNameMsg"></p>
                <p>密码: <input type="password" name="password" id="password1"></p>
                <p><input type="button" value="注册" id="btnReg" /></p>
            </div>
      </div>
      <!--登录区域 -->
      <div id="login">
          <h4>登录</h4>
          <div>
            <p>用户名: <input type="text" name="username2" id="username2"></p>
            <p>密码: <input type="password" name="password2" id="password2"></p>
            <p><input type="button" value="登录" id="btnLogin"/>
```

12

```
                        <span style="float:right;">
                            <a href="javascript:" id="regLink">注册用户</a>
                        </span>
                    </p>
                </div>
                </div>
                <!-- 留言发表区域-->
                <div id="sendBox">
                    <h4>发表留言</h4>
                    <div>
                        <textarea id="content"></textarea>
                        <input type="button" value="提交" class="btn1" id="btnPost" />
                    </div>
                </div>
            </div>
        </div>
    </body>
</html>
```

上述 HTML 代码将留言本页面划分为两块区域：头部区域和内容区域，其中内容区域又划分为留言内容显示区域和侧边栏区域，而侧边栏又划分为注册、登录和留言发表 3 块区域。

留言本的 CSS 代码，即 css.css 代码如下所示：

```
body {
    margin: 0;
    padding: 0;
    background: url("…/images/bg.gif");
}
h4 {
    margin: 0;
    padding: 0;
}
a {
    text-decoration: none;
    color: #444;
}
.btn1 {
    padding: 0 12px;
    margin-left: 0px;
    display: inline-block;
    height: 28px;
    line-height: 28px;
    font-size: 14px;
    border: 1px solid #D9D9D9;
    background-color: #FAFAFA;
}
#header {
    position: relative;
    height: 42px;
    background-color: #FFF;
    border-bottom: 1px solid #CCC;
}
#container {
    margin: 10px auto;
    position: relative;
```

```
        width: 1000px;
}
#sidebar {
    padding: 10px;
    position: absolute;
    top: 0px;
    right: 0px;
    width: 300px;
    border: 1px solid #CCC;
    background-color: white;
}
/*留言发表区域样式*/
#sendBox {
    width: 300px;
}
#sidebar h4 {
    padding: 5px;
    height: 24px;
    line-height: 24px;
    background-color: #CCC;
}
#sendBox div {
    margin: 5px 0;
}
#sendBox textarea {
    margin-bottom: 5px;
    width: 294px; height: 140px;
}
/*注册区域默认隐藏*/
#reg{
    display:none;
}
/*留言内容显示区域样式*/
#list {
    width:      660px;
}
#list dl {
    margin: 0 0 10px 0;
    padding: 10px;
    border: 1px solid #CCC;
    background-color: white;
}
#list dt {
    height: 30px;
    line-height: 30px;
}
#list dd.t {
    text-align: right;
}
#list dd.t #time{
    float:left;
    margin:5px;
}
#list dd.t a {
    margin:10px 5px;
```

```
}
#showMore {
    width:      640px;
    margin: 0 0 10px 0;
    padding: 10px;
    border: 1px solid #CCC;
    background-color: white;
    text-align: center;
    cursor: pointer;
}
```

上述代码设置注册区域默认为隐藏状态，另外，侧边栏相对于内容区域进行相对定位。

没有发表任何留言时，在 Chrome 浏览器中运行上述 HTML 代码和 CSS 代码得到留言本的初始状态，结果如图 12-10 所示。

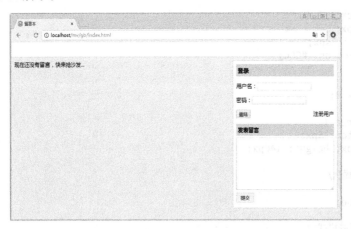

图 12-10　没有发布任何留言的页面初始状态

图 12-10 中没有显示"显示更多……"区域，原因是在 HTML 页面链接的 guestbook.js 中设置没有留言时隐藏该区域，具体代码请见后面的相关 JS 代码。

12.3.3　留言本的用户注册

用户需要登录才能发表留言，如果没有用户名和密码，需要首先注册。单击图 12-10 侧边栏中的"注册用户"超链接后显示注册表单，如图 12-11 所示。

注册时输入的用户名需要进行校验，校验内容包括：用户名长度不能小于 3 或大于 16 个字符以及用户名没有被注册过。当注册的用户名通过校验，输入用户名和密码后才能注册用户。让注册表单显示、校验功能以及用户名注册都是通过 guestbook.js 中的代码和服务端代码来实现的，相关的 JS 代码如下所示：

图 12-11　注册表单

```
window.onload = function() {
    var oReg = document.getElementById('reg');//注册框对象
```

```
var oRegLink = document.getElementById('regLink');//注册链接对象
var oUsername1 = document.getElementById('username1');//注册用户名
var oVerifyUserNameMsg = document.getElementById('verifyUserNameMsg');
var oUsername2 = document.getElementById('username2');//登录用户名
var oPassword2 = document.getElementById('password2');
…

//单击"注册用户"链接后显示注册表单，同时隐藏"注册用户"超链接
oRegLink.onclick = function(){
    oReg.style.display = 'block';
    oRegLink.style.display = 'none';
}


/*
注册时验证用户名
Ajax 使用 get 方法请求 guestbook/index.php，涉及的参数如下
        m : index   //请求的 php 模块名
        a : verifyUserName   //请求的 php 方法名
        username : 要验证的用户名   //要验证的参数
    请求返回一个 json，其中包含两个属性：
        {
            code : 返回的信息代码 0 = 没有错误，1 = 有错误
            message : 返回的信息 具体返回信息
        }
*/
oUsername1.onblur = function() {
    ajax('get', 'guestbook/index.php', 'm=index&a=verifyUserName&username=' +
        this.value, function(data) {
        var d = JSON.parse(data);

        oVerifyUserNameMsg.innerHTML = d.message;//将返回的信息显示在段落中

        if (d.code) {//如果 code 返回值为1，则设置返回的信息颜色为红色
            oVerifyUserNameMsg.style.color = 'red';
        } else {//如果 code 返回值为0，则设置返回的信息颜色为绿色
            oVerifyUserNameMsg.style.color = 'green';
        }
    });
}


/*
用户注册
Ajax 使用 post 方法请求 guestbook/index.php，涉及的参数如下
    guestbook/index.php
        m : index
        a : reg
        username : 要注册的用户名
        password : 注册的密码
    请求返回一个 json，其中包含两个属性：
        {
            code : 返回的信息代码 0 = 没有错误，1 = 有错误
            message : 返回的信息 具体返回信息
        }
*/
var oPassword1 = document.getElementById('password1');
```

12

```javascript
        var oRegBtn = document.getElementById('btnReg');
        oRegBtn.onclick = function() {
            ajax('post', 'guestbook/index.php', 'm=index&a=reg&username='+
                encodeURI(oUsername1.value)+'&password='+oPassword1.value, function(data){
                var d = JSON.parse(data);
                alert(d.message+" "+d.code);
                //注册成功后隐藏注册表单，同时将注册的用户名和密码设置到登录表单中
                if(!d.code){
                    oReg.style.display = 'none';
                    oUsername2.value = oUsername1.value;
                    oPassword2.value = oPassword1.value;
                }
            });
        }
    ...
    }
```

注册有关的业务逻辑在此使用 PHP 来处理，注册涉及的核心业务逻辑代码如下所示：

```php
<?php
    ...
    //调用用户名验证函数验证注册的用户名
    public function verifyUserName() {
        $username = trim(isset($_REQUEST['username']) ? $_REQUEST['username'] : '');
        switch ($this->_verifyUserName($username)) {
            case 0:
                $this->sendByAjax(array('message'=>'恭喜你，该用户名可以注册！'));
                break;
            case 1:
                $this->sendByAjax(array('code'=>1,'message'=>'用户名长度不能小于 3 个或
                    大于 16 个字符！'));
                break;
            case 2:
                $this->sendByAjax(array('code'=>2,'message'=>'对不起，该用户名已经被
                    注册了！'));
                break;
            default:
                break;
        }
    }

    //用户名验证函数
    private function _verifyUserName($username='') {
        if (strlen($username) < 3 || strlen($username) > 16) {
            return 1;
        }
        $rs = $this->db->get("SELECT 'username' FROM 'users'
                WHERE 'username'='{$username}'");
        if ($rs) return 2;
        return 0;
    }

    //注册用户
    public function reg() {
        $username = trim(isset($_REQUEST['username']) ? $_REQUEST['username'] : '');
        $password = trim(isset($_REQUEST['password']) ? $_REQUEST['password'] : '');
```

```
$avatar = trim(isset($_REQUEST['avatar']) && in_array($_REQUEST['avatar'],
        array(1,2,3,4,5,6,7,8,9)) ? intval($_REQUEST['avatar']) : 1);
if ($this->_verifyUserName($username) !== 0 || strlen($password)<3
    || strlen($password) > 20) {
    $this->sendByAjax(array('code'=>1,'message'=>'注册失败！'));
}
$password = md5($password);
if (false === $this->db->query("INSERT INTO 'users' ('username', 'password',
        'avatar') VALUES ('{$username}', '{$password}', {$avatar})")) {
    $this->sendByAjax(array('code'=>1,'message'=>'注册失败！'));
} else {
    $this->sendByAjax(array('message'=>'注册成功！'));
}
}
    …
```

运行留言本的 HTML 文件后，当输入的用户名字符小于 3 个字符的结果如图 12-12 所示，当输入一个没有被注册过的用户名后得到图 12-13 所示结果。

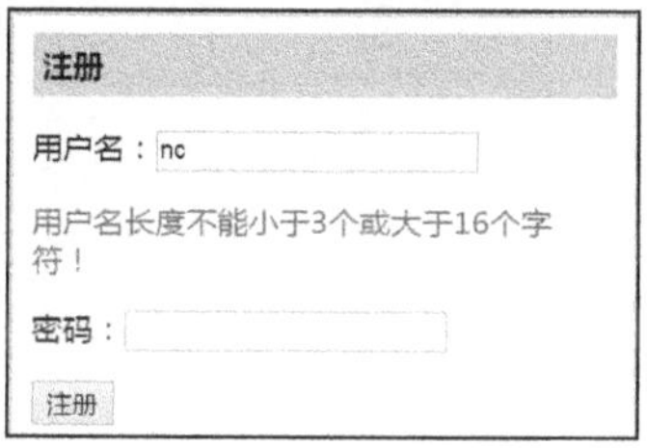

图 12-12　输入的用户名不符合要求 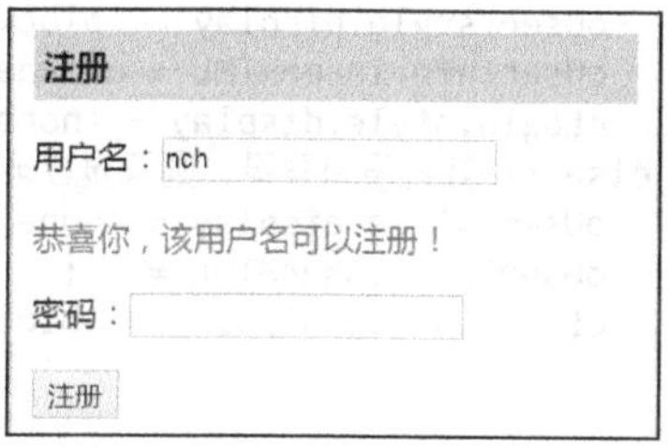　　　　　图 12-13　注册时用户名可用的状态

再次注册用户时，如果再次输入用户名 nch，则会得到图 12-14 所示结果。成功注册后会将注册的用户名和密码直接填写在登录表单中，同时会隐藏注册表单，结果如图 12-15 所示。

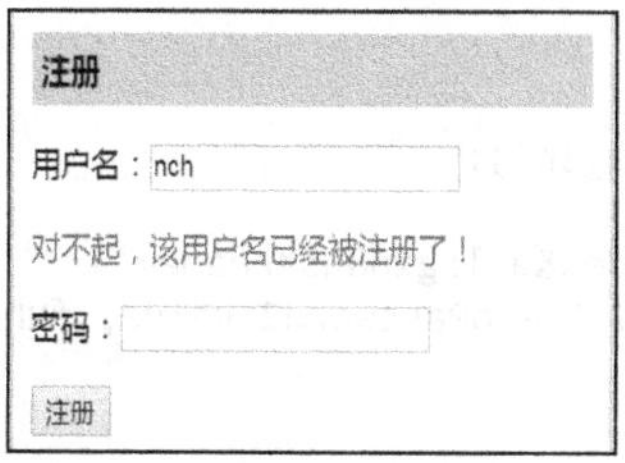

图 12-14　注册 nch 用户后再注册 nch 用户的状态　　　　图 12-15　注册成功后的状态

12.3.4　登录留言本

用户需要登录才能发表留言。输入注册过的用户名和密码后单击"登录"按钮，登录表单隐藏，

同时会在侧边栏的顶部显示登录用户名和"退出"超链接，结果如图 12-16
所示。

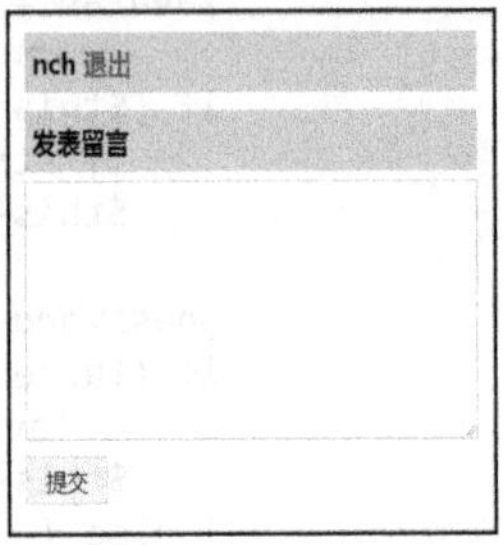

　　登录涉及的 JS 代码如下所示：

図 12-16　登录成功后的状态

```javascript
window.onload = function() {

    var oUsername2 = document.getElementById('username2');//登录用户名
    var oPassword2 = document.getElementById('password2');
    …


     //初始化侧边栏
    updateUserStatus();

    function updateUserStatus() {
        var uid = getCookie('uid');//调用 getCookie()获取登录时服务端存放在 cookie 中的 uid
        var username = getCookie('username');//获取登录时服务端存放在 cookie 中的用户名
        if (uid) {
            //如果是登录状态，则显示登录用户，同时隐藏登录表单
            oUser.style.display = 'block';
            oUserInfo.innerHTML = username;
            oLogin.style.display = 'none';
        } else {//如果没有登录，则只显登录表单
            oUser.style.display = 'none';
            oUserInfo.innerHTML = '';
            oLogin.style.display = 'block';
        }
    }

    /*
    用户登录
    Ajax 使用 get 或 post 方法请求 guestbook/index.php，涉及的参数如下
        guestbook/index.php
            m : index
            a : login
            username : 要登录的用户名
            password : 登录的密码
        请求返回一个 json，其中包含两个属性
            {
                code : 返回的信息代码 0 = 没有错误，1 = 有错误
                message : 返回的信息 具体返回信息
            }
    */
    var oLoginBtn = document.getElementById('btnLogin');
    oLoginBtn.onclick = function() {
        ajax('post', 'guestbook/index.php', 'm=index&a=login&username='+
            encodeURI(oUsername2.value)+'&password=' + oPassword2.value, function(data){
            var d = JSON.parse(data);
            alert(d.message);
            if (!d.code) {
                updateUserStatus();
            }
        });
    }
    …
```

```
    }

    //定义获取 cookie 的方法
    function getCookie(key) {
        var arr1 = document.cookie.split('; ');
        for (var i=0; i<arr1.length; i++) {
            var arr2 = arr1[i].split('=');
            if (arr2[0]==key) {
                return arr2[1];
            }
        }
    }
```

登录涉及的服务端 php 核心业务逻辑代码如下所示：

```php
<?php
    …
    //用户登录
    public function login() {
        $username = trim(isset($_REQUEST['username']) ? $_REQUEST['username'] : '');
        $password = trim(isset($_REQUEST['password']) ? $_REQUEST['password'] : '');

        if (isset($_COOKIE['uid'])) {
            $this->sendByAjax(array('code'=>1,'message'=>'你已经登录过了！'));
        }

        if ($rs = $this->db->get("SELECT * FROM 'users' WHERE 'username'=
            '{$username}'")) {
            if ($rs['password'] != md5($password)) {
                $this->sendByAjax(array('code'=>1,'message'=>'用户名或密码错误！'));
            } else {//登录成功后，将用户 ID 和用户名保存在 cookie 中
                setcookie('uid', $rs['uid'], time() + 3600*60, '/');
                setcookie('username', $rs['username'], time() + 3600*60, '/');
                $this->sendByAjax(array('code'=>0,'message'=>'登录成功！'));
            }
        } else {
            $this->sendByAjax(array('code'=>1,'message'=>'用户名或密码错误！'));
        }
    }
    …
```

12.3.5　退出留言本

　　用户登录留言本后，如果想退出留言本，可以单击侧边栏顶部的"退出"超链接，这样将会回到图 12-17 所示的界面。
　　退出留言本涉及的 JS 代码如下所示：

图 12-17　退出登录后的状态

```javascript
window.onload = function() {
    …
    //初始化侧边栏
    updateUserStatus();

    function updateUserStatus() {
        var uid = getCookie('uid');//获取登录时服务端存放在 cookie 中的 uid
        var username = getCookie('username');//获取登录时服务端存放在 cookie 中的用户名
```

12

```
            if (uid) {
                //如果是登录状态，则显示登录用户，同时隐藏登录表单
                oUser.style.display = 'block';
                oUserInfo.innerHTML = username;
                oLogin.style.display = 'none';
            } else {//如果没有登录，则只显示登录表单
                oUser.style.display = 'none';
                oUserInfo.innerHTML = '';
                oLogin.style.display = 'block';
            }
        }


        /*
        用户退出
        Ajax 使用 get 或 post 方法请求 guestbook/index.php，涉及的参数如下：
            guestbook/index.php
                m : index
                a : logout
            请求返回一个 json，其中包含两个属性：
                {
                    code : 返回的信息代码 0 = 没有错误，1 = 有错误
                    message : 返回的信息 具体返回信息
                }
        */
        var oLogout = document.getElementById('logout');
        oLogout.onclick = function() {
            ajax('get', 'guestbook/index.php', 'm=index&a=logout', function(data) {
                var d = JSON.parse(data);
                alert(d.message);
                if (!d.code) {
                    //退出成功
                    updateUserStatus();
                }
            });
            return false;
        }
        …
    }
```

退出涉及的服务端 php 核心业务逻辑代码如下所示：

```php
<?php
    …
    //用户退出
    public function logout() {
        if (!isset($_COOKIE['uid'])) {
            $this->sendByAjax(array('code'=>1,'message'=>'你还没有登录！'));
        } else {
            setcookie('uid', 0, time() - 3600*60, '/');
            $this->sendByAjax(array('code'=>0,'message'=>'退出成功！'));
        }
    }
    …
```

12.3.6 发表留言

登录留言本后，用户即可以发表留言，发表的留言将会显示在留言内容显示区域的顶部，图 12-18

所示为发表了两条留言的结果。

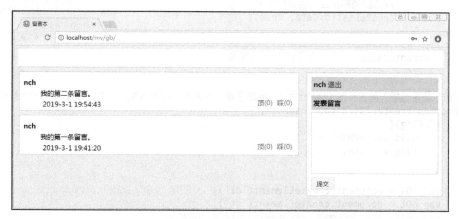

图 12-18　发表留言后的状态

发表留言涉及的 JS 代码如下所示:

```
window.onload = function() {
    …
    var oList = document.getElementById('list');//留言列表对象
    /*
    提交留言
    Ajax 使用 post 方法请求 guestbook/index.php，涉及的参数如下
        guestbook/index.php
            m : index
            a : send
            content : 留言内容
        请求返回一个 json，其中包含 3 个属性:
            {
                code : 返回的信息代码 0 = 没有错误，1 = 有错误
                data : 包含成功的留言的 json 对象，其中包含以下属性:
                    {
                        cid : 留言 id
                        content : 留言内容
                        uid : 留言人的 id
                        username : 留言人的名称
                        dateline : 留言的时间戳(秒)
                        support : 当前这条留言的顶的数量
                        oppose : 当前这条留言的踩的数量
                    }
                message : 返回的信息 具体返回信息
            }
    */
    var oContent = document.getElementById('content');
    var oPostBtn = document.getElementById('btnPost');
    oPostBtn.onclick = function() {
        ajax('post', 'guestbook/index.php', 'm=index&a=send&content='+
            encodeURI(oContent.value), function(data) {
            var d = JSON.parse(data);
            alert(d.message);
```

```
                if (!d.code) {
                    //添加当前留言到留言列表中
                    createList(d.data, true);
                }
            });
            oContent.value = "";//留言提交后清空留言
        }

        //显示留言或插入留言: 当 insert 为 true 时在留言列表的顶部插入留言, 否则在留言列表后面显示
        function createList(data, insert) {
            if(flag){
                oList.innerHTML = "";
                flag = false;
            }

            var oDl = document.createElement('dl');
            var oDt = document.createElement('dt');
            var oStrong = document.createElement('strong');
            oStrong.innerHTML = data.username;
            oDt.appendChild(oStrong);

            var oDd1 = document.createElement('dd');
            oDd1.innerHTML = data.content;

            var oDd2 = document.createElement('dd');
            oDd2.className = 't';

            var oSpan = document.createElement('span');//用于显示留言时间
            oSpan.id = 'time';
            var time = Number(data.dateline);//将字符串数据转换为数值型数据
            var date=new Date(time);
            //将时间转换为 YYYY-MM-dd hh:mm:ss 格式
            var dateFtt=date.getFullYear()+'-'+(date.getMonth()+1)+'-'+ date.getDate()+
                ' '+date.getHours()+':'+date.getMinutes()+':'+date.getSeconds();
            oSpan.innerHTML =dateFtt;
            oDd2.appendChild(oSpan);

            var oA1 = document.createElement('a');
            oA1.href = 'javascript:support('+data.cid+');';
            oA1.innerHTML = '顶(<span id="support_'+data.cid+'">'+data.support+'</span>)';
            var oA2 = document.createElement('a');
            oA2.href = 'javascript:oppose('+data.cid+');';
            oA2.innerHTML = '踩(<span id="oppose_'+data.cid+'">'+data.oppose+'</span>)';
            oDd2.appendChild(oA1);
            oDd2.appendChild(oA2);

            oDl.appendChild(oDt);
            oDl.appendChild(oDd1);
            oDl.appendChild(oDd2);

            //insert 为 true 时, 添加留言到留言栏的最上面, 否则附加到留言栏的后面
            if (insert && oList.children[0]) {
                oList.insertBefore(oDl, oList.children[0]);
            } else {
                oList.appendChild(oDl);
```

```
            }
        }
        …
    }
```

发表留言涉及的服务端 php 核心业务逻辑代码如下所示:

```php
<?php
    …
    //用户留言保存
    public function send() {
        if (!isset($_COOKIE['uid'])) {
            $this->sendByAjax(array('code'=>1,'message'=>'你还没有登录！'));
        } else {
            $content = trim(isset($_POST['content']) ? $_POST['content'] : '');
            if (empty($content)) {
                $this->sendByAjax(array('code'=>1,'message'=>'留言内容不能为空！'));
            }
            $dateline = time()*1000+28800;//将时间精确到毫秒
            $this->db->query("INSERT INTO 'contents' ('uid', 'content', 'dateline')
                    VALUES ({$_COOKIE['uid']}, '{$content}', {$dateline})");
            $returnData = array(
                'cid'       =>      $this->db->getInsertId(),
                'uid'       =>      $_COOKIE['uid'],
                'username'  =>      $_COOKIE['username'],
                'content'   =>      $content,
                'dateline'  =>      $dateline,
                'support'   =>      0,
                'oppose'    =>      0,
            );
            $this->sendByAjax(array('code'=>0,'message'=>'留言成功！',
                'data'=>$returnData));
        }
    }
    …
```

提交留言后服务端返回的数据如图 12-19 所示。

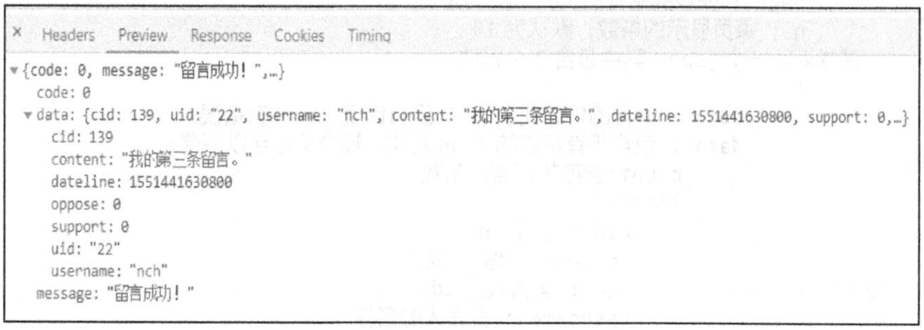

图 12-19　提交留言后服务端返回的数据

12.3.7　列表显示留言

访问留言本 HTML 页面后，如果留言本中存在留言，将会如图 12-20 所示按时间降序的方式列表显示所有留言。

图 12-20　列表显示留言

列表显示留言涉及的 JS 代码如下所示:

```javascript
window.onload = function() {
    …
    var oList = document.getElementById('list');//留言列表对象
    showList();//列表显示留言
    …
    function showList() {
        /*
        初始化留言列表
        Ajax 使用 get 方法请求 guestbook/index.php，涉及的参数如下
                m : index
                a : getList
                page : 获取的留言的页码，默认为 1
                n : 每页显示的条数，默认为 10
            请求返回一个 json，其中包含 3 个属性
                {
                    code : 返回的信息代码 0 = 没有错误，1 = 有错误
                    data : 包含所有留言的 json 对象，其中又包含以下属:
                    count:含存放留言的条数
                    list:[{
                        cid : 留言 id
                        content : 留言内容
                        uid : 留言人的 id
                        username : 留言人的名称
                        dateline : 留言的时间戳(秒)
                        support : 当前这条留言的顶的数量
                        oppose : 当前这条留言的踩的数量
                    },…]
                    pages:总页数
                    page:当前页码
                    n:每页最多显示的留言条数
```

```
                      message : 返回的信息 具体返回信息
                  }
              */
          ajax('get', 'guestbook/index.php', 'm=index&a=getList&n=10&page=' +
              iPage, function(data) {
              var d = JSON.parse(data);
              var data = d.data;//获取所有留言的详细信息
              if (data) {
                  /*如果每页显示的条数大于或等于留言本的总条数，或每页显示的条数大于每页返回的条数，
                      则不显示"显示更多……"区块*/
                  if(data.n>=data.count || data.n>data.list.length){
                      oShowMore.style.display = 'none';
                  }
                  for (var i=0; i<data.list.length; i++) {
                      createList(data.list[i]);
                  }
              } else {
                  if (iPage == 1) {
                      flag = true;
                      oList.innerHTML = '现在还没有留言，快来抢沙发……';
                  }
                  oShowMore.style.display = 'none';
              }
          });
      }

      //显示留言或插入留言：当 insert 为 true 时在留言列表的顶部插入留言，否则在留言列表后面显示
      function createList(data, insert) {
          …
      }
      …
}
```

列表显示留言涉及的服务端 php 核心业务逻辑代码如下所示：

```php
<?php
    …
    //获取留言列表
    public function getList() {
        $page = isset($_REQUEST['page']) ? intval($_REQUEST['page']) : 1;      //当前页数
        $n = isset($_REQUEST['n']) ? intval($_REQUEST['n']) : 10;      //每页显示条数
        //获取总记录数
        $result_count = $this->db->get("SELECT count('cid') as count FROM 'contents'");
        $count = $result_count['count'] ? (int) $result_count['count'] : 0;
        if (!$count) {
            $this->sendByAjax(array('code'=>1,'message'=>'还没有任何留言！'));
        }
        $pages = ceil($count / $n);
        if ($page > $pages) {
            $this->sendByAjax(array('code'=>2,'message'=>'没有数据了！'));
        }
        $start = ( $page - 1 ) * $n;
        $result = $this->db->select("SELECT c.cid,c.uid,u.username,c.content,
            c.dateline,c.support,c.oppose FROM 'contents' as c,
            'users' as u WHERE u.uid=c.uid ORDER BY c.cid DESC LIMIT {$start},{$n}");
        $data = array(
```

```
            'count'    =>    $count,
            'pages'    =>    $pages,
            'page'     =>    $page,
            'n'        =>    $n,
            'list'     =>    $result
        );
        $this->sendByAjax(array('code'=>0,'message'=>'','data'=>$data));
    }
    …
```

列表显示留言后服务端返回的数据如图 12-21 所示。

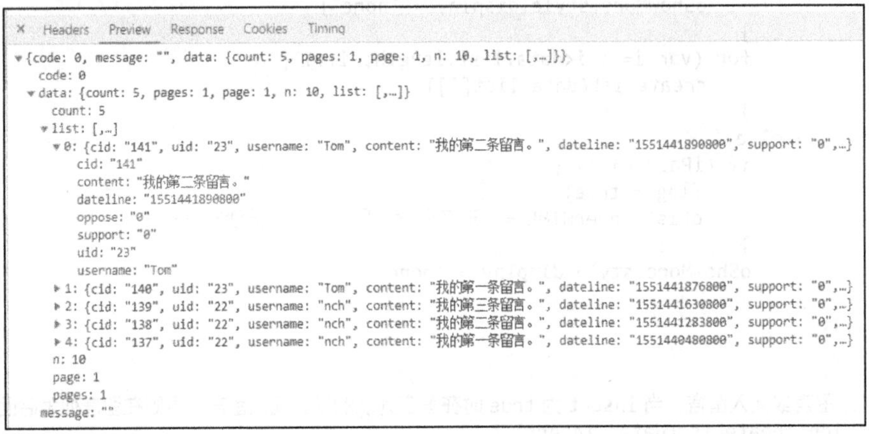

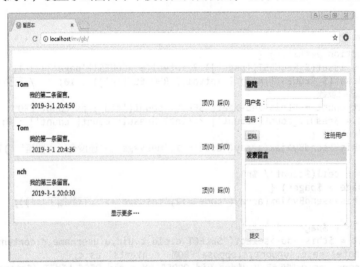

图 12-21　列表显示留言后服务端返回的数据

　　从图 12-21 所示的数据可看到，留言本中总共只有 5 条留言，而设置每页可以显示 10 条留言，因而"显示更多…"区块不显示。如果将每页显示的条数设置为 3 时，则显示的页面如图 12-22 所示。另外，在前面的 JS 代码中，设置了当留言本中没有任何留言时，也将不显示"显示更多…"区块。

图 12-22　留言本留言条数大于每页显示的条数时的效果

12.3.8 使用 Ajax 实现类瀑布流布局效果的留言本

当留言本的留言条数大于每页设置的最大显示条数时，会显示"显示更多…"区块。现在有这样的需求：每次单击该区块都能在后面显示每页设置的最大显示条数的留言，如果全部留言已显示完，则不再显示"显示更多…"区块，这种显示效果其实就是一种类瀑布流布局效果。图 12-23 所示是每页最多显示 3 条留言时单击了一次"显示更多…"区块后的效果。留言本中共有 7 条留言，页面中共显示 6 条留言，还有一条留言没有显示出来，因而显示"显示更多…"区块会继续显示，当再次单击该区块时，页面中将显示 7 条留言，同时，"显示更多…"区块将不再显示。

图 12-23 类瀑布流布局显示留言

类瀑布流布局显示留言涉及的 JS 代码如下所示：

```
window.onload = function() {
    …
    var oShowMore = document.getElementById('showMore');
    showList();//列表显示留言
    //单击显示更多的内容
    oShowMore.onclick = function() {
        iPage++;
        showList();
    }

    function showList(){
        …
    }
    //显示留言或插入留言：当 insert 为 true 时在留言列表的顶部插入留言，否则在留言列表后面显示
    function createList(data, insert) {
        …
    }
    …
}
```

　　类瀑布流布局显示留言涉及的服务端 php 核心业务逻辑代码和列表显示留言完全相同，在此不再赘述。

12.3.9　留言本的"顶"和"踩"

　　用户登录留言本后，可以"顶"喜欢的留言，也可以"踩"不喜欢的留言。"顶"和"踩"留言时，只需要单击每条留言右边的"顶"和"踩"超链接即可。每单击一次，超链接后面的数字将加 1，效果如图 12-24 所示。

图 12-24　"顶"和"踩"留言

　　"顶"和"踩"留言涉及的 JS 代码如下所示：

```
/*
顶:
    Ajax 使用 get 方法请求 guestbook/index.php，涉及的参数如下
        m : index
        a : doSupport
        cid : 留言 ID
    请求返回一个 json，其中包含两个属性
        {
            code : 返回的信息代码 0 = 没有错误，1 = 有错误
            message : 返回的信息 具体返回信息
        }
*/
function support(cid){
    var oSupport = document.getElementById('support_'+cid);//获取脚本链接传过来的参数 cid

    ajax('get', 'guestbook/index.php', 'm=index&a=doSupport&cid=' +cid , function(data) {
        var d = JSON.parse(data);
        if(!d.code){
```

```
                alert(d.message);
                oSupport.innerHTML=parseInt(oSupport.innerHTML)+1;//实时更新顶数
            }
        });
    }

    /*
    踩:
        Ajax 使用 get 方法请求 guestbook/index.php，涉及的参数如下
            m : index
            a : doOppose
            cid : 留言 ID
        请求返回一个 json，其中包含两个属性
            {
                code : 返回的信息代码 0 = 没有错误，1 = 有错误
                message : 返回的信息 具体返回信息
            }
    */
    function oppose(cid){
        var oPpose = document.getElementById('oppose_'+cid);//获取脚本链接传过来的参数 cid
        ajax('get', 'guestbook/index.php', 'm=index&a=doOppose&cid=' +cid , function(data) {
            var d = JSON.parse(data);
            if(!d.code){
                alert(d.message);
                oPpose.innerHTML=parseInt(oPpose.innerHTML)+1;//实时更新踩数
            }
        });
    }
```

"顶"和"踩"留言涉及的服务端 php 核心业务逻辑代码如下所示：

```php
<?php
    …
    //顶留言
    public function doSupport() {
        if (!isset($_COOKIE['uid'])) {
            $this->sendByAjax(array('code'=>1,'message'=>'你还没有登录！'));
        } else {
            $cid = isset($_REQUEST['cid']) ? intval($_REQUEST['cid']) : 0;

            if (!$cid) $this->sendByAjax(array('code'=>1,'message'=>'无效留言 cid！'));

            $content = $this->db->get("SELECT cid FROM 'contents' WHERE 'cid'={$cid}");
            if (!$content) $this->sendByAjax(array('code'=>1,'message'=>
                '不存在的留言 cid！'));
            $this->db->query("UPDATE 'contents' SET 'support'=support+1
                WHERE 'cid'={$cid}");
            $this->sendByAjax(array('code'=>0,'message'=>'顶成功！'));
        }
    }

    // 踩留言
    public function doOppose() {
        if (!isset($_COOKIE['uid'])) {
            $this->sendByAjax(array('code'=>1,'message'=>'你还没有登录！'));
        } else {
```

```
        $cid = isset($_REQUEST['cid']) ? intval($_REQUEST['cid']) : 0;
        if (!$cid) $this->sendByAjax(array('code'=>1,'message'=>'无效留言 cid! '));
        $content = $this->db->get("SELECT cid FROM 'contents' WHERE 'cid'={$cid}");
        if (!$content) $this->sendByAjax(array('code'=>1,'message'=>
            '不存在的留言 cid! '));
        $this->db->query("UPDATE 'contents' SET 'oppose'=oppose+1
            WHERE 'cid'={$cid}");
        $this->sendByAjax(array('code'=>0,'message'=>'踩成功! '));
    }
  }
  …
```

12.4　使用 JSONP 解决 Ajax 跨域问题

JSONP（JSON with Padding）是 JSON 的一种"使用模式"，通过<script>使用 JSON 来解决主流浏览器的跨域数据访问的问题。

12.4.1　JSONP 简介

为了保障用户的上网安全，几乎所有浏览器都使用了一个称为"同源策略"的安全策略。同源策略由 Netscape 提出，现在所有支持 JavaScript 的浏览器都会使用这个策略。所谓同源指的是：域名、协议、端口相同。同源策略是浏览器最核心和最基本的安全功能，它只允许来自于同源页面的 JS 的执行，即 http://a.com/a.html 页面将不会允许来自于 http://b.com/b.html 页面的 JS 的执行，但却允许来自于 http://a.com/b.html 或 http://a.com/x/b.html 页面的 JS 的执行。这样就不会导致当前页面出现不同源的数据，从而避免了一些安全问题。

需要注意的是，同源策略是阻止浏览器接收跨域请求的数据，而非阻止请求的发送。当浏览器通过 Ajax 发送请求，且接收到数据以后，会判别是否为跨域的，如果是，浏览器将会产生异常，从而拒绝接收响应数据。

同源策略使我们从一个源访问另一个源存在跨域限制。这种限制给用户提供了安全上网的保障。但在实际应用中，有时候，需要突破这样的限制，即要能进行跨域访问。

目前，实现跨域访问的方式有多种，例如：使用 CORS（Cross-Origin Resource Sharing，跨域资源共享）、Flash、服务器代理（由服务器请求所要域的资源再返回给客户端）和使用 JSONP 等跨域方式。

在这里，主要介绍 JSONP 跨域方式。

1. JSONP 跨域的基本原理

我们知道，HTML 标签中，有一些标签可以通过属性 src 来引用资源，如<script>、<img>等标签，这些标签不受浏览器同源策略的影响，允许跨域引用资源。JSONP 之所以能实现跨域引用资源，正是使用了<script>来引用资源。在 JS 程序运行过程中，通过动态创建<script>标签，然后利用 src 属性引用资源进行跨域。这正是 JSONP 跨域的基本原理。

2. JSONP 实现跨域的流程

JSONP 实现跨域主要涉及以下几个步骤。

（1）定义回调函数，用于接收返回的数据。例如：

```
function callbackFn(data) {
    …
}
```

（2）在相应的事件函数中动态创建<script>标签，设置其 src 为一个跨域 url，同时指定该 url 包含一个值为（1）中所定义的回调函数名的参数。例如：

```
oBtn.onclick = function() {
    var body = document.getElementsByTagName('body')[0];
    var script = document.gerElement('script');
    script.src = 'http://suggestion.baidu.com/su?callback=callbackFn&…';
    body.appendChild(script);
};
```

（3）服务端将返回一个回调函数的调用，函数参数为客户端所需的数据。

（4）客户端接收到返回的回调函数的调用后会立即执行回调用函数，从而获得服务端返回的数据，这样就完成了一次跨域请求。

由（3）步可知，JSONP 使用<script>引用的资源其实是一个 JS 函数调用，调用函数中的实参为服务端返回的数据。

3. JSONP 的优缺点

JSONP 的优点是使用简便，没有兼容性问题，是目前最流行的一种跨域方法。缺点有：只支持 GET 请求；有可能会给客户端带来一些恶意代码，这是因为它是从其他域中加载代码执行，因此如果其他域不安全，很可能会在响应中夹带一些恶意代码。

下面将通过一个示例 12-9 来演示 JSONP 实现跨域的流程。

【示例 12-9】JSONP 跨域实现流程示例。

客户端代码：

```
<!doctype html>
<html>
<head>
<meta charset="utf-8">
<title>JSONP跨域实现流程示例</title>
<script>
//定义回调用函数 fn1
function fn1(data) {
    var oUl1 = document.getElementById('ul1');
    var html = '';
    for (var i=0; i<data.length; i++) {
        html += '<li>'+data[i]+'</li>';
    }
    oUl1.innerHTML = html;
}

//定义回调用函数 fn2
function fn2(data) {
    var oUl2 = document.getElementById('ul2');
    var html = '';
    for (var i=0; i<data.length; i++) {
        html += '<li>'+data[i]+'</li>';
```

```
        }
        oUl2.innerHTML = html;
    }
</script>
<script>
window.onload = function() {
    var oBtn1 = document.getElementById('btn1');
    var oBtn2 = document.getElementById('btn2');

    //单击按钮 1 后动态创建<script>标签
    oBtn1.onclick = function() {
        var oScript = document.createElement('script');
        oScript.src = 'getData.php?callback=fn1';//指定参数为回调用函数 fn1
        document.body.appendChild(oScript);
    }

    //单击按钮 2 后动态创建<script>标签
    var oBtn2 = document.getElementById('btn2');
    oBtn2.onclick = function() {
        var oScript = document.createElement('script');
        oScript.src = 'getData.php?t=str&callback=fn2';//指定参数为回调用函数 fn2
        document.body.appendChild(oScript);
    }
}
</script>
</head>

<body>
    <input type="button" id="btn1" value="加载数字" />
    <ul id="ul1"></ul>
    <input type="button" id="btn2" value="加载字母" />
    <ul id="ul2"></ul>
</body>
</html>
```

服务端代码:

```php
<?php
$t = isset($_GET['t']) ? $_GET['t'] : 'num';
$callback = isset($_GET['callback']) ? $_GET['callback'] : 'fn';

$arr1 = array('111111','22222222','33333333','4444444','5555555555555555555555');
$arr2 = array('aaaaaaaaaaaa','bbbbbbbb','cccccccccccc','dddddddddd','eeeeeeeeeeee');

if ($t == 'num') {
    $data = json_encode($arr1);
} else {
    $data = json_encode($arr2);
}

echo $callback.'('.$data.');';//返回回调函数的调用，其中的参数为客户端需要的数据
```

可以看到，上述客户端代码中定义了两个回调函数 fn1 和 fn2，在单击按钮 1 和按钮 2 时将分别创建<script>标签，并通过<script>标签的 src 指定请求服务端 getData.php 数据以及值为回调函数的请求参数 callback。在服务端 getData.php 中，通过 echo $callback.'('.$data.');'向客户端返回回调函数

的调用，其中调用函数的参数为 getData.php 处理后的 json，其中包含数字或字母。这样当分别单击"加载数字"和"加载字母"按钮时会分别创建<script>标签，然后通过 src 请求服务端数据，服务端数据返回后会立即调用相应的回调函数来显示出返回的数字或字母，如图 12-25 所示。

图 12-25　使用 JSONP 跨域访问效果

12.4.2　使用 JSONP 实现百度下拉提示

在本节中，将通过 JSONP 在我们自己的客户端中实现百度下拉提示，效果如图 12-26 所示。

图 12-26　百度下拉提示效果

实现百度下拉提示效果的代码请参见示例 12-10。

【示例 12-10】使用 JSONP 实现百度下拉提示。

```
<!doctype html>
<html>
<head>
<meta charset="utf-8">
<title>使用 JSONP 实现百度下拉提示</title>
<style>
#q {width: 300px; height: 30px; padding: 5px; border:1px solid #f90; font-size: 16px;}
#ul1 {border:1px solid #f90; width: 310px; margin: 0;padding: 0; display: none;}
li a { line-height: 30px; padding: 5px; text-decoration: none; color: black; display: block;}
li a:hover{ background: #f90; color: white; }
</style>
<script>
//定义回调函数，函数名为 miaov
function miaov(data) {
    var oUl = document.getElementById('ul1');
    var html = '';
    if (data.s.length) {
        oUl.style.display = 'block';
        for (var i=0; i<data.s.length; i++) {
            //将返回的提示信息作为搜索关键字和超链接的源端点
            html += '<li><a target="_blank" href="http://www.baidu.com/s?wd='+
                    data.s[i]+'">'+ data.s[i] +'</a></li>';
        }
        oUl.innerHTML = html;
    } else {
        oUl.style.display = 'none';
    }

}
window.onload = function() {
    var oQ = document.getElementById('q');
    var oUl = document.getElementById('ul1');

    //在事件函数中动态创建<script>标签
    oQ.onkeyup = function() {
        if ( this.value != '' ) {
            var oScript = document.createElement('script');
            //指定 src 中的 url 包含值为回调函数名 miaov 的参数
            oScript.src = 'http://suggestion.baidu.com/su?wd='+this.value+'&cb=miaov';
            document.body.appendChild(oScript);
        } else {
            oUl.style.display = 'none';
        }
    }
}
</script>
</head>

<body>
```

```
    <input type="text" id="q" />
    <ul id="ul1"></ul>
</body>
</html>
```

上述代码在 Chrome 浏览器中运行的结果如图 12-26 所示，将鼠标移到下拉菜单中的某一项时显示背景颜色，这个样式通过 CSS 设置得到的，如图 12-27 所示。单击选中的下拉菜单中的子菜单后跳转到百度搜索页面，如图 12-28 所示。

图 12-27　选中下拉菜单中的子菜单

图 12-28　百度搜索页面

练习题

1. 简述 Ajax 技术。
2. 简述 XMLHttpRequest 对象的作用。
3. Ajax 编程时如何判断 HTTP 请求和响应成功完成？
4. 简述瀑布流布局有哪两种方式以及它们的布局的思路。
5. 简述 JSONP 如何解决 Ajax 跨域访问问题。

第 13 章

JavaScript 项目实战——云盘

之前的章节中，案例都是一些小的功能模块，在本章我们来看一个综合的项目，通过这个完整的项目，可以快速地提升对 JS 的认知以及 JS 的运用能力，提高并完善我们的程序思维模式。

网页版的"云盘"项目，如图 13-1 所示，其包含了大量的实际工作中常见的功能实现，如：根据数据生成结构、无限级下拉菜单、全选、自定义右键菜单、框选以及数据的增删改查等功能。

13.1　项目结构

页面布局对一个 Web 页面的功能及交互的实现具有举足轻重的作用，复杂的交互离不开一个优秀的布局，一个优秀的布局可以帮助我们在编程 JS 的时候，起到事半功倍的效果。这一节首先介绍项目的布局实现。

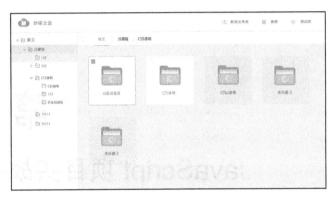

图 13-1　"云盘"项目设计图

注：在本项目中比较多地使用了 CSS3 和 HTML5 新增的技术点，所以本项目的布局不考虑低版本浏览器的兼容，请读者在最新版的 Chrome 中预览该布局。

13.1.1　自适应屏幕的页面框架

整个云盘页面分成了四大区域：头部区域、侧边栏、路径导航和文件夹区域，结构如图 13-2 所示。对云盘页面布局需求为：自适应整个屏幕，也就是浏览器的可视区有多大，页面就需要占多大。对此布局需求，对不同大小的屏幕该怎么来规划尺寸呢？

要实现自适应屏幕的布局需求，需要对页面结构的各部分进行以下大小的设置。

（1）头部区域：宽度铺满屏幕，高度固定。

（2）侧边栏区域：宽度固定，高度=可视区高度-头部区域高度。

（3）路径导航：高度固定，宽度=可视区宽度-侧边栏宽度。

图 13-2　云盘页面结构

（4）文件夹区域：高度=可视区高度-头部区域高度-路径导航高度。

下面分别给出图 13-2 所示的页面结构代码及自适应屏幕的布局要求实现的 CSS 代码。

1. 实现页面结构的 HTML 代码

根据图 13-2 可以写出如下所示的云盘页面结构代码：

```
<!-- 页面外框 -->
<main id="page">
    <!-- 页面头部 -->
```

```
        <header id="header"></header>
        <!-- 内容区域 -->
        <div id="content">
            <!-- 侧边栏导航 -->
            <aside id="tree-menu"></aside>
            <!-- 右侧内容 -->
            <article id="folder-content">
                <!-- 路径导航 -->
                <div id="breadmenu"></div>
                <!-- 文件夹区域 -->
                <ul id="folders"></ul>
            </article>
        </div>
    </main>
```

接下来对上面所写的页面结构以及前面的自适应屏幕的布局要求分别进行 CSS 样式代码设置。

2. 页面样式设置

（1）默认样式重置

每个标签都会有一些自己的默认样式，这些默认样式有时会在布局时造成很多困扰，为此需要首先对这些不需要的默认样式进行重置。以下 CSS 代码为本项目的重置样式代码：

```
/* 默认样式重置 */
body,
h1,
h2,
h3,
h4,
h5,
h6,
p,
dl,
dd {
    margin:0;
    font-family: "微软雅黑";
}
body {
    overflow-x: auto;
    overflow-y: hidden;
    background: #fff;
}
table {
    border-collapse:collapse;
    border-spacing:0;
}
td,
th {
    padding: 0;
}
ul,
ol {
    margin: 0;
    padding: 0;
    list-style: none;
}
main {
```

```
        display:block;
    }
    a {
        text-decoration: none;
    }
    mark {
        background-color:none;
    }
    img {
        vertical-align: top;
    }
```

（2）页面各个区域的样式设置

#page 是页面的最外框，要求页面外框可以全屏显示，以及窗口缩放时，页面内容不能位置错乱，为此需要设置最小宽度。另外#page 的子元素#header 需要固定高度，而#content 需要自适应可视区高度，对此可以利用 flex 来实现这些需求，并且把主轴方向设置为从上向下的主轴。

① 页面外框#page 样式设置，代码如下所示：

```
#page {
    min-width: 1024px;
    height: 100vh;
}
```

② 头部区域#header 样式设置：高度固定，不根据父级伸缩。具体代码如下所示：

```
#header {
    flex: none;
    height: 70px;
    padding: 0 28px;
    border-bottom: 1px solid #d0d9de;
}
```

③ 内容区域#content 样式设置： 内容区域占据父级剩余高度，另外内容可能会超出可视区，为此需要给它加一个滚动条。除此之外#content 的子级#tree-menu 宽度固定，#folder-content 需要占据剩余的空间，为此把#content 也变成一个 flex 布局，主轴方向使用默认的从左向右排列。具体代码如下所示：

```
#content {
    flex: 1;
    overflow: auto;
}
```

④ 侧边栏区域#tree-menu 样式设置：该区域需要注意当内容层级过多时，内容会超出我们设置的宽度，这里设置为当内容超出我们设定的宽度时，显示滚动条，具体代码如下所示：

```
#tree-menu {
    flex: none;
    width: 258px;
    border-right: 2px solid #e1e8ed;
    overflow: auto;
}
```

⑤ 右侧内容主体#folder-content 样式设置：该区域不仅需要考虑区域本身的自适应，还需要考虑其子级的高度伸缩，故对其还是使用 flex 布局。具体代码如下所示：

```
#folder-content {
```

```
    display: flex;
    flex: 1;
    flex-direction: column;
}
```

⑥ 路径导航区域#breadmenu 样式设置，代码如下所示：

```
#breadmenu {
    flex: none;
    height: 48px;
    border-bottom: 2px solid #e1e8ed;
}
```

⑦ 文件夹区域#folders 样式设置：该区域需要考虑内容超出的情况，为此给它加一个滚动条。具体代码如下所示：

```
#folders {
    flex: 1;
    background: #f5f8fa;
    overflow: auto;
}
```

（3）图标及图标样式设置

在图 13-3 所示的页面中使用了很多小图标。为方便后期操作，这里都统一使用 iconfont 网上的图标，读者可以自行在 iconfont 官网中查找。

图 13-3　项目使用到的小图标

将图标加在类的 before 伪元素中，使用的时候直接调用相应的 class 即可，相关图标使用方式如下：

```
.iconfont {/* 引入图标使用到的字体 */
    font-family:"iconfont" !important;
}
.icon-iconset0196:before { /* 文件夹收缩状态 */
    content: "\e65f";
}
.icon-sanjiao-first:before { /*收缩状态三角形*/
    content: "\e633";
}
.icon-sanjiao-second:before { /*展开状态三角形*/
    content: "\e60b";
}
.icon-next:before { /*向右箭头*/
    content: "\e760";
}
```

```
.icon-xinjian:before { /*新建文件夹*/
    content: "\e606";
}
.icon-lajitong:before { /*垃圾桶*/
    content: "\e618";
}
.icon-checkbox-checked:before { /*选中状态的复选框*/
    content: "\e60c";
}
.icon-yidong:before { /*移动*/
    content: "\e781";
}
.icon-wenjianjia:before { /*文件夹展开状态*/
    content: "\e609";
}
.icon-guanbi:before { /*关闭图标*/
    content: "\e604";
}
.icon-jinggao:before { /*警告图标*/
    content: "\e66d";
}
.icon-queding:before { /*确定图标*/
    content: "\e650";
}
.icon-yiwen:before { /*疑问图标*/
    content: "\e642";
}
.icon-zhongmingming:before { /*重命名*/
    content: "\e645";
}
```

（4）字体样式设置

本项目也为读者提供了相关的字体包，读者可以使用下方的在线地址，也可以在后文提供的项目源码中，找到相关的字体文件，引入字体的代码如下：

```
@font-face {
  font-family: 'iconfont';  /* project id 871898 */
  src: url('//at.alicdn.com/t/font_871898_311ca2cxk9a.eot');
  src: url('//at.alicdn.com/t/font_871898_311ca2cxk9a.eot?#iefix')format('embedded-opentype'),
  url('//at.alicdn.com/t/font_871898_311ca2cxk9a.woff') format('woff'),
  url('//at.alicdn.com/t/font_871898_311ca2cxk9a.ttf') format('truetype'),
  url('//at.alicdn.com/t/font_871898_311ca2cxk9a.svg#iconfont') format('svg');
}
```

本节主要介绍了页面整体结构的搭建以及各块结构的总体样式，接下来，将对每一块内容的布局进行详细的讲解。

13.1.2　页面头部布局

页面头部的布局没有太多复杂的地方，直接分成#logo 和.top-nav 左右两块，如图 13-4 所示。

图 13-4　页面头部内容

这两块内容分别设置了向左和向右浮动。HTML 和 CSS 代码分别如下所示。
HTML 结构代码：

```html
<header id="header">
    <h1 id="logo">
        <img src="img/logo.png" />
    </h1>
    <nav class="top-nav">
        <a class="create-btn iconfont icon-xinjian">新建文件夹</a>
        <a class="del-btn iconfont icon-lajitong">删除</a>
        <a class="move-btn iconfont icon-yidong">移动到</a>
    </nav>
</header>
```

CSS 样式代码：

```css
#logo {
    float: left;
    margin-top: 18px;
}
.top-nav {
    margin-top: 17px;
    float: right;
}
.top-nav a {
    float: left;
    font: 14px/36px "微软雅黑";
    padding: 0 22px 0 24px;
    border: 1px solid transparent;
    color: #66757f;
    border-radius: 5px;
}
.top-nav a::before {
    margin-right: 18px;
}
.top-nav a:hover {
    border-color: #55addc;
    color: #55addc;
}
```

13.1.3 侧边栏布局

侧边栏内容如图 13-5 所示。该侧边栏的内容是一个树形菜单。由于侧边栏中的菜单条可以同时打开多个菜单，所以侧边栏可能会无限级地向下扩展，为此就要求在设置该区域的布局时，结构要足够通用，这样后边利用 JS 循环生成该结构时才方便。

为了方便循环，需要菜单条每一层的结构都尽量保持统一。为此可以使用一个 ul，每一项菜单用一个 li 包起来，在 li 中再放一个 p 标签用来设置菜单名，如果还有子列表就在 p 标签的后面再跟一个 ul，具体代码如下所示：

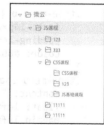

图 13-5 侧边栏内容

```html
<ul>
    <li>
        <p>一级菜单</p>
        <ul>
```

```
            <li>
                <p>二级菜单</p>
            </li>
            <li>
                <p>二级菜单</p>
            </li>
        </ul>
    </li>
</ul>
```

对图 13-5 所示内容的 HTML 和 CSS 代码分别如下所示。

HTML 结构代码：

```
<aside id="tree-menu" class="tree-menu">
    <ul>
        <li class="open">
            <p class="has-child"><span>一级菜单</span></p>
            <ul>
                <li class="open">
                    <p class="has-child active" style="padding-left: 68px;"><
                        span>二级菜单</span></p>
                    <ul>
                        <li>
                            <p style="padding-left: 96px;"><span>三级菜单</span></p>
                        </li>
                        <li>
                            <p style="padding-left: 96px;"><span>三级菜单</span></p>
                        </li>
                    </ul>
                </li>
                <li>
                    <p style="padding-left: 68px;"><span>二级菜单</span></p>
                </li>
            </ul>
        </li>
    </ul>
</aside>
```

CSS 样式代码：

```
.tree-menu p {
    font: 14px/32px "微软雅黑";
    padding-left: 40px;
    color: #66757f;
}
.tree-menu .has-child:before {
    content: "\e633";
    float: left;
    margin-left: -20px;
    font-family: "iconfont";
    font-size: 12px;
}
.tree-menu p:hover {
    background: #f0f3f6;
}
.tree-menu span {
```

```
    position: relative;
    display: block;
    padding-left: 22px;
}
.tree-menu span:before {
    content: "\e67f";
    font-size: 14px;
    font-family: "iconfont";
    position: absolute;
    left: 0;
    top: 0;
}
.tree-menu li ul {
    display: none;
}
.tree-menu p.active {
    background: #e1e8ed;
}
.tree-menu .open>ul {
    display: block;
}
.tree-menu .open>.has-child:before {
    content: "\e60b";
}
.tree-menu .open>p span:before {
    content: "\e609";
    font-size: 12px;
}
```

上面的 CSS 布局涉及几个细节的地方，对其说明一下。

（1）图标展开和收缩状态的切换：菜单项前边的图标，会有展开和收缩两种状态，通过给当前项的 li 标签添加 class.open 来控制，不加 open 是收缩状态，添加了 open 为展开状态。

（2）子项的标识：有些项包含子项，如果有子项就给它添加 class.has-child，这样就会有一个三角图标，表示该项有子项。

这个列表中的图标都是需要改变的，所以这里就没有使用前边设置的 class，而是单独控制。

细心的读者可能会发现在上面的 HTML 代码中使用了行间样式，在实际项目中不建议使用行间样式。这里的布局并不是最终布局，这里只是先定义好布局，到后面会通过 JS 根据数据来生成这里的布局。

13.1.4 路径导航布局

在图 13-6 所示的布局中，最左侧有一个复选框。由于原生的复选框不好看，而且不同系统、不同浏览器复选框的外观可能还不一样，为此需要对复选框进行美化。在此利用了 label、input 以及相邻元素选择器，对其进行了美化，相关代码如下。

图 13-6 路径导航条

HTML 结构代码：

```
<label class="checked-all checked">
    <input type="checkbox" id="checked-all" />
```

```
        <span class="iconfont icon-checkbox-checked"></span>
    </label>
```

CSS 样式代码：

```
.checked-all {
    float: left;
    margin: 15px;
    width: 18px;
}
.checked input {
    display: none;
}
.checked span {
    box-sizing: border-box;
    display: block;
    width: 18px;
    height: 18px;
    border: 1px solid #d0d9de;
    border-radius: 3px;
}
.checked span:before {
    display: none;
    font-size: 18px;
    line-height: 1;
    color: #55addc;
}
.checked input:checked+span {
    border: none;
}
.checked input:checked+span:before {
    display: block;
}
```

对复选框的美化原理为：先利用 label 的特性，单击 label 区域可以操作 input 的选中和不选中，这样就可以操作到 input，然后 input 选中之后，再修改跟在 input 后边的 span 的样式。

接下来实现路径导航。这里的路径导航有两种不同的情况：一种是当前目录；一种是当前目录的每一层父级，父级单击时，还可以跳转至相应的目录。在此以不同标签把两种情况区分开，方便后期的操作，具体代码如下。

HTML 结构代码：

```
<nav class="bread-nav">
    <a>微云</a>
    <a>js 课程</a>
    <span>DOM 操作</span>
</nav>
```

CSS 样式代码：

```
.bread-nav {
    float: left;
}
.bread-nav a,
.bread-nav span {
    position: relative;
```

```
        padding-left:16px;
        height: 48px;
        float: left;
        color: #2a3133;
        font-size: 14px;
        line-height: 48px;
    }
    .bread-nav a:after {
        content: "\e760";
        font-family: "iconfont";
        display: inline-block;
        padding-left: 14px;
        font-size: 22px;
        vertical-align: top;
        color: #d0d9de;
    }
    .bread-nav span {
        margin-left: 6px;
        padding: 0 10px;
        color: #55addd;
        border-bottom: 2px solid #55addd;
    }
```

13.1.5　文件夹区域布局

文件夹区域有两种不同状态，无内容与有内容，分别如图 13-7 和图 13-8 所示。

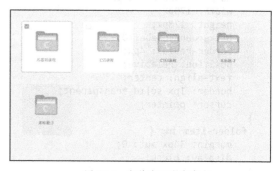

图 13-7　文件夹区域无内容　　　　　　　　　　图 13-8　文件夹区域有内容

当文件夹区域无内容时，可以通过给#folders 添加 class .folders-empty 来显示无内容状态，默认显示有内容状态。.folders-empty 具体设置如下：

```
.folders-empty {
    background: #f5f8fa url("../img/cover-bg.png") no-repeat center !important;
}
```

接下来介绍每个文件夹的结构和 CSS 设置。从图 13-8 中可以看到，有些文件夹也包含了复选框，为此也需要对这些复选框进行美化。复选框的美化和路径导航中复选框的美化类似。另外，注意文件夹的名字是可以进行修改的，所以在这里需要多准备一个输入框。文件夹的完整结构及样式如下。

HTML 结构代码:

```html
<ul id="folders">
    <li class="folder-item active">
        <img src="img/folder-b.png" alt="">
        <span class="folder-name">js 程序设计</span>
        <input type="text" class="editor" value="js 程序设计">
        <label class="checked">
            <input type="checkbox" />
            <span class="iconfont icon-checkbox-checked"></span>
        </label>
    </li>
    <li class="folder-item">
        <img src="img/folder-b.png" alt="">
        <span class="folder-name">js 程序设计</span>
        <input type="text" class="editor" value="js 程序设计">
        <label class="checked">
            <input type="checkbox" />
            <span class="iconfont icon-checkbox-checked"></span>
        </label>
    </li>
</ul>
```

CSS 样式代码:

```css
.folder-item {
    float: left;
    margin: 40px 0 0 40px;
    width: 178px;
    height: 178px;
    background: #ebeff0;
    border-radius: 4px;
    position: relative;
    text-align: center;
    border: 1px solid transparent;
    cursor: pointer;
}
.folder-item img {
    margin: 34px auto 0;
    display: block;
}
.folder-name {
    margin: 14px auto 0;
    display: block;
    width: 120px;
    font: 12px/30px "微软雅黑";
    color: #69737f;
}
.editor {
    box-sizing: border-box;
    border-radius: 5px;
    margin: 14px auto 0;
    display: none;
    width: 120px;
    height: 30px;
    border: 1px solid #55addc;
}
```

```
        text-align: center;
        color: #69737f;
        background: #fff;
    }
    .folder-item .checked {
        position: absolute;
        left: 5px;
        top: 5px;
        width: 16px;
        height: 16px;
        display: none;
    }
    .folder-item .checked span:before {
        font-size: 16px;
    }
    .folder-item:hover {
        background-color: #fff;
    }
    .folder-item:hover .checked {
        display: block;
    }
    .folder-item.active {
        background-color: #fff;
        border-color: #55addc;
        box-shadow: 0 0 5px rgba();
    }
    .folder-item.active .checked {
        display: block;
    }
```

文件夹.folder-item 涉及 3 种状态：默认状态、鼠标滑过状态和选中状态。默认状态不用进行任何设置；鼠标滑过状态这里用 hover 进行了处理，这样就方便了后面使用 JS 处理；选中状态需要给.folder-item 添加 class .active。

至此，页面的各块内容的布局就已经完善了，但是布局中还有一些小细节，如各种各样的弹窗以及右键菜单等样式，接下来一一讲解。

13.1.6　弹窗及右键菜单

在本项目中，涉及的弹窗有警告提示框、删除确认框和移动到弹窗这 3 种，图 13-9 所示显示了确认删除弹窗效果。

1. 弹窗

（1）警告提示框

警告提示框这里有两种，一种是绿色的成功提示.alert-success，另一种是黄色的警告提示.alert-warning，具体实现代码如下。

HTML 结构代码：

```
<div class="alert alert-success">删除文件成功</div>
<div class="alert alert-warning">请选择文件</div>
```

图 13-9　确认删除弹窗效果

CSS 样式代码:

```css
.alert {
    position: fixed;
    left: 50%;
    top: -100px;
    opacity: 0;
    /* 修改隐藏起来 */
    height: 40px;
    padding: 0 30px 0 52px;
    font: 14px/40px "微软雅黑";
    color: #fff;
    transform: translateX(-50%);
    border-radius: 20px;
    transition: .5s opacity, 0s .5s top;
}
.alert:before {
    position: absolute;
    left: 20px;
    top: 0;
    font-size: 25px;
    font-family: "iconfont";
}
.alert-success {
    background: #86ce8b;
}
.alert-success:before {
    content: "\e650";
}
.alert-warning {
    background: #f3a960;
}
.alert-warning:before {
    content: "\e642";
}
.alert-show {
    transition: .2s opacity;
    top: 15px;
```

```
        opacity: 1;
    }
```

注意：当需要让弹窗显示时，只需给其添加 class .alert-show 即可。

（2）删除确认框

当需要这个弹窗显示时直接给其加 class .confirm-show 即可。另外，弹窗的提示信息写在.confirm 中的.confirm-text 里。具体实现代码如下所示。

HTML 结构代码：

```
<div class="confirm">
    <a class="clos iconfont icon-guanbi"></a>
    <p class="confirm-text iconfont icon-yiwen">确定要删除这个文件夹吗?</p>
    <nav class="confirm-btns">
        <a>确定</a>
        <a>取消</a>
    </nav>
</div>
```

CSS 样式代码：

```
.confirm {
    position: fixed;
    left: 50%;
    top: -50%;
    opacity: 0;
    transform: translate(-50%,-50%);
    width: 246px;
    padding: 42px 35px 27px 35px;
    border: 2px solid #55addc;
    border-radius: 10px;
    background: #fff;
    transition: .5s opacity, 0s .5s top;
}

.confirm-show {
    transition: .1s opacity;
    top: 50%;
    opacity: 1;
}
.confirm .clos {
    position: absolute;
    right: 15px;
    top: 15px;
    font-size: 16px;
    line-height: 1;
    color: #55addc;
    transition: .6s;
    cursor: pointer;
}
.confirm .clos:hover {
    transform: rotate(360deg);
}
.confirm-text {
    position: relative;
    padding-left: 50px;
```

```
        font: 16px/36px "微软雅黑";
    }
    .confirm-text:before {
        position: absolute;
        left: 0;
        top: 50%;
        transform: translateY(-50%);
        font-size: 36px;
        line-height: 1;
        color: #a5aeb4;
    }
    .confirm-btns {
        padding-top: 20px;
        display: flex;
    }
    .confirm-btns a {
        margin-left: 24px;
        width: 78px;
        font: 16px/28px "微软雅黑";
        text-align: center;
        border: 1px solid #55addc;
        color: #55addc;
        border-radius: 3px;
    }
    .confirm-btns a:nth-child(1) {
        color: #fff;
        background: #55addc;
    }
```

（3）移动到弹窗

对该弹窗的样式，可以直接调用前面设置过的很多的通用样式，比如.clos 关闭按钮的样式、确定和取消按钮的样式以及树形菜单的样式。另外要注意.move-alert 默认是隐藏的，需要显示出来，加 class.move-alert-show 就可以。具体的实现代码如下所示。

HTML 结构代码：

```html
<div class="move-alert move-alert-show">
    <h2 class="move-alert-title">选择存储位置</h2>
    <a class="clos iconfont icon-guanbi"></a>
    <div class="move-alert-menu tree-menu">
        <ul>
            <li class="open">
                <p class="has-child"><span>一级菜单</span></p>
                <ul>
                    <li class="open">
                        <p class="has-child active" style="padding-left: 68px;">
                            <span>二级菜单</span></p>
                        <ul>
                            <li>
                                <p style="padding-left: 96px;"><span>三级菜单</span></p>
                            </li>
                            <li>
                                <p style="padding-left: 96px;"><span>三级菜单</span></p>
                            </li>
                        </ul>
```

```
            </li>
            <li>
                <p style="padding-left: 68px;"><span>二级菜单</span></p>
            </li>
        </ul>
    </li>
</ul>
</div>
<nav class="confirm-btns">
    <a>确定</a>
    <a>取消</a>
</nav>
</div>
```

CSS 样式代码：

```css
.move-alert {
    position: fixed;
    left: 50%;
    top: -50%;
    transform: translate(-50%,-50%);
    width: 360px;
    padding: 5px 20px 40px;
    border: 2px solid #55addc;
    border-radius: 10px;
    background: #fff;
    transition: .5s opacity, 0s .5s top;
}
.move-alert-title {
    font: 16px/44px "微软雅黑";
    color: #000;
}
.move-alert-menu {
    overflow: auto;
    width: 358px;
    height: 260px;
    padding: 5px 0;
    border: 1px solid #e1e8ed;
}
.move-alert .confirm-btns {
    padding-left: 0;
    justify-content: center;
}
.move-alert.move-alert-show {
    transition: .1s opacity;
    top: 50%;
    opacity: 1;
}
```

2. 右键菜单

右键菜单的效果如图 13-10 所示。

文件夹的右键菜单#contextmenu 的实现代码如下所示。

HTML 结构代码：

图 13-10 右键菜单效果

```html
<ul id="contextmenu">
    <li class="iconfont icon-lajitong">删除</li>
```

```
    <li class="iconfont icon-yidong">移动到</li>
    <li class="iconfont icon-zhongmingming">重命名</li>
</ul>
```

CSS 样式代码:

```
#contextmenu {
    position: fixed;
    display: none;
    width: 88px;
    padding: 8px 4px;
    border: 1px solid #d0d9de;
    background: #fff;
    box-shadow: 0 0 3px #d0d9de;
    font: 14px/26px "微软雅黑";
    color: #66757f;
}
#contextmenu li {
    border-bottom: 1px solid #d0d9de;
}
#contextmenu li:hover {
    color: #7ebee3;
    border-color: #7ebee3;
}
#contextmenu li:before {
    float: left;
    width: 26px;
    text-align: center;
}
```

至此, 页面整体以及一些细节的结构和样式就大致地实现了, 不过, 在后面的 JS 实现中还可能会有对这些内容的细节调整。完整的结构和样式代码, 请扫描封底二维码下载。

13.2　数据结构

在前面章节的一些案例中使用到了一些多层级的数据结构, 这种数据结构方便我们一层一层去查找子级数据, 如下所示:

```
var data = [
    {
        title: "一级数据",
        child:[
            {
                title: "二级数据"
            }
        ]
    }
];
```

上边的数据结果中虽然方便查找其子级数据, 但是当我们想要查找它的父级, 或者其同级数据时就不那么方便了。在本项目中, 这里要换一种称之为"扁平化"的数据结构来处理。扁平化的数据结构是一种在大型项目中经常使用的数据结构。扁平化的数据结构示例如下所示:

```
var data = [
    {
        id:0,
        pid:-1,
        title:"微云"
    },
    {
        id:1,
        pid:0,
        title:"我的文档"
    },
    {
        id:2,
        pid:0,
        title:"我的音乐"
    }
];
```

对上面的 data 数据，id 是当前数据项的标识，它在整个数据 data 中的取值必须唯一；pid 用来标识当前数据项的父级的 id，因此通过 pid，就可以知道当前数据项是谁的子级。需要注意的是：顶层数据项的 id 取值为 0，顶层数据项没有父级，其 pid 取值为-1，表示父级不存在。在扁平化的结构下如何获取父子级关系呢？由前面的 id 和 pid 的介绍可以知道，在扁平化的数据结构中，父子关系由每项数据中的 id 和 pid 这两个属性来确定。

接下来就以下面的一组数据为例，看看扁平化的数据结构是如何来查找相应的结构关系的。第一步，先声明 3 个变量方便后边使用：

```
var nowId = 0; //当前选中的文件夹
var topId = 0; // 顶层 id
var topPid = -1; // 顶层 pid
```

13.2.1　查找自己

如何在一组数据中，找到想要的这份数据呢？答案是：通过 id 查找。首先，要知道自己要找到的这份数据的 id 是多少，然后通过 id 筛选出这份数据，代码如下：

```
function getSelf(id){
    for(var i = 0; i < data.length; i++){
        if(data[i].id == id){
            return data[i];
        }
    }
}
```

13.2.2　查找子级

如何在一组数据中找当前数据项的子级呢？答案是：遍历整份数据，找到所有 pid 和当前数据的 id 一致的数据，这些数据便是当前数据项的子级，代码如下：

```
function getChild(id){
    var child = [];
    for(var i = 0; i < data.length; i++){
```

```
            if(data[i].pid == id){
                child.push(data[i]);
            }
        }
        return child;
    }
```

13.2.3 查找父级

在这个结构中查找父级也同样便利，获取到当前元素的 pid，然后遍历所有数据找到 id 和当前 pid 一致的数据，就是这份数据的父级，代码如下：

```
function getParent(pid){
    for(var i = 0; i < data.length; i++){
        if(data[i].id == pid){
            return data[i];
        }
    }
}
```

13.2.4 查找所有父级

在这个项目中，有些地方还需要查找每一层的父级，比如路径导航，再比如展开一个文件夹，其每一层父级也应该都是展开状态。如何查找每一层呢？利用上面写好的 getParent()， 一层一层向上查找它的 pid，直到 pid 为顶层 pid-1，代码如下：

```
function getAllParent(pid){
    var allParent = [];
    while(pid > -1){
        var parent = getParent(pid);
        pid = parent.pid;
        allParent.unshift(parent);
    }
    return allParent;
}
```

介绍完数据的结构关系之后，接下来就来看看如何把数据渲染到我们的视图上。

13.3   视图渲染

视图渲染这里主要是三大块：侧边栏菜单渲染、路径导航渲染和文件夹视图渲染。

13.3.1 侧边栏菜单渲染

侧边栏菜单渲染这里主要是无限级菜单的渲染。需要注意的是，无限级菜单的渲染需要兼顾侧边栏导航和移动到弹窗，所以要尽量写得通用一些。

每一层的渲染，都是 ul 下 li 的结构，li 的个数是根据子级的个数来确定的，另外每一层如果还有子级就在 li 中再添加一个 ul 来写下一层。具体内容放在代码中解释：

```
function createTreeMenu(pid,level,open){
```

```
// level 当前处在第几级，需要根据它的层级给一个缩进
// 这里注意:移动到弹窗每一项都需要展开，而侧边栏导航只有 nowId 当前选中这项或这项的所有父级
 //才需要展开,如果传入了 open 就认为是移动到弹窗的
var nowData = getChild(pid);//获取到当前组的内容
var inner = "<ul>";//inner 用来存放我们的内容

for(var i = 0; i < nowData.length; i++){
    var hasChild = getChild(nowData[i].id).length > 0; //获取当前项是否有子项
    inner += '<li class="'+(isOpen(nowData[i].id,open)?"open": "")+'">';
    inner += '<p style="padding-left:'+(level*20+40)+'px" class="'+
        (hasChild?'has-child':'')+" "+(nowId == nowData[i].id?"active":"")+
        '"><span>'+nowData[i].title+'</span></p>';
    if(hasChild){//如果当前项有子项，就在这里再生成一个子级的 ul
        inner += createTreeMenu(nowData[i].id,level+1,open);
    }
    inner += '</li>';
}
inner += "</ul>";
return inner;
}
```

上述代码使用了 createTreeMenu 函数来生成无限级菜单的结构。其中的 pid 参数用于确定当前生成的数据的父级是谁；level 参数用于指定当前生成的数据是几级菜单。渲染菜单时，需要根据它是几级菜单来计算缩进值。最后一个参数主要用来区分是移动到弹窗的无限级菜单，还是左侧的菜单。如果是移动端的菜单，每一层都需要展开；如果是左侧的菜单，只有当前的选中项和它的父级们需要展开。所以左侧菜单需要渲染的时候，就不需要传递 open 这个参数；如果是移动到弹窗，调用就传递 open 为 true。为了这个逻辑更清晰，这里单独用了一个 isOpen 函数来方便处理，具体代码如下:

```
function isOpen(id,open){
    // id 当前数据项 id
    //  open 是否传入 open 状态
    if(open){ //如果传入了 open 状态代表目前需要 open
        return true;
    }
    // 如果没有 open 状态，判断当前项是否是 nowId 或者其父级
    if(id == nowId){
        return true;
    }
    var nowAllParent = getAllParent(nowId);
    for(var i = 0; i < nowAllParent.length; i++){
        if(id == nowAllParent[i].id){
            return true;
        }
    }
    return false;
}
```

渲染函数准备好了之后，就可以直接调用函数来渲染左侧菜单了，代码如下所示:

```
var treeMenu = document.getElementById("tree-menu");
treeMenu.innerHTML = createTreeMenu(topPid,0);
```

13.3.2　路径导航渲染

路径导航的渲染相对比较简单，只需要通过 nowId 获取到它的所有父级渲染前边的 a 标签，然

后再获取它自己，最后再添加一个 span 就可以了，具体代码如下：

```javascript
var breadNav = document.querySelector(".bread-nav");
breadNav.innerHTML = createBreadNav();
function createBreadNav(){
    var inner = "";
    var self = getSelf(nowId);
    var allParent = getAllParent(self.pid);
    for(var i = 0; i < allParent.length; i++){
        inner += '<a>'+allParent[i].title+'</a>';
    }
    inner += '<span>'+self.title+'</span>';
    return inner;
}
```

13.3.3 文件夹视图渲染

文件夹区域渲染的是当前选中的文件的子级，所以只需要拿到 nowId 下的子级，然后进行渲染就可以了。另外需要注意这里两种不同的状态：有子级和没有子级的状态。具体代码如下：

```javascript
var folders = document.getElementById("folders");
folders.innerHTML = createFolders();
function createFolders(){
    var child = getChild(nowId);
    var inner = "";
    if(child.length == 0){
        folders.classList.add("folders-empty");
        return "";
    }
    folders.classList.remove("folders-empty");
    for(var i = 0; i < child.length; i++){
        inner += '<li class="folder-item">';
        inner += '<img src="img/folder-b.png" alt="">';
        inner += '<span class="folder-name">'+child[i].title+'</span>';
        inner += '<input type="text" class="editor" value="">';
        inner += '<label class="checked">';
        inner +=     '<input type="checkbox" />';
        inner +=     '<span class="iconfont icon-checkbox-checked"></span>';
        inner += '</label>' ;
        inner += '</li>';
    }
    return inner;
}
```

13.4　三大区域视图切换

介绍完视图渲染之后，接下来看看这 3 块区域如何进行切换。侧边栏区域单击的时候，需要切换当前选中的是哪一项，路径导航的内容和文件夹视图也需要进行相关的切换。单击路径导航中的父级和单击文件夹也都是需要进行相关切换的。这 3 块的切换渲染都是根据 nowId 这个变量进行，所以在单击的时候，需要知道当前单击项的 id 是多少，然后把这个 id 赋给 nowId。怎么操作呢？

具体方法是：在渲染视图的时候，给每一项都加一个自定义属性 data-id ="id"，然后单击的时候获取 dataset.id 就可以。添加自定义属性的 HTML 代码如下。

无限级菜单：

```html
<ul>
    <li><p data-id="0"><span>微云</span></p></li>
</ul>
```

路径导航：

```html
<nav class="bread-nav">
    <a data-id="0">微云</a>
    <span>js 课程</span>
</nav>
```

文件夹区域：

```html
<li class="folder-item" data-id="0">
    ……
</li>
```

获得当前单击项的 id 之后，接着介绍如何给三大区域添加单击事件。

13.4.1　左侧菜单单击事件添加

不管是菜单区域还是路径导航或是文件夹区域，在后续的操作中都会频繁地重新渲染内容，如果事件加在子级上，那就需要频繁地添加事件。因此为了方便，我们把事件都代理在父级上，然后获取事件源来判断单击的是谁。

在单击左侧菜单内容时，获取的事件源有两种：一个是我们想要的 p 标签，还有一个就是 p 标签中包含的 span。如果是 span，需要找到它父级的 id；如果是 p，只需直接获取它自己的 id，然后切换给 nowId，再重新渲染视图就可以。代码如下：

```javascript
treeMenu.onclick = function(e){
    var item;
    switch(e.target.tagName){
        case "P":
            item = e.target;
            break;
        case "SPAN":
            item = e.target.parentNode;
            break;
    }
    if(item){
        nowId = item.dataset.id;
        treeMenu.innerHTML = createTreeMenu(topPid,0);
        breadNav.innerHTML = createBreadNav();
        folders.innerHTML = createFolders();
    }
};
```

13.4.2　路径导航单击事件添加

对路径导航，同样把事件代理给父级，如果事件源是 a 标签，获取 id 然后进行切换，代码如下：

13

```javascript
breadNav.onclick = function(e){
    if(e.target.tagName == "A"){
        nowId = e.target.dataset.id;
        treeMenu.innerHTML = createTreeMenu(topPid,0);
        breadNav.innerHTML = createBreadNav();
        folders.innerHTML = createFolders();
    }
};
```

13.4.3 文件夹单击事件添加

对文件夹，同样还是代理给父级。对文件夹的处理会稍微复杂点，由于 id 是放在 li 上的，所以如果单击的是 li 的内容，要先找到 li。但是 li 中有些内容需要自己的单击事件，如： label 是需要切换选中状态的，span 和 input 则需要重命名。所以能加事件的也就只能 li 本身和它里边的 img。代码如下：

```javascript
folders.onclick = function(e){
    var item;
    switch(e.target.tagName){
        case "LI":
            item = e.target;
            break;
        case "IMG":
            item = e.target.parentNode;
            break;
    }
    if(item){
        nowId = item.dataset.id;
        treeMenu.innerHTML = createTreeMenu(topPid,0);
        breadNav.innerHTML = createBreadNav();
        folders.innerHTML = createFolders();
    }
};
```

13.5　新建文件夹

13.5.1 添加一条新数据

新建文件夹并不是一个复杂的功能，但是我们要养成一个好习惯，就是所有的操作都是对数据的操作，然后通过数据反馈给视图。如果只是操作视图的话，再进行切换，新建的这个文件夹就没了。另外要注意，创建数据的时候，id 一定要保持唯一，在实际项目中关于 id 的设置，一般由后端完成。在本项目中，需要要自己设置 id。在此，使用一个唯一的内容时间戳（在实际工作的时候，还是要交给后端完成，而不建议直接使用时间戳）。添加数据的代码如下：

```javascript
function add(pid){
    var newData = {
        id: Date.now(),
        title:"新建文件夹",
        pid: pid
```

```
    };
    data.push(newData);
}
```

这里的 pid 参数，就是指要添加在目录下。添加的时候，只会在当前视图添加。也可以直接使用 nowId，这里进行传参只是方便以后扩展。

13.5.2　文件夹命名处理

13.5.1 小节中的代码，数据的 title 是写死的，这样并不符合我们的日常习惯，如 Windows 桌面，在新建文件夹时它会按照新建文件夹、新建文件夹（2）、新建文件夹（3）……这样的一种规则往下排列。要想获取如 Windows 系统新建文件夹的方式，需要对上述代码进行修改，修改后的代码如下：

```javascript
function getNewName(pid){
    var nowDatas = getChild(pid);
    var names = [];
    for(var i = 0; i < nowDatas.length; i++){
        var title = nowDatas[i].title;
        if(
        (title.substr(0,6) === "新建文件夹("
        && Number(title.substring(6,title.length-1)) >= 2
        && title[title.length-1] === ")")
        || title == "新建文件夹"){
            names.push(title);
        }
    }
    names.sort(function(n1,n2){
        n1 = n1=="新建文件夹"?0:Number(n1.substring(6,title.length-1));
        n2 = n2=="新建文件夹"?0:Number(n2.substring(6,title.length-1));
        return  n1 - n2;
    });
    if(names[0] !== "新建文件夹"){
        return "新建文件夹"
    }
    for(var i = 1; i < names.length; i++){
        if(names[i] != "新建文件夹("+(i+1)+")"){
            return "新建文件夹("+(i+1)+")";
        }
    }
    return "新建文件夹("+(i+1)+")";
}
```

上述代码设置的文件夹的命名规则有两种：第一种就是"新建文件夹"；第二种中，前 6 个字符是"新建文件夹（"，最后一个字符是"）"，中间是一个大于 1 的数字，并且这个数字和文件夹为第几个相关联，如第 0 个文件夹是新建文件夹，第 1 个文件夹是新建文件夹(2)，第 2 个文件夹是新建文件夹(3)，也就是第 n 个文件夹则为 n+1。上述的 getNewName 函数，第一步找到同目录的所有数据，然后按照新建文件夹的规则筛选，把筛选出来的名字进行排序，排序完之后，就一个一个进行对比，如果哪一位不符合，就在这一位生成。如果都符合就继续向后添加。

13.5.3　提示信息弹窗

添加新数据的准备工作做好之后，最后来看看信息弹窗，也就是当用户添加数据成功之后的弹窗。这个页面中的提示弹窗有两个：一个成功提示框和一个警告提示框。

成功提示框：

```javascript
var alertSuccess = document.querySelector(".alert-success");
var successTimer = 0;
function successPopup(info){
    // info 需要提示的信息
    alertSuccess.innerHTML = info;
    alertSuccess.classList.add("alert-show");
    clearTimeout(successTimer);
    successTimer = setTimeout(function(){
        alertSuccess.classList.remove("alert-show");
    },2000);
}
```

警告提示框：

```javascript
var alertWarning = document.querySelector(".alert-warning");
var warningTimer = 0;
function warningPopup(info){
    // 需要提示信息
    alertWarning.innerHTML = info;
    alertWarning.classList.add("alert-show");
    clearTimeout(warningTimer);
    warningTimer = setTimeout(function(){
        alertWarning.classList.remove("alert-show");
    },2000);
}
```

13.5.4　完成新建文件夹功能

直接调用前面所编写的相关的工具函数即可：

```javascript
var createBtn = document.querySelector(".create-btn");
createBtn.onclick = function(){
    add(nowId);
    treeMenu.innerHTML = createTreeMenu(topPid,0);
    folders.innerHTML = createFolders();
    successPopup("添加文件成功");
};
```

13.6　文件夹的右键菜单

在这个项目，每个文件夹都有自己的右键菜单。在右键菜单里，可以对这个文件夹进行删除、移动到和重命名操作。

在页面中默认有一个系统的右键菜单，为此需要取消默认的系统右键菜单，然后在文档其他地方触发右键菜单时，隐藏掉文件夹的右键菜单，代码如下：

```javascript
var contextmenu = document.querySelector("#contextmenu");
document.oncontextmenu = function(){
    contextmenu.style.display = "none";
    return false;
};
```

13.6.1 右键菜单位置处理

右键单击当前文件夹时，需要在当前文件夹的位置上显示右键菜单，这里有以下几个问题要处理。

（1）文件夹区域是频繁更新的，因此这里还是把事件代理给父级。

（2）文档中只有一个右键菜单，单击右键菜单时，里边的内容需要操作的是哪一个文件夹呢？所以需要把这个文件夹给记录下来。

（3）右键单击当前文件夹需要让右键菜单显示在当前文件夹的位置。

（4）右键单击让右键菜单显示出来，但是冒泡到 document 时，又会隐藏文件夹，所以需要阻止冒泡。

（5）单击文档其他地方，右键菜单消失掉。

对上述问题的处理代码如下所示：

```javascript
var active_id = 0;
folders.oncontextmenu = function(e){
    var item;
    switch(e.target.tagName){
        case "LI":
            item = e.target;
            break;
        case "IMG":
            item = e.target.parentNode;
            break;
    }
    if(item){
        active_id = item.dataset.id;
        contextmenu.style.left = e.clientX + "px";
        contextmenu.style.top = e.clientY + "px";
        contextmenu.style.display = "block";
        e.cancelBubble = true;
        return false;
    }
};
document.onmousedown = function(){
    contextmenu.style.display = "none";
};
```

在这里利用了一个变量 active_id 来记录当前操作的是哪一个文件夹，另外，在 folders 中找到如果操作的是文件夹，就让右键菜单显示并阻止冒泡。最后又给全局加了一个按下鼠标事件，实现鼠标按下时隐藏右键菜单。由于在右键菜单上按下鼠标也会隐藏，所以在右键菜单中，需要添加一个阻止冒泡，代码如下：

```javascript
contextmenu.onmousedown = function(e){
    e.cancelBubble = true;
};
```

13.6.2 删除当前文件夹

介绍完右键菜单的功能之后，再来看看右键菜单每一项的操作。首先来看删除文件夹。

删除文件夹时，它的子文件夹也统统都会被删掉。所以，要删除文件夹，需要首先找到它的所有子文件夹。这就需要找到元素的所有子级以及它子级的子级……，实现代码如下所示：

```
function getAllChild(pid){
    var child = getChild(pid);
    for(var i = 0; i < child.length; i++){
        if(getChild(child[i].id).length > 0){
            child = child.concat(getChild(child[i].id));
        }
    }
    return child;
}
```

通过这个函数就可以去查找元素下所有的子级了。找到了所有的子级之后，需要做的就剩下删除了，下面再定义一个删除的函数：

```
function removeData(id){
    var self = getSelf(id);
    var removeItem = getAllChild(id).concat(self);
    for(var i = 0; i < removeItem.length; i++){
        var index = data.indexOf(removeItem[i]);
        data.splice(index,1);
    }
}
```

在这个删除函数中，先找到所有需要删除的数据，然后再一个一个从 data 中把这些数据都删除掉。由于删除本身是一个不可恢复的操作，为了防止误操作，对删除操作一般都需要进行确认，为此需要有一个确认弹窗，实现代码如下所示：

```
var elConfirm = document.querySelector(".confirm");
var confirmClos = elConfirm.querySelector(".clos");
var confirmTxt = elConfirm.querySelector(".confirm-text");
var confirmBtns = elConfirm.querySelectorAll(".confirm-btns a");
var mask = document.getElementById("mask");
function showConfirm(txt,cb){
    mask.style.display = "block";
    elConfirm.classList.add("confirm-show");
    confirmTxt.innerHTML = txt;
    confirmBtns[0].onclick = confirmClos.onclick = function(){
        elConfirm.classList.remove("confirm-show");
        mask.style.display = "none";
        cb&&cb();
    };
}
confirmBtns[1].onclick = confirmClos.onclick = function(){
    elConfirm.classList.remove("confirm-show");
    mask.style.display = "none";
};
```

showConfirm 函数就是调用弹窗的方法，txt 是要在弹窗中显示的内容，cb 是单击确定按钮后要做的事情。另外在这里还加入了一个 mask 元素来盖着整个页面，防止弹窗弹出之后，用户再对页面操作其他内容，造成逻辑冲突。

这些工作都准备好了之后，接下来就可以执行文件夹的删除了，代码如下所示：

```
var contextmenuBtn = contextmenu.children;
contextmenuBtn[0].onclick = function(){
    showConfirm("确定删除当前文件夹吗?",function(){
```

```
            removeData(active_id);
            treeMenu.innerHTML = createTreeMenu(topPid,0);
            folders.innerHTML = createFolders();
            successPopup("删除文件夹成功");
        });
        contextmenu.style.display = "none";
    };
```

单击的时候先调用弹窗，当用户单击确定之后，删除文件夹，重新渲染视图，然后提示文件夹删除成功。

13.6.3　文件夹移动到

移动到和删除文件夹类似，也是需要先有一个弹窗，用户可以在这个弹窗中选择要移动到哪个文件夹中。下面就先来实现这个弹窗的功能。

（1）第一步获取到所有相关元素之后，给.move-alert-menu 下的树形菜单添加上选中功能，同时在这里记录要移动到哪个文件夹中，代码如下所示：

```
var moveAlert = document.querySelector(".move-alert");
var moveClos = moveAlert.querySelector(".clos");
var moveAlertMenu = moveAlert.querySelector(".move-alert-menu");
var moveBtns = moveAlert.querySelectorAll(".confirm-btns a");
var move_pid = 0;
moveAlertMenu.onclick = function(e){
    var item;
    switch(e.target.tagName){
        case "P":
            item = e.target;
             break;
        case "SPAN":
            item = e.target.parentNode;
            break;
    }
    if(item){
        var p = moveAlertMenu.querySelectorAll("p");
        move_pid = item.dataset.id;
        for(var i = 0; i < p.length; i++){
            p[i].classList.remove("active");
        }
        item.classList.add("active");
    }
};
```

移动到弹窗的属性菜单结构借鉴了侧边栏的写法，不过单击之后并不重新渲染视图，而是在变量 move_pid 中记录将要移动到哪个文件夹中。

（2）调用函数显示弹窗，以及单击关闭和取消按钮，让弹窗消失，代码如下所示：

```
moveClos.onclick = moveBtns[1].onclick = function(){
    mask.style.display = "none";
    moveAlert.classList.remove("move-alert-show");
}
function showMoveAlert(cb){
    move_pid = nowId;
    moveAlertMenu.innerHTML = createTreeMenu(topPid,0,true);
    mask.style.display = "block";
```

```
        moveAlert.classList.add("move-alert-show");
        moveBtns[0].onclick = function(){
            cb();
        };
    }
```

这里注意调用了弹窗之后，默认还是把 move_pid 作为当前元素的父级，方便用户进行切换。另外参数 cb 也就是用户单击了确定按钮之后要做的事件，另外这里有很多逻辑处理，所以这里暂时没有让它消失，而是把这个逻辑留在回调里边进行处理。

单纯的移动文件夹的上下级关系时，只修改当前数据的 pid 就可以了，但此时要注意这两种情况：一是要移动到的文件夹就是当前文件夹或者当前文件夹的子级；二是要移动到的文件夹中有名字和当前文件夹名字重复。这两种情况下，是不能进行文件夹移动的，所以在移动之前还需要很多判断。

处理名字冲突的问题，定义一个工具函数判断文件夹是否重名，代码如下所示：

```
function testName(title,pid){
    var child = getChild(pid);
    var isRepeat = false;
    for(var i = 0; i < child.length; i++){
        if(child[i].title == title){
            return true;
        }
    }
    return false;
}
```

这里的 title 就是要移动的文件夹的名字，pid 则是要移动到的那个目录的 id。循环判断这个目录下是否有和当前文件夹冲突的名字，如果冲突返回 true，否则返回 false。

判断是否是当前文件夹的子目录，或者就是当前目录，代码如下：

```
function testSelf(id,pid){
    if(id == pid){
        return true;
    }
    var child = getAllChild(id);
    for(var i = 0; i < child.length; i++){
        if(child[i].id == pid){
            return true;
        }
    }
    return false;
}
```

这里的 id 是要移动的文件夹的 id，pid 是要移动到的目录，如果是它自己或者它的子级，返回 true，否则返回 false

相关的工具函数都准备完善之后，整个移动功能完整代码如下所示：

```
contextmenuBtn[1].onclick = function(){
    contextmenu.style.display = "none";
    showMoveAlert(function(){
        // move_pid 移动到的目录
        // active_id 当前目录
        var self = getSelf(active_id);
```

```
        if(testName(self.title,move_pid)){
            warningPopup("文件夹有重名不能移动")
            return ;
        }
        if(testSelf(active_id,move_pid)){
            warningPopup("不能移动到《"+self.title+"》及其子目录下");
            return ;
        }
        self.pid = move_pid;
        moveAlert.classList.remove("move-alert-show");
        mask.style.display = "none";
        nowId = move_pid;
        treeMenu.innerHTML = createTreeMenu(topPid,0);
        folders.innerHTML = createFolders();
        breadNav.innerHTML = createBreadNav();
        successPopup("文件夹移动成功");
    });
};
```

单击移动到的时候，先判断是否可以移动，如果可以移动，就修改当前数据的 pid，然后把视图切换到移动到窗口中。

13.6.4 文件夹重命名

文件夹的重命名有两个地方可以进行操作，一个是右键菜单，还有一个就是当单击文件夹名字的时候。先把这个函数写好，然后在这两个地方分别调用就可以，代码如下所示：

```
function rename(el){
    var folderName = el.querySelector(".folder-name");
    var editor = el.querySelector(".editor");
    ……
}
```

如上边的函数，只要把当前文件夹这个元素传入，即可实现重命名这个功能。这里先完成这两处不同的调用，再来继续完善整个函数。

1. 在右键菜单中调用重命名

代码如下所示：

```
contextmenuBtn[2].onclick = function(){
    var folderItem = folders.querySelector('.folder-item[data-id="'+active_id+'"]')
    contextmenu.style.display = "none";
    rename(folderItem)
};
```

单击右键菜单的重命名按钮时，只能获取到 active_id，就是要操作的这一项的 data-id，所以通过 data-id 去获取就可以拿到对应的元素。

2. 单击文件夹名字调用重命名

代码如下所示：

```
if(e.target.className == "folder-name"){
    item = e.target.parentNode;
    rename(item);
```

```
    }
```

在 folders 的单击事件中多加这么一个判断，如果单击的元素是文件夹名字，就代表用户想要执行的是重命名操作，然后获取到这个文件夹，调用重命名函数。完整的 folders 单击事件处理函数如下：

```
folders.onclick = function(e){
    var item;
    switch(e.target.tagName){
        case "LI":
            item = e.target;
            break;
        case "IMG":
            item = e.target.parentNode;
            break;
    }
    if(item){
        nowId = item.dataset.id;
        treeMenu.innerHTML = createTreeMenu(topPid,0);
        breadNav.innerHTML = createBreadNav();
        folders.innerHTML = createFolders();
    } else if(e.target.className == "folder-name"){ //文件夹重命名
        item = e.target.parentNode;
        rename(item);
    }
};
```

调用重命名的事件加好了之后，再来完善一下 rename 函数。

隐藏 name，把编辑框显示出来，并且把编辑框的 value 改成我们要修改的文件夹的名字，把焦点加上：

```
folderName.style.display = "none";
editor.value = folderName.innerHTML;
editor.style.display = "block";
editor.select();
```

当编辑框失去焦点的时候，判断是否可以重命名，如果不能重命名，焦点回归在编辑框上，让用户继续修改，否则修改名字：

```
editor.onblur = function(){
    var newName = editor.value;
    if(newName.trim() === ""){
        warningPopup("请输入内容");
        editor.focus();
        return ;
    }
    if(testName(newName,nowId,id)){
        warningPopup("重名了，再起个名字吧");
        editor.focus();
        return ;
    }
    self.title = newName;
    folderName.innerHTML = newName;
    folderName.style.display = "block";
    editor.style.display = "none";
    treeMenu.innerHTML = createTreeMenu(topPid,0);
};
```

重命名这里同样需要检测命名是否冲突。但是这里检测重命名的时候，是在当前目录里修改的要排除当前文件夹，所以需要对 testName 进行一些修改。如果是当前文件夹的时候，就不需要修改了，修改后的 testName 函数如下：

```javascript
function testName(title,pid,id){
    var child = getChild(pid);
    for(var i = 0; i < child.length; i++){
        if(child[i].title == title
        && child[i].id != id){
            return true;
        }
    }
    return false;
}
```

完整的 rename 函数代码如下：

```javascript
function rename(el){
    var folderName = el.querySelector(".folder-name");
    var editor = el.querySelector(".editor");
    var id = el.dataset.id;
    var self = getSelf(id);
    folderName.style.display = "none";
    editor.value = folderName.innerHTML;
    editor.style.display = "block";
    editor.select();
    editor.onblur = function(){
        var newName = editor.value;
        if(newName.trim() === ""){
            warningPopup("请输入内容");
            editor.focus();
            return ;
        }
        if(testName(newName,nowId,id)){
            warningPopup("重名了，再起个名字吧");
            editor.focus();
            return ;
        }
        self.title = newName;
        folderName.innerHTML = newName;
        folderName.style.display = "block";
        editor.style.display = "none";
        treeMenu.innerHTML = createTreeMenu(topPid,0);
        successPopup("重命名成功");
    };
}
```

13.7　文件夹的选中及批量操作

最后来添加批量操作。在页面的右上角有两个按钮：删除和移动到，这两个按钮的作用就是对选中的文件夹进行批量操作。对文件夹的选中，有以下 3 个方式：路径导航区域的全选框、文件夹左上角的复选框勾选和文件夹区域的框选。下面一一介绍这 3 种选中方式。

13.7.1　单击全选框勾选全部

在实现这个功能之前再次强调一个概念：操作数据然后反馈给视图。选中的状态如果只是加在视图中，再操作其他功能（比如新建文件夹、视图的切换等）的时候，如果重新渲染了视图，那么选中状态就丢失了，为此需要在数据中新增一个条目 checked。如果当前数据是选中的就让 checked 为 true，否则为 false。

（1）每次视图重现渲染的时候，修改全选按钮的选中状态，当然得先获取当前视图中的文件夹是否全选，为此需要定义一个函数判断是否全选：

```javascript
function isCheckedAll(){
    var child = getChild(nowId);
    for(var i = 0; i < child.length; i++){
        if(!child[i].checked){
            return false;
        }
    }
    return true;
}
```

（2）渲染文件夹的时候，如果当前的文件夹是选中的，给文件夹加上选中状态。另外判断当前文件夹中是否是全选的，给全选按钮加上选中状态。修改完的 createFolders 函数如下：

```javascript
var checkedAll = document.getElementById("checked-all");
function createFolders(){
    var child = getChild(nowId);
    var inner = "";
    if(child.length == 0){
        folders.classList.add("folders-empty");
        checkedAll.checked = false;
        return "";
    }
    folders.classList.remove("folders-empty");
    checkedAll.checked = isCheckedAll();
    for(var i = 0; i < child.length; i++){
        inner += '<li class="folder-item '+(child[i].checked?"active":"")+
                '" data-id="'+child[i].id+'">';
        inner += '<img src="img/folder-b.png" alt="">';
        inner += '<span class="folder-name">'+child[i].title+'</span>';
        inner += '<input type="text" class="editor" value="">';
        inner += '<label class="checked">';
        inner +=     '<input type="checkbox" '+(child[i].checked?"checked":"")+' />';
        inner +=     '<span class="iconfont icon-checkbox-checked"></span>';
        inner += '</label>' ;
        inner += '</li>';
    }
    return inner;
}
```

修改完了渲染阶段之后，需要给全选按钮加上状态改变的事件。当复选框选中的时候，就选中视图中所有的文件夹，否则就取消所有文件夹的选中：

```javascript
checkedAll.onchange = function(){
    var nowData = getChild(nowId);
    for(var i = 0; i < nowData.length; i++){
        nowData[i].checked = this.checked;
    }
    folders.innerHTML = createFolders();
};
```

13.7.2　文件夹的选中操作

文件夹的选中只需检测当前的复选框状态发生变化时，改变文件夹的选中状态和全选状态就可以了，代码如下：

```javascript
folders.onchange = function(e){
    if(e.target.parentNode.className == "checked"){
        var folderItem = e.target.parentNode.parentNode;
        var self = getSelf(folderItem.dataset.id);
        self.checked = e.target.checked;
        if(self.checked){
            folderItem.classList.add("active");
        } else {
            folderItem.classList.remove("active");
        }
        checkedAll.checked = isCheckedAll();
    }
};
```

13.7.3　文件夹区域的框选操作

所谓框选，就是按着鼠标不放在屏幕中画出来一个框，框碰到元素就都会被选中。框选的操作步骤如下。

第一步：画框

画框的思路我们分这么几个步骤：（1）在屏幕上按下鼠标的时候，记录坐标准备框选；（2）鼠标移动时，生成元素，同时记录坐标，然后根据按下的坐标和当前坐标，计算出框的宽高和位置；（3）抬起鼠标时删除框。具体实现代码如下所示。

（1）鼠标在屏幕中滑动时选中文字，首先需要阻止默认事件：

```javascript
document.onselectstart = function(){
    return false;
};
```

（2）在文件夹区域按下时，判断用户是在文件夹上按下还是空白区域，只有空白区域才可以框选，在文件夹上按下时可能要打开文件夹，代码如下所示：

```javascript
folders.onmousedown = function(e){
    if(e.target == folders){
        // 在空白区域按下准备话框
    }
};
```

（3）画框，代码如下所示：

```javascript
folders.onmousedown = function(e){
    if(e.target == folders){
        // 在空白区域按下准备话框
        var selectBox = null;
        var startClient = {
            x: e.clientX,
            y: e.clientY
        };
        document.onmousemove = function(e){
            var nowClient = {
```

```
                    x: e.clientX,
                    y: e.clientY
                };
                if(!selectBox){
                    selectBox = document.createElement("div");
                    selectBox.id = "select-box";
                    document.body.appendChild(selectBox);
                }
                selectBox.style.left = Math.min(nowClient.x,startClient.x) + "px";
                selectBox.style.top = Math.min(nowClient.y,startClient.y) + "px";
                selectBox.style.width = Math.abs(nowClient.x - startClient.x) + "px";
                selectBox.style.height = Math.abs(nowClient.y - startClient.y) + "px";
            };
            document.onmouseup = function(){
                if(selectBox){
                    document.body.removeChild(selectBox);
                }
                document.onmousemove = document.onmouseup = null;
            }
        }
    };
```

第二步：碰撞检测

碰撞检测顾名思义就是检测两个元素是否相碰撞。由于有些元素是浮动的，有些元素是定位的，即元素并不是同一套位置标准版，所以只能通过获取可视区绝对坐标去比较。代码如下：

```
function isCollision(el,el2){
    var elRect = el.getBoundingClientRect();
    var el2Rect = el2.getBoundingClientRect();
    if(elRect.top > el2Rect.bottom
    ||el2Rect.top > elRect.bottom
    ||elRect.left > el2Rect.right
    ||el2Rect.left > elRect.right){
        return false;//没有碰撞
    }
    return true;//碰撞
}
```

碰撞检测使用的思路就是排除不相碰撞的可能，剩下的就是元素相碰撞的可能。isCollision 函数返回 true 代表碰撞，false 代表不碰撞。

当鼠标移动，即框的位置大小发生变化时，检测一下哪些文件夹和 selectBox 碰撞就选中它们，否则取消选中。代码如下：

```
folders.onmousedown = function(e){
    if(e.target == folders){
        // 在空白区域按下准备画框
        var selectBox = null;
        var startClient = {
            x: e.clientX,
            y: e.clientY
        };
        var folderItem = folders.querySelectorAll(".folder-item");
        document.onmousemove = function(e){
```

```
        var nowClient = {
            x: e.clientX,
            y: e.clientY
        };
        if(!selectBox){
            selectBox = document.createElement("div");
            selectBox.id = "select-box";
            document.body.appendChild(selectBox);
        }
        selectBox.style.left = Math.min(nowClient.x,startClient.x) + "px";
        selectBox.style.top = Math.min(nowClient.y,startClient.y) + "px";
        selectBox.style.width = Math.abs(nowClient.x - startClient.x) + "px";
        selectBox.style.height = Math.abs(nowClient.y - startClient.y) + "px";
        for(var i = 0; i < folderItem.length; i++){
            var checked = folderItem[i].querySelector('input[type="checkbox"]');
            var self = getSelf(folderItem[i].dataset.id);
            self.checked = checked.checked = isCollision(folderItem[i],selectBox);
            if(self.checked){
                folderItem[i].classList.add("active");
            } else {
                folderItem[i].classList.remove("active");
            }
        }
        checkedAll.checked = isCheckedAll();
    };
    document.onmouseup = function(){
        if(selectBox){
            document.body.removeChild(selectBox);
        }
        document.onmousemove = document.onmouseup = null;
    }
    }
};
```

至此就完成了文件夹的所有选中操作。

13.7.4 批量操作文件夹

批量操作文件夹主要涉及批量删除文件夹和批量移动文件夹。不管是批量删除还是批量移动，首先都得先获取到选中的文件夹。为此先准备一个工具函数，获取选中的文件夹，代码如下：

```
function getCheckedData(){
    var child = getChild(nowId);
    var checkedData = [];
    for(var i = 0; i < child.length; i++){
        if(child[i].checked){
            checkedData.push(child[i]);
        }
    }
    return checkedData;
}
```

拿到选中的文件夹之后，就可以来操作批量删除和批量移动了。

1. 批量删除

前边已经实现了删除单个文件夹的功能，批量删除无非就是再加个循环，不过在操作之前还得先加个判断，判断当前是否有文件夹被选中，有选中文件夹再进行操作：

```javascript
var delBtn = document.querySelector(".del-btn");
delBtn.onclick = function(){
    var checkedData = getCheckedData();
    if(checkedData.length == 0){
        warningPopup("请先选择要操作的文件夹");
        return ;
    }
    showConfirm("确定删除选中的文件夹吗",function(){
        console.log(checkedData);
        for(var i = 0; i < checkedData.length; i++){
            removeData(checkedData[i].id);
        }
        console.log(data);
        treeMenu.innerHTML = createTreeMenu(topPid,0);
        folders.innerHTML = createFolders();
        successPopup("删除文件夹成功");
    });
}
```

2. 批量移动

批量移动到的功能同样可以参考前面的移动到功能，不同的地方也是增加循环操作。

```javascript
var moveBtn = document.querySelector(".move-btn");
moveBtn.onclick = function(){
    var checkedData = getCheckedData();
    if(checkedData.length == 0){
        warningPopup("请先选择要操作的文件夹");
        return ;
    }
    showMoveAlert(function(){
        for(var i = 0; i < checkedData.length; i++){
            if(testName(checkedData[i].title,move_pid)){
                warningPopup("文件夹有重名不能移动")
                return ;
            }
            if(testSelf(checkedData[i].id,move_pid)){
                warningPopup("不能移动到《"+checkedData[i].title+"》及其子目录下");
                return ;
            }
        }
        for(var i = 0; i < checkedData.length; i++){
            checkedData[i].pid =  move_pid;
        }
        moveAlert.classList.remove("move-alert-show");
        mask.style.display = "none";
        nowId = move_pid;
        treeMenu.innerHTML = createTreeMenu(topPid,0);
```

```
    folders.innerHTML = createFolders();
    breadNav.innerHTML = createBreadNav();
    successPopup("文件夹移动成功");
  });
};
```

到了这一步，"云盘"所有的功能就已经全部实现了。这个项目中我们对 DOM 进行了大量的操作，在实际工作中这是非常消耗性能的。幸好现在有了 React 和 Vue 这些 MVVM 的框架，可以帮助我们对数据渲染到 DOM 的操作进行优化。限于篇幅，这里就不再扩展 React 和 Vue 的相关知识了，大家可以登录妙味课堂官网获取相关知识资料。

练习题

一、简述题

1. 如何判断一组复选框是否全选？请用两种不同的思路实现。
2. 事件委托（代理）的优势都有哪些？
3. 扁平化数据结构比起多层级数据结构有哪些操作优势？

二、上机题

1. 如图 1 所示，请根据本章内容，实现一个完整的云盘项目。项目具体需要包括的功能如下。

（1）数据渲染：包括侧边栏无限级菜单的渲染：路径导航的渲染和文件夹视图的渲染。

（2）三大区域视图切换：单击侧边栏区域的某一个菜单时，路径导航的内容和文件夹视图需要进行相应的切换。

（3）文件夹相关操作：新建文件夹、文件夹的右键快捷菜单、删除当前文件夹、文件夹的移动、文件夹的重命名等。

（4）批量操作：全选/全不选、框选、删除选中、移动选中等。

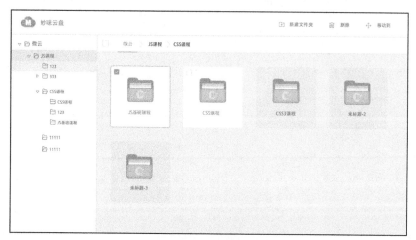

图 1　云盘界面